水处理科学与技术

# 水处理膜生物反应器原理与应用

黄　霞　文湘华　著

科学出版社
北　京

## 内 容 简 介

膜生物反应器(MBR)技术，由于具有出水水质优良稳定、装置占地面积小、剩余污泥产量低等优点，被誉为21世纪最有发展前途的水处理新技术。本书主要介绍水处理MBR的技术原理与应用。首先介绍MBR的基础知识，包括MBR的技术特征，膜污染概念、特征、分类及其控制策略以及MBR的设计与运行要点。然后介绍MBR的膜组件以及处理城市污水、微量有机污染物、工业废水、受污染水源水以及高浓度污水污泥的特性。最后介绍MBR的工程应用案例。

本书可供水处理领域科研人员、工程技术人员以及高等院校环境工程专业本科生、研究生参考。

**图书在版编目 CIP 数据**

水处理膜生物反应器原理与应用/黄霞，文湘华著. —北京：科学出版社，2012

ISBN 978-7-03-036471-5

Ⅰ.①水… Ⅱ.①黄…②文… Ⅲ.①生物膜(污水处理)-生物膜反应器-研究 Ⅳ.①X703

中国版本图书馆CIP数据核字(2013)第010694号

责任编辑：杨 震 杨新改 / 责任校对：李 影

责任印制：吴兆东 / 封面设计：陈 敬

科 学 出 版 社 出版

北京东黄城根北街16号

邮政编码：100717

http://www.sciencep.com

北京建宏印刷有限公司 印刷

科学出版社发行 各地新华书店经销

*

2012年12月第 一 版 开本：B5(720×1000)

2024年 1 月第六次印刷 印张：24

字数：455 000

定价： 168.00元

(如有印装质量问题，我社负责调换)

# 前　言

近年来，随着我国经济的快速发展、人口的增加以及人们生活水平的提高，工农业及生活用水量不断增加，与之相伴的污水排放量也与日俱增，由水污染和水资源短缺引发的水资源危机日益明显，已严重制约我国社会和经济的可持续发展。开展污水处理和水再生利用是解决水资源危机的有效对策之一。膜分离技术由于具有高效稳定、过程简单、易于控制等特点，在水处理中的应用受到广泛关注。其与生物反应器有机结合形成的膜生物反应器(membrane bioreactor, MBR)技术，由于具有出水水质优良稳定、装置占地面积小、剩余污泥产量低等优点，被誉为21世纪最有发展前途的水处理新技术，在全球范围受到广泛关注。

MBR的研究始于20世纪60年代后期的美国。四十多年来，在众多科研人员和工程技术人员持续不懈的努力下，MBR无论是在基础研究还是工程应用方面都取得了长足进步，越来越广泛地应用于各类污水处理与回用领域。我国有关MBR的研究始于20世纪90年代后期，与国外研究相比，虽然起步较晚，但得到了十分迅速的发展和推广应用。截至2011年底，据不完全统计，我国的MBR总处理能力已超过200万$m^3/d$，成为世界上MBR研究和推广应用最为活跃的国家之一。

作者及其研究团队在钱易院士的率先倡导下，自20世纪末以来一直致力于MBR在水处理中的工作机理与应用研究，是国内最早开展MBR研究的单位之一。十多年来，主要针对MBR的构型及膜组件、新型MBR工艺及其处理各类污水的特性、膜污染机理与控制技术、工程应用等开展了系统研究。在国内外期刊上发表了130余篇研究论文，授权发明专利10项，多项技术获得实际应用，曾获国家科学技术进步奖二等奖、高等学校科学技术进步奖一等奖和自然科学奖一等奖、北京市科学技术进步奖三等奖等奖励。此外，与国际水协会(IWA)联合主办第五届膜技术国际大会暨展览会，在全国范围举办MBR培训班3次，为推动MBR技术的发展和行业进步做出了积极贡献。

本书是作者及其研究团队十多年来部分研究成果的总结。主要介绍MBR基础知识、MBR处理各类污水的特性和工程应用案例，有关膜污染及其控制技术将在随后推出的另一本书《膜法水处理工艺膜污染机理与控制技术》中介绍。本书共8章，第1章“基础知识”在参考相关教科书和资料的基础上概述膜分离技术、生物处理技术以及MBR技术；同时结合多年的研究经历，系统总结了MBR的膜污染概念、特征、分类及其控制策略以及MBR的设计与运行要点，为本书其他章节的基础，可以帮助读者更好地理解MBR技术。第2～7章分别介绍MBR的膜组件以及处理城市污水、微量有机污染物、工业废水、受污染水源水以及高浓度污水污泥的特性，全部为作者及其研究团队的研究成果。第8章是MBR的工程应用，主要介绍以作者及其研究团队的研究成果为技术支持的工程应用案例，包括我国最早建设的处理医院污水的MBR工程——海淀乡卫生院MBR工程、亚洲第一座日处理万吨级规模的MBR工程——密云县污水处理厂MBR工程等。本书内容源于数十位研究生、本科生和博士后的研究工作，主要包括博士生桂萍、刘锐、莫罹、吴盈嬉、吴金玲、刘春、魏春海、薛涛、张志超、陈健华、朱洪涛、赵文涛、肖康、徐美兰、杨宁宁，硕士生丁杭军、孙友峰、俞开昌、刘若鹏、卜庆杰、贺晨勇、王孟杰、隋鹏哲、汪舒怡、李舒渊、李海滔、周颖君、薛文超、沈悦啸、赛世杰，博士后范彬、王勇、陈福泰、曹斌、董良飞、崔志广，十多位本科生以及与外校联合培养的多名研究生（名字不再一一列出）。在此对所有做出贡献的同学表示衷心感谢！

本书的主要研究成果是在科技部“863”计划课题、国家杰出青年科学基金、国家自然科学基金项目和重大国际合作项目、国家“水体污染控制与治理”科技重大专项课题等的支持下完成的，在此表示感谢！研究工作曾受到国内外多家膜组件制造厂家和环保工程公司在膜组件或工程推广应用等方面提供的帮助和合作；在MBR工程案例的资料和监测数据收集中，得到MBR工程应用单位的热情帮助，在此一并深致谢意！

本书可供水处理领域科研人员、工程技术人员以及高等院校环境工程专业本科生、研究生参考。希望对从事MBR技术研究的读者有所帮助，以促进我国MBR技术的健康和快速发展。由于作者水平有限，并且有关MBR技术的研究还在不断发展之中，书中难免存在诸多不足和错误，敬请读者批评指正。

作　者

2012年9月于清华园

# 目　录

# 第1章　基础知识

## 1.1　膜分离概述

### 1.1.1　膜与膜分离过程

#### 1.1.1.1　膜

广义的“膜”是指分隔两相界面的一个具有选择透过性的屏障，称其为“薄膜”，简称为“膜”。它以特定的形式限制和传递各种化学物质，其形态千差万别，有固态和液态、均相和非均相、对称和非对称、带电和不带电等之分。一般膜很薄，其厚度可以从几微米（甚至到 0.1$\mu$m）到几毫米。尽管如此，不同形式的膜均具有一个特点，即渗透性或半渗透性。

膜是膜分离过程的核心。根据膜的性质、来源、相态、材料、用途、形状、分离机理、结构、制备方法等的不同，膜有不同的分类方法：

(1) 按分离机理，主要有反应膜、离子交换膜、渗透膜等；

(2) 按膜的性质，主要有天然膜（生物膜）和合成膜（有机膜和无机膜）；

(3) 按膜的结构，有对称膜、非对称膜和复合膜；

(4) 按膜的形状，有平板膜、管式膜和中空纤维膜。

#### 1.1.1.2　膜分离过程

膜分离是指以具有选择透过功能的薄膜为分离介质，通过在膜两侧施加一种或多种推动力，使原料中的某些组分选择性地优先透过膜，从而达到混合物分离和产物提取、纯化、浓缩等的目的。它与传统过滤的不同在于，膜可以在分子范围内进行分离，并且这一过程是一种物理过程，不需发生相的变化和添加助剂。原料中的溶质透过膜的现象一般叫做渗析；溶剂透过膜的现象叫做渗透。

膜分离过程有多种，不同的分离过程所采用的膜及施加的推动力也不同。表 1.1列出了几种工业应用膜分离过程的基本特性及适用范围。

微滤、超滤、纳滤与反渗透都是以压力差为推动力的膜分离过程。当在膜两侧施加一定的压差时，混合液中的一部分溶剂及小于膜孔径的组分透过膜，而微粒、大分子、盐等被截留下来，从而达到分离的目的。这四种膜分离过程的主要区别在于被分离物质的大小和所采用膜的结构和性能不同。微滤的分离范围为 0.05～

10μm，压力差为 0.015～0.2MPa；超滤的分离范围为 0.001～0.05μm，压力差为 0.1～1MPa；反渗透常用于截留溶液中的盐或其他小分子物质，压力差与溶液中的溶质浓度有关，一般在 2～10MPa；纳滤介于反渗透和超滤之间，脱盐率及操作压力通常比反渗透低，一般用于分离溶液中相对分子质量为几百至几千的物质。

**表 1.1　几种工业化膜分离工程的基本特性及适用范围**(邵刚，2002)

| 过程 | 简图 | 膜类型 | 推动力 | 传递机理 | 透过物 | 截留物 |
|---|---|---|---|---|---|---|
| 微滤(0.05～10μm) | 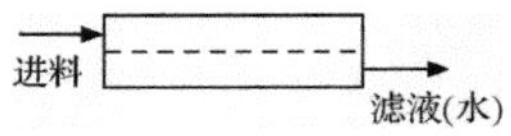 进料；滤液(水) | 均相膜、非对称膜 | 压力差 0.015～0.2MPa | 筛分 | 水、溶剂溶解物 | 悬浮物微粒、细菌 |
| 超滤(0.001～0.05μm) | 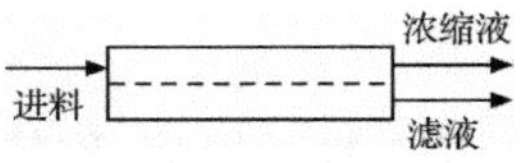 进料；浓缩液；滤液 | 非对称膜、复合膜 | 压力差 0.1～1MPa | 微孔筛分 | 溶剂、离子及小分子 | 生物大分子 |
| 反渗透(0.0001～0.001μm) | 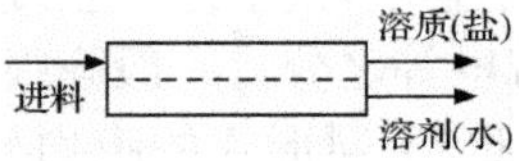 进料；溶质(盐)；溶剂(水) | 非对称膜、复合膜 | 压力差 2～10MPa | 优先吸附、毛细孔流动 | 水 | 溶剂、溶质大分子、离子 |
| 渗析 | 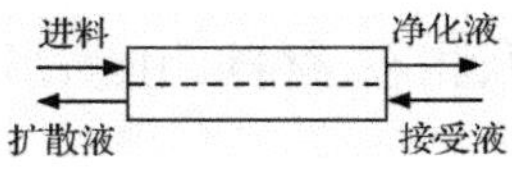 进料；净化液；扩散液；接受液 | 非对称膜、离子交换膜 | 浓度差 | 扩散 | 低相对分子质量溶质、离子 | 溶剂相对分子质量>1000 |
| 电渗析 | 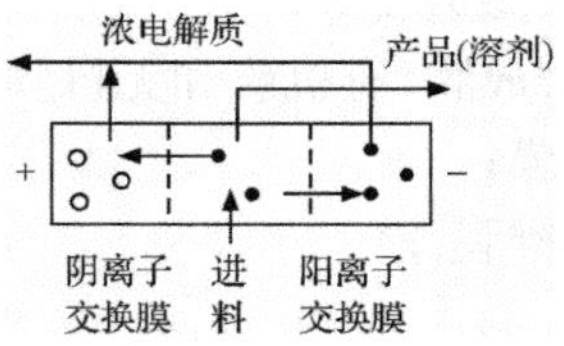 浓电解质；产品(溶剂)；+；−；阴离子交换膜；进料；阳离子交换膜 | 离子交换膜 | 电位差 | 反离子迁移 | 离子 | 同名离子、水分子 |
| 膜电解 | 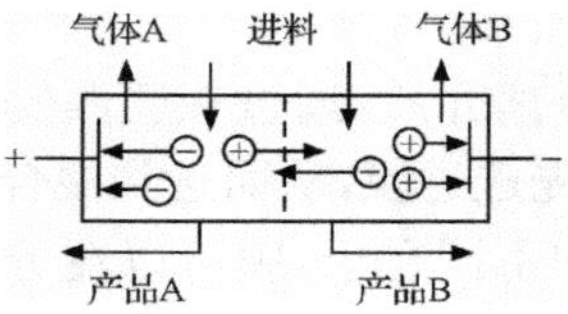 气体A；进料；气体B；+；−；产品A；产品B | 离子交换膜 | 电位差电化学反应 | 电解质离子选择传递、电极反应 | 电解质离子 | 非电解质离子 |
| 渗透气化 | 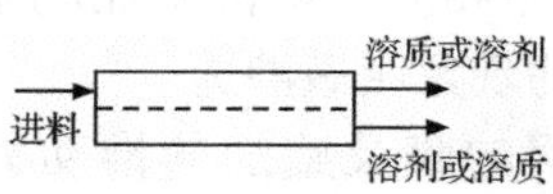 进料；溶质或溶剂；溶剂或溶质 | 均相膜、复合膜、非对称膜 | 压力差 | 溶解扩散 | 蒸气 | 难渗液体 |

电渗析是指在电场力作用下，溶液中的反离子发生定向迁移并通过膜，以去除溶液中离子的一种膜分离过程。所采用的膜为荷电的离子交换膜。目前电渗析已大规模用于苦咸水脱盐、纯净水制备等，也可以用于有机酸的分离与纯化。膜电解与电渗析的传递机理相同，但膜电解存在电极反应，主要用于食盐电解生产氢氧化

钠及氯气等。

渗透气化与蒸气渗透的基本原理是利用被分离混合物中某些组分有优先选择性透过膜的特点，使进料侧的优先组分透过膜，并在膜下游侧气化去除。渗透气化和蒸气渗透过程的区别仅在于进料的相态不同，前者为液相进料，后者为气相进料。这两种膜分离技术还处在开发之中。

### 1.1.2 膜分离特点

与传统分离技术相比，膜分离技术具有以下特点：

(1) 在膜分离过程中，不发生相变，能量转化效率高；

(2) 一般不需要投加其他物质，不带入二次污染物质，不改变分离物质的性质，并节省原材料和化学药品；

(3) 膜分离过程中，分离和浓缩同时进行，可回收有价值的物质；

(4) 可在一般温度下操作，不会破坏对热敏感和对热不稳定的物质，并且不消耗热能；

(5) 膜分离法适应性强，操作及维护方便，易于实现自动化控制，运行稳定。

因此，膜分离技术除大规模用于海水淡化、苦咸水淡化、纯水生产外，在城市生活饮用水净化、城市污水处理与利用以及各种工业废水处理与回收利用等领域也逐步得到推广和应用。

### 1.1.3 膜工艺过程的基本参数与运行模式

#### 1.1.3.1 基本参数

1. 膜通量

膜通量(membrane flux)是指物料(如水)在单位时间通过单位膜面积的量，通常用 $J$ 表示。国际标准单位为 $m^3/(m^2 \cdot s)$ 或简化为 m/s，有时也称为渗透速率或过滤速率。其他非国际标准单位包括 $L/(m^2 \cdot h)$(或 LMH)和 m/d。膜通量由膜过程的驱动力和过滤总阻力决定。对于固液分离膜生物反应器(membrane bioreactor, MBR)，驱动力即为跨膜压差(transmembrane pressure, TMP)。一般情况下，MBR 的运行通量在 10～100LMH。

由于温度会影响滤过液的黏度，从而会影响膜过滤性。因此，不同温度下测定的膜通量，可以用式(1.1)校正到同一温度下的通量：

$$J = J_{20} \times 1.025^{(T-20)} \tag{1.1}$$

式中，$J$ 和 $J_{20}$ 分别代表温度为 $T$(℃)和 20℃时的通量。

2. 过滤阻力

过滤阻力 $R$($m^{-1}$)的定义为

$$R=\frac{P}{\mu J} \tag{1.2}$$

式中，$\mu$ 为黏度，Pa·s；$P$ 为过滤压差，即跨膜压差，Pa；$J$ 为膜通量，$m^3/(m^2\cdot s)$。

过滤阻力 $R$ 包括膜阻力 $R_m$、膜表面或膜孔内部的膜污染阻力 $R_f$、膜与溶液界面区域的阻力 $R_{cp}$。

膜阻力 $R_m$ 由膜材料本身决定，主要受膜孔径大小、膜表面孔隙率和膜厚度的影响。膜污染阻力 $R_f$ 构成与膜污染机理相关，主要包括膜孔堵塞、膜表面凝胶层和泥饼层阻力。膜与溶液界面区域的阻力 $R_{cp}$ 与浓差极化相关。

3. 跨膜压差

跨膜压差是指施加在膜两侧的过滤压差，可以通过安装在膜两侧的压力传感器进行测定。以浸没式 MBR 为例，跨膜压差测定的示意图如图 1.1 所示。

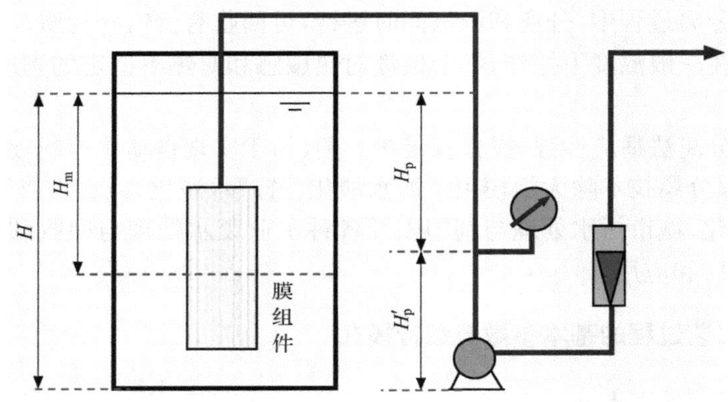


图 1.1　浸没式 MBR 跨膜压差的测定示意图

以膜组件中间断面为例，跨膜压差可以表示为

$$\begin{aligned}\text{TMP}&=P_{外}-P_{内}=H_m-(P_{表}+H_m-H_p+h\gamma_w)=H_p-P_{表}-h\gamma_w\\&=H-H'_p-P_{表}-h\gamma_w\end{aligned} \tag{1.3}$$

式中，$P_{外}$、$P_{内}$ 分别为膜组件中间断面处膜外侧和内侧的压力，Pa；$P_{表}$ 为压力表表压，Pa；$H$ 为膜池水深，m；$H_m$ 为膜组件中间断面距水面的距离，m；$H_p$、$H'_p$ 分别为压力表距水面和池底的距离，m；$h$ 为膜组件到压力表之间的管路阻力损失，m；$\gamma_w$ 为滤过液的重度，$N/m^3$。

如果膜组件到压力表之间的管路阻力损失忽略不计，则式(1.3)可简化为式(1.4)：

$$\text{TMP}=H-H'_p-P_{表} \tag{1.4}$$

需要注意的是，对于实验室中常用的小试装置来说，一般膜面积小导致出水流量小，管路也相对较短且布置简单，因而管路阻力损失一般可以忽略不计。而对于规模较大的中试或实际工程来说，由于膜面积较大，管路布置相对复杂，因此，管路阻力损失的影响可能不可忽略。为减小这种影响，一方面可采取限制单根出水管所接纳的膜组件数量和适当放大出水管管径的办法来降低管道中水流流速；另一方面，可采取缩短膜组件至压力表之间的管路长度和简化管路布置来降低管路的阻力损失。

### 1.1.3.2 死端与错流过滤

超滤和微滤的过滤模式主要有两种：死端过滤和错流过滤，如图1.2所示。

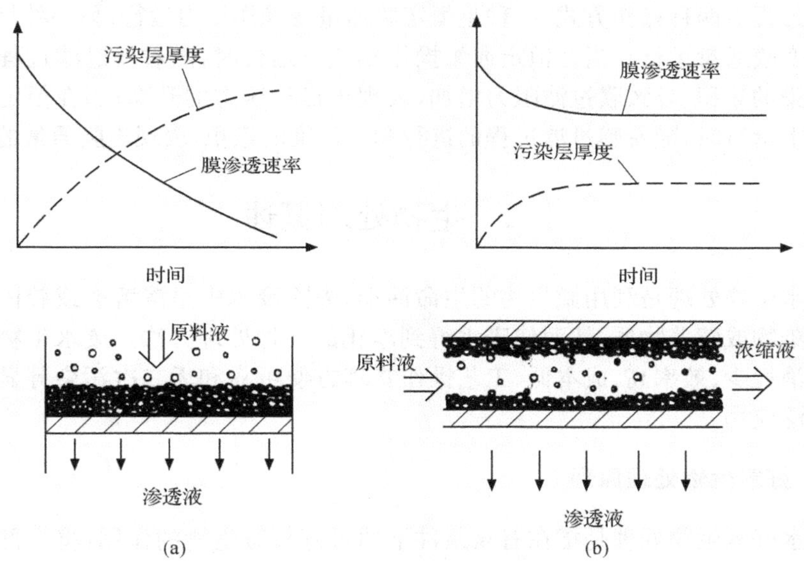


图1.2 死端过滤和错流过滤示意图
(a) 死端过滤；(b) 错流过滤

#### 1. 死端过滤

如图1.2(a)所示，原料液置于膜的上游，溶剂和小于膜孔的溶质在压力的驱动下透过膜，大于膜孔的颗粒则被膜截留。过滤压差可通过在原料侧加压或在透过膜侧抽真空产生。在这种过滤操作中，随着操作时间的增长，被截留的颗粒将在膜表面逐渐累积，形成污染层，使过滤阻力增加，在操作压力不变的情况下，膜通量(膜渗透速率)将下降。因此，死端过滤是间歇式的，必须周期性地停下来清洗膜表面的污染层或更换膜。

死端过滤操作简便易行，适于实验室等小规模的场合。固含量低于0.1%的物料通常采用死端过滤；固含量在0.1%～0.5%的料液则需要进行预处理；而对固含量高于0.5%的料液通常采用错流过滤操作。

2. 错流过滤

如图 1.2(b)所示,在泵的推动下料液平行于膜面流动,与死端过滤不同的是料液流经膜面时产生的剪切力把膜面上滞留的颗粒带走,从而使污染层保持在一个较薄的稳定水平。因此,一旦污染层达到稳定,膜通量将在较长一段时间内保持在相对高的水平。近年来错流操作技术发展很快,在许多领域有替代死端过滤的趋势。

#### 1.1.3.3 恒通量与恒压力过滤

膜过程有两种操作方式:一种是恒定膜通量变操作压力运行;另一种是恒定操作压力变膜通量运行。当在恒定通量操作模式下运行时,随着膜过滤过程的进行和膜污染的累积,导致膜过滤阻力增加,表现出操作压力的升高;当在恒定操作压力模式下运行时,随着膜过滤过程的进行和膜污染的累积,表现出膜通量的下降。

## 1.2 生物处理概述

废水生物处理是利用微生物的生命活动,去除废水中呈溶解态或胶体状态的有机污染物或营养物质,从而使废水得到净化的一种处理方法。废水生物处理技术以其消耗少、效率高、成本低、工艺操作管理方便可靠和无二次污染等显著优点而被广泛应用。

### 1.2.1 好氧生物处理原理

废水好氧生物处理是指在有氧条件下通过好氧微生物的作用,将一部分有机物进行分解,最终形成二氧化碳和水等稳定的无机物质(分子态氧为受氢体),同时释放出能量,提供微生物合成新细胞物质所需的能量,即分解代谢。另一部分有机物则为微生物用于合成新细胞物质,即合成代谢。图 1.3 为微生物分解代谢和合成代谢及其产物的模式图(张自杰,2000)。

无论是分解代谢还是合成代谢,都能够去除废水中的有机污染物,但产物却有所不同。分解代谢的产物是 $CO_2$ 和 $H_2O$ 等,可直接排入环境,而合成代谢的产物则是新生的微生物细胞,并以剩余污泥的方式排出,需要对其进行妥善处理,否则可能会造成二次污染。

### 1.2.2 厌氧生物处理原理

废水厌氧生物处理是指在无分子氧条件下通过厌氧微生物(包括兼性微生物)的作用,将废水中的各种复杂有机物分解转化成甲烷和二氧化碳等物质的过程,也称为厌氧消化。与好氧过程的根本区别在于不以分子态氧作为受氢体,而以化合

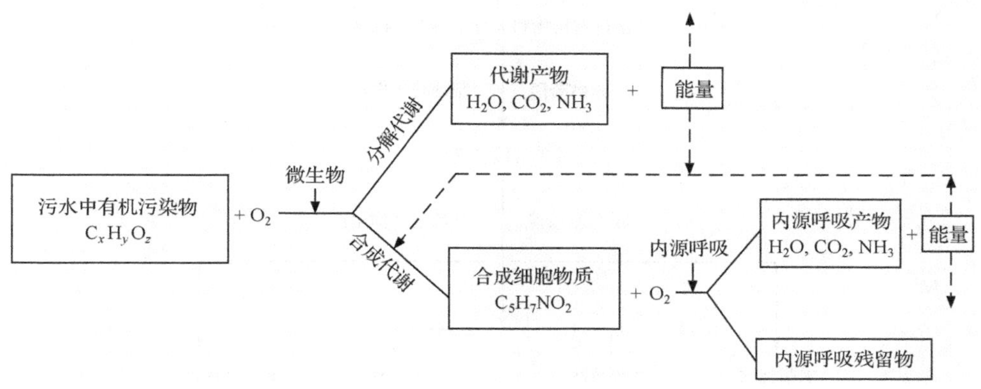


图1.3　好氧条件下微生物分解代谢和合成代谢及其产物的模式图

氧、碳、硫、氮等作为受氢体。

有机物在厌氧条件下的降解过程分成三个反应阶段。第一阶段是废水中的溶性大分子有机物和不溶性有机物水解为溶性小分子有机物。不溶性有机物(如污泥)的主要成分是脂肪、蛋白质和多糖类,在细菌胞外酶作用下分别分解为长链脂肪酸、氨基酸和可溶性糖类。第二阶段为产酸和脱氢阶段。水解形成的溶性小分子有机物被产酸细菌作为碳源和能源,最终产生短链的挥发酸,如乙酸等。有些产酸细菌能利用挥发酸生成乙酸、氢和二氧化碳,能生成氢的产酸菌称为产氢细菌。第三阶段是产甲烷阶段。专一性厌氧细菌将产酸阶段产生的短链挥发酸(主要是乙酸)氧化成甲烷和二氧化碳。有一类细菌可以利用氢产生甲烷,受氢体可能是二氧化碳或乙酸。

上述三个反应阶段如图1.4所示(胡勇有,刘绮,2006)。在有些文献中,将水解和产酸、脱氢阶段合并统称为酸性发酵阶段,将产甲烷阶段称为甲烷发酵阶段。

### 1.2.3　生物脱氮原理

在未经处理的废水中,含氮化合物存在的主要形式有:①有机氮,如蛋白质、氨基酸、尿素、胺类化合物、硝基化合物等;②氨态氮。一般以前者为主。

传统生物脱氮理论认为含氮化合物的去除是在微生物的作用下经过氨化和硝化、反硝化各项反应来完成的。

#### 1.2.3.1　氨化反应

废水中的有机氮化合物,在氨化菌的作用下,分解、转化为氨氮。例如,氨基酸的氨化反应为

$$RCHNH_2COOH + O_2 \xrightarrow{\text{氨化菌}} RCOOH + CO_2\uparrow + NH_3\uparrow \tag{1.5}$$

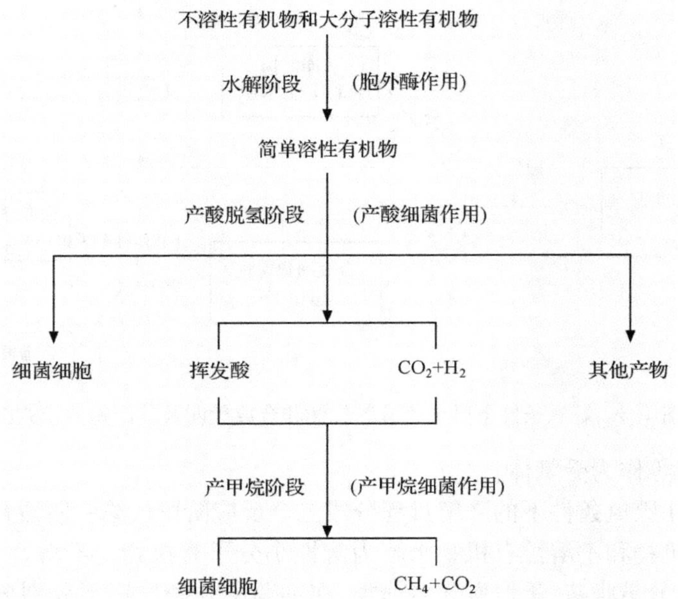


图 1.4　厌氧条件下微生物分解代谢和合成代谢及其产物的模式图

1.2.3.2　*硝化反应*

硝化作用是由两组自养型好氧微生物通过两个过程来完成的。第一步是亚硝酸菌将氨氮氧化成亚硝酸盐氮，第二步是硝酸菌将亚硝酸盐转化为硝酸盐。亚硝酸菌和硝酸菌统称为硝化菌。硝化菌是化能自养菌，不需要有机性营养物质，从$CO_2$获取碳源，从无机物的氧化中获取能量。

$$NH_4^+ + \frac{3}{2}O_2 \xrightarrow{\text{亚硝酸菌}} NO_2^- + H_2O + 2H^+ \tag{1.6}$$

$$NO_2^- + \frac{1}{2}O_2 \xrightarrow{\text{硝酸菌}} NO_3^- \tag{1.7}$$

硝化反应的总反应式为

$$NH_4^+ + 2O_2 \longrightarrow NO_3^- + H_2O + 2H^+ \tag{1.8}$$

从式(1.8)可以看到，在硝化过程中，1mol 原子氮氧化成硝酸氮，需 2mol 分子氧($O_2$)，即 1g 氮完成硝化反应，需氧 4.57g，这个需氧量称为“硝化需氧量”。

此外，在硝化反应过程中，将释放出 $H^+$，致使混合液的 pH 下降。为了保持适宜的 pH，应在废水中保持足够的碱度。一般来说，1g 氨态氮(以 N 计)完全硝化，需碱度(以 $CaCO_3$ 计)7.14g。

硝化反应的影响因素包括：

(1) 溶解氧。氧是硝化反应过程中的电子受体,反应器内溶解氧的高低直接影响硝化反应的进程。在进行硝化反应的曝气池内,溶解氧一般不能低于1mg/L。

(2) 温度。硝化反应的适宜温度是20～30℃,15℃以下时,硝化速率下降,5℃时硝化反应停止。

(3) pH。硝化菌对pH的变化十分敏感,最佳pH为8.0～8.4。

(4) 污泥龄。为了使硝化菌群能够在连续流反应器中存活,微生物在反应器内的停留时间应小于硝化菌最小的世代时间,否则硝化菌的流失率将大于净增殖率,致使硝化菌从系统中流失殆尽。

(5) 重金属及有害物质。除重金属以外,对硝化反应产生抑制作用的物质还有:高浓度的$NH_4^+$-N、高浓度的$NO_x^-$-N、有机物以及络合阳离子等。

#### 1.2.3.3 反硝化

反硝化反应是指硝酸氮和亚硝酸氮在反硝化菌的作用下被还原成气态氮的过程。

反硝化菌属于异养兼性微生物。在有分子氧存在时,反硝化菌氧化分解有机物,利用分子氧作为最终电子受体;无分子氧存在时以硝酸根、亚硝酸根为电子受体,有机物作为碳源和电子供体提供能量并得到氧化稳定。反硝化过程中硝酸根和亚硝酸根的转化是通过反硝化菌的同化作用和异化作用共同完成。同化作用是硝酸根和亚硝酸根被还原为$NH_3$用以合成新细胞,异化作用是硝酸根、亚硝酸根被还原为$N_2$或$N_2O$、NO等气态物,主要为$N_2$。

在反硝化过程中,还原1g硝态氮产生3.75g的碱度。

反硝化反应的影响因素包括:

(1) 碳源。能为反硝化菌所利用的碳源是多种多样的,最为理想和经济的碳源是废水中所含的有机物。一般认为,当废水中$BOD_5/TN>3\sim5$时,即认为碳源充足,无需外加碳源。如果废水中的碳/氮比过低,即需外加碳源,如甲醇等。

(2) pH。pH是反硝化反应的重要影响因素,反硝化菌适宜的pH为6.5～7.5。

(3) 溶解氧。反硝化菌是异养兼性菌,只有在无分子氧而同时存在硝酸和亚硝酸离子的条件下,才能够利用这些离子中的氧进行呼吸,使硝酸盐还原。如反应器内溶解氧过高,将阻碍硝酸氮的还原。但另一方面,在反硝化菌体内某些酶系统组分只有在有氧条件下才能合成。因此,反硝化菌以在缺氧、好氧交替的环境中生活为宜,溶解氧应控制在0.5mg/L以下。

(4) 温度。反硝化菌的适宜温度为20～40℃,低于15℃时,反硝化菌的增殖速率降低,代谢速率也降低,从而使反硝化速率降低。

### 1.2.4 生物除磷原理

按现有的理论解释，所谓生物除磷是利用一类特殊微生物——聚磷菌（phosphate accumulating organisms，PAOs），能够过量地（在数量上超过其生理需要）从外部环境摄取磷，并将磷以聚合的形态贮藏在菌体内，形成高含磷污泥，排出系统外，达到从废水中除磷的效果。

生物除磷的机理比较复杂，一般认为，聚磷菌在厌氧状态下分解胞内聚磷并以磷酸盐的形式释放到胞外，同时获得能量，并利用此能量将胞外碳源，即进水中的有机底物，吸收并转化为胞内碳能源储存物聚羟基脂肪酸酯（poly-hydroxyalkanoates，PHA），其中以聚-$\beta$-羟基丁酸（poly-$\beta$-hydroxybutyrates，PHB）为主（欧阳雄文等，2005）；在随后的好氧状态下，聚磷菌以氧为电子受体，分解胞内此前储存的 PHB 而获得能量，过量地吸收水体中的磷，并以聚磷的形式重新储存在胞内（Fuhs，Chen，1975）。通过此过程，磷从污水转移至污泥中，最后通过排出剩余污泥的方式将磷去除（Oehmen et al.，2007）。

传统生物除磷的基本过程可用方程式表示如下：

(1) 厌氧释磷。

$$\text{S(聚合磷酸盐)} \xrightarrow{\text{PAOs}} PO_4^{3-} + \text{能量} \tag{1.9}$$

$$\text{BOD} + \text{能量} \longrightarrow \text{PHB} \tag{1.10}$$

(2) 好氧过量吸磷。

$$\text{BOD} + \text{PHB} + O_2 \longrightarrow CO_2 + H_2O + \text{能量} \tag{1.11}$$

$$PO_4^{3-} + \text{能量} \xrightarrow{\text{PAOs}} \text{S(聚合磷酸盐)} \tag{1.12}$$

传统生物除磷过程的影响因素如下：

(1) 碳源。小分子易降解的有机物诱导磷释放的能力更强。磷的释放越充分，其摄取量越大。当 $BOD_5/TP>20$ 时有利于除磷。

(2) 厌氧区硝态氮浓度。高于 2mg/L 将不利于释磷；当 COD/TKN>10 时，硝酸盐的影响减弱。

(3) 溶解氧。厌氧池内应绝对厌氧，好氧池内应保证充足溶解氧。

(4) pH。pH=6～8 有利于除磷过程的正常进行。

(5) 温度。应控制在 5～30℃。

(6) 污泥龄。缩短污泥停留时间，提高排泥量，可以提高除磷效果。

### 1.2.5 生物处理主要工艺参数

#### 1.2.5.1 混合液悬浮固体浓度

混合液悬浮固体（mixed liquor suspended solids，MLSS）浓度，又称混合液污

泥浓度，是指曝气池单位容积混合液所含有的活性污泥固体物的总质量，即

$$MLSS = M_a + M_e + M_i + M_{ii} \tag{1.13}$$

式中，$M_a$为活性污泥中具有代谢功能活性的微生物量；$M_e$为微生物内源代谢的残留物，这部分物质无活性，且难于生物降解；$M_i$为由原废水挟入的难于生物降解的有机物；$M_{ii}$为由原废水挟入的无机物。

MLSS 的单位为 mg/L 或 g/L，近似表示曝气池中活性污泥的浓度，但不能精确地反映具有活性的活性污泥量。

#### 1.2.5.2　混合液挥发性悬浮固体浓度

混合液挥发性悬浮固体(mixed liquor volatile suspended solids，MLVSS)浓度，指混合液活性污泥中有机性固体物的含量，即

$$MLVSS = M_a + M_e + M_i \tag{1.14}$$

与 MLSS 相比，在表示活性污泥活性部分数量上，MLVSS 在精确度方面进了一步，但仍不能精确地表示具有活性的活性污泥量，表示的仍然是活性污泥量的相对值。

在一般情况下，MLVSS/MLSS 比值比较稳定，例如城市污水的活性污泥为0.6～0.8。

MLSS 和 MLVSS 两项指标，虽然在表示混合液活性污泥生物量方面，仍不够精确，但由于测定方法简单易行，且能够在一定程度上表示相对的生物量，因此，广泛地用于活性污泥处理系统的设计和运行。

#### 1.2.5.3　污泥沉降比

污泥沉降比又称 30min 沉降率(settling velocity，SV)，是指曝气池混合液在量筒内静置 30min 后所形成的沉淀污泥的容积占原混合液容积的百分率，以%表示。

SV 可以用于间接反映曝气池运行过程中的活性污泥量，用以控制、调节剩余污泥的排放量，还能够通过它及时地发现污泥膨胀等异常现象的发生。因此，SV 是活性污泥处理系统中重要的运行参数，对于指导系统运行有一定的实用价值。一般城市污水的 SV 值为 15%～30%。

SV 的测定方法简单易行，可以在曝气池现场进行。

#### 1.2.5.4　污泥容积指数

污泥容积指数(sludge volume index，SVI)，简称污泥指数，是指曝气池混合液在经过 30min 静沉后，每 g 干污泥所形成的沉淀污泥所占有的容积(以 mL 计)。

SVI 的计算式为

$$\mathrm{SVI}=\frac{\text{混合液(1L)30min 静沉形成的活性污泥容积(mL)}}{\text{混合液(1L) 中悬浮固体干重(g)}}=\frac{\mathrm{SV(mL/L)}}{\mathrm{MLSS(g/L)}} \tag{1.15}$$

SVI 的单位为 mL/g，习惯上只称数字，而把单位略去。

SVI 能够反映活性污泥的凝聚、沉降性能，对于生活污水及城市污水，此值以介于 70～100 为宜。SVI 过低，说明泥粒细小，无机质含量高，缺乏活性；过高，说明污泥的沉降性能不好，有产生污泥膨胀现象的可能。

#### 1.2.5.5 污泥负荷

$F/M$（污泥负荷）是指单位重量的活性污泥，在单位时间内要保证一定的处理效果所能承受的有机污染物量。$F$ 代表食料，即进入系统中的有机污染物量；$M$ 代表活性微生物量，即曝气池中的活性污泥量。在实际工程中，$F/M$ 值一般以 BOD 污泥负荷（$N_s$）来表示，即

$$\frac{F}{M}=N_s=\frac{QS_0}{VX} \tag{1.16}$$

式中，$S_0$ 为废水中的有机基质浓度，kg-$BOD_5$/$m^3$；$V$ 为曝气池容积，$m^3$；$X$ 为曝气池 MLSS 浓度，kg/$m^3$；$Q$ 为废水流量，$m^3$/d。

有时以 COD 表示有机基质浓度，以 MLVSS 表示活性污泥量。

$F/M$ 是影响活性污泥增长速率、有机物降解速率、氧的利用速率以及污泥吸附凝聚性的重要因素。采用高的 BOD 污泥负荷，将加快有机污染物的降解速率和活性污泥的增长速率，降低曝气池的容积，在经济上比较适宜，但处理水水质未必能达到预定的要求。采用低的 BOD 污泥负荷，有机物的降解速率和污泥增长速率都将降低，曝气池容积增加，但处理水水质可能提高。BOD 污泥负荷还与活性污泥的膨胀现象有关。低负荷和高负荷区，一般都不会出现污泥膨胀现象，而 BOD 污泥负荷为 0.5～1.5kg-$BOD_5$/(kg-MLSS · d)时，SVI 值很高，易出现污泥膨胀。

#### 1.2.5.6 污泥容积负荷

容积负荷（$N_v$）为单位曝气池容积，在单位时间内要保证一定的处理效果所能承受的有机污染物量（$BOD_5$），单位是 kg-$BOD_5$/($m^3$-曝气池 · d)，即

$$N_v=\frac{QS_0}{V} \tag{1.17}$$

$N_s$和 $N_v$之间的关系为

$$N_v=N_sX \tag{1.18}$$

曝气池 $BOD_5$容积负荷和 $BOD_5$污泥负荷一样是活性污泥系统设计、运行最基本的参数之一，具有很高的工程应用价值。

#### 1.2.5.7 污泥龄

污泥龄(sludge age)或称污泥停留时间(sludge retention time,SRT),即活性污泥在曝气池内的平均停留时间,等于曝气池内活性污泥总量与每日排放的污泥量之比,即

$$\mathrm{SRT} = \frac{VX}{\Delta X} \tag{1.19}$$

式中,$V$ 为曝气池容积,$m^3$;$X$ 为曝气池 MLSS 浓度,$kg/m^3$;$\Delta X$ 为曝气池内每日增长的活性污泥量,即应排出系统外的活性污泥量,kg/d。

SRT 表示曝气池内活性污泥平均更新一遍所需要的时间,是活性污泥处理系统中重要的设计和运行控制参数。在活性污泥系统设计中,既可以采用污泥负荷,又可以采用污泥龄做设计参数。但在实际运行时,控制污泥负荷比较困难,需要测定有机物量和污泥量。而用污泥龄作为运行控制参数,只要求调节每日的排泥量,运行控制简单。

## 1.3 膜生物反应器简介

### 1.3.1 膜生物反应器的构成与分类

广义上,膜生物反应器是生物反应器与膜组件组合工艺的统称(黄霞等,1998)。根据膜组件在 MBR 中的作用可将 MBR 分为三种类型:分离膜生物反应器(separation membrane bioreactor)、曝气膜生物反应器(aeration membrane bioreactor)和萃取膜生物反应器(extractive membrane bioreactor),如图 1.5 所示。

在分离膜生物反应器中膜组件用以代替传统活性污泥法中的二沉池,起到分离活性污泥混合液中的固体微生物和大分子溶解性物质的作用,通过膜的分离过滤,得到系统处理出水。

在曝气膜生物反应器(Pankhania et al.,1994;汪舒怡,2005;汪舒怡等,2006,2007)中采用透气性致密膜(如硅橡胶膜)或微孔膜(如疏水性聚合膜),在保持气体分压低于泡点情况下,可实现向生物反应器的无泡曝气,用以提高供氧效率。同时膜可作为生物反应器内微生物附着生长的载体。通过膜两侧氧的直接供给和营养物的扩散,达到有效降解有机物的目的。

萃取膜生物反应器(Livingston,1994)结合了膜萃取和生物降解过程,将有毒的、溶解性差的有机物从废水中分离后对其进行单独的生物处理。废水与活性污泥被膜隔开,废水在膜腔内流动,与微生物不直接接触。通过硅橡胶或其他疏水性膜的使用,选择性地将废水中的有毒污染物萃取并传递到生物反应器中,被微生物

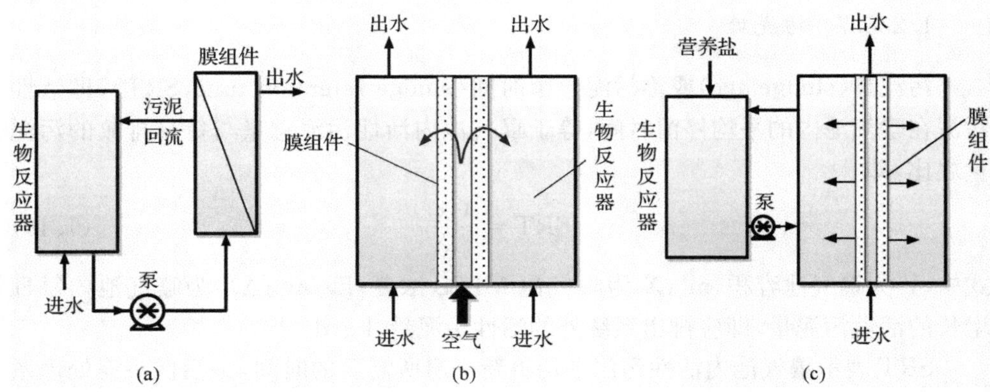


图 1.5　三种不同类型的膜生物反应器

(a) 分离膜生物反应器；(b) 曝气膜生物反应器；(c) 萃取膜生物反应器

所降解。

其中以分离膜生物反应器的应用最为广泛(赵建伟等，2003)，本书以下在没有特别说明时直接简称为膜生物反应器(MBR)。

根据膜组件的设置位置，MBR 又可分为外置式(分置式)和浸没式(一体式)两类(李凤亭等，2005)，基本构型如图 1.6 所示。

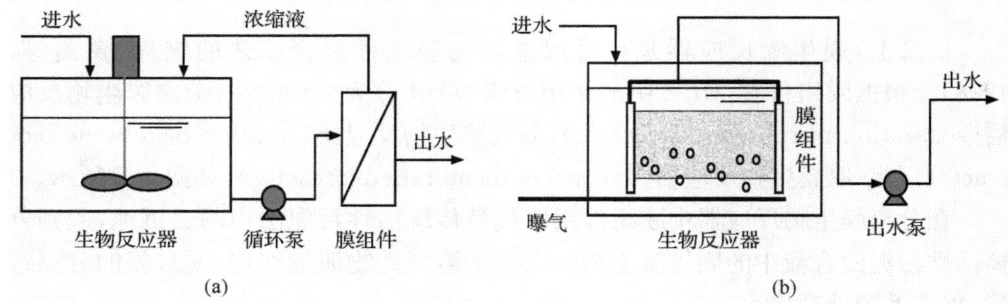


图 1.6　MBR 分类

(a) 外置式；(b) 浸没式

外置式 MBR 把膜组件和生物反应器分开设置，生物反应器的混合液经泵增压后进入膜组件，在压力作用下，混合液中的液体透过膜，成为系统处理出水；固形物、大分子物质等则被膜截留，随浓缩液回流到生物反应器内。外置式 MBR 的特点是运行稳定可靠，操作管理容易，易于膜的清洗、更换及增设。但一般条件下为减少污染物在膜表面的沉积，由循环泵提供的水流流速都很高，因此动力消耗较高(谭译等，2007)。并且泵高速旋转产生的剪切力会使某些微生物菌体出现失活现象(Brockmann，Seyfried，1996)。

浸没式 MBR 是把膜组件置于生物反应器内部。原水进入 MBR 后，其中的大部分污染物被混合液中的活性污泥分解，再在抽吸泵或水头差提供的很小的压差作用下由膜过滤出水(Yamamoto et al.，1989)。膜组件下设置的曝气系统不仅给微生物分解有机物提供了所必需的氧气，而且气泡的冲刷和在膜表面形成的循环流速可阻止和减缓污染物在膜表面的沉积。这种形式的 MBR 由于省去了混合液循环系统，并且靠抽吸出水，能耗相对较低；为进一步减少膜污染，延长运行周期，一般采取间歇式抽吸出水。与外置式 MBR 相比，浸没式 MBR 具有设备简单、占地面积小、设备紧凑、运行费用低等优点，但在操作管理和膜组件的清洗与更换上不及外置式 MBR 简单。

此外，根据生物反应器是否需氧，MBR 还可分为好氧 MBR 和厌氧 MBR；根据使用的膜材料的类型，可分为有机 MBR 和无机 MBR；根据膜孔径的大小，也可分为微滤 MBR 和超滤 MBR。当然，以上诸多分类方法并非相互独立，而是可以相互涵盖。

### 1.3.2　膜生物反应器的基本特点

与其他污水处理工艺相比，MBR 具有以下优点(黄霞等，1998a)。

1. 出水水质优良稳定

由于膜的高效分离作用，使得 MBR 的处理出水极其清澈，悬浮物和浊度接近于零(Chiemchaisri，Yamamoto，1994)，细菌和病毒被有效去除(Bailey et al.，1994；Côté，Buisson，1997；李海滔，2007)。

同时，由于膜的高效分离作用，增强了系统对有机物及含氮化合物等污染物的去除效率：

(1) 彻底的泥水分离使 MBR 内能够维持很高的生物量，污泥浓度可以维持在 10～20g/L，在不排泥的情况下甚至可以高达 50g/L(Müller et al.，1995)，在低 $F/M$ 条件下，污染物降解彻底。

(2) MBR 中 SRT 的延长使得污泥中增殖缓慢的特殊菌群(如硝化菌等)获得稳定的生长环境，有利于提高硝化效率(Chiemchaisri，Yamamoto，1994；Suwa et al.，1992；Chiemchaisri et al.，1992；邹联沛等，2000a)。

(3) 包括颗粒物、胶体以及大分子物质在内的污染物均被截留在系统内，增加了被微生物持续降解的机会(Côté，Buisson，1997；桂萍，1999)。

(4) 由于膜的高效截留效果，有利于基因工程菌等高效菌种在生物反应器中的投放和累积，提高对难降解有机物的降解效率，同时防止了基因工程菌等的流失，降低了处理出水的生物风险(刘春等，2007a，2007b)。

2. 容积负荷高，占地面积小

MBR 的容积负荷一般为 1.2～3.2kg-COD/($m^3$ · d)，甚至高达 20kg-COD/

$(m^3 \cdot d)$，因此占地面积相比传统工艺大大减小。

从整个处理系统来看，MBR 工艺无需初沉池和二沉池，流程简单，结构紧凑，占地面积小，不受设置场所限制，适合于多种场合，可做成地面式、半地下式或地下式。

3. 剩余污泥产量少

当 $F/M$ 比保持在某一低值时，活性污泥就会处于一个因生殖而增长和因内源呼吸而消耗的动态平衡之中，达到这个理论平衡时，活性污泥增长为零，即不会有剩余污泥产生。

MBR 的污泥负荷一般为 0.03～0.55kg-COD/(kg-MLSS · d)，低于传统活性污泥法[0.4～0.8kg-COD/(kg-MLSS · d)]，因此，剩余污泥产量少。相应的污泥处理费用低。

4. 运行管理方便

MBR 实现了水力停留时间(hydraulic retention time，HRT)与 SRT 的完全分离，膜分离单元不受污泥膨胀等因素的影响，易于设计成自动控制系统，从而使运行管理简单易行。

但 MBR 尚存在一些不足。膜材料价格仍相对较高，使 MBR 的基建投资高于相同规模的传统污水处理工艺(Owen et al.，1995)；膜污染控制技术尚不十分完善，膜的清洗给操作管理带来不便，同时也增加了运行成本；为克服膜污染，一般需用循环泵或膜下曝气的方式在膜面提供一定的错流流速，造成运行能耗较高。

### 1.3.3 膜生物反应器的研究与应用发展概要

#### 1.3.3.1 国外发展概要

MBR 的研究始于 20 世纪 60 年代后期的美国。Dorr-Oliver 公司开发研制了第一个商用 MBR，并将其应用于船舶污水处理。该系统采用的是平板式超滤膜。在此期间，也陆续出现了一些与活性污泥工艺相结合的膜分离系统的小试研究报道(Smith et al.，1969；Hardt et al.，1970)。这些处理系统均采用分置式 MBR。研究发现，与传统活性污泥法相比，MBR 工艺中污泥浓度大幅度增加，COD 去除率高达 98%。MBR 工艺在南非也得到相应发展，超滤厌氧 MBR 被用于处理高浓度工业废水(Botha et al.，1992)。但由于受当时膜生产技术的限制，膜的使用寿命短、膜通量小，MBR 技术基本上停留在实验室研究规模。

20 世纪 70 年代，MBR 工艺进入日本市场。日本研究者根据本国国土狭小、地价高的特点对膜分离技术在废水处理中的应用进行了大力研究和开发。1985 年，日本建设省组织实施了“水综合再生利用系统 90 年代计划”，内容包括新型膜材料、膜分离装置和 MBR 工艺的研究等，使 MBR 研究在处理对象、规模和深度上都有显著的进步。研制了处理酒精发酵、造纸、蛋白质和淀粉等工业废水以及城市污水和粪尿废水等 7 类污水的 MBR 工艺处理系统(Kimura，1991)。

20 世纪 80 年代末到 90 年代初，MBR 工艺的商业化进展在各环保公司陆续展开。Thetford 公司推出了多管分置式膜分离系统"Cycle-Let"工艺，用于污水处理。1980 年 Zenon 环境工程公司成立，并于 90 年代初期开发了 ZenoGem 商业化产品，于 1993 年并购了 Thetford 公司。

早期 MBR 的型式主要是分置式。为了维持稳定的膜通量，膜面流速一般大于 2m/s，这就需要较高的循环水量，造成较高的单位产水能耗。为解决分置式 MBR 能耗较高的问题，人们开始研制新型 MBR。1989 年 Yamamoto 等将中空纤维膜组件浸没于曝气池中直接进行固液分离，通过抽吸获得出水，开创了浸没式 MBR 的研究。随后，Chiemchaisri 与 Yamamoto 等(1994)对浸没式 MBR 处理生活污水进行了深入研究，包括有机物和氮的去除效果、温度对处理效果的影响等。

1993 年 Chang 等将中空纤维超滤膜生物反应器应用于饮用水脱氮，结果表明出水中硝酸盐和亚硝酸盐的浓度分别降至 20mg/L 和 0.1mg/L 以下。1996 年 Urbain 等采用与粉末活性炭组合的 MBR 工艺去除饮用水中微量硝酸盐氮、天然有机物以及杀虫剂等污染物，获得了良好的效果。

20 世纪 90 年代中期以来，由于世界范围内的水资源短缺问题日益凸显，使得作为极具竞争力的污水回用工艺的 MBR 的研究与应用受到越来越多的关注，其中制约 MBR 推广应用的关键因素——膜污染的机理和防治措施成为研究的焦点和难点。很多学者(Rosenberger et al.，2002；Rojas et al.，2005；Cho et al.，2004；Bouhabila et al.，2001)对膜污染的影响因素开展了大量的研究，也有学者(Li et al.，1998；Mores et al.，2001)应用新的研究手段，对膜污染的过程进行直接观测，探讨膜污染的机理，还有些学者(Nagaoka et al.，1996；Li，Wang，2006；Ognier et al.，2002a)建立了有关膜污染的数学模型，对膜污染的过程进行定量描述。许多膜污染的防治措施如膜材料改性(Yu et al.，2005)、膜组件结构优化(Chang，Fane，2002)、混合液特性调控(Yoon，Collins，2006)、次临界通量运行(Kim，DiGiano，2006)、气冲技术(Psoch，Schiewer，2005)以及膜污染清洗(Nuengjamnong et al.，2005)等逐步得到研究和应用。

MBR 技术的应用在世界范围受到广泛重视。到 2011 年，全世界投入运行及在建的 MBR 工程已超过 15 000 套。MBR 工程应用从以处理居民住宅小区与生活污水开始，扩展到各种废水的处理，如化妆品、医药、润滑油、纺织、屠宰场、乳制品、食品、造纸与纸浆、饮料、炼油工业与化工厂废水、垃圾渗滤液等。

在欧洲，包括工业和城市污水处理，1999 年 MBR 的市场规模为 2530 万欧元，

2002 年为 3280 万欧元，到 2004 年，已增加到 5700 万欧元。在美国，MBR 市场的发展速度明显高于其他水工业，截至 2011 年，MBR 工程(规模＞3800$m^3$/d)有 85 个，累计处理能力超过 130 万 $m^3$/d(Judd，2011)。

#### 1.3.3.2 国内发展概要

与国外研究相比，我国有关 MBR 的研究起步较晚，始于 20 世纪 90 年代初期，20 多年来经历了从初步探索研究经快速发展到工程应用的过程(黄霞等，2008；Huang et al.，2010)。

1991 年，岑运华(1991)介绍了 MBR 在日本的研究状况。1993 年，华东理工大学环境工程研究所进行了 MBR 处理人工合成污水和制药废水的可行性研究(林喆等，1994)。同年，清华大学(刘正雄，1994)、中国科学院生态环境研究中心开始了 MBR 的研究。1995 年以后，天津大学、同济大学、哈尔滨工业大学(哈尔滨建筑大学)、浙江大学等相继开展了 MBR 的研究。

国内 MBR 的研究工作主要体现在以下几个方面：

(1) MBR 的应用领域不断扩展，从早期的生活污水(汪诚文等，1996)逐步发展到石化废水(樊耀波等，1997)、焦化废水(李春杰等，2001)、啤酒废水(张立秋等，2004)、食品废水(何义亮等，1999)、造纸废水(韩怀芬等，2001)、毛纺印染废水(刘超翔等，2002)等多种类型工业废水以及医院污水(丁杭军等，2001)、垃圾渗滤液(罗宇，杨宏毅，2004)等特种废水。

(2) MBR 工艺组合形式向多样化发展，生物反应器由传统的活性污泥法发展到生物膜法(何圣兵等，2002)、生物膜与活性污泥复合式(桂萍等，1998)、SBR 法(耿琰等，2002)、颗粒污泥工艺(王景峰等，2006)、脱氮除磷工艺(曹斌等，2007；薛涛等，2011)以及各种厌氧工艺(吴志超等，2001a)等。

(3) 从 MBR 的构型来看，早期的研究主要以分置式 MBR 为主，后来发展为以浸没式 MBR 为主，而分置式 MBR 的研究减少，主要集中在对某些工业废水和特种废水(如垃圾渗滤液等)的处理方面。

(4) 使用的膜组件类型广泛，主要有中空纤维束状和帘式膜、平板膜以及无机管式膜等，膜材质包括聚乙烯、聚丙烯、聚偏氟乙烯、聚四氟乙烯等，微滤与超滤膜都有应用。

(5) 有关 MBR 污染物去除效果和膜污染特性影响因素的相关研究不断深入，如生物反应器操作参数(容积负荷、污泥浓度、污泥负荷、生物相特性、水力停留时间、污泥停留时间等)(邹联沛等，2000b；孟耀斌等，2000；张绍园等，1997)、膜材料与膜组件(杨大春等，2002)、污泥混合液性质(Wu，Huang，2009)、操作条件(刘锐等，2000)等的影响。

近年，因MBR良好的技术特点与市场前景，吸引了越来越多的公司和企业加入到MBR技术研究的队伍中来，并参与了大部分MBR工程的设计与开发工作，有力地推动了MBR技术的产业化进程。到目前为止，MBR在我国的应用经历了四个阶段(Huang et al.，2010)。

(1) 2000年以前：小试、中试及少数示范工程。

(2) 2000～2003年：日处理量为百吨级的MBR实际工程的出现，主要用于居民小区污水及工业废水处理。

(3) 2003～2006年：日处理量为千吨级的MBR实际工程的出现，用于城市污水及工业废水处理。

(4) 2006年至今：大规模MBR(日处理量为万吨以上级)的兴起。到2011年底，据不完全统计，我国的MBR总处理能力已超过200万吨/日，成为世界上MBR推广应用最为活跃的国家之一。

### 1.3.4 膜生物反应器的膜组件

膜组件构型即膜的几何形状、安装形式和相对于水流的方向，是决定整个工艺性能的关键因素。理想的膜组件构型应具有以下特点：

(1) 装填密度大，成本低；

(2) 有良好的水力条件，能促进传质并防止污泥淤积；

(3) 单位产水量能耗低；

(4) 易于清洗和更换；

(5) 可模块化设计。

目前在MBR中常见的膜组件构型有：中空纤维(hollow fiber)式、平板(flat sheet)式和管(tubular)式。一些代表性商业化膜组件产品及性能参数见表1.2。

**表1.2 代表性商业化MBR膜组件及其性能参数**

| | 制造商 | 组件 | 材料 | 孔径/μm | 通量/[L/(m²·h)] |
|---|---|---|---|---|---|
| 国内 | 北京碧水源科技股份有限公司 | 中空纤维 | PVDF | 0.1 | 15～30 |
| | 天津膜天膜科技股份有限公司 | 中空纤维 | PVDF | 0.2 | 10～15 |
| | 海南立升净水科技公司 | 中空纤维 | PVC/PVDF | 0.01 | — |
| | 浙大凯华膜技术有限公司 | 中空纤维 | PP | 0.1～0.2 | 5～10 |
| | 上海斯纳普膜分离科技有限公司 | 平板 | PVDF/PES | 0.1 | 10～20 |
| | 江苏蓝天沛尔膜业有限公司 | 平板 | PVDF | 0.1～0.3 | — |
| | 南京工业大学 | 管式(加压) | 无机 | 0.2 | 80～100 |

续表

| | 制造商 | 组件 | 材料 | 孔径/μm | 通量/[L/(m²·h)] |
|---|---|---|---|---|---|
| 国外 | GE Zenon | 中空纤维 | PVDF | 0.04 | 15～30 |
| | Mitsubishi Rayon(三菱丽阳) | 中空纤维 | PE/PVDF | 0.4 | 15～30 |
| | Siemens Memcor | 中空纤维 | PVDF | 0.04 | 15～30 |
| | Asahi Kasei(旭化成) | 中空纤维 | PVDF | 0.1 | 15～30 |
| | Memstar Technology | 中空纤维 | PVDF | <0.1 | — |
| | Koch Puron | 中空纤维 | PES | 0.05 | — |
| | Sumitomo Electric Fine Polymer(住友电工) | 中空纤维 | PTFE | 0.2 | — |
| | Kubota(久保田) | 平板 | CPE | 0.4 | 15～30 |
| | Toray(东丽) | 平板 | PVDF | 0.08 | 15～30 |
| | Huber Technology | 平板 | PES | 0.038 | — |
| | Norit(X-Flow) | 管式 | PVDF | 150[a] | 30～60 |

注：PVDF为聚偏氟乙烯；PP为聚丙烯；PE为聚乙烯；PES为聚醚砜；PVC为聚氯乙烯；CPE为氯化聚乙烯；PTFE为聚四氟乙烯。

a 单位为kDa。

1. 平板式膜组件

平板式又称为板框式，是最早出现的一种膜组件形式，它是按膜、支撑板、膜的顺序重叠压紧，组装在一起制成的。其特点是制造组装简单，操作方便，膜的维护、清洗、更换比较容易，对预处理要求比较简单。但密封比较复杂，装填密度较小。图1.7为日本Kubota、日本Toray、德国Huber Technology、上海斯纳普膜分离科技有限公司、江苏蓝天沛尔膜业有限公司生产的平板式膜组件。

2. 中空纤维膜组件

中空纤维膜组件由细小的膜管平行排列，并在端头用环氧树脂等材料封装而成，一般为外压式。中空纤维膜组件的装填密度可以很高(可达30 000$m^2/m^3$)，单位膜面积的制造费用相对较低，膜的耐压性能高，不需要支撑材料。其缺点是：在两个端头易于被污泥堵塞，对预处理要求较高。图1.8为GE Zenon、日本Mitsubishi Rayon、日本Asahi Kasei、北京碧水源、天津膜天膜等公司生产的产品。

3. 管式膜组件

管式膜组件由管式膜及其支撑体构成，有外压型和内压型两种运行方式，实际中多采用内压型，即进水从管内流入，透过液从管外流出。管式膜组件中，可以通过控制料液的湍流程度，防止污泥淤堵；易于清洗；膜组件中压力损失小，但管式膜的填装密度较小。图1.9为荷兰Norit (X-Flow)公司生产的管式膜组件。

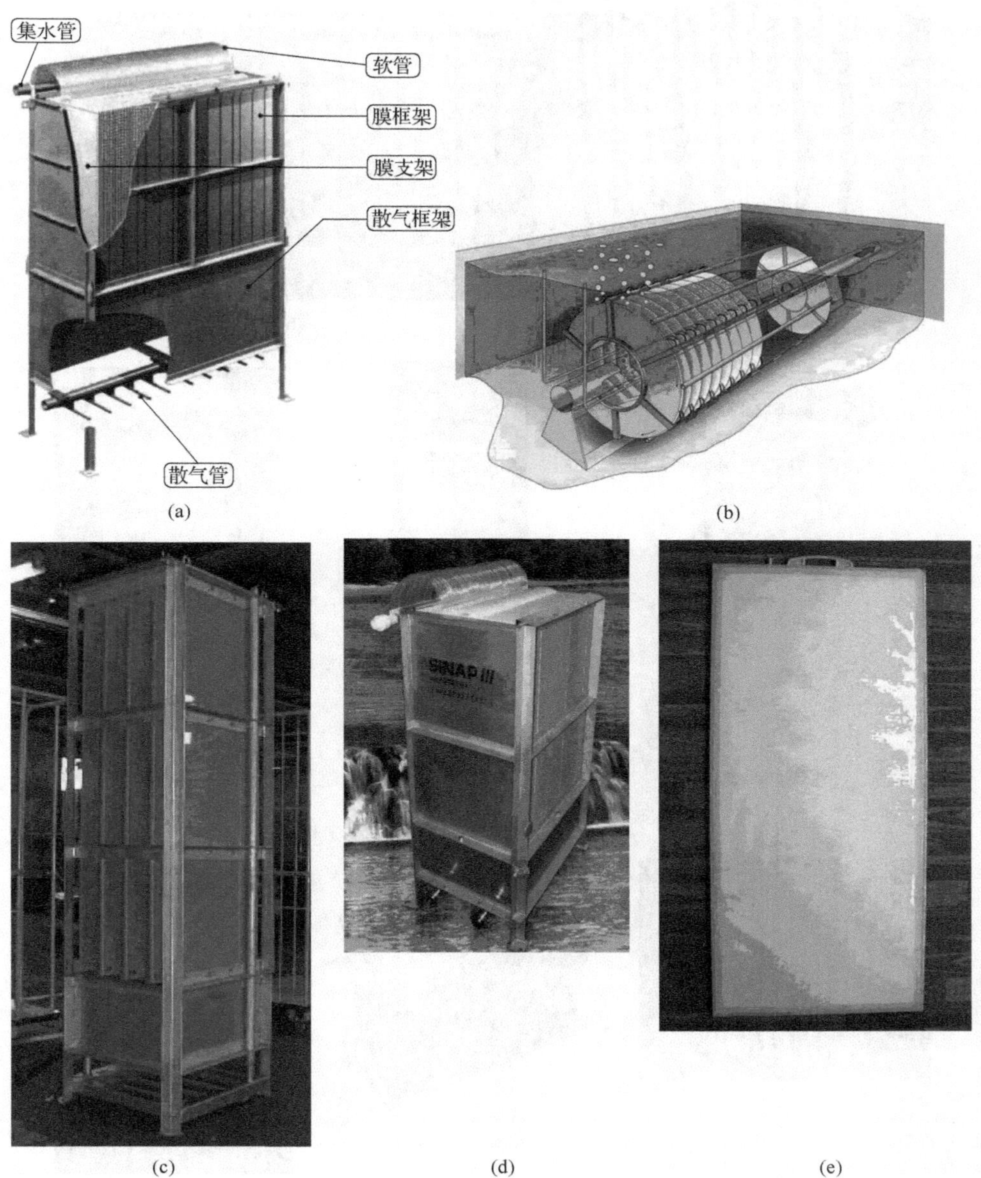


(a) (b) (c) (d) (e)

图 1.7 平板膜组件

(a) Kubota；(b) Huber Technology；(c) Toray；(d) 斯纳普；(e) 蓝天沛尔(由各厂家提供或摘自厂家产品宣传)

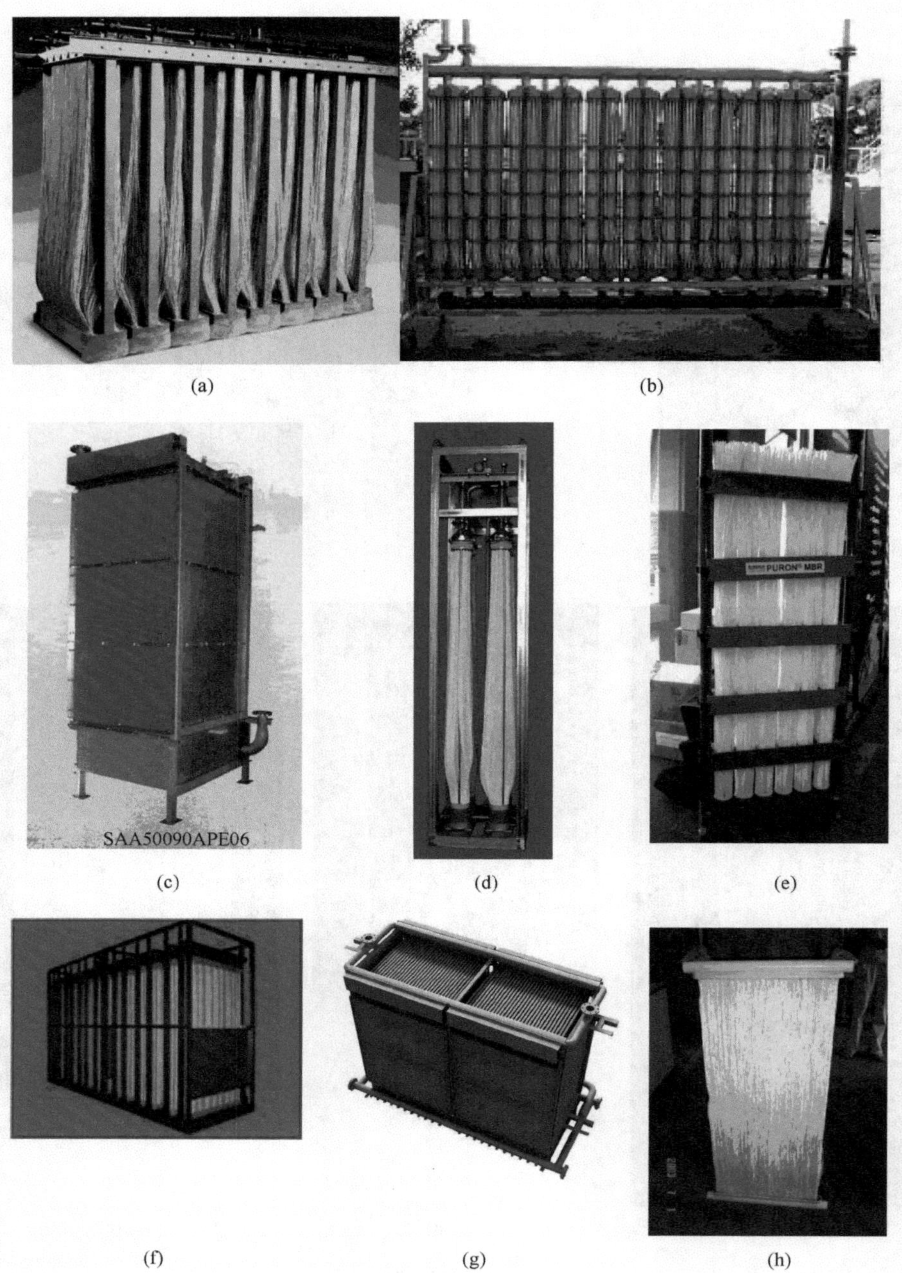


图 1.8 中空纤维膜组件

(a) GE Zenon; (b) Siemens Memcor; (c) Mitsubishi Rayon; (d) Asahi Kasei; (e) Koch Puron; (f) Sumitomo; (g) 北京碧水源; (h) 天津膜天膜(由各厂家提供或摘自厂家产品宣传)

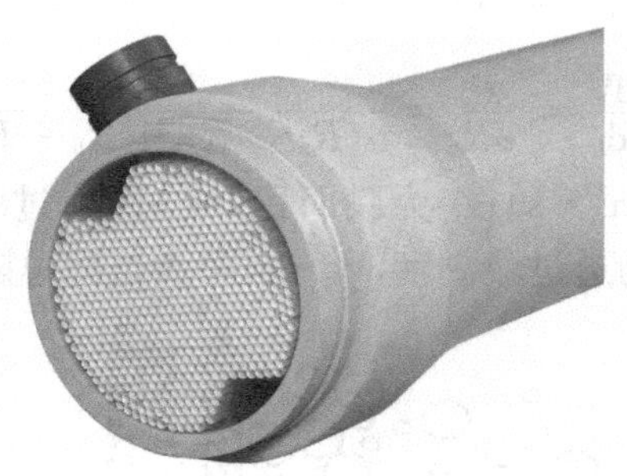

图 1.9 Norit(X-Flow)管式膜组件(由厂家提供)

# 1.4 膜生物反应器的膜污染

## 1.4.1 膜污染的概念

MBR 中的膜污染是指混合液中的污泥絮体、胶体粒子、溶解性有机物或无机盐类,由于与膜存在物理化学相互作用或机械作用而引起的在膜面上的吸附与沉积,或在膜孔内吸附造成膜孔径变小或堵塞,使水通过膜的阻力增加,过滤性下降,从而使膜通量下降或跨膜压差升高的现象。

广义的膜污染主要包括:浓差极化、膜孔堵塞以及表面沉积。

浓差极化:指由于过滤过程的进行,水的渗透流动使得大分子物质和固态颗粒物质不断在膜表面积累,膜表面的溶质浓度高于料液主体浓度,在膜表面一定厚度层产生稳定的浓度梯度区。过滤开始,浓差极化也就开始;过滤停止,浓差极化现象也就自然消除,因此,浓差极化现象是可逆的。

膜孔堵塞:指污染物结晶、沉淀、吸附于膜孔内部,造成膜孔不同程度的堵塞,通常比较难以去除,一般认为是不可逆的。

表面沉积:指各种污染物在膜表面形成的附着层。附着层包括三类:泥饼层(活性污泥絮体沉积和微生物附着于膜表面形成)、凝胶层(溶解性大分子有机物发生浓差极化,因吸附或过饱和而沉积在膜表面形成)、无机污染层(溶解性无机物因过饱和沉积在膜表面形成)。疏松的泥饼层可以通过曝气等水力清洗去除,一般认为是可逆的;但如果膜污染发展到一定程度,泥饼层被压实而变得致密,使反应器本身的曝气作用无法对其进行去除时,则成为不可逆污染。凝胶层和无机污染层需要经过碱洗或酸洗等化学清洗才能去除,一般认为是不可逆的。

膜污染通常采用污染阻力来表征。过滤总阻力 $R$ 包括膜本身的固有阻力 $R_m$、过滤过程中的浓差极化阻力 $R_{cp}$、膜孔堵塞阻力 $R_b$、泥饼层阻力 $R_c$和凝胶层阻力 $R_g$。总阻力即各种阻力值的叠加(图 1.10),且符合达西定律(Darcy's Law)

(Belfort,Marx, 1979):

$$J=\frac{1}{A}\frac{\mathrm{d}V}{\mathrm{d}t}=\frac{P}{\mu R}=\frac{P}{\mu(R_m+R_{cp}+R_b+R_c+R_g)} \tag{1.20}$$

其中,$J$ 为膜通量,$m^3/(m^2 \cdot s)$;$A$ 为膜面积,$m^2$;$V$ 为过滤液体积,$m^3$;$t$ 为时间,s;$P$ 为跨膜压差,Pa;$\mu$ 为透过液黏度,$Pa \cdot s$;$R$ 为过滤总阻力,$m^{-1}$。

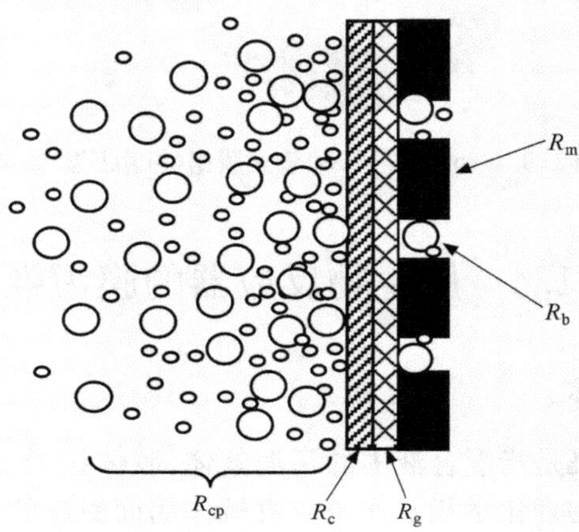


图 1.10 膜过滤阻力分布示意图

膜污染的结果是过滤总阻力 $R$ 的不断增大。如果 MBR 采用恒通量模式运行(即 $J$ 恒定不变),根据达西定律,随着反应器的运行,跨膜压差 $P$ 将持续上升;如果 MBR 采用恒压力模式运行(即 $P$ 恒定不变),则膜通量将持续下降。

上述膜污染的构成可以通过以下方法进行解析。膜组件在运行状态下根据式(1.20)计算得到的阻力为总阻力 $R$。将膜组件从膜池取出,并用清水冲洗表面污染物以去除主要由悬浮固体形成的泥饼层,再进行清水过滤试验,得到清水过滤阻力 $R_1$,如果忽略浓差极化阻力,则泥饼层阻力 $R_c=R-R_1$。然后采用 NaClO 溶液对膜组件浸洗以去除膜丝表面凝胶层以及部分膜孔内吸附的有机物,通过清水过滤试验得到 $R_2$,如果膜孔内吸附的有机物污染很小,则可以近似认为凝胶层阻力 $R_g=R_1-R_2$。如果膜污染中无机成分比较显著,可以进一步采用柠檬酸浸洗膜组件,用以去除膜丝表面和部分膜孔内残留的无机污染物,通过清水过滤试验得到 $R_3$,则无机污染物形成的阻力 $R_i=R_2-R_3$。

### 1.4.2 膜污染的特征

MBR 通常在恒定通量下运行。随着膜过滤的进行,过滤阻力逐渐增加,表现出跨膜压差的不断上升。如果将 MBR 的膜通量控制在临界通量之下,即在次临界通量下运行时(详见后述),TMP 的变化一般呈现如图 1.11 所示的三阶段规律

(Zhang et al.，2006a，2006b)。

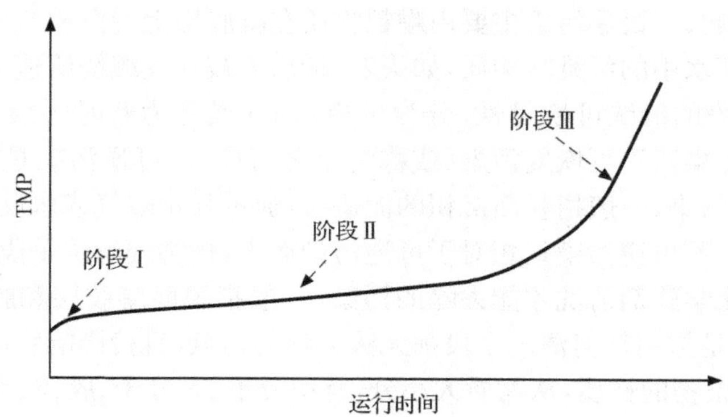


图 1.11　膜污染的三阶段特征

阶段Ⅰ:初始污染。当膜组件投入 MBR 的活性污泥混合液后，由于膜材料和混合液中的污染物之间的相互作用（被动吸附和膜孔堵塞）而发生的膜污染。即在通量为零的条件下或颗粒物沉积之前，胶体和有机物也会发生被动吸附（Zhang et al.，2006a）。初始膜污染几乎与膜面切向剪切作用无关，而与膜孔径、膜材料等有关，孔径越大，吸附作用越大，约为清洁膜阻力的 20%～200%（Ognier et al.，2002b）。有研究表明，一旦过滤开始，初始膜污染对整体过滤阻力的影响就可以忽略不计（Choi et al.，2005）。

阶段Ⅱ:缓慢污染。与运行膜通量的选择有关，当在次临界通量下运行时才会出现，主要由混合液中的溶解性物质、胶体物质所引起。溶解性有机物的吸附进一步在整个膜表面发生，而不只发生在膜孔内。经阶段Ⅰ后，覆盖在膜表面的微生物代谢产物会促进生物微粒和胶体在膜表面的进一步附着。即使在膜表面保持良好的水力条件下，缓慢污染也会发生。在 MBR 工艺中，由于气体和液流分布可能会不均匀，因此，膜污染将出现不均匀现象。

阶段Ⅲ:快速污染。通常在超临界通量条件下出现。在膜表面有明显的污泥沉积，形成滤饼层污染，致使 TMP 出现跃升。可能的原因是：由于膜孔的堵塞造成实际通量比临界通量大；由于膜组件通量的不均匀性，使得局部通量大于临界通量，导致污泥在膜面发生明显沉积（Yu et al.，2003）。

### 1.4.3　膜污染的分类

膜污染是膜和污染物在一定条件下相互作用的结果，因此，按污染物的形态、清洗可恢复性、污染物的性质等，膜污染有不同的分类方法：

(1) 按污染物的形态，分为膜孔堵塞、膜表面凝胶层、滤饼层以及漂浮物缠绕污染等。膜孔堵塞污染主要由混合液中的小分子有机物和无机物质由于吸附等所引起；膜表面凝胶层污染主要由混合液中的大分子有机物质由于吸附或截留沉积在膜表面所引起；泥饼层污染主要由颗粒物质在凝胶层上的沉积所引起；漂浮物污染主要由污/废水中的纤维状物质，如头发、纸屑等被膜丝缠绕所造成。

(2) 按污染的清洗可恢复性，分为可逆污染（或称为暂时污染）、不可逆污染（或称为长期污染）、不可恢复污染（或称为永久污染）。可逆污染是指通过物理清洗可以去除的污染，一般指膜面沉积的泥饼层，通过强化曝气或水反冲洗等物理手段可以被去除；不可逆污染是相对于可逆污染而言，指物理清洗手段不能有效去除的、需要通过化学药剂清洗才能去除的污染，一般指膜面凝胶层和膜孔堵塞污染；不可恢复污染是指用任何清洗手段都无法去除的污染，直接影响膜的寿命。

(3) 按污染物的性质，从物质大小分，有小分子、大分子、胶体、颗粒物、漂浮物等；从成分分，有无机物（金属、非金属）、有机物（如多糖、蛋白、腐殖酸）等；从来源分，有随原污/废水带入的未降解物质（如油类、难降解有机物等）、微生物代谢产物等。

### 1.4.4 膜污染的影响因素

MBR 中影响膜污染的因素众多，总体上可分为三类：膜材料与膜组件特性、污泥混合液特性以及系统操作条件。这些因素之间又存在相互作用，使 MBR 的膜污染研究变得十分复杂。

#### 1.4.4.1 膜材料与膜组件特性

膜材料本身的特性如材质、孔径大小及孔隙率、表面电荷及粗糙度、亲疏水性等对膜污染有直接的影响，而膜组件的构型也是膜污染的重要影响因素（吴金玲，2006；魏春海，2006）。

1. 膜孔径大小与分布

理论上讲，在满足截留要求的前提下，应尽量选择孔径或截留相对分子质量较大的膜，从而得到较高的膜通量。但研究发现，选用较大膜孔径，混合液中相当数量的胶体会进入膜孔内部并被吸附从而引起膜孔堵塞（Meireles et al.，1991），反而会加速膜污染，而这种内部的膜污染是很难清除的；对于远小于溶质颗粒尺寸的膜孔径，则需要更大的工作压力。Choo 等在研究厌氧 MBR 中膜孔尺寸对膜污染的影响时发现，聚砜膜、纤维素膜和聚偏氟乙烯膜均是孔径在 0.1μm 附近时污染指数最小（Choo，Lee，1998）。并且认为上清液中的细微胶体物质，虽然与其他组分相比占的比例很小，但对于膜污染阻力的贡献却最大。另有对于不同截留相对分子质量条件下好氧分置式 MBR 的研究表明，截留相对分子质量大的超滤膜，虽然清水通量和短期运行时膜通量大，但在长期运行条件下，膜表面更易出现浓差极化现象，清洗周期缩短（吴志超，2001b）。Shimzu 等（1997）在用陶瓷膜过滤活性污泥的试验中发现，孔径为0.05～0.2μm的膜通量最大。总之，对于某一特定的过滤料液和膜过滤的水力条件，存在最佳膜孔径。在MBR工艺中，膜孔径一般为0.04～0.4μm。

2. 膜表面电荷性质

膜表面电荷性质直接影响到其对料液中正负离子的吸附和排斥，因此对膜污染有一定的影响。由于水溶液中胶体粒子一般都带负电，当膜表面基团带正电时，胶体杂质容易吸附沉积在膜的表面而造成膜污染，相反，如果膜表面基团带负电，则不容易形成污染。当膜表面的电荷与溶质电荷相同时，同性电荷相斥使膜面凝胶层疏松，污染层阻力小。可以通过表面改性，改变膜表面的荷电性质，增强膜的耐污染性。Shimizu等(1997)等发现负电荷的陶瓷微滤膜比正电荷的膜通量有很大提高，其原因在于负电荷的胶体与膜表面之间存在较强的电性斥力，使膜污染减轻。

3. 膜表面粗糙度

粗糙的膜表面增大了膜的比表面积，从而增加了膜表面对污染物吸附的可能性，但同时也增加了膜表面附近的水流扰动程度，抑制污染物在膜表面的积累，粗糙度对膜污染的影响是这两方面综合作用的结果(Baniel et al.，1990)。

4. 膜表面亲疏水性

亲水性膜不容易与混合液中蛋白质类污染物结合，从而减少了膜对于生物类污染物质的吸附。膜的亲疏水性可以用接触角$\theta$来表征，$\theta$越大，膜疏水性越强。膜的亲疏水性直接影响膜的抗污染性。活性污泥是有机物质，因而疏水性膜易于受到污染，亲水性膜则更耐污染。对于疏水性膜可以通过人工改性，引进亲水基团(如磺酸基)和表面改性技术来增加透水性。对于没有进行改性的疏水性膜在使用之前应该用相应的溶剂(如乙醇)浸泡进行亲水化处理。

5. 膜组件的结构形式

膜组件的结构形式(如高径比、膜的装填密度等)会直接影响膜表面的料液流态，从而影响MBR的抗污染性，因此设计结构合理的膜组件十分重要。

膜组件的高径比是一个重要的结构因素，主要影响沿膜丝长度方向膜通量和压力分布的不均匀性(俞开昌，2003)。MBR运行一段时间后，膜丝靠近出水端部分由于膜通量和TMP较大，首先受到污染，此处膜通量也随之降低。随后这种通量和压力的变化沿膜丝长度方向传递。这种沿着膜丝长度方向的膜通量和压力变化与膜丝的长度及膜组件直径相关。

膜的装填密度主要影响单位容积膜组件的处理能力。装填密度低必然导致处理能力降低；但装填密度增加，膜污染趋势也随之增加。

#### 1.4.4.2 污泥混合液特性

污泥混合液是膜污染物质的来源，因此其性质直接决定膜污染的发展。混合液的主要性质包括理化性质和生物学性质（吴金玲，2006；魏春海，2006）。

1. 污泥浓度

较高的污泥浓度是 MBR 的主要特点，其常见范围为 3～20g/L。Hong 等(2002)的研究表明，中低污泥浓度（3.6～8.4g/L）对膜污染没有明显的影响。Rosenberger 和 Kraume(2003)对八个 MBR 和一家传统活性污泥污水处理厂的活性污泥参数进行了统计分析研究，发现 MLSS 浓度对活性污泥的过滤性没有太大的影响。但在高污泥浓度（>15g/L）条件下，膜污染明显加重，稳定运行膜通量降低。与中低浓度活性污泥相比，高浓度活性污泥中不仅絮体等大颗粒物质含量高，而且会产生更多的胞外多聚物（extra-cellular polymeric substances，EPS），溶解性大分子物质及胶体等小颗粒物质的含量也会增大，同时黏度也会增加（Liu et al.，2003；Nagaoka et al.，1996），这些都会加重膜污染。

2. 上清液有机物

近年来，溶解性有机物对膜污染的重要贡献得到很多学者的认同。研究发现，膜通量随着溶解性有机物浓度的升高而下降，特别是污泥内源呼吸和细胞解体过程中产生的微生物产物等，其高分子物质的含量比较高，在反应器内容易蓄积，更有可能加剧膜污染（柳根勇等，1997；Rosenberge，Kraume，2003）。Lee 等(2002)将活性污泥模型和膜阻力模型合并，建立了膜污染的计算模型，也发现溶解性微生物代谢产物是影响膜污染的重要因素。从凝胶层和泥饼层阻力的研究报道来看，更多的研究者认为，用于常规生活污水处理的 MBR 中膜表面污染层阻力的主要贡献者是凝胶层，也就是说溶解性有机物质和胶体物质对膜污染的影响较悬浮污泥会更大。混合液中溶解性物质浓度过高，除了形成凝胶层，还会引起膜孔和泥饼层内后生孔道堵塞从而引起膜过滤阻力的大幅度升高（罗虹等，2000）。

3. 无机物质

随着 MBR 运行，无机物质也会在反应器内和膜表面积累。利用扫描电镜可以在污染后的膜表面观察到无机盐类形成的具有规则形状的晶体（桂萍等，2004）。在无机物形成的污染层中，常见的元素为 Ca、Mg、Si、Fe 等，主要与进水成分有关。有研究表明一价、二价的金属阳离子的存在状态对过滤性也有重要影响（Dentel et al.，2000）。很多研究证实了钙对膜污染的作用，一方面钙盐溶解度小，容易在膜表面发生浓差极化而沉淀析出，如 $CaCO_3$、$CaSO_4$；另一方面，钙会改变水中许多污染物质的存在形态而影响膜污染（Schafer et al.，2000）。

4. 污泥粒径分布

泥饼层阻力与颗粒直径密切相关，颗粒越小，所形成的泥饼层阻力越大（Baker

et al. ,1995)。MBR 由于循环泵或强化曝气造成的剪切力较大,污泥粒径范围(外置式 MBR 为 7～8μm,浸没式 MBR 为 20～40μm)明显小于传统活性污泥工艺(20～120μm)(Zhang et al. ,1997)。Wisniewski 等(2000)的研究发现膜通量下降主要是由 2μm 左右的颗粒引起的。Sethi 等(1997)在剪切诱导扩散模型和矢量传输理论基础上,将布朗扩散和惯性提升的颗粒传输理论进行综合推导,得到多级颗粒错流过滤的瞬态通量模型,使之适用于大分子、胶体、细微颗粒和大颗粒,这一复合理论认为 0.4μm 左右的颗粒是最不利粒径尺寸。其他一些研究表明,MBR 中颗粒直径被剪切得越小,混合液中的 EPS 浓度就越高,造成的膜污染就越严重。总之,由于较高的剪切力造成的颗粒直径减小,对于 MBR 中膜污染控制是不利的。

5. 混合液黏度

很多研究认为黏度对膜污染有重要影响。Ueda 等(1996)利用中试规模 MBR 处理生活污水,运行 336 天,在第 251 天发现跨膜压差迅速增大,认为是由于混合液黏度的增加所导致的。很多研究者也指出,当活性污泥浓度过高时,混合液黏度上升很快,膜污染速率急剧增加(Shimizu et al. ,1997;Muller et al. ,1995)。然而,Rosenberger 和 Kraume(2003) 通过多个混合液样品的黏度与过滤性相关分析认为,在黏度相差不大的情况下,混合液的过滤性受其影响却并不大。

### 1.4.4.3 操作条件

MBR 的实际运行中,膜通量、操作压力、曝气强度、膜表面流态与错流速率、膜过滤的操作方式以及 HRT 和 SRT 等,均对膜污染有重要影响。

1. 膜通量

MBR 有恒通量与恒压力两种运行模式。对于恒通量运行模式,膜通量的选择直接影响膜污染速率。近年来,针对泥饼层污染的临界通量概念(Field et al.,1995; Howell, 1995)已逐步应用到 MBR 研究中。对于特定的 MBR,存在着临界的膜通量,当实际采用的膜通量大于该临界值时,膜污染发展迅速。狭义的临界通量指颗粒开始在膜表面沉积的膜通量,当膜通量低于此临界值时,无颗粒沉积。广义的临界通量指使膜过滤阻力不随时间明显升高的最大膜通量。临界通量与水力条件、混合液性质及膜组件特征等因素有关。一些研究者提出了各种测定临界膜通量的方法(Kwon,2000;Yu et al. ,2003)。

下面介绍一种常用的临界通量测定方法——“通量阶式递增法(stepwise method)”(俞开昌,2003;Ognier et al. ,2002a; Yu et al. , 2003)。在一定的操作条件(主要指污泥浓度和错流速率)下,采用恒通量运行模式,使膜组件运行一个时间段 $\Delta T$(不小于 30min),观测 TMP 在 $\Delta T$ 内的变化,若 TMP 保持恒定,调节出水抽吸泵,使膜通量增加一个阶量,重新观测 TMP 在下一个 $\Delta T$ 内的变化。重复上述过程，直到出现 TMP 在 $\Delta T$ 内不能稳定(即 TMP 在 $\Delta T$ 内随时间不断增长)为止，此时的膜通量记为 $J_{N+1}$($N$ 为试验测定中膜通量阶量的增加次数)。$J_{N+1}$ 即为在这个操作条件下使"TMP 上涨的最小的膜通量"，$J_N$ 为在这个操作条件下"TMP 恒定的最大的膜通量"。因此认为临界通量介于 $J_N$ 与 $J_{N+1}$ 之间，称之为临界通量区。高于 $J_{N+1}$ 的通量处于超临界通量区，低于 $J_N$ 的通量处于次临界通量区。

利用通量阶式递增法测定临界通量时，由于试验条件的限制，通量递增步长不可能无限缩小，因此无法得到准确的临界通量值，只能得到一个临界通量区。但是，判断达到临界通量区的具体量化依据(TMP 或膜阻力的上升速率)，文献中未见明确报道。在采用 U 形管水银压差计度量 TMP 时，可以测定一定时间(一般可以采用 2h)内能读出的 TMP 最小增长量作为判断达到临界通量区的标准。

2. 操作压力

操作压力是指膜两侧的跨膜压差(TMP)。同样地，采用恒定操作压力变膜通量运行时，存在一个临界的操作压力，在高于临界操作压力的条件下运行会导致膜迅速污染。临界操作压力随着膜孔径的增加而减小，因而在实际运行中，应注意选择适当的操作压力，使之低于临界操作压力。膜清水通量和 TMP 呈线性关系。对于污泥混合液，在 TMP 较低的时候，膜通量随 TMP 线性增大；当压力达到某一临界压力时，增大的趋势减小，并逐渐趋于平缓。MBR 操作压力在该临界压力以上时，膜污染速度加快。

3. 曝气强度

MBR 中曝气强度的改变可以通过调整曝气量来实现。增大曝气强度，液体的湍流程度增强，膜表面受到的剪切力增大，使得污泥不易在膜表面沉积，从而减小膜过滤阻力，有利于膜组件长时间保持较高的通量。在浸没式 MBR 中，曝气量常常大于微生物的需氧量，在满足有机物降解和细胞合成要求的需要时，还要考虑冲刷膜表面，避免膜污染所需的错流速率。曝气引起的错流可以有效地去除或者减轻膜面的污染层。理论上可以计算出安装有挡板的内循环生物反应器的错流速率(Kishino et al.，1996)，一般在浸没式 MBR 中，错流速率为 0.3～0.5m/s。但当曝气量增大到一定程度时，膜通量不再变化。因此在实际运行中(Ueda et al.，1996)，应将 MBR 系统的曝气强度控制在最佳的曝气量。

4. 膜表面流态与错流速率

在 MBR 运行过程中，选择合适的水流流态使得膜表面流体处于湍流流态是控制膜污染的一个有效手段。在一定污泥浓度下，膜通量会随着膜面错流速率的增加而增加，有利于膜过滤和防止膜污染。但过大的膜面错流速率会使活性污泥絮体破碎，污泥粒径减小，上清液中溶解性物质的浓度增加，膜污染由此加剧。膜面错流速率达到一定值后，过大的速率不仅不会剥离沉积层，反而会压实沉积层，造成过滤阻力增大。同时,膜面错流速率的增加会使能耗增加(桂萍等,1998)。Ueda等(1996)的研究表明,在浸没式MBR中,提高膜表面的水流紊动程度可以有效减少颗粒物质在膜面的沉积,减缓膜污染。但当膜面错流速率达到一个临界值后,其进一步增加将不会对膜的过滤性能有明显改善。

错流速率通过剪切力和剪切诱导扩散影响颗粒物在膜表面积累,进而影响泥饼层的厚度。前已述及,错流速率可以通过调整曝气强度获得。较高的剪切速率也可以通过膜的运动来产生,如盘片式旋转膜和振动膜(Ohkuma et al.,1994;Kimura et al.,1998)。

在外置式MBR系统中,通常采用提高泵流量的方法来提高错流速率,但较高的泵流量会对絮体产生更强的剪切作用从而增加料液中胶体物质的含量,在膜表面形成更为致密的泥饼层(Kim et al.,2001)。这一现象在使用转轮泵时要比使用离心泵更为突出。

此外控制膜表面水流流态的水力学方法还包括紊流、嵌入和不稳定流等。紊流可以通过膜表面的高速错流或者是旋转膜等方法实现。嵌入是指设置强化流态的障碍物。不稳定流主要是采取粗糙表面、漩涡流、脉冲流等手段造成膜面流态随时间、空间的不规则变化。这些方法的目的都是增加主体流的紊动程度,以产生较大的剪切力,控制颗粒的沉积,从而达到控制膜污染的目的。

5. 膜过滤的操作方式

间歇出水的操作模式有利于膜污染的控制。这是因为采用间歇操作模式时候,停止抽吸阶段对于膜表面沉积污染物的剥离非常有效。通过短暂的暂停出水,使沉积在膜表面的非黏滞性污染物在错流剪切力的作用下脱离膜表面,可以有效减缓膜污染的发展速率。膜表面的污染物在操作过程中受到两个方向相反的作用力的综合作用(桂萍,1999;Gui et al., 2003)。一个是由于抽吸和滤出水流产生的向膜表面运动的作用力(膜渗透水流拖曳力);另一个是由于水流剪切力、浓差极化产生的浓度梯度以及紊流等产生的反向作用力。当停止抽吸后,向膜表面沉积的作用力消失,因此,在反向作用力下,污染物能被有效地从膜表面剥离。

6. HRT和SRT

HRT和SRT并非直接引起膜污染的因素,只是二者的变化会引起反应器中污泥特性和MLSS的变化,相应导致膜污染状况的改变。

MBR中采用较短的HRT会为微生物提供较多的营养物质,因而污泥增长速率较高,MLSS浓度升高快。MLSS浓度直接受到污泥负荷的影响。Harada等(1994)与Veda等(1996)都证明,过短的HRT会导致溶解性有机物的积累,吸附在膜面上而影响通量。因此需要控制HRT,以维持溶解性有机物的平衡。

SRT直接影响剩余污泥的产量、组成、生物特性和浓度。延长SRT会增加MLSS浓度(Xing et al.,2000),较长的SRT会使污泥颗粒尺寸略有增加(Huang et al.,2001)。有研究表明当 SRT 从 5d 增加到 20d 时,MLSS 从 3 g/L 增加到 7.5g/L,较长的 SRT 使膜污染减轻(Fan et al.,1996)。但是也有报道高 MLSS 浓度会导致高的污泥黏度,从而加重膜污染,认为应定期排泥以保持较低的污泥黏度(Udea et al.,1996)。

MBR 的污泥浓度一般高于传统活性污泥法数倍以上,较长的 SRT 会使 MBR 具有一定的污泥好氧消化的作用,可以减少剩余污泥产量,甚至可以达到无剩余污泥排放。但随 SRT 延长,污泥浓度增加而营养物质相对贫乏,内源呼吸导致水中胶体物质增加从而会加大膜的负担,因此应对 SRT 进行适当控制。

### 1.4.5 膜污染综合控制策略

在 MBR 工艺中,膜是过滤介质,而过滤的主体是活性污泥混合液,因此,混合液性质和膜操作条件对膜污染控制具有重要影响。此外,在运行过程中膜污染的发生是不可避免的,因此,对膜污染进行清洗是必需的。综合这三方面的因素,提出膜污染综合控制模式如图 1.12 所示。

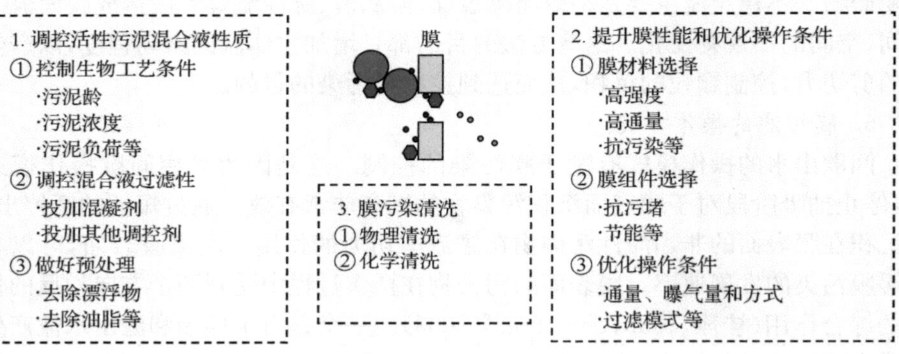


图 1.12 膜污染综合控制模式

(1) 调控活性污泥混合液性质:通过控制合理的生物工艺条件(如污泥龄、污泥浓度、污泥负荷等)、调控混合液膜过滤性(如投加混凝剂、氧化剂以及其他调控剂等)、做好预处理等,去除对膜系统运行不利的漂浮物、油脂等物质,使污泥混合液的性质控制在合理范围,尽量减轻其对膜的污染。

(2) 提升膜性能和优化操作条件:选择合适的膜材料(高强度、高通量、抗污染、抗化学药剂,同时成本低)、高效的膜组件(抗污堵、耗能低、易维护等)以及优化的操作条件(通量、曝气量和方式、运行模式等),降低膜污染。

(3) 膜污染清洗:在采取上述膜污染控制措施的条件下,膜污染仍然会发生,因此,需要定期实施膜污染清洗,包括各类清洗技术,如物理清洗和化学清洗,以维持膜系统的稳定运行。

# 1.5 膜生物反应器的设计与运行要点

## 1.5.1 预处理

在城市污水处理工艺中，预处理环节包括粗格栅（间距，25～50mm）、中格栅（间距，10～20mm）、细格栅（间距，5～10mm）、沉砂池。但由于传统工艺中的格栅间距比较大，通常难以满足MBR需要去除细小漂浮物如毛发等的要求，会造成毛发等缠绕膜丝或堵塞膜间隙和曝气口（图1.13）。因此，在MBR工艺中通常需要设置超细格栅，对于中空纤维膜组件，格栅间距一般为0.5～1.5mm；对于平板膜组件，间距为2～3mm。格栅的形状一般有栅条、圆孔和网格。工程应用效果表明，圆孔和网格形格栅对头发及纤维状物质的截留效果优于栅条形格栅，但反冲洗要求较高。设置合理的预处理设备对于维持膜组件的稳定运行十分重要。如果将传统活性污泥工艺升级改造成MBR，需同时升级预处理环节。

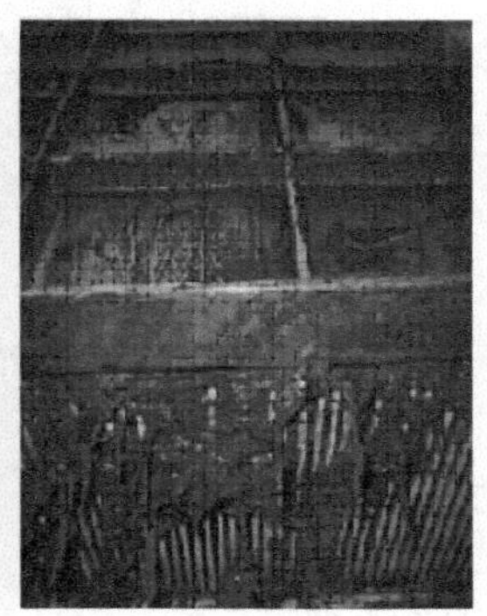

图1.13 漂浮物对膜组件的缠绕和堵塞

常用的由Huber公司生产的旋转超细格栅如图1.14所示。

图1.14 旋转超细格栅

对于处理工业废水而言，预处理还需要考虑去除废水中的油脂（如采用气浮工艺）、调节 pH（如中和池等）以及调整可生化性（如厌氧水解池等），以减轻对膜污染的影响或提高工艺的处理效果。多数膜组件供应商一般要求进水油脂≤50mg/L，矿物油≤3mg/L。

### 1.5.2 生物处理工艺的选择

MBR 中的生物单元与常规生物处理工艺是类似的，因为膜的使用在本质上并没有改变微生物的作用。

在以去除有机物和氨氮为主要目的时，MBR 可以是好氧生物单元与膜单元的集成[图 1.15(a)]。好氧生物单元可以设计成活性污泥法或生物膜法。如果污水需要脱氮除磷，好氧生物单元则需要与厌氧、缺氧联合使用[图 1.15(b)]。如果用于处理高浓度或含难降解有机物废水，好氧生物单元可以与厌氧酸化水解单元联合使用[图 1.15(c)]。

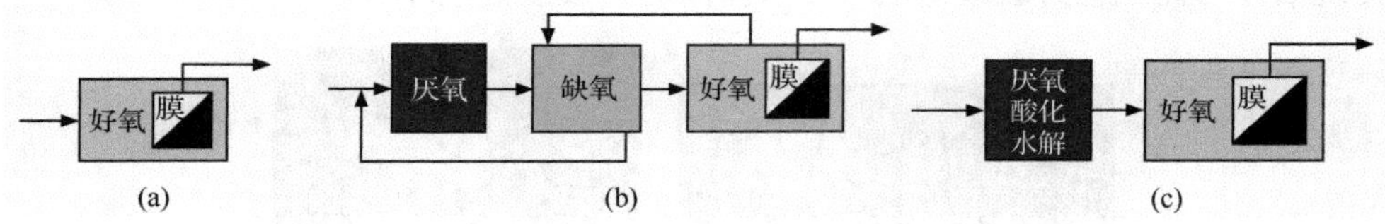


图 1.15 MBR 工艺流程

(a) 除碳和硝化；(b) 脱氮除磷；(c) 处理高浓度或难降解有机物

### 1.5.3 生物动力学参数与工艺参数

#### 1.5.3.1 工艺参数

根据文献报道，处理城市污水的 MBR 工艺参数见表 1.3。

**表 1.3 处理城市污水的 MBR 工艺的主要控制参数**

| 运行控制参数 | | MBR 工艺 | | 传统活性污泥法 | |
|---|---|---|---|---|---|
| 名称 | 单位 | 范围 | 典型值 | 范围 | 典型值 |
| 污泥浓度 | g/L | 5～15 | 8～12 | 1.5～6 | 2～4.5 |
| 污泥负荷 | kg-$BOD_5$/(kg-MLSS · d) | 0.04～0.15 | 0.05～0.1 | 0.05～0.5 | 0.2～0.4 |
| 污泥龄 | d | 5～40 | 12～30 | 3～23 | 7～20 |

可见，MBR 工艺中污泥龄比传统活性污泥法长，污泥浓度是传统活性污泥法的 2～3 倍，而污泥负荷比传统活性污泥法低。

1.5.3.2 生物动力学参数

根据文献报道，总结处理城市污水的MBR工艺的各生物动力学参数见表1.4。

**表1.4 处理城市污水的MBR工艺的动力学参数**

| 参数 | 符号 | 单位 | MBR工艺 | 传统活性污泥法 |
|---|---|---|---|---|
| 半饱和速率常数 | $K_s$ | $g/m^3$ | 5～120 | 10～180 |
| 内源衰减系数 | $k_d$ | $d^{-1}$ | 0.023～0.2 | 0.02～0.15 |
| 最大比增长速率 | $\mu_m$ | $d^{-1}$ | 3～13.2 | 2.88～13.2 |
| 产率系数 | $Y$ | kg-MLVSS/kg-COD | 0.28～0.67 | 0.4～0.8 |

与传统活性污泥法相比，MBR的内源衰减系数高10%～20%，污泥产率系数低15%～30%，主要原因是MBR工艺具有较长的污泥龄，这使得污泥浓度比传统活性污泥法要高2～3倍，因此相应的有机物的污泥负荷低，从而导致微生物的衰减速率增加，污泥产率系数降低。

### 1.5.4 基本工艺计算

1.5.4.1 曝气池容积

曝气池容积可按污泥负荷进行计算：

$$V = \frac{QS_i}{1000N_sX} \tag{1.21}$$

式中，$V$为曝气池容积，$m^3$；$Q$为设计处理水量，$m^3/d$；$S_i$为曝气池进水$BOD_5$浓度，mg/L；$N_s$为污泥负荷，kg-$BOD_5$/(kg-MLSS · d)；$X$为悬浮污泥浓度，kg-MLSS/$m^3$。

1.5.4.2 膜面积

膜面积$A_m$由设计处理水量$Q$、膜平均净通量$J_{net}$，按式(1.22)计算(Judd, 2011)。

$$A_m = \frac{Q}{J_{net}} \tag{1.22}$$

式中，平均净通量$J_{net}$由式(1.23)计算。

$$J_{net} = \frac{n(Jt_p - J_b\tau_p)}{t_c + \tau_c} \tag{1.23}$$

式中，$t_p$、$t_c$分别为物理清洗间隔周期和化学清洗间隔周期，其中物理清洗可以是反冲洗或间歇曝气吹扫；$\tau_p$和$\tau_c$分别为物理清洗持续时间和化学清洗持续时间；$J$和

$J_b$分别为运行时的通量和反冲洗通量；$n$ 为一个化学清洗周期内所包含的物理清洗次数：

$$n = \frac{t_c}{t_p + \tau_p} \tag{1.24}$$

式中，$t_p$、$t_c$可根据试验结果或工程运行中的经验确定。

#### 1.5.4.3 曝气量与曝气设备

MBR 中的曝气量由两部分组成，一是生物反应所需的曝气量；二是膜组件的曝气量。

1. 生物反应曝气量

首先，计算生物反应所需氧量，根据有机物去除、氨氮硝化以及微生物内源呼吸等要求，可按式(1.25)计算(日本下水道协会，2009)：

$$O = O_B + O_N + O_E + O_O \tag{1.25}$$

式中，$O$ 表示生物反应需氧量，kg-$O_2$/d；$O_B$、$O_N$、$O_E$和 $O_O$分别表示 $BOD_5$去除、硝化反应、内源呼吸和溶解氧维持所需氧量，kg-$O_2$/d，分别可按式(1.26)～式(1.29)计算：

$$O_B = 0.001 \cdot (S_i - S_e) \cdot Q \cdot a \tag{1.26}$$

$$O_N = [0.001 \cdot (N_{ki} - N_{ke}) \cdot Q - b \cdot \Delta X_v] \cdot c \tag{1.27}$$

$$O_E = X_v \cdot V \cdot d \tag{1.28}$$

$$O_O = 0.001 \cdot O_{oe} \cdot (Q + Q_{sr} + Q_{wr}) \tag{1.29}$$

式中，$Q$、$Q_{sr}$和 $Q_{wr}$分别为处理水量、回流污泥量和循环污水量，$m^3$/d；$V$ 为曝气池体积，$m^3$；$S_i$、$S_e$分别为曝气池进水和出水 $BOD_5$浓度，mg-$BOD_5$/L；$N_{ki}$、$N_{ke}$分别为曝气池进水和出水凯氏氮浓度，mg/L；$O_{oe}$为曝气池末端的残余溶解氧浓度，mg-$O_2$/L；$X_v$为曝气池污泥浓度，g-MLVSS/L；$\Delta X_v$为排出系统的剩余污泥量，kg-MLVSS/d；$a$ 为去除单位 $BOD_5$所需氧量，kg-$O_2$/kg-$BOD_5$，通常取 0.5～0.7；$b$ 为单位 MLVSS 的含氮量，kg-N/kg-MLVSS，按照微生物细胞的经验化学式 $C_5H_7NO_2$计算，取 0.124；$c$ 为硝化单位凯氏氮所需氧量，kg-$O_2$/kg-N，取 4.57；$d$ 为单位微生物内源呼吸耗氧量，kg-$O_2$/(kg-MLVSS · d)，通常取 0.05～0.15。

然后，计算在标准状态下[温度 20℃，气压 $1.013\times10^5$ Pa(大气压)]的供氧量，见式(1.30)：

$$R_0 = \frac{O \cdot C_{s(20)}}{\alpha \cdot [\beta \cdot \rho \cdot C_{sb(T)} - C] \cdot 1.024^{(T-20)}} \tag{1.30}$$

其中，

$$\alpha = \frac{k_L a_{污水}}{k_L a_{清水}}、\beta = \frac{污水中饱和溶解氧}{清水中饱和溶解氧}、\rho = \frac{所在地区实际气压(Pa)}{1.013 \times 10^5} \tag{1.31}$$

式中，$R_0$为标准状态下供氧量，kg-$O_2$/d；$T$ 为水温，℃；$C_{s(20)}$为水温 20℃时大气压下溶解氧饱和浓度，kg-$O_2$/$m^3$；$C_{sb(T)}$为水温 $T$℃时大气压下曝气池内溶解氧饱和浓度的平均值，kg-$O_2$/$m^3$；$C$ 为曝气池中实际溶解氧浓度，kg-$O_2$/$m^3$；$\alpha$ 为氧传质系数的修正系数；$\beta$ 为饱和溶解氧修正系数；$\rho$ 为气压修正系数；$k_L a_{污水}$ 和 $k_L a_{清水}$ 分别代表氧在污水和清水中的传质系数，1/h。

与传统活性污泥工艺相比，MBR 工艺中污泥浓度很高，因此，$\alpha$ 值与传统活性污泥法有明显差别。大量的研究发现，MBR 工艺中 $\alpha$ 值与混合液悬浮固体浓度(MLSS)之间存在指数关系，但不同的研究者得到不同的关系式，如图 1.16 所示。

最后，根据供氧量和曝气设备的氧转移效率，由式(1.32)计算生物反应所需的曝气量：

$$G_b = \frac{R_0}{0.3 \cdot E_A} \tag{1.32}$$

式中，$G_b$为标准状态下曝气量，$m^3$/d；0.3 为标准状态下 1$m^3$空气中含氧量，kg-$O_2$/$m^3$；$E_A$为曝气设备的氧转移效率，%。

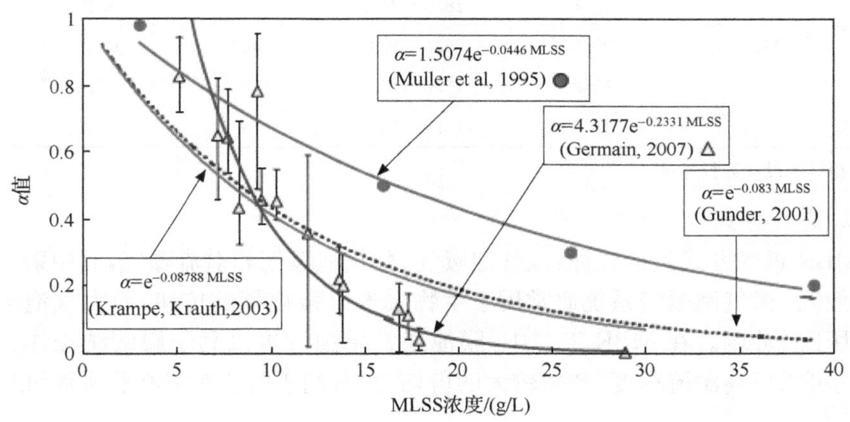


图 1.16　$\alpha$ 值随 MLSS 浓度的变化情况(Judd，2011)

2. 膜组件曝气量

MBR 中膜组件的曝气十分重要，其目的是将固体物质从膜表面冲刷下来，防止膜通量下降。目前，人们还未能深入了解膜曝气量和膜通量下降之间的关系，因此，在实际应用中膜曝气量一般不是通过理论计算得到，而是通过中试研究和实际工程得到。通常膜厂商会提供一个合适的曝气量值。在浸没式 MBR 中，通常采用比曝气需求量(specific aeration demand，SAD)来进行计算。SAD 有以下三种计算方法即一个单元膜组件的曝气量 $G_m$ 与单元膜组件在水平面的投影面积($A_s$)的比值($SAD_s$)、或与膜面积($A_m$)的比值($SAD_m$)或与出水流量的比值($SAD_p$)。

$$\mathrm{SAD_s} = \frac{G_m}{A_s} \tag{1.33}$$

$$\mathrm{SAD_m} = \frac{G_m}{A_m} \tag{1.34}$$

$$\mathrm{SAD_p} = \frac{G_m}{JA_m} \tag{1.35}$$

式中，$\mathrm{SAD_s}$的单位为 $m^3$-空气/($m^2$-投影面积 · h)；$\mathrm{SAD_m}$单位为 $m^3$-空气/($m^2$-膜面积 · h)；$\mathrm{SAD_p}$ 无单位。

国内一些代表性 MBR 工程的设计膜曝气量如表 1.5 所示。

**表 1.5 国内一些代表性 MBR 工程的设计膜曝气量**

| 工程编号 | 设计规模/(万 $m^3$/d) | 设计运行通量/[L/($m^2$ · h)] | 实际运行通量/[L/($m^2$ · h)] | $\mathrm{SAD_s}$/[$m^3$/($m^2$ · h)] | $\mathrm{SAD_m}$/[$m^3$/($m^2$ · h)] | $\mathrm{SAD_p^a}$ |
|---|---|---|---|---|---|---|
| A | 5.0 | 20.5 | 18.4～20.5 | 115.3 | 0.25 | 12.3 |
| B | 2.5 | 17.5 | 17.5～19.6 | 88.1 | 0.19 | 10.6 |
| C | 3.0 | 22.6 | 18.9～24.2 | 112.8 | 0.26 | 11.5 |
| D | 3.5 | 20.8 | 5.9～8.9 | 56.3 | 0.20 | 9.6 |
| E | 4.0 | 15.8 | 15.8～16.6 | 115.3 | 0.24 | 15.4 |
| F | 6.0 | 19.7 | 16.4～19.7 | 115.3 | 0.25 | 12.8 |

a. 相对于设计运行通量。

3. 曝气方式

MBR 曝气方式包括 3 种：大气泡曝气、微气泡曝气和射流曝气，其中射流曝气应用较少。微气泡曝气系统通常用于生物曝气以强化氧的传递，而大气泡曝气系统常用于膜冲刷。在 MBR 工艺中，膜池通常单独设置以利于膜清洗操作。大气泡曝气可以提高湍流程度，产生较大的剪切力，有利于防止污泥在膜表面沉积。

### 1.5.5 膜污染清洗

膜污染的清洗方法，按照在清洗时是否对膜组器进行拆卸，可分为原位(*in situ*)清洗和非原位(*ex situ*)清洗；按照清洗的作用过程，分为物理清洗和化学清洗。各清洗方法的特点总结见表 1.6。

一般来说，物理清洗比化学清洗简单。物理清洗持续时间一般不超过 2min，比化学清洗更快；无需化学药剂，因此不会产生化学废液，膜材料出现化学降解的可能性也更小。但另一方面，物理清洗效果不如化学清洗效果。物理清洗只能去除附着在膜表面的粗大颗粒物质，常称为“可逆性”或“暂时性”污染，但化学清洗可去除黏附性更强的物质，常称为“不可逆性”污染。对于大部分浸没式 MBR，通常不采用反冲洗，主要采用曝气吹扫和化学清洗维持膜的运行稳定性。

**表 1.6 各种膜污染清洗方法及特点**

| 清洗方法 | 操作条件 | 特点 |
|---|---|---|
| 一、原位清洗 | | |
| ①物理清洗 | 主要去除可逆污染，操作简单，持续时间短 | |
| ·水/气反冲洗 | 关键参数是反冲洗通量、持续时间和反冲洗频率；反冲洗通量一般为运行通量的2～3倍；反冲洗频率越高、持续时间越长，冲洗效果越好 | 可以去除或松动附着在膜表面的污泥滤饼；损失部分过滤水量；空气反冲洗有时可能会使某些膜出现局部干燥或膜脆化；并不是所有膜组件都能进行反冲洗或获得明显的反冲洗效果（如平板、卷式、多孔管式） |
| ·曝气吹扫（间歇过滤） | 通常过滤8～15min，停止1～2min | 强化污染物从膜表面的反向扩散；实施简单，已在工程中得到广泛应用 |
| ·两者结合 | 将水反冲洗和间歇过滤联合使用 | |
| ②化学清洗 | 主要去除不可逆污染，需要一定时间 | |
| ·化学强化反冲洗（chemical enhanced backflush，CEB） | 将低浓度化学清洗药剂加入到反冲洗水中，可以每天实施 | 强化对膜表面累积的溶解性物质的去除 |
| ·维护性清洗（就地在线清洗，cleaning in place，CIP） | 每3～7d用中等浓度化学药剂（200～500mg/L的NaClO）清洗一次，每次30～120min；每月/季度用高浓度化学药剂（0.2%～0.3% NaClO）清洗一次 | 用于维持膜通量，降低恢复性清洗的频率 |
| ·恢复性清洗 | 把膜池活性污泥抽空，原位注入化学药剂（0.2%～0.3% NaClO，结合使用0.2%～0.3%的柠檬酸或0.5%～1%的草酸）进行浸泡，每1～2年实施一次 | 通常用于维护性清洗不能维持膜系统的稳定运行、TMP升高的情况下进行 |
| 二、非原位清洗 | | |
| ①物理清洗 | 主要去除可逆污染，操作简单，持续时间短 | |
| ·水冲洗 | 用高压水冲洗膜表面，去除表面泥饼 | 对于强度不够高的膜丝，水冲洗压力不应太大 |
| ·擦洗 | 采用海绵等，擦除膜表面或膜孔中的污染物 | 注意不要划伤膜表面 |
| ②化学清洗 | 主要去除不可逆污染，需要一定时间 | |
| ·恢复性清洗 | 把膜组器从膜池提出，在专门的清洗池中浸泡清洗（0.2%～0.3% NaClO，结合使用0.2%～0.3%的柠檬酸或0.5%～1%的草酸） | 通常用于原位的维护性清洗不能维持膜系统的稳定运行、TMP升高的情况下进行 |

常用的化学清洗药剂包括：NaClO（用于清洗有机污染物）、柠檬酸或草酸（用于清洗无机物）。MBR 膜供应商都有自己的化学清洗方法，其差别主要在于清洗剂浓度和清洗方式的不同，通常会对不同的系统采用不同的化学清洗方案（如不同的清洗剂浓度和清洗频率），但基本上均推荐结合使用次氯酸钠（用于去除有机物）和有机酸（柠檬酸或草酸，用于去除无机盐）。对于处理城市污水的 MBR，维护性清洗的一个完整周期为 30～120min，通常每 3～7d 进行一次，采用中等浓度的化学药剂，即浓度为 200～500mg/L 的 NaClO。根据膜系统的运行情况，有时一个季度或半年采用更高浓度的化学药剂（0.2%～0.3%的 NaClO）进行强化的维护性清洗。而恢复性清洗则采用高浓度的化学药剂（0.2%～0.3%的 NaClO），并结合使用 0.2%～0.3%的柠檬酸或 0.5%～1%的草酸。

我国一些代表性 MBR 工程采用的膜污染清洗方案总结如表 1.7 所示。

化学清洗的合理使用对维持膜系统的稳定运行至关重要。有关化学清洗的最佳方案还需要在工程实践中针对实际的废水种类不断完善。

**表 1.7 国内一些代表性 MBR 工程的膜污染清洗方案**

| 工程编号 | 清洗方式 | 具体清洗方法 |
|---|---|---|
| A | 在线清洗 | 每周 1 次 1000mg/L NaClO 清洗，每月 1 次 3000mg/L NaClO 清洗；每季度 1 次 1%～1.5%柠檬酸清洗 |
|  | 离线清洗 | 每年 1 次 4000mg/L NaClO、1.5%柠檬酸清洗 |
| B | 在线清洗 | 每周 1 次 1000mg/L NaClO 清洗，每月 1 次 3000mg/L NaClO 清洗 |
|  | 离线清洗 | 运行时间短，暂未进行 |
| C | 在线清洗 | 每周 1 次 1000mg/L NaClO 清洗，每月 1 次 3000mg/L NaClO 清洗 |
|  | 离线清洗 | 每年 1 次 4000mg/L NaClO、1.5%柠檬酸清洗 |
| D | 在线清洗 | 每 2 周 1 次 1500mg/L NaClO 清洗，每月 1 次 3000mg/L NaClO 清洗 |
|  | 离线清洗 | 每年 1 次 4000mg/L NaClO、1.5%柠檬酸清洗 |
| E | 在线清洗 | 每周 1 次 1000mg/L NaClO 清洗，每月 1 次 3000mg/L NaClO 清洗 |
|  | 离线清洗 | 运行时间短，暂未进行 |
| F | 在线清洗 | 每周 1 次 1000mg/L NaClO 清洗，每月 1 次 3000mg/L NaClO 清洗；每季度 1 次 1%～1.5%柠檬酸清洗 |
|  | 离线清洗 | 每年 1 次 4000mg/L NaClO、1.5%柠檬酸清洗 |

### 1.5.6 混合液调控

为提高 MBR 工艺中污泥混合液的膜过滤性，通过生化或化学的方法对混合液进行适当调控是一种有效的办法，特别是在冬季混合液膜过滤性比较差的情况下。生化的调控方法主要有调整污泥龄，控制膜池的污泥浓度。适当的排泥、降低膜池污泥浓度可以降低混合液黏度和溶解性微生物代谢产物，减轻膜污染。

化学调控方法包括投加混凝剂（如氯化铁、硫酸铝、聚合硫酸铁、聚合硫酸铝、高分子混凝剂等）、吸附剂（如粉末活性炭等）、氧化剂（如臭氧、$H_2O_2$等）等。投加混凝剂对提高混合液膜过滤性的效果明显，主要原因是通过混凝作用可以显著降低混合液中溶解性代谢产物浓度并增大污泥絮体（Wu et al.，2006；Wu，Huang，2008）。在城市污水处理中，投加混凝剂调控混合液还可以和化学除磷联合进行，达到在调控混合液膜过滤性的同时去除磷的双重效果。

在MBR混合液中投加粉末活性炭也可以改善混合液膜过滤性，主要作用机理是投加的粉末活性炭作为吸附剂可以降低混合液中溶解性代谢产物浓度，同时改善污泥絮体的结构（曹效鑫等，2005）。但粉末活性炭的投加量需要合理控制，如果投加量过高，粉末活性炭会在膜面形成滤饼层，对膜造成污染。

此外，还可以投加臭氧等氧化剂来调控混合液膜过滤性（Huang，Wu，2008；Wu，Huang，2010）。主要作用机理是投加的氧化剂可以与生物絮体表面的胞外多聚物进行反应，去除部分外层胞外多聚物，使污泥絮体表面性质发生改变，疏水性增强；在曝气条件下发生再次絮凝，生成粒径更大的新絮体，同时在再絮凝过程中上清液有机物浓度也得到降低。另外，投加的臭氧还有降低污泥产率的效果。

# 第 2 章　膜生物反应器的膜组件

膜组件是 MBR 的核心构成，是决定 MBR 整个工艺性能的关键环节。理想的膜组件应具有寿命长、通量大、能耗低、抗污染性能好、价格低廉等特点。不少研究者和 MBR 专业公司为此开展了大量有关膜组件的研究工作。

本章结合我们的研究成果，介绍一种用于 MBR 的气冲柱式中空纤维膜组件(俞开昌，2003；卜庆杰，2004)。同时，从强化膜污染控制的角度出发，提出过滤/曝气双功能膜组件，并评价了其用于 MBR 的可行性(孙友峰，2003)。此外，为降低膜组件的造价，提出基于廉价微网基材的动态膜组件，并研究了动态膜生物反应器的特性(吴盈嬉，2005)。

## 2.1　气冲柱式中空纤维膜组件

本节以能耗低、通量大、膜污染发展缓慢、膜清洗方便为目标，设计了新型的气冲柱式中空纤维膜组件，并评价了膜组件的性能(俞开昌，2003；卜庆杰，2004)。

### 2.1.1　膜组件构型

设计的气冲柱式中空纤维膜组件的结构示意如图 2.1 所示。其中，图 2.1(a)所示的膜组件用于外置式 MBR，图 2.1(b)所示的膜组件用于浸没式 MBR。该膜组件的特点是采用了集中曝气的方式，可减少曝气面积，提高曝气强度，增加膜组件附近流体的紊动性；由于膜丝弯成 U 形，只在一端固定膜丝，这样可增加膜丝自由端的摆动，更有效地控制污泥在膜表面的沉积，提高膜组件的抗污染性能。

### 2.1.2　膜组件临界通量

采用第 1 章 1.4.4 节所述的“通量阶式递增法”，以图 2.1(a)所示的分置式膜组件为对象，测定了膜组件在污泥浓度和曝气强度下的临界通量区域，结果总结见表 2.1。膜材料为聚偏氟乙烯，平均孔径 0.22$\mu$m，膜组件内径 $\phi$40mm，高 480mm。

从表 2.1 可以看出，临界通量随着曝气强度的增大而增加。曝气强度越大，其对应的临界通量越大。但在不同的污泥浓度下，曝气强度对临界通量的影响程度是不一样的。当污泥浓度为 1g/L 时，曝气强度对临界膜通量的影响较小；当污泥浓度为 3g/L 时，曝气强度对临界膜通量的影响最大；当污泥浓度为 6g/L、10g/L 时，曝气强度对临界膜通量的影响程度差别不大且没有污泥浓度为 3g/L 时大。

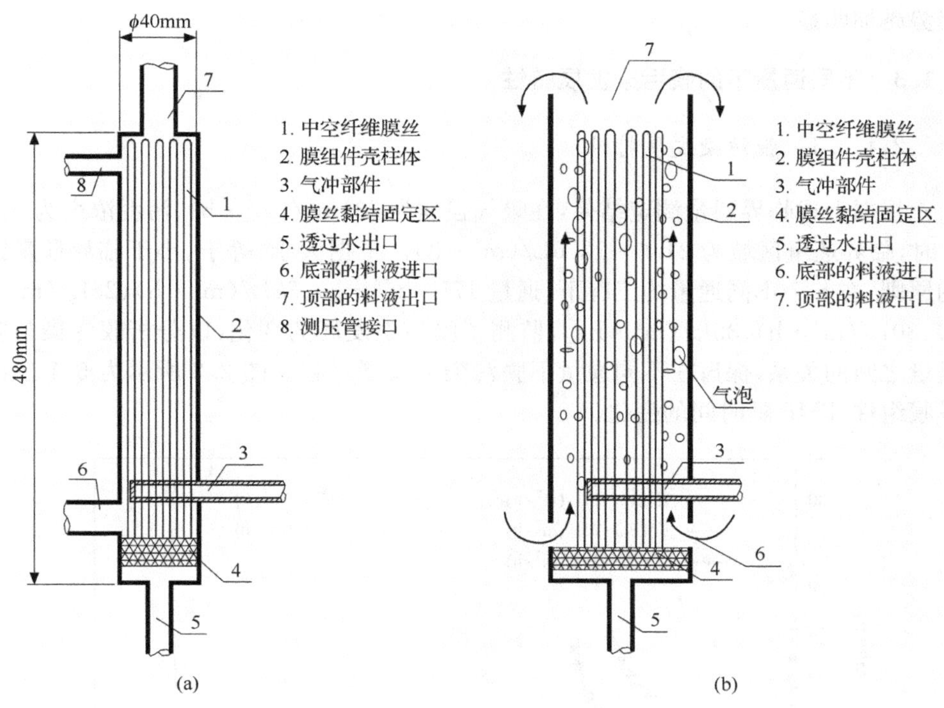


图 2.1　气冲柱式中空纤维膜组件的结构示意图

(a) 用于外置式 MBR；(b) 用于浸没式 MBR

**表 2.1　气冲柱式中空纤维膜组件的临界通量区域**

| 污泥浓度/(g/L) | 临界通量区域/[L/(m$^2$·h)] | | | | |
|---|---|---|---|---|---|
| | 曝气强度 28.9m$^3$/(m$^2$·h) | 曝气强度 57.7m$^3$/(m$^2$·h) | 曝气强度 115.5m$^3$/(m$^2$·h) | 曝气强度 173.2m$^3$/(m$^2$·h) | 曝气强度 231m$^3$/(m$^2$·h) |
| 1 | 5.88～12.48 | 9～20.64 | 9.6～21.12 | 14.76～28.08 | 15.12～27.12 |
| 3 | 0～7.32 | 10.2～21.2 | 21.36～30.8 | 31.6～41.76 | 41.76～50.16 |
| 6 | 0～7.8 | 6～16.8 | 9.96～22.56 | 14.76～27.84 | 21.6～32.6 |
| 10 | 0～4.92 | 5.4～15.84 | 9.96～22.08 | 16.56～27.84 | 22.08～34.08 |

同时，污泥浓度对临界通量也有影响，但在不同的曝气强度下，污泥浓度对临界通量的影响程度是不一样的。当曝气强度为 28.9m$^3$/(m$^2$·h) 和 57.7m$^3$/(m$^2$·h)时，临界通量随污泥浓度的增大而减小；当曝气强度为 115.5m$^3$/(m$^2$·h)、173.2m$^3$/(m$^2$·h)、231m$^3$/(m$^2$·h)时，污泥浓度存在一个最佳浓度区域，当污泥浓度处于这个区域时，临界膜通量获得最大值；而且，随着曝气强度的增大，这个

趋势越加明显。

### 2.1.3 不同通量下的膜污染发展特性

#### 2.1.3.1 膜污染发展特性

根据上述临界通量测定结果，在曝气强度为 231m³/(m² · h)、污泥浓度为 6g/L 时，临界通量区域为 21.6～32.6L/(m² · h)。根据大于、等于、小于临界通量区的原则，在 5 个不同通量的工况下[通量 17L/(m² · h)、22L/(m² · h)、25L/(m² · h)、30L/(m² · h)、35L/(m² · h)]，监测了膜污染发展的变化，以分析膜污染与膜通量之间的关系，探讨在不同通量下膜污染的发展过程。图 2.2 所示为 5 个工况下膜组件 TMP 随时间的变化。

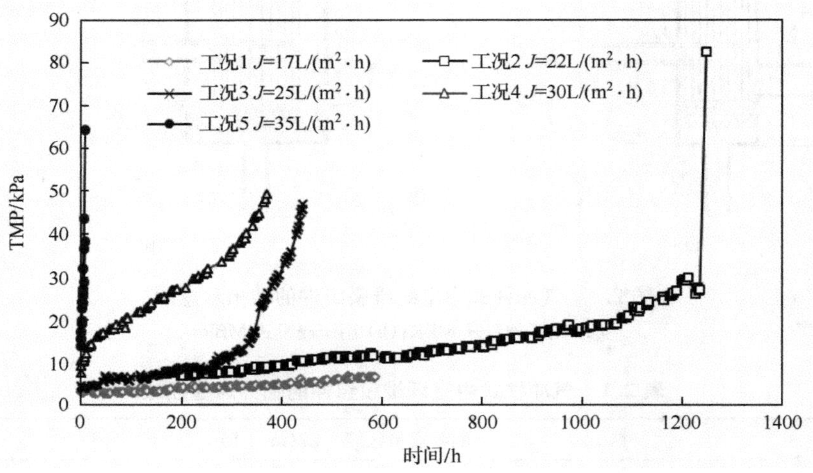


图 2.2　5 个工况下气冲柱式中空纤维膜组件的 TMP 随时间的变化

从图 2.2 中可以看出，在 5 个工况中，当膜通量分别位于临界通量区以下、以内、以上时，除工况 1 外的 4 个工况 TMP 发展规律存在显著不同。

在工况 2、3(膜通量在临界通量区以下)中，TMP 发展呈现“两阶段”趋势。首先 TMP 随时间缓慢增长，这一时期称之为膜污染的“第一阶段”；运行一段时间后，TMP 增长呈现出大幅度“跳跃”的现象，该阶段称之为膜污染的“第二阶段”。TMP 发展的“两阶段”现象在其他研究者的研究中都有报道(Cho，Fane，2002)。

工况 1 虽然没有完成，但可以从工况 2 的试验结果推测工况 1“第二阶段”的 TMP 发展趋势。在 5 个工况中，工况 1 的膜通量与工况 2 最相近，因此可以认为工况 1 的膜污染“第二阶段”的发展趋势与工况 2 相似，即在极短的时间内发生了 TMP 的急剧上涨。

在工况 4(膜通量在临界通量区以内)中,TMP 在运行开始的 20h 内快速上涨,接着 TMP 发展速率降低,并呈现“两阶段”趋势。

在工况 5(膜通量在临界通量区以上)中,TMP 在很短时间内迅速上涨,没有出现“两阶段”现象。

从以上试验结果可知,当膜组件在不同膜通量下运行时,膜污染发展规律不同。膜通量在临界通量区以下时,膜污染发展呈“两阶段”现象;膜通量在临界通量区以内时,膜污染在短时间内迅速发展后仍出现“两阶段”现象;膜通量在临界通量区以上时,膜污染在很短时间内迅速发展。

将前 4 个工况中膜污染“两阶段”的 TMP 增长速率进行计算,结果见表 2.2。其中,工况 4 的 TMP 增长速率表示的是经过快速上涨期后的“两阶段”的 TMP 增长速率。

**表 2.2 不同膜通量下“两阶段”TMP 增长速率**

| 工况 | 膜通量/[L/($m^2$ · h)] | 第一阶段 TMP 增长速率/(kPa/h) | 第二阶段 TMP 增长速率/(kPa/h) |
|---|---|---|---|
| 1 | 17 | 0.0052 | |
| 2 | 22 | 0.011 | 4.288 |
| 3 | 25 | 0.024 | 0.271 |
| 4 | 30 | 0.071 | 0.177 |

从表 2.2 中的数据可以看出,当膜通量在临界通量区以下时,即工况 1、2、3,两个阶段中 TMP 增长速率对比非常明显。特别是对于工况 1、2,工况 2 中“第二阶段”TMP 在 13h 内从 26.9kPa 急剧上涨至 82.6kPa;而在工况 3 中膜通量虽然高于工况 2,但“第二阶段”TMP 从 14.5kPa 增至 46.6kPa 经过了 100h,相对于工况 2 则缓和了很多。也就是说,当膜通量在临界通量区以下运行时(次临界操作),膜污染发展呈“两阶段”规律;膜通量越小两个阶段的膜污染发展速率对比越明显,即膜通量越大,“第一阶段”的膜污染发展速率越大,而“第二阶段”的膜污染发展速率越小。

当膜通量在临界通量区内时,即工况 4,首先出现一段 TMP 迅速上涨的时期(20h),接着 TMP 发展也出现“两阶段”现象,其两个阶段各自的膜污染发展速率对比较之工况 1、2、3 更不显著。

当膜通量超过临界通量区通量时,即工况 5,试验开始后 TMP 随时间迅速增长直至达到试验的终点。显然工况 5 不存在“两阶段”膜污染速率对比的问题,但也可以看做“两阶段”膜污染速率对比极端不明显。从这一点上看,也是符合上面得到的结论的。

从以上分析可知,膜组件在临界通量区以下或以内运行时,膜通量越小两个阶段的膜污染发展速率对比越显著，即膜通量越小“第一阶段”膜污染越慢，而“第二阶段”膜污染越快。

### 2.1.3.2 膜污染发展特性的机理分析

从以上试验结果看，膜污染的发展过程和规律与膜通量的选择有关。下面试图从试验结果出发对膜污染的发展机理进行理论解释，分析膜污染发展特性受膜通量变化影响的原因，同时描述膜污染的发展过程。

1. 膜通量在临界通量区以下(次临界操作)

即工况1、2、3，膜污染发展呈“两阶段”趋势，这一现象主要是由次临界通量操作下沿膜丝长度方向局部通量分布不均匀造成的。

膜污染的“第一阶段”：运行开始之初，由于膜通量小于临界通量并且膜组件内有气水二相流的存在，理论上不存在颗粒沉积且浓差极化现象得到了大幅度的缓解，因此膜污染发展速率缓慢，而且这种状态会持续一段时间。

虽然不存在颗粒沉积现象，但大分子物质的吸附和膜孔堵塞仍会引起膜污染。另外，通过膜组件的气流在膜组件的横截面方向分布并不均匀，因此在膜丝之间会出现“死区”(dead zone)和“流道”(channel)。在“死区”部分，由于没有气水二相流的作用会出现胶体、大分子物质的浓差极化，进而在膜丝表面上形成凝胶层，导致膜污染的发生。虽然膜丝表面均存在由凝胶层和膜孔堵塞引起的膜污染，但由于膜丝上的局部通量分布不均匀，因此在膜丝不同位置上膜污染程度不同。

图2.3显示的是沿膜丝长度方向的局部通量分布情况。对于清洁膜，次临界通量操作下沿膜丝长度方向的局部通量分布如图2.3(a)所示。由于靠近膜丝出水端处的TMP最大，因此局部通量也最大，则膜污染首先在此处发生。随着膜污染的发生，此处TMP随之增大而膜通量降低。由于本研究采用的是恒通量操作，为了保持表观膜通量$J_{im}$不变，局部通量分布会重新分配，如图2.3(b)所示。随着膜污染的不断加剧，膜通量会不断重新分配，直至某处的“点通量”超过临界通量，如图2.3(c)所示。此时膜污染性质会在此处发生变化，出现颗粒物质的沉积，TMP随之快速上涨，膜污染进入“第二阶段”。

膜污染的“第二阶段”：由于膜丝上出现局部通量超过临界通量的区域，则此处发生颗粒沉积，从而引起TMP迅速上升，而TMP的增大又造成膜污染的加剧。随着膜污染的不断加剧，使得出现“局部通量超过临界通量”现象的区域不断扩大，特别是在“第一阶段”形成的“死区”，颗粒沉积最终形成“饼层”。随着“饼层”的不断扩大增厚，很多膜丝被黏结在一起，膜丝的有效过滤面积减小，使得有效面积上的局部通量不断提高。有效面积上的局部通量的增长又反过来导致膜污染进一步急剧发展，如此相互影响的结果是膜污染的发展速率较之“第一阶段”增加十几倍甚至几十倍以上，因此显现出膜污染发展的“两阶段”现象。

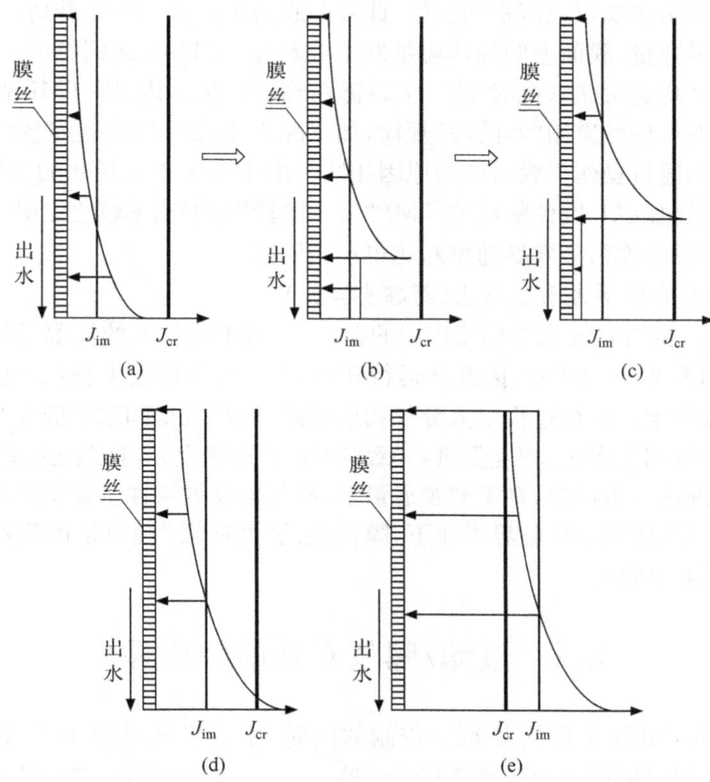


图 2.3　膜通量局部通量分布变化示意图（图中曲线表示局部通量变化，$J_{im}$为运行过程采用的膜通量，$J_{cr}$为临界通量，横坐标表示膜通量值。）

(a) 当 $J_{im} < J_{cr}$且初始局部通量$<J_{cr}$时，清洁膜面上的局部通量分布；(b) 当 $J_{im}<J_{cr}$且初始局部通量$<J_{cr}$时，发生膜污染后膜面上的局部通量分布；(c) 当 $J_{im}<J_{cr}$且初始局部通量$<J_{cr}$时，膜面上出现超过临界通量“点通量”时的局部通量分布；(d) 当 $J_{im}<J_{cr}$且部分初始局部通量$>J_{cr}$时，清洁膜面上的局部通量分布；(e) 当 $J_{im}>J_{cr}$时，清洁膜面上的局部通量分布

2. 膜通量在临界通量区以内

即工况 4，在运行初期很短的时间(20h)内膜污染迅速发展，之后膜污染的发展出现与次临界通量操作时相似的“两阶段”现象，这与工况 4 的膜通量选择有关。

通常意义上的次临界通量操作是指运行过程中的表观膜通量 $J_{im}$低于临界通量 $J_{cr}$。$J_{im}$是平均通量概念，工况 4 的膜通量介于临界通量区内即是指 $J_{im}$在临界通量区内。但是由于局部通量分布不均匀，因此可能出现比较特殊的情况，即在运行开始之初膜丝上就存在局部通量大于临界通量的部分，而表观膜通量 $J_{im}$仍处于临界通量区内，如图 2.3(d)所示。运行开始后，由于膜丝的出水端局部通量高于临界通量，于是首先在膜丝的出水端发生颗粒沉积，导致 TMP 的快速上涨。

随着膜丝出水端颗粒沉积的发生，此处的膜通量降低、TMP 升高，直至此处膜通量降至临界通量，膜面上的局部通量发生重新分布、TMP 达到稳定。此时，若有效面积上的平均通量 $J'_{im}$（此时 $J'_{im}>J_{im}$）仍在临界通量区内，则 TMP 快速上升期后膜污染的发展依然遵循"两阶段"规律，如工况 4，其发生"两阶段"膜污染的原因与上述次临界通量操作下膜污染的原因相同。由于工况 4 在最初的 TMP 快速上涨期出现过颗粒沉积，因此随后的 TMP"第一阶段"发展速率较之工况 1、2、3 要快得多，两个阶段的膜污染发展速率对比也不很明显。

3. 膜通量在临界通量区以上（超临界操作）

即工况 5，虽然有气水二相流作用的存在，但由于膜丝上的局部通量全都大于临界通量，如图 2.3(e)所示，因此从运行开始，膜丝表面即发生颗粒沉积，并且"死区"现象也很严重。运行过程中大分子物质吸附、颗粒沉积和浓差极化几种膜污染同时发生，并且相互影响、相互促进，导致 TMP 的迅速上升，直至运行终点。

从以上理论分析可知，在不同膜通量下，膜污染发展特性主要受到膜通量与临界通量区关系的影响。次临界操作下，膜污染的"两阶段"现象是由膜丝表面局部通量分布不均匀所致。

## 2.2 过滤/曝气双功能膜组件

针对常规 MBR 中膜污染难于控制的问题，本节提出过滤/曝气双功能膜组件，将微孔管同时用作过滤分离器和曝气器，并以一定的时间周期交替运行。该膜组件与生物反应器结合构成过滤/曝气双功能 MBR 工艺。在测试微孔管的充氧性能的基础上，开展了过滤/曝气双功能型 MBR 处理生活污水的长期试验，借此评价利用微孔管的过滤/曝气双功能膜组件应用于 MBR 的可行性，并对膜污染的特征及其清洗方法进行了研究（孙友峰，2003）。

### 2.2.1 膜组件与工艺特征

构建的过滤/曝气双功能 MBR 装置示意如图 2.4 所示。所用的膜组件为聚乙烯微孔烧结管（简称微孔管，山东招远膜天集团有限公司生产）（图 2.5），由相对分子质量超高的聚乙烯烧结而成，其主要性能如表 2.3 所示。膜组件分为两组，每组四根。两组膜组件分别置于导流挡板的两侧，出口分别通过两个电磁阀与进气管和出水管连接，出水管上装有真空压力计，然后与抽吸泵相连，由抽吸泵提供的负压获得系统出水。

在试验中，两组膜组件在电磁阀的调节下，以一定的运行周期交替充当过滤分离器和曝气器。在前一周期内，电磁阀 V1、V4 开启，V2、V3 关闭，膜组件 M1 与出水管相通，充当过滤分离器，膜组件 M2 则与进气管相通，充当曝气器。由鼓风

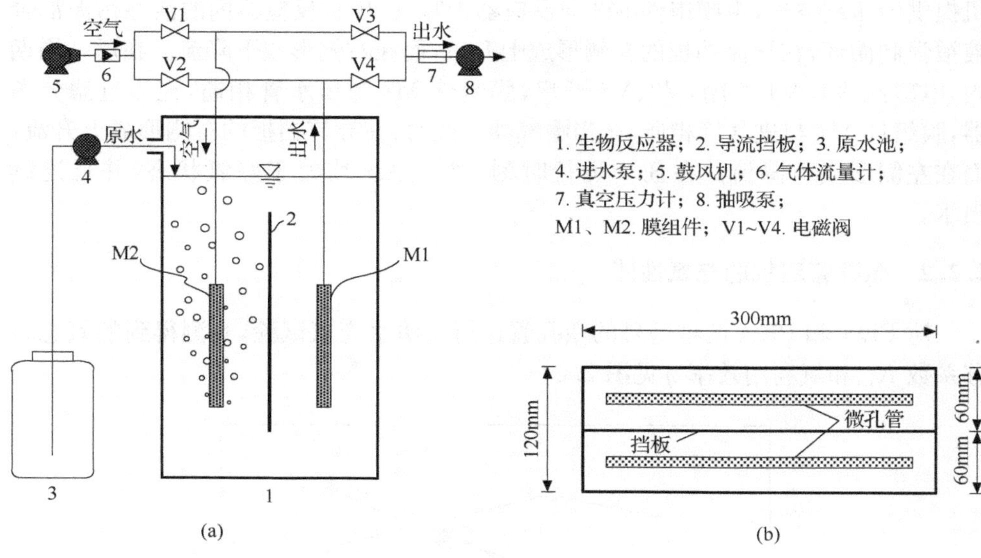


图 2.4　过滤/曝气双功能 MBR 装置示意图

(a) 立面图；(b) 平面图

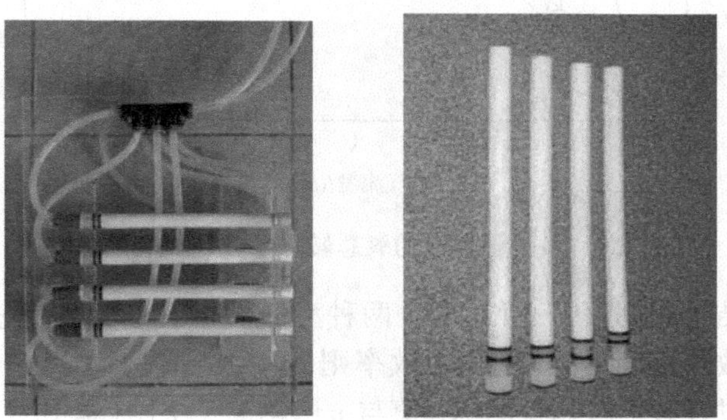

图 2.5　聚乙烯微孔烧结管

**表 2.3　微孔管主要性能参数**

| 微孔管型号 | PE-1 | PE-2 | PE-3 | PE-4 |
| --- | --- | --- | --- | --- |
| 孔径/μm | 70～120 | 40～60 | 15～30 | 5～10 |
| 外径/mm | 16 | | | |
| 内径/mm | 8 | | | |
| 壁厚/mm | 4 | | | |
| 长度/mm | 200 | | | |
| 表面积/$m^2$ | 0.01 | | | |

机提供的压缩空气，由膜组件 M2 向反应器内曝气，生物反应器内的活性污泥混合液被强制循环，在导流挡板的左侧形成上升流，而在右侧形成下降流。在后一周期内，电磁阀 V1、V4 关闭，V2、V3 开启，膜组件 M2 与出水管相通，充当过滤分离器，膜组件 M1 与进气管相通，充当曝气器。此时，在导流挡板的右侧形成上升流，而在左侧形成下降流。在任一运行时刻，整个系统均处于好氧状态，并且连续出水。

### 2.2.2 微孔管曝气的充氧性能

对 PE-1 和 PE-4 两种型号的微孔管进行了清水充氧试验，实测得到的氧总转移系数 $K_{La}$和氧利用效率 $\eta$ 见图 2.6。

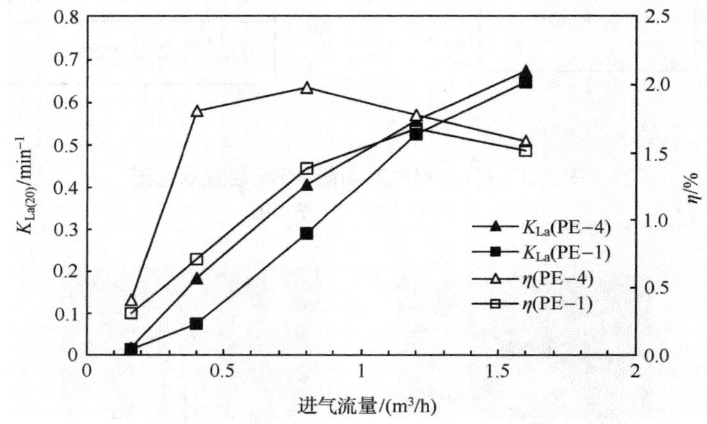


图 2.6 微孔管曝气的氧总转移系数及氧利用效率

图 2.6 的结果表明，PE-4 和 PE-1 两种型号的微孔管，随着进气流量的增加，其氧总转移系数均逐渐增大，氧利用效率则先增大后减小。当进气流量在 0.2～1.2m$^3$/h 范围时，PE-4 微孔管的 $K_{La}$值与 $\eta$ 值均高于 PE-1 微孔管。这可能是 PE-4 微孔管由于孔径较小，能够提供更微小的气泡，增大了传氧面积的结果。但当进气流量超出这个范围时，两种型号微孔管的 $K_{La}$值和 $\eta$ 值均非常接近。

### 2.2.3 微孔管的清水过滤性能

图 2.7 显示的是四种型号的微孔管，在不同过滤压差下的清水膜通量。尽管四种型号的膜组件在孔径上相差很大，但其清水过滤性能并无明显差别，而且均具有较高的清水膜通量，比通量高达 25L/(m$^2$ · h · kPa)。

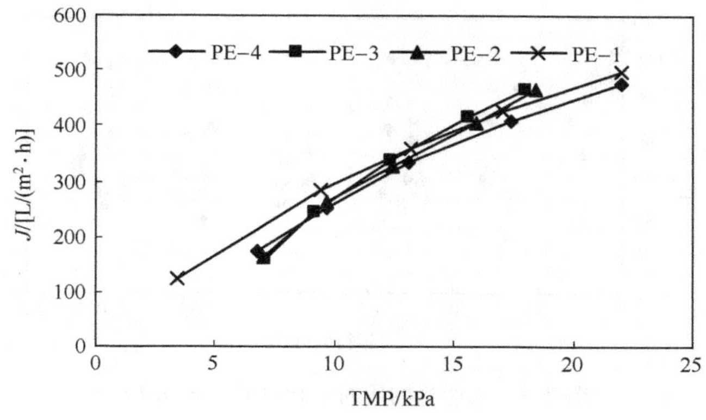


图 2.7 微孔管的清水膜通量

### 2.2.4 微孔管曝气对膜污染的清洗效果

为了考察过滤/曝气交替运行对微孔管过滤性能的影响，本节安排了 6 次试验，具体的试验条件如表 2.4 所示，其中 $T$ 为过滤/曝气交替运行周期。

**表 2.4 微孔管曝气对膜污染的清洗效果试验安排**

| 试验序号 | 初始膜通量 $J_0$ /[L/(m² · h)] | 交替运行周期 $T$/h | MLSS/(g/L) | 进气流量 /(m³/h) | 进气压力 /(kgf/cm²)[a] |
|---|---|---|---|---|---|
| Run-1 | 120～140 | 3 | 8 | 0.16～0.24 | 2.0～2.2 |
| Run-2 | 120～140 | 1 | | | |
| Run-3 | 120～140 | 0.5 | | | |
| Run-4 | 120～140 | 2 | | | |
| Run-5 | 70 | 2 | | | |
| Run-6 | 50 | 2 | | | |

a. 1kgf/cm² = 9.806 65×10⁴ Pa。

#### 2.2.4.1 膜曝气对膜过滤性能的恢复

首先在 Run-1 条件下考察了膜曝气对膜过滤性能的恢复效果，见图 2.8。结果表明，尽管在三个小时的过滤时间内，微孔管的膜通量下降到初始值的一半以下，但膜曝气可有效地清除可逆膜污染，大幅度恢复其膜通量，并使得每一交替运行周期的初始膜通量较好地维持稳定。

#### 2.2.4.2 过滤/曝气交替运行周期对膜过滤性能的影响

如图 2.8 所示，由于在每一交替运行周期内膜通量均不断衰减，因此这里采用

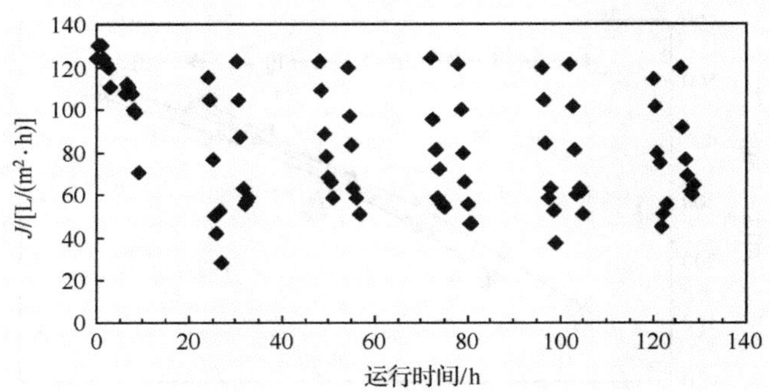


图 2.8　膜通量的历时变化(PE-4,Run-1)

每一交替运行周期内的平均膜通量 $J_a$ 作为膜过滤性能的综合评价指标,即 $J_a=Q_T/(S_m \cdot T)$,式中 $Q_T$ 为膜组件在每一交替运行周期内的总产水量(L),$S_m$ 为处于过滤状态的膜面积($m^2$),$T$ 为交替运行周期(h)。图 2.9 显示了在 Run-1～Run-4 四个条件下 PE-4 微孔管的平均膜通量 $J_a$ 的变化情况,图中每一个 $J_a$ 值所对应的时刻为所在运行周期的时间中点。可以看出,当过滤/曝气交替运行的周期在 0.5～3h 之间变化时,系统的平均膜通量 $J_a$ 均首先经历了初始的下降阶段,然后基本稳定在 80L/($m^2$ · h)左右的水平上,表明在试验时间内膜曝气有效地抑制了膜污染,维持了膜过滤性能的稳定。但也可以发现,交替运行周期的缩短也导致了平均膜通量的波动。这可能是因为交替运行周期缩短后,频繁的空气反冲洗加剧了膜污染发展的非均衡性,膜过滤阻力由此也更不稳定,宏观上即表现为产水能力的波动。

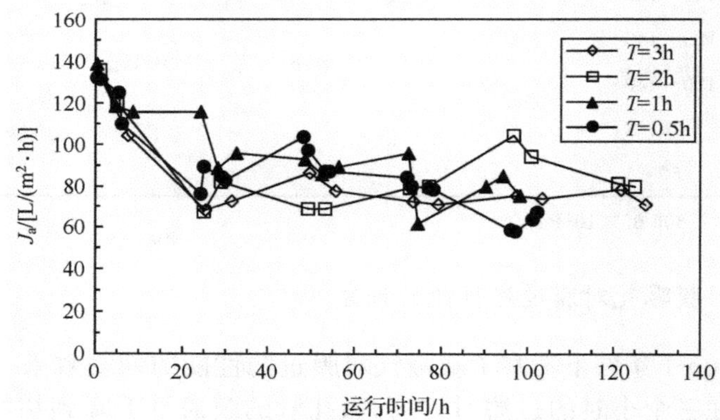


图 2.9　不同运行周期下 $J_a$ 的历时变化(PE-4)

#### 2.2.4.3　初始膜通量对膜过滤性能的影响

在过滤/曝气交替运行周期 $T$ 为 2h 时,在 Run-4、Run-5 和 Run-6 三个试验条件下，考察了初始膜通量 $J_0$ 的变化对膜过滤性能的影响。图 2.10 显示的是 PE-4 微孔管在相应条件下一个交替运行周期内平均膜通量 $J_a$ 的变化情况。由该图可知，虽然 $J_0$ 从 50L/(m² · h)增高到 135L/(m² · h)，但 $J_a$ 在运行 24h 以后均稳定在 50～80L/(m² · h)的水平。不过随着 $J_0$ 的降低，$J_a$ 表现出更好的稳定性。

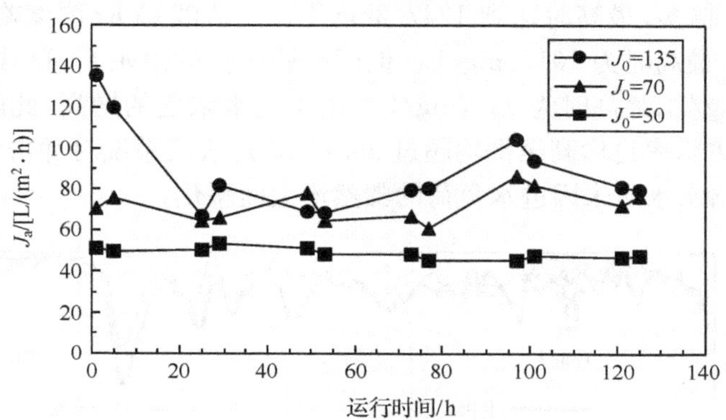


图 2.10　不同初始膜通量下 $J_a$ 的历时变化(PE-4)

### 2.2.5　过滤/曝气双功能型 MBR 处理生活污水

#### 2.2.5.1　出水浊度

常规 MBR 的膜组件大多采用微滤膜或超滤膜，膜孔径不超过 0.5μm，出水中检测不到 SS，浊度也均在 1NTU 以下。微孔管的孔径已大大超出微滤膜的范围，因此出水的浊度问题需要关注。试验自启动以后，出水未出现浑浊现象，浊度很快降低到 5NTU 以下。但微孔管经过化学清洗后，出水浊度是否会恶化仍需要研究。

为此在进行化学清洗后，测定了出水浊度的变化。在化学清洗后的 6 个小时内，除了交替运行周期内前 5min 出水浊度略高于 5NTU 外，其他绝大部分时间出水浊度均在 5NTU 以下，随后任一时刻出水浊度均低于 5NTU。上述结果表明，化学清洗未对出水浊度的变化产生影响。

#### 2.2.5.2　COD 去除效果

图 2.11 显示的是在整个长期运行试验过程中进水，上清液、M1 和 M2 两组膜组件出水的 COD 浓度以及整个系统对 COD 的去除率的变化情况。

在 Run-1 和 Run-2 两个工况中，试验用原水属低强度的生活污水，COD 平均浓度为 152.4mg/L。上清液 COD 浓度较之进水有大幅下降，平均值为 30.9mg/L，表明活性污泥具有很高的生物降解性能。出水 COD 浓度相比上清液又有所下降,M1、M2 两组膜组件的平均值为 22.9mg/L,最大值为 46.8mg/L,表明微孔管不但可以有效截留污泥颗粒及微生物,并且可以进一步强化对 COD 的去除。在此阶段,整个系统对 COD 的总去除率平均超过 83%。

在 Run-3 工况中,进水 COD 浓度骤然增大,平均达 849.6mg/L,是前两个工况平均值的 5 倍多,最高时达到 1347.2mg/L。上清液 COD 浓度略有增高,平均为 52.0mg/L,最高时为 101.1mg/L。但两组膜组件的出水 COD 浓度仍然较低,平均为 24.6mg/L,最高时为 33.7mg/L。由于进水浓度的增高,此阶段整个系统对 COD 的总去除率也增高至平均超过 96.7%。这表明系统对冲击负荷具有较好的承受能力,出水水质未因进水负荷的骤然增大而恶化。

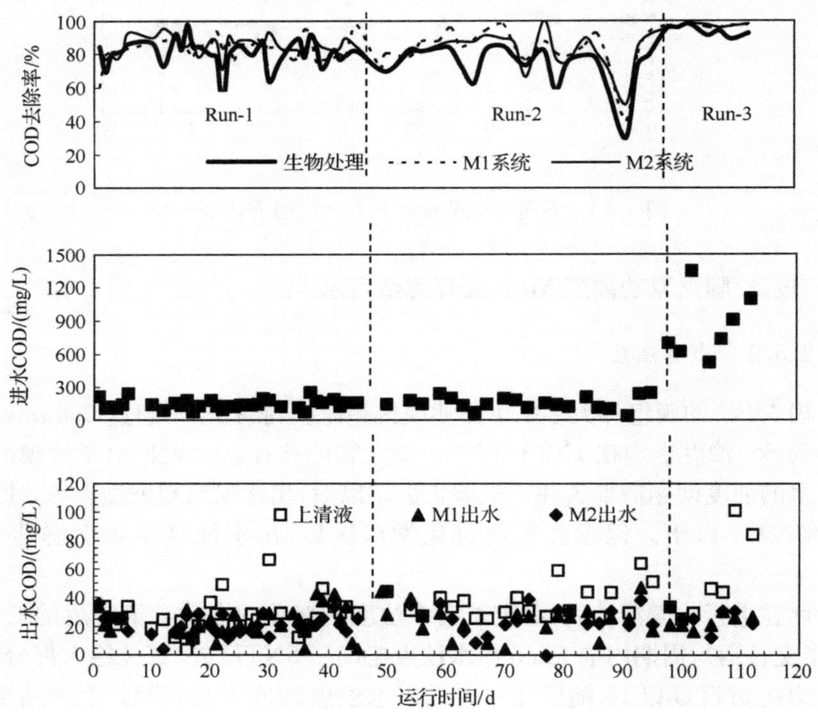


图 2.11 COD 浓度及去除率的变化(M1 在第 0~32 天内为 PE-4 微孔管,其余时间内为 PE-1 微孔管,M2 始终为 PE-4 微孔管)

由图 2.11 还可以发现,无论从出水 COD 浓度来看,还是从对 COD 的总去除率来看,PE-1 和 PE-4 两种微孔管均无明显差别。

#### 2.2.5.3 氨氮去除效果

图 2.12 显示的是在整个试验过程中进水,上清液、M1 和 M2 两组膜组件出水

的 $NH_4^+$-N 浓度以及整个系统对 $NH_4^+$-N 的去除率的变化情况。

在 Run-1 和 Run-2 两个工况下，进水 $NH_4^+$-N 浓度在 17.8～50.8mg/L 之间，平均为 32.5mg/L。上清液 $NH_4^+$-N 浓度大多小于 1mg/L，平均为 0.93mg/L。M1、M2 两组膜组件的出水 $NH_4^+$-N 平均浓度分别为 0.87mg/L 和 0.66mg/L。此阶段，$NH_4^+$-N 的生物去除率和总去除率都很高，平均都大于 97%。

在 Run-3 工况下，进水 $NH_4^+$-N 浓度大幅增高，平均为 152.9mg/L，最高时达 195mg/L。上清液 $NH_4^+$-N 浓度有所增大，平均为 9.5mg/L，最高时达 21.6mg/L。出水 $NH_4^+$-N 浓度也随之增大，M1、M2 两组膜组件分别平均为 6.5mg/L 和 8.4mg/L。

PE-1 和 PE-4 两种微孔管在出水 $NH_4^+$-N 浓度和去除率方面仍未表现出明显差异。

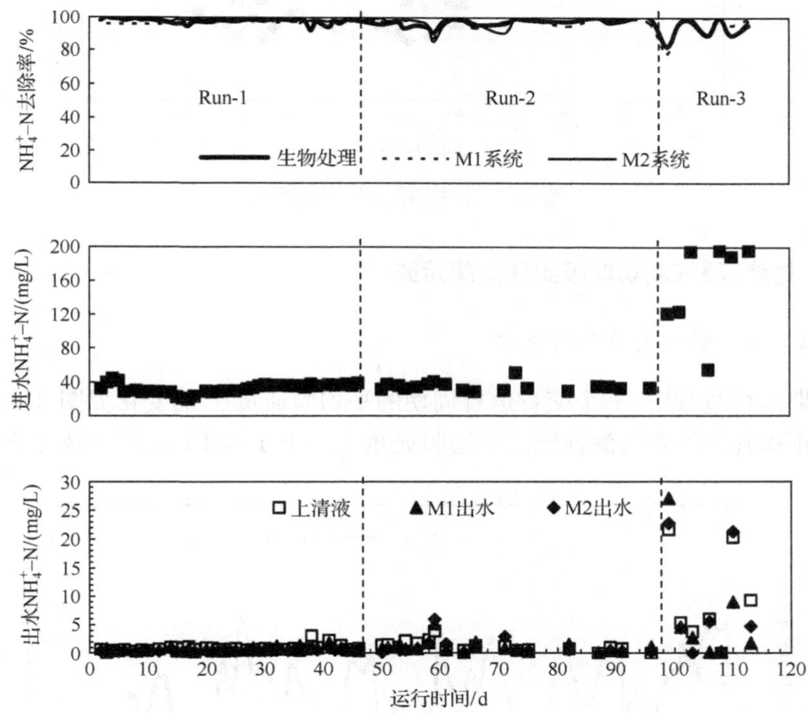


图 2.12　$NH_4^+$-N 浓度及去除率的变化（M1 在第 0～32 天内为 PE-4 微孔管，其余时间为 PE-1 微孔管，M2 始终为 PE-4 微孔管）

#### 2.2.5.4　污泥浓度

污泥浓度是生物反应器内微生物量的重要指标，其变化反映了微生物的增殖情况。试验过程中，污泥浓度随时间的变化如图 2.13 所示。在 Run-1 和 Run-2 两个工况中，MLSS 大部分时间都维持在 6～8g/L 左右，MLVSS 则维持在 4～5g/L 左右，MLVSS/MLSS 始终保持在 60%左右。在 Run-3 工况中，由于进水负荷的提高，MLSS 和 MLVSS 均不断增高，最高时分别达到 12.35g/L 和 9.18g/L，MLVSS/MLSS 也逐渐增长至 75.3%。

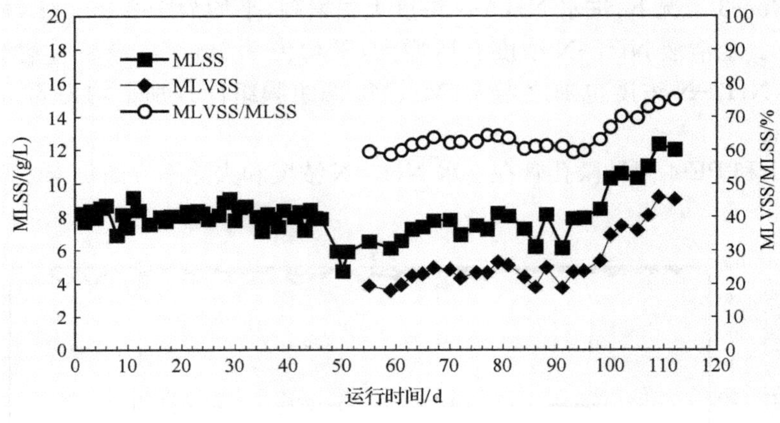


图 2.13 污泥浓度的时间变化

## 2.2.6 过滤/曝气双功能膜组件的膜污染

### 2.2.6.1 膜过滤性能的变化

长期运行过程中，一个交替运行周期的平均膜通量 $J_a$ 的变化如图 2.14 所示。作为表征微孔管综合过滤性能的平均膜通量 $J_a$，PE-1 和 PE-4 两种微孔管存在一

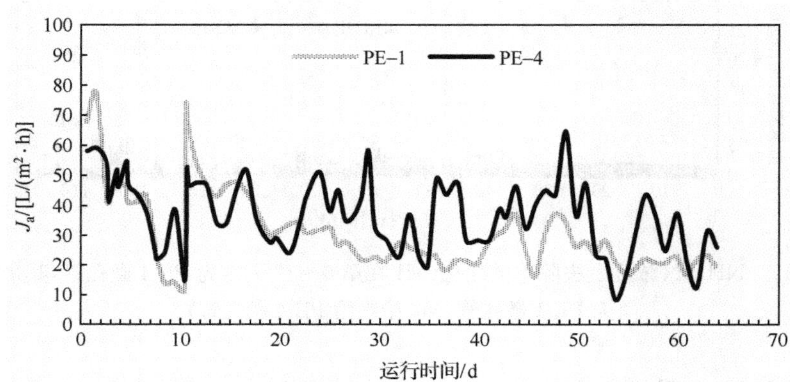


图 2.14 一个交替运行周期的平均膜通量 $J_a$ 的时间变化

定的差别，PE-1 微孔管的 $J_a$ 经过两次大幅下降后，大部分时间维持在 20～40L/($m^2$·h)，而 PE-4 微孔管的 $J_a$ 则基本维持在 30～50L/($m^2$·h)。可见，尽管这两种型号的微孔管的清水过滤性能无显著差别，但在活性污泥中过滤/曝气交替运行模式下长期工作时，PE-4 微孔管表现出更好的过滤性能。

从图 2.14 还可以看出，虽然抽吸泵的设定状态始终保持稳定，但两种微孔管的过滤性能却均有起伏震荡的表现。可能的原因是，膜组件在运行过程中，由于膜污染的发生，其过滤阻力始终处于动态变化之中，同时，在过滤/曝气交替运行模式下，膜曝气对膜面污泥层进行直接吹脱，这更加剧了膜过滤阻力的不稳定性，这种不稳定性表现在产水能力上，即平均膜通量发生的波动。

尽管在试验中初始膜通量设定在 60～80L/($m^2$·h)，但平均膜通量并未表现出较好的稳定性。这表明，在长期的过滤/曝气交替运行中，除了交替运行周期、初始膜通量之外，还有其他因素影响膜污染的发展，进而影响到微孔管的过滤性能。这有待于后续的研究对此进行深入的探讨。

#### 2.2.6.2　膜污染构成

在长期运行的 Run-2 和 Run-3 两个工况中，对 PE-1 和 PE-4 两种微孔管的膜过滤阻力进行了跟踪监测，结果如图 2.15 所示。两种微孔管的膜自身阻力 $R_m$ 分别为 $4.41\times10^{10}m^{-1}$(PE-1)和 $6.10\times10^{10}m^{-1}$(PE-4)。由该图可以看出两类微孔管在膜污染的构成上存在差异：从绝对值上看，PE-1 微孔管中 $R_{ir}$ 较大，尤其是当膜污染发展到比较严重的时候；PE-4 微孔管中 $R_{ir}$ 则较小。从比例上看，PE-1 微孔管中 $R_{ir}$ 和 $R_r$ 分别平均占总膜阻力的 32.31%和 61.64%，而 PE-4 微孔管中二者的比例分别平均为 22.32%和 68.99%，PE-1 微孔管中 $R_{ir}$ 所占比例略大于 PE-4 微孔管。

同时，从图可以看到，微孔管的 $R_r$ 和 $R_{ir}$ 以及总膜阻力均呈现出无规律的变化，在抽吸泵的设定状态或水位差一定的情况下，这将导致系统产水量的波动，这在实际应用中是要尽量避免的。如何使微孔管的膜阻力保持相对稳定，是后续研究需要着力解决的问题。

#### 2.2.6.3　膜污染的表观观测

以 PE-4 微孔管为例，本试验采用数码相机对微孔管在使用早期和使用后期的膜污染进行了表观上的观测。

1. 使用早期

图 2.16 为 PE-4 微孔管在连续过滤活性污泥混合液之后拍摄的数码相机照片。可见，在经过数小时的连续过滤后，微孔管发生了较为严重的膜污染，尤其是膜表面已形成了较厚的泥饼层。空气反冲洗后，泥饼层明显减薄，但仍然覆盖整个

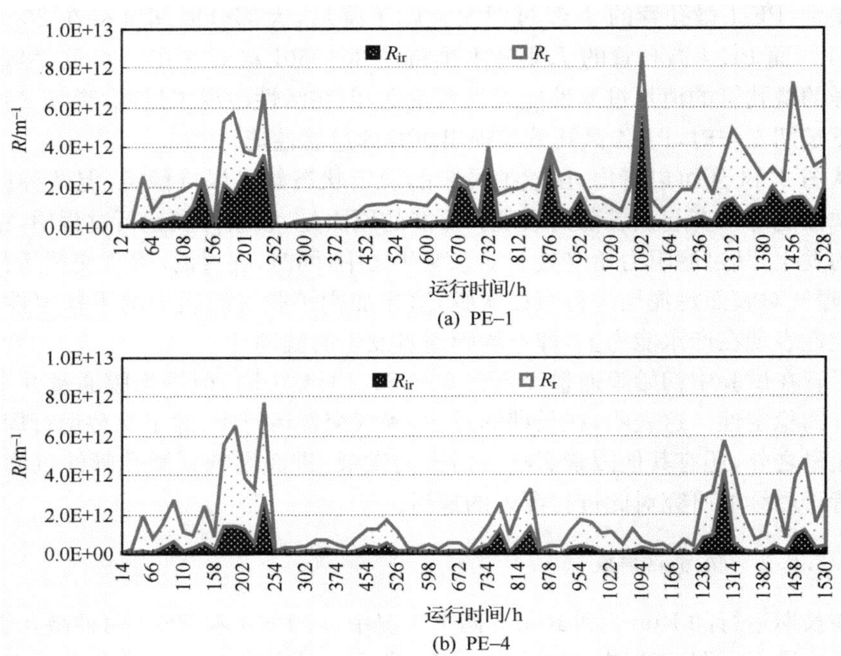


图 2.15 长期运行中微孔管膜污染构成的变化

$R_r=R_e-R_i$，$R_{ir}=R_i-R_m$，式中 $R_i$ 和 $R_e$ 分别是每一交替运行周期内膜过滤阻力的初始值和终了值，$R_m$ 表示膜自身阻力。为了便于对比，图中将 $R_r$ 和 $R_{ir}$ 的对应时刻均定为 $R_i$ 所对应的时刻

膜表面。用海绵对膜表面进行擦拭后微孔管已基本恢复成原来的状态，膜阻力降低为清洁状态时的 86.73%。这表明，在微孔管使用的早期，膜孔堵塞并未使膜阻力明显增大。

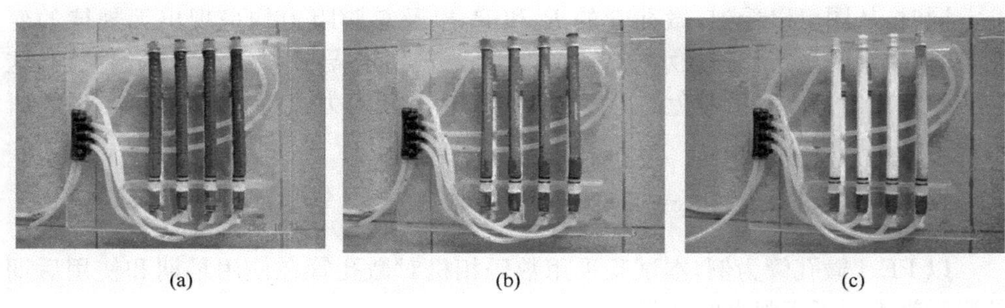


图 2.16 PE-4 微孔管在使用早期的膜污染观测

(a) 过滤刚停止时；(b) 空气反冲洗后；(c) 海绵擦拭之后

2. 使用后期

在微孔管使用的早期，通过海绵擦拭或者 NaClO 溶液浸泡可使其膜阻力彻底

恢复，但在使用后期，发现即便经过多次 NaClO 溶液浸泡仍有部分污染不能彻底清除。图 2.17 是微孔管经过多次连续过滤活性污泥混合液、多次采用 1%NaClO 溶液浸泡之后拍摄的数码相机照片。从中可以看出，膜表面局部存在黄色沉积物[图 2.17(a)]。这些沉积物后经 1%HCl 溶液浸泡多次后方才去除[图 2.17(b)]，因此可认为是无机物质在膜表面发生沉积所致。

(a)

(b)

图 2.17　PE-4 微孔管在使用后期的膜污染观测

(a) 多次碱洗后；(b) 多次酸洗后

#### 2.2.6.4　膜污染的微观观测

在长期运行试验的第 54 天，将膜组件从反应器中取出后进行了扫描电镜的观察。从图 2.18(a)可以明显地发现，在微孔管的外表面，大量的球菌、杆菌以及丝状菌类的微生物相互粘连、缠绕在一起，形成了较为牢固的结构。在微孔管的内部以及内表面上也有大量的微生物在生长[图 2.18(b)]。可见，膜曝气尽管可以去

(a)

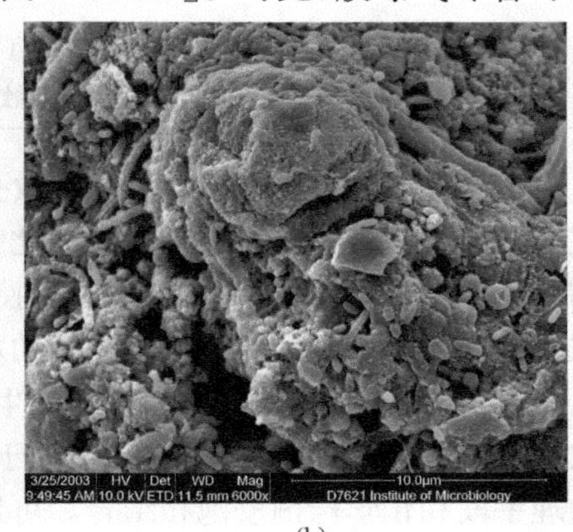


(b)

图 2.18　PE-4 微孔管在长期运行过程中的生物污染

(a) 微孔管外表面；(b) 微孔管内表面

除膜外表面上沉积的污泥层，但仍无法清除膜孔内的微生物。这些微生物堵塞了膜孔，造成了不可逆的膜污染。

#### 2.2.6.5 膜污染的清洗

如前所述，膜曝气并不能使膜污染得到完全抑制，当其发展到一定程度后，必须采取适当的清洗方法，以使膜的过滤性能得到有效恢复。膜污染的清洗方法一般可分为离线物理清洗、化学清洗和在线清洗三大类，以下对这三类方法及其组合方法的清洗效果进行了评价。

表 2.5 表示在试验的不同阶段使用的清洗方法，图 2.19 显示了这些清洗方法对膜过滤性能的恢复情况。

**表 2.5 微孔管膜污染的清洗方法**

| 序号 | 清洗步骤 | 说 明 |
|---|---|---|
| MC-1 | 空气反冲洗→清水漂洗→海绵擦拭 | “空气反冲洗”指将进气流量调至 0.8$m^3/h$，持续时间为 1min；“清水漂洗”指将膜组件从反应器中取出后用自来水反复冲洗膜表面；“海绵擦拭”指用海绵擦拭膜表面，清除膜表面的污泥 |
| MC-2 | 海绵擦拭 | 同 MC-1 中说明 |
| MC-3 | 空气反冲洗→海绵擦拭→碱洗 | “碱洗”是指以体积浓度为 1%的 NaClO 溶液浸泡膜组件 12h |
| MC-4 | 海绵擦拭→碱洗 | 同 MC-1、MC-3 中说明 |
| MC-5 | 碱洗 | 同 MC-3 中说明 |
| MC-6 | 酸洗→碱洗 | “酸洗”是指以体积浓度为 1%的 HCl 溶液浸泡膜组件 32h |
| MC-7 | 在线药洗Ⅰ | 向 PE-1 及 PE-4 微孔管内部分别注入 200mL 1%NaClO 溶液，接触时间共 4h |
| MC-8 | 在线药洗Ⅱ | 向 PE-1 及 PE-4 微孔管内部分别注入 200mL 0.5%NaClO 溶液，接触时间共 12h |

方法“MC-1”和“MC-2”均应用于微孔管的使用早期，其内部的生物污染尚未严重，泥饼层是膜污染的主要形式，因此空气反冲洗、清水漂洗、海绵擦拭等物理手段均可使 PE-1 和 PE-4 两种微孔管的膜阻力得到有效恢复，尤其是海绵擦拭，可一次性使膜阻力恢复到与初始值相当的水平。

当微孔管使用一段时间后，内部的生物污染开始发展，简单的物理清洗已不能有效恢复膜的过滤性能，此时必须借助于化学清洗。在方法“MC-3”和“MC-4”中，将物理手段和化学药剂浸泡相结合。可以看出，海绵擦拭仍可大幅降低两种微孔管的膜阻力，碱洗则可使膜阻力进一步降低至与初始值相当甚至低于初始值。方法“MC-5”单独采用碱洗，清洗后的膜阻力已略低于初始值。

在微孔管的使用后期，由于无机物质在膜表面的沉积，致使多次的碱洗也无法

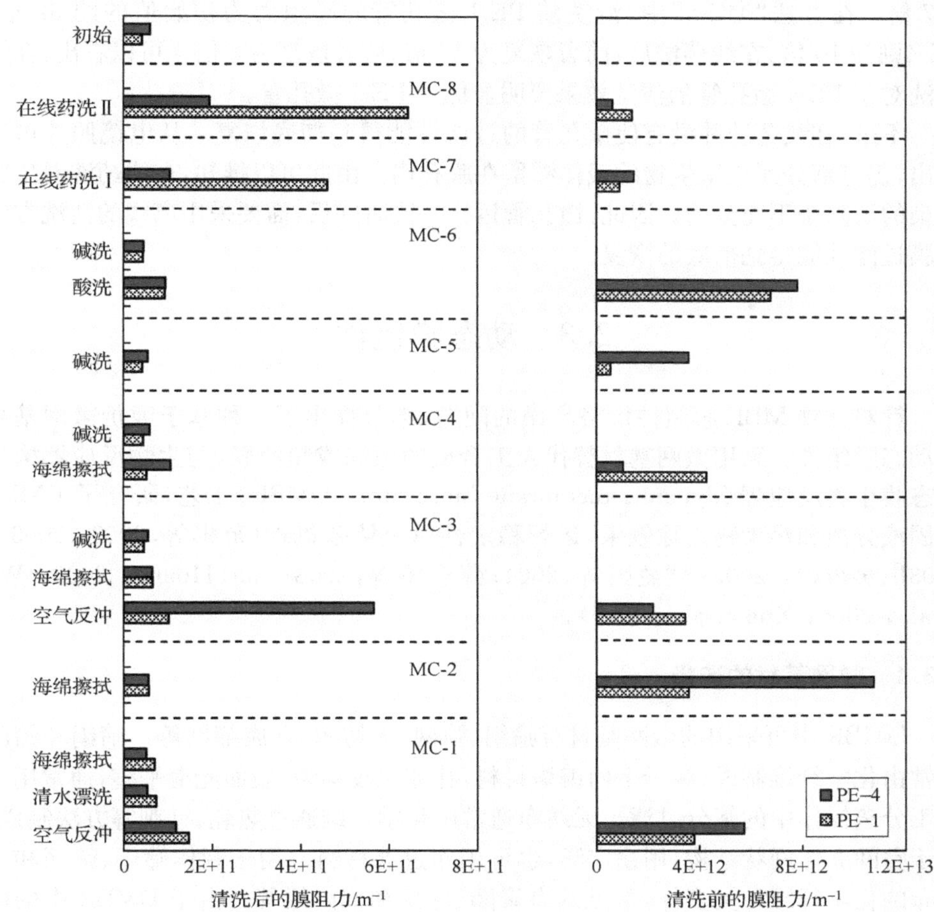


图 2.19　微孔管膜污染的清洗及其效果

使膜的过滤性能彻底恢复，因此，在方法“MC-6”中，采用酸洗和碱洗相结合的办法。可以看出，尽管两种微孔管在清洗前膜阻力均已超过各自初始值的 120 多倍，但酸洗后，PE-1 微孔管的膜阻力已恢复为初始值的约 2 倍，PE-4 微孔管的膜阻力则恢复为初始值的约 1.5 倍，再通过碱洗，前者的膜阻力变为初始值的 102.49%，后者则变为 73.66%。清洗后，膜表面也变得更为清洁。

以上采用的物理清洗(除空气反冲洗外)和化学清洗基本上都为离线的清洗方法。方法“MC-7”和“MC-8”则是为了考察在线药洗对微孔管膜污染的清洗效果而设计的。从结果来看，PE-1 和 PE-4 两种微孔管之间存在着明显差异。在方法“MC-7”中，两种微孔管在清洗前膜阻力均超过各自初始值的 20 倍，但经过同样的在线药洗后，PE-1 微孔管的膜阻力恢复为初始值的约 10 倍，而 PE-4 则恢复到

1.7 倍。在方法“MC-8”中，清洗前 PE-1 微孔管的膜阻力为初始值的约 32 倍，PE-4则为 10 倍，在线药洗后，前者恢复为 15 倍，后者恢复为 3 倍。可以看出，在线药洗对于 PE-4 微孔管的清洗效果要明显优于 PE-1 微孔管。

不过，在线药洗并没有使微孔管的过滤性能得到彻底恢复。从电镜照片可以看出，仍有部分死亡微生物的残体滞留在膜孔内。由此可以推知，在线药洗对生物污染的清除是不充分的。因此，微孔管运行一段时间后，需要采用离线的清洗方法使膜过滤性能得到彻底的恢复。

## 2.3　动态膜组件

针对常规 MBR 膜组件价格高昂的问题，本节提出了一种基于廉价微网基材的动态膜组件。采用微网基材替代人工合成的微滤或超滤膜，与生物反应器构成动态膜生物反应器(dynamic membrane bioreactor, DMBR)工艺，研究了 DMBR 的固液分离和污染物去除效果、运行稳定性以及堵塞机理(范彬等，2002，2003a，2003b；吴盈嬉，2005；吴盈嬉等，2004；薛念涛等，2008；Fan，Huang，2002；Wu et al.，2005；Xue et al.，2010)。

### 2.3.1　微网基材的选择

DMBR 中可采用的微网基材有筛绢、筛网、无纺布、金属筛网等。筛绢和筛网通常由化学纤维制成，属于平面编织材料，孔隙比较均匀，表面光滑平整，通常用于化工分离操作中的筛分过滤。无纺布通常由化学纤维通过热轧、针刺等方法制成，属于空间立体网状结构，用途广泛，也可用作过滤材料。用于制作筛绢、筛网和无纺布的化学纤维种类多样，常见的有聚酯、尼龙和聚丙烯等。由于 DMBR 中的微网基材长期浸泡在水下，因此如采用金属丝网只能采用不锈钢网，以防止被腐蚀而影响使用寿命。由于不锈钢网价格比较高，相比较而言，无纺布制作工艺简单，价格低廉，因此选用无纺布作为微网基材。

微网基材的孔径对动态膜过滤稳定性具有很大影响。孔径过大，动态膜不易在微网上形成，而孔径过小，微网基材本身容易被堵塞，形成的动态膜也会比较致密，不利于维持动态膜的长期稳定运行。

对于无纺布，单位面积的喷丝密度决定孔径的大小。共选取了四种不同喷丝密度的无纺布进行了比较，其性质见表 2.6，照片见图 2.20。其中，A、C 和 D 的材质为聚酯，B 为聚丙烯。B 和 C 的规格虽然相同，但由于制作工艺不同，B 比 C 厚一些，无纺布各层纤维间的距离大一些。这几种无纺布都比较薄，均为热轧而成，被热轧的部分通常没有孔隙率(见图 2.20 中材料 A 与 B)，因此实际过滤面积要小于无纺布面积，需要乘以有效过滤面积率。

表 2.6　无纺布的性质

| 材料编号 | A | B | C | D |
|---|---|---|---|---|
| 规格(喷丝密度)/(g/m$^2$) | 30 | 50 | 50 | 70 |
| 纤维材质 | 聚酯 | 聚丙烯 | 聚酯 | 聚酯 |
| 有效过滤面积率/% | 75 | 86 | 75 | 75 |
| 清水阻力[a]/m$^{-1}$ | 9.64E+05 | 1.70E+06 | 1.97E+06 | 2.11E+06 |

a. 无纺布清水阻力随过滤压差不同而不同，表中清水阻力的测定过滤压差为 1.2kPa。

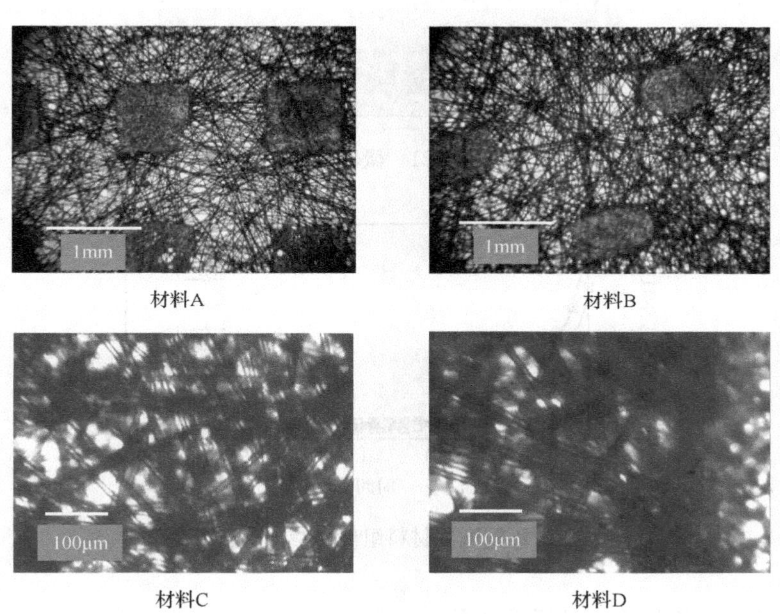


图 2.20　无纺布材料照片

用无纺布制作的微网组件如图 2.21 所示。将微网组件置入活性污泥中进行过滤，考察出水的浊度变化和运行稳定性，以选择合适的微网基材。

#### 2.3.1.1　出水浊度的比较

A、B、C、D 四种无纺布作为微网基材时，试验运行初期，微网组件出水浊度随时间的变化见图 2.22。四种微网组件出水的起始浊度在 50～100NTU 左右，纤维密度高，孔隙相对较小的 D 组件出水浊度最低，然后依次为组件 C、A 和 B。之后出水浊度迅速下降，15min 之后，四组微网组件的出水浊度都降至 5NTU 以下，且浊度值相差不大。

图 2.21　微网组件

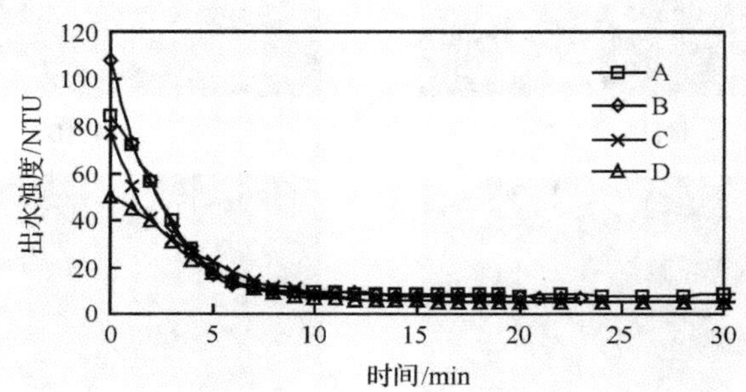


图 2.22　不同微网材料组件初始出水浊度变化

#### 2.3.1.2　长期运行的通量比较

四种微网组件长期运行过程中膜通量的变化如图 2.23 所示。试验过程中，当微网组件堵塞严重，膜通量下降到原始通量的不足 1/2 时，采用下方穿孔管曝气 2min 左右(如图中箭头表示处)，利用较强的气水扰动冲刷无纺布表面，去除无纺布表面的污泥层，然后开始新的过滤周期。反应器共运行了 6 个周期。A、B、C 和 D 四种无纺布材料在整个试验阶段的平均通量分别为 64.1 L/($m^2$ · h)、52.3 L/($m^2$ · h)、47.9 L/($m^2$ · h)和 37.8 L/($m^2$ · h)。从图 2.23 可以看出，下方曝气在一定程度上恢复了动态膜的过滤性能。喷丝密度低、纤维网相对疏松的无纺布 A 和 B 构成的微网组件经过下方曝气后其通量恢复较好，基本达到新组件的通量；而无纺布 C 和 D 的通量恢复得较差，这表明在喷丝密度较大的无纺布上形成的动态膜中存在不可逆污染部分。

综合比较认为以无纺布 A 和 B 作为微网基材的动态膜的运行稳定性高，性能优于无纺布 C 和 D。

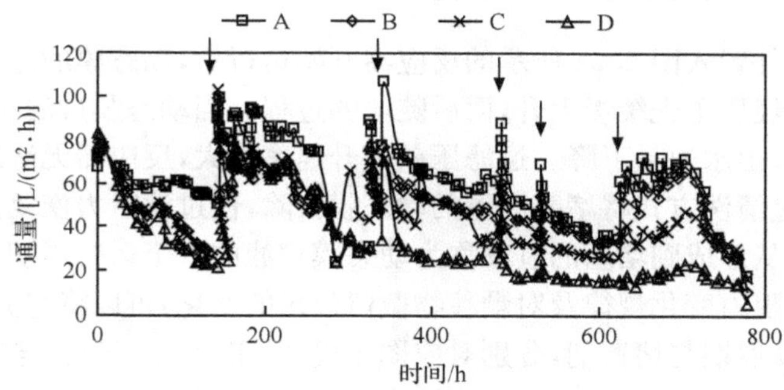


图 2.23　长期运行中不同微网材料组件的通量变化

## 2.3.2　动态膜过滤周期及其影响因素

### 2.3.2.1　工艺特征

所用试验装置如图 2.24 所示，反应器内部由两块平行的挡板分隔成三部分，正常运行时两侧为升流区，中间为降流区，降流区中部安装有微网组件。反应器有效容积 24L，备有两套曝气系统：组件侧方曝气器和组件下方曝气器。侧方曝气器设置在反应器两侧的升流区，采用微孔曝气器，以提高传氧效率。下方曝气器设置在微网组件下方，备有两套：一套也为微孔曝气器，在曝气方式比较试验中使用；另一套为穿孔管，用于去除堵塞的污泥层。微网组件的基材为喷丝密度为 $50g/m^2$ 的聚丙烯无纺布。试验原水为清华大学校园内的生活污水。正常运行时，反应器连续进出水，为恒通量操作模式。

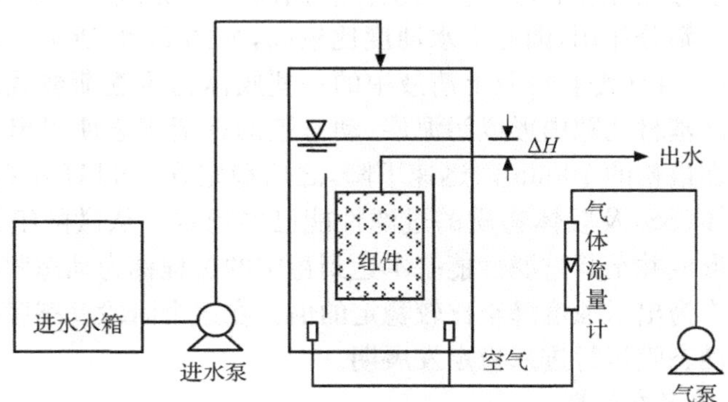


图 2.24　微网动态膜生物反应器试验装置示意图

#### 2.3.2.2 动态膜运行周期的全过程分析

将微网组件置入图 2.24 所示的反应器开始运行后，动态膜的过滤压差变化如图 2.25 所示：经历了先缓慢上升，而后陡增的过程。当动态膜过滤压差过高时，动态膜堵塞严重，出水通量下降。过滤压差上升速率增大，反应器无法维持正常稳定运行，需要通过清洗方式将堵塞严重的动态膜去除，使过滤阻力恢复到初始过滤的水平。动态膜从形成到堵塞的过程称为动态膜过滤的一个运行周期。根据动态膜运行周期内的阻力变化规律及对颗粒物截留效果的变化，可以将它分为三个阶段：形成期、稳定发展期与堵塞期，分别对应图中的Ⅰ、Ⅱ和Ⅲ部分。与运行周期相关的内容还包括运行周期终点的确定及堵塞动态膜的去除。

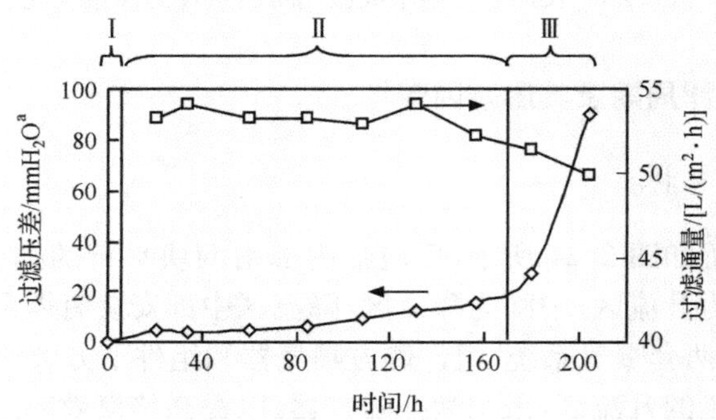


图 2.25 动态膜过滤周期内过滤压差及通量变化

(a. $1mmH_2O=9.80665Pa$，下同)

1. 动态膜形成期

在运行初期，过滤刚刚开始，微网组件表面尚没有动态膜形成，此时过滤只靠微网基材本身的筛分作用，因此出水浊度比较高，如图 2.22 所示。随着过滤的进行，混合液中的活性污泥颗粒及上清液中的一些胶体物质逐渐被截留到微网基材表面或进入微网基材孔隙内形成污泥层，动态膜的逐渐积累使得出水浊度逐渐降低。出水浊度在最初的 10min 内迅速下降，之后稳定在 5NTU 左右，表明此时动态膜对悬浮固体(SS)及胶体物质的过滤性能已经稳定。从微网组件过滤开始到组件上动态膜形成并至其过滤性能基本达到稳定的过程称为动态膜的形成期。形成期结束的标志为出水浊度降至比较稳定的值。在这个阶段动态膜的过滤压差通常很小。之后动态膜运行进入稳定发展期。

2. 动态膜稳定发展期

在稳定发展期内，动态膜过滤压差缓慢爬升，如图 2.25 中的Ⅱ阶段，对应的过滤通量比较稳定，进出水流量始终基本保持平衡。这个阶段的出水浊度基本稳定在 5NTU 左右，发展期末的过滤压差通常不超过 $40mmH_2O$，超过一定的压差，动态膜过滤就会从稳定发展期过渡到堵塞期。稳定发展期在整个运行周期内所占的时间比例最大，因此稳定发展期的长短直接决定着运行周期的长短。

3. 动态膜堵塞期

进入堵塞期后，动态膜阻力上升速率明显加快，对应通量出现明显下降。通量下降使得进出水量不平衡，进水流量高于出水流量，反应器内液位上升，液位的升高反过来又会影响动态膜阻力，使得阻力进一步增加。在堵塞期，阻力快速增长一方面是由于污泥层的压缩使污泥比阻(单位质量污泥阻力)快速升高，另一方面可能是动态膜的孔隙率在稳定发展期逐渐缩小，末期孔隙大小足以截留上清液中胶体等大分子物质，使得动态膜过滤逐渐由滤饼过滤过渡到堵塞过滤，从而造成阻力的快速上升。

堵塞期内反应器的运行处于不稳定状态，因此应该在适当的时期停止反应器运行，通过一定的手段对堵塞的动态膜进行去除，以开始新的运行周期。

4. 运行周期的终点

动态膜进入堵塞期后，动态膜过滤性能严重恶化，反应器内液位迅速上升。如果不停止运行，在很短的时间内，反应器内液位就会升至反应器所能允许的最高液位。由于堵塞期时间占整个运行周期的比例比较小，因此，理论上，进入堵塞期后就可以在任意时间停止反应器的运行。在实际运行中，运行周期的终点通常是通过过滤压差确定的，这样利于实现自动控制。运行周期终点对应的过滤压差称为终点压差，是人为设定的。试验中，为了考察堵塞期的压差变化规律，通常设定的终点压差值比较高，为 100mm$H_2O$ 左右。实际运行中，终点压力的确定应该参考稳定运行期末的压差。

5. 动态膜的去除

动态膜运行周期结束后，需要对堵塞的动态膜加以去除，以恢复系统的出水能力。动态膜去除的手段包括组件下方曝气清洗、自来水内部反冲、体外清洗等。去除动态膜后的组件对颗粒物的截留效果变差，需要再经历动态膜的形成获得良好的泥水分离效果，也就是下一个过滤周期的开始。

#### 2.3.2.3　曝气方式对动态膜运行稳定性的影响

图 2.26 比较了微网组件下方曝气和侧方曝气条件下动态膜运行周期内的过滤压差和出水浊度变化。下方曝气下的动态膜运行周期明显短于侧方曝气下的运行周期。下方曝气时的出水浊度在经历了接近 10h 后仍高达 20NTU。侧方曝气下动态膜的过滤性能明显优于下方曝气的情况。

对下方曝气运行周期末微网组件的观察可以看到，微网组件被严重污染，表面的污泥层很薄，微网组件的孔隙内充满了黑褐色的物质[图 2.27(a)]，可能为活性污泥颗粒或胶体等大分子物质。组件下方曝气严重影响了微网组件上污泥层的形

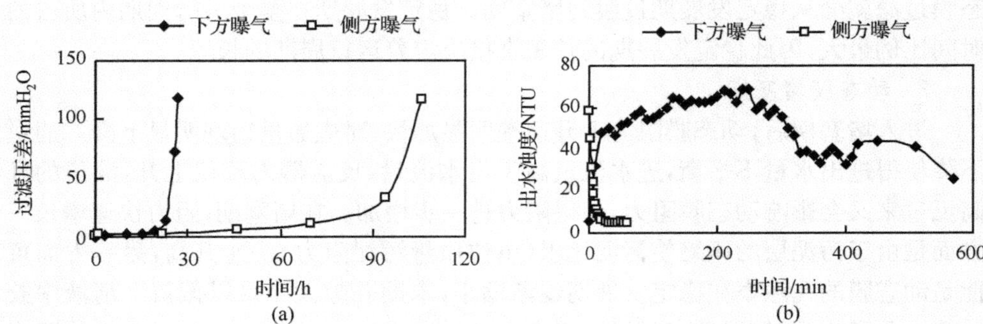


图 2.26　不同曝气方式对过滤压差(a)和出水浊度(b)的影响

成,初始过滤成为微网基材的直接筛分,导致微网组件的严重堵塞,过滤阻力迅速上升。组件上的污泥层和微网孔隙内部的物质很难用自来水冲洗[图 2.27(b)],过滤组件的凝胶层污染非常严重,只能通过化学药洗或高压水冲洗清除掉微网基材孔隙内的物质。

图 2.27　下方曝气周期末组件照片(a)和清水冲洗后照片(b)

(a) 下方曝气周期末组件;(b) 下方曝气组件清水冲洗后

侧方曝气条件下,处于降流区的微网组件周围只有速率很低的错流扰动,因此污泥层容易在微网组件表面形成,且污泥层结构疏松,过滤阻力较小。污泥层的形成避免了微网组件的堵塞,因此能维持比较长期的稳定运行。

#### 2.3.2.4　水力条件对动态膜运行稳定性的影响

污泥颗粒在微网组件上的沉积状况在一定程度上决定了动态膜的形成和发展过程,也决定了动态膜过滤的稳定性。而组件附近颗粒的沉积状况受其所在流场,即微网表面水力条件的影响。微网表面水力条件的两个重要决定因素为错流速率与通量，以下考察它们对动态膜过滤稳定性的影响。

1. 错流速率的影响

图 2.28 比较了两个不同侧方曝气量（600L/h 和 200L/h），即不同错流速率（0.22m/s 和 0.11m/s）对动态膜运行稳定性的影响。由图可见，错流速率为 0.22m/s 的过滤压差上升速率小于侧方曝气量为 0.11m/s 的过滤压差上升速率。可见，提高微网表面错流速率能延长动态膜稳定发展期的运行时间，在一定程度上减缓动态膜的阻力发展。

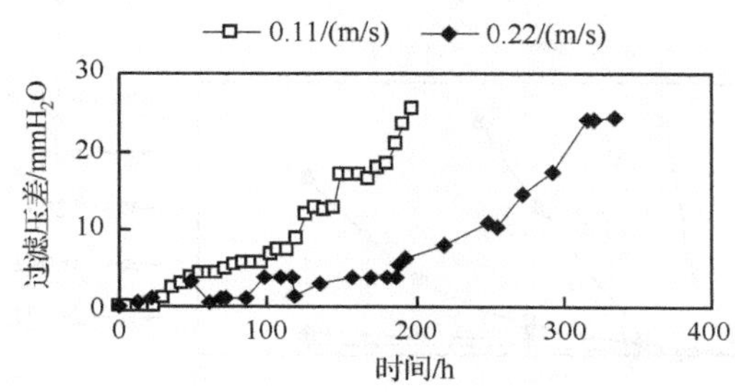


图 2.28　不同侧方曝气量下动态膜过滤压差的变化

2. 通量的影响

图 2.29 是各污泥浓度下不同通量时，过滤压差随时间的变化情况。可以看到，当通量较小时，两天内过滤压差几乎不发生变化；随着通量的逐渐增加，过滤压差上升速率加快。

在动态膜过滤中，微网组件的阻力很小，约 $10^6 m^{-1}$ 量级，可以忽略（正常状况下，动态膜的过滤总阻力为 $10^8 \sim 10^{10} m^{-1}$ 量级），因此，过滤阻力主要来源于在过滤过程中被截留在微网表面的污泥层，也就是动态膜。动态膜厚度和比阻分布的变化均会影响过滤压差。在过滤初期，活性污泥向微网组件表面的沉积主要由水力作用引起，非水力作用（如膜面污泥增殖等）引起的污泥沉积可以忽略。因此，过滤初期的污泥沉积速率主要由微网表面错流速率、通量和污泥浓度等决定。当通量比较低时，由通量引起的颗粒向微网表面沉积的速率比较小，阻力上升速率慢。

从图 2.29 还可以看出，污泥浓度为 5g/L 和 10g/L 时，通量比较大的条件下过滤压差上升曲线呈凹形，即随着过滤压差的升高，过滤阻力上升速率加快，这可能是由于在过滤压差上升过程中，污泥层被不断压缩，污泥比阻不断增大的缘故。而污泥浓度为 15g/L 时，随着过滤压差的升高，过滤阻力上升速率没有加快，而是逐渐变慢，甚至出现阻力维持不变或下降的趋势[如 80L/($m^2$ · h)和 120L/($m^2$ · h)时的情况]。造成这一现象的原因可能是动态膜污泥内部结构的变化或水力作用造成的动态膜污泥层的部分脱落。

上述试验结果表明，对一个固定的污泥浓度，存在一个通量，当动态膜在小于

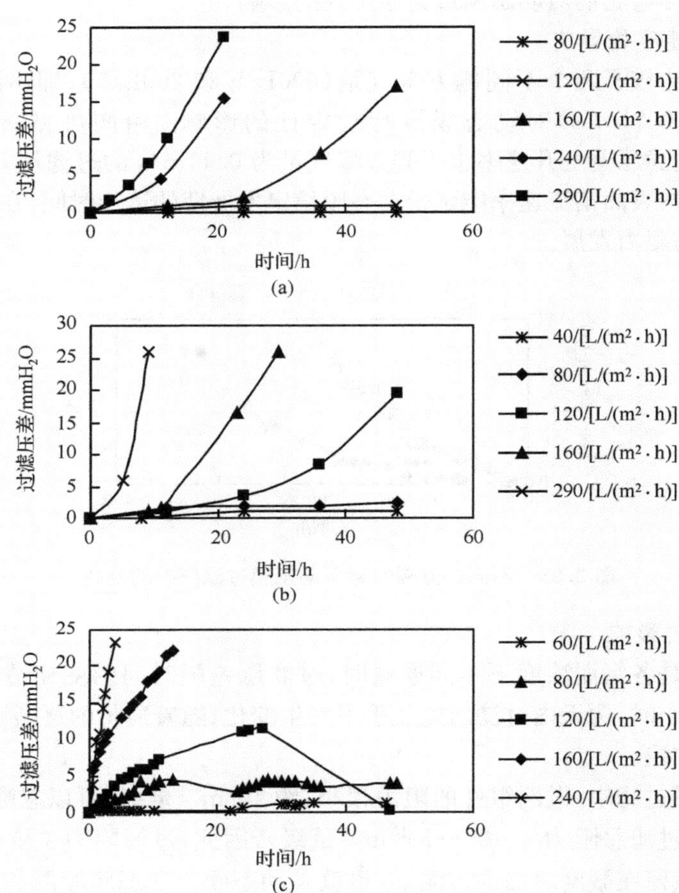


图 2.29 通量对动态膜过滤压差变化的影响

(a) 污泥浓度为 5g/L；(b) 污泥浓度为 10g/L；(c) 污泥浓度为 15g/L

此通量运行时，过滤阻力增长缓慢；大于此通量时，过滤阻力迅速增加。借用传统MBR中临界膜通量的概念，定义两天内过滤压差变化超过 $5mmH_2O$ 时的最小通量为该污泥浓度下的临界通量。由于试验选取通量并不连续，因此只能得到一个临界通量区域，污泥浓度为 5g/L、10g/L 和 15g/L 下的临界通量范围分别为120～160L/($m^2$·h)、80～120L/($m^2$·h)和 60～80L/($m^2$·h)。如图 2.30 所示，可以看到，临界通量随着污泥浓度的增大而减小。当通量值小于临界通量时，位于次临界通量区域，此时有利于动态膜的稳定运行；当通量高于临界通量时，位于超临界通量区域，此时动态膜阻力上升速率很快，无法保持反应器的稳定运行。

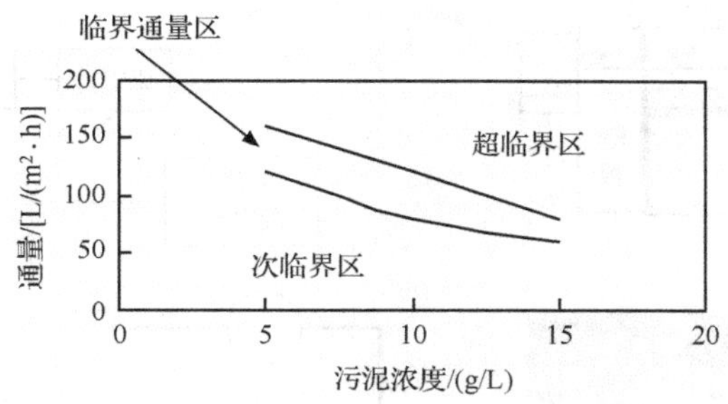


图 2.30　临界通量区随污泥浓度的变化

## 2.3.3　动态膜功能分析

### 2.3.3.1　评价方法

依托于图 2.24 所示的装置开展试验，分析上清液和动态膜出水中的污染物浓度，通过两者的浓度比较，考察分析动态膜在污染物去除与转换中的作用。在动态膜运行过程中，动态膜污泥层的厚度由几到几十毫米不等，为考察动态膜内污泥活性的空间分布，分别刮取小微网组件上的动态膜内浅层和深层处的污泥进行污泥活性的测定。

此外，设计了一个微型动态膜生物反应器，结合微电极进行了动态膜内溶解氧分布的在线测量。微型动态膜生物反应器的结构如图 2.31(a)所示，由透明有机玻璃制成，微网基材的过滤面积为 $30cm^2$，测试系统原理图如图 2.31(b)所示。尖端直径为 25μm 的溶解氧微电极(OX25，Unisense 公司)安装在自制的三维微动台上[图 2.31(c)]，微调精度为 0.01mm，微电极垂直于动态膜表面，电极探头的高度及其在平面的位置通过粗调和微调螺杆进行调节。显微镜观察方向垂直于微电极，辅助调节微电极在动态膜之间的相对位置。

过滤初期，从处理自配污水的小试动态膜生物反应器中取一定体积的活性污泥，加入微型反应器中。当微网基材上沉积一层厚约 8mm 的动态膜后，反应器开始运行。为模拟实际的过滤过程，进水为小试动态膜生物反应器的上清液，利用右侧的出水堰出水，过滤的动力来自反应器主体液位与出水堰的水头差。反应器为恒流操作，通量为 $40L/(m^2 \cdot h)$。

### 2.3.3.2　动态膜对有机物的去除

表 2.7 中列出了动态膜对 COD 的去除情况，并与系统总去除情况相比较。从该表可见，动态膜对 COD 的去除起到一定的作用，平均去除浓度为 12.6mg/L，与系统对 COD 的总去除量相比，动态膜的贡献比较小。由此可见，动态膜生物反应

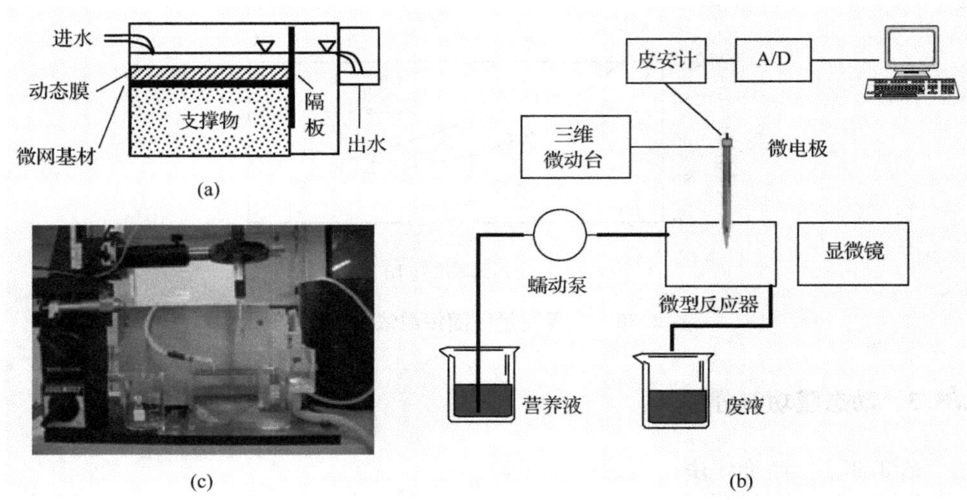


图 2.31　动态膜内溶解氧分布测试装置图

(a) 微型动态膜反应器；(b) 测试系统原理图；(c) 微动平台上的微型反应器照片

器对 COD 的去除主要依靠反应器内混合液的生物降解作用。

**表 2.7　动态膜对主要污染物的表观去除效果**

| 项目 | 进水 | 上清液 | 出水 | 总去除率 | 动态膜的去除量 |
|---|---|---|---|---|---|
| COD | 35.8～533.2<br>(201.2) | 5.14～82.5<br>(32.6) | 4.28～59.0<br>(21.9) | 63.2%～97.0%<br>(87.4%) | 0～57.75<br>(12.6) |
| TN | 25.9～87.8<br>(52.7) | 18.9～88.0<br>(47.6) | 17.5～84.9<br>(45.5) | 1.0%～50.7%<br>(14.6%) | 0～8.74<br>(3.01) |
| $NH_4^+$-N | 12.7～102.7<br>(37.6) | 0～35.0<br>(7.92) | 0～33.0<br>(8.44) | 35.3%～100%<br>(78.4%) | −7.44～5.31 |

注：表中数据除百分比外，其余单位均为 mg/L，括号内数值为算术平均值。

动态膜对有机物中胶体物质的去除情况见图 2.32，列入统计的样品总数为 36。动态膜对有机物中溶解性物质的去除情况见图 2.33，列入统计的样品总数为 49。可以看出动态膜对胶体物质有一定的去除作用，去除量在 0～1mg/L 范围的居多。而上清液中溶解性物质在经过动态膜后浓度有时降低，有时反而增加，增加的量不明显，只有 1～2mg/L。从这两图的比较可以推测部分胶体物质被动态膜截留后，被分解成相对分子质量更小的溶解性物质，从而使出水中的溶解性物质增多。

动态膜对上清液中有机物可以有物理截留、物理化学吸附和生物降解作用。通过上面的数据分析，可以进行这样合理的推断，即动态膜对相对分子质量比较大

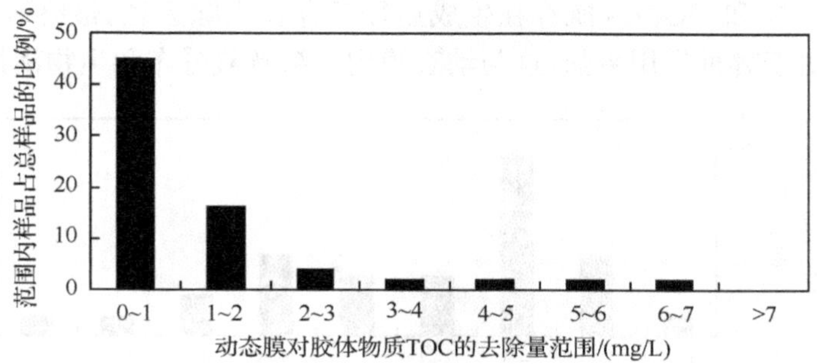


图 2.32　动态膜对胶体物质的表观去除

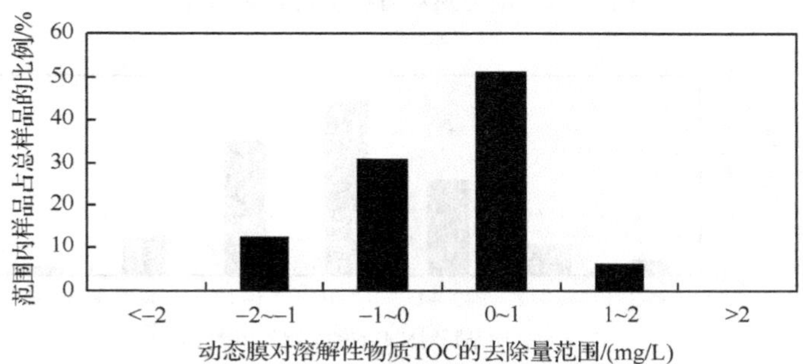


图 2.33　动态膜对溶解性有机物的表观去除

的胶体物质的去除作用主要依靠动态膜污泥层的吸附和截留作用，胶体物质被动态膜中生物捕获后，被水解成更小的溶解性物质；而对溶解性物质的去除则主要是生物降解作用。

#### 2.3.3.3　动态膜对氮的转化

表 2.7 中也列出了动态膜对 $NH_4^+$-N 和 TN 的去除情况，并与系统总去除情况相比较。动态膜对上清液中的 TN 有一定的去除效果，对 $NH_4^+$-N 的作用则与对溶解性物质的作用类似，即出水 $NH_4^+$-N 有时比上清液中 $NH_4^+$-N 浓度要高。

图 2.34～图 2.36 给出了动态膜对有机氮、$NH_4^+$-N 和 $NO_3^-$-N 的去除和转换情况。动态膜对有机氮有较明显的去除作用，而对于 $NH_4^+$-N 和 $NO_3^-$-N 则有时表现为去除，有时表现为增加。在此基础上，我们对这些物质在动态膜中的迁移和转化过程进行分析，见图 2.37。上清液中的有机氮在经过动态膜时，一部分被动态膜截留，部分被截留的有机氮有可能被动态膜中的微生物分解转化成 $NH_4^+$-N；上清液中的一部分 $NH_4^+$-N 可能被硝化成 $NO_3^-$-N，大部分会透过动态膜随出水排出；而上清液中的一部分 $NO_3^-$-N 有时会被反硝化成氮气。因此，当上清液经过动

态膜时，$NH_4^+$-N 和 $NO_3^-$-N 既存在生成途径又存在去除途径，最终表现为去除还是增加则取决于哪种作用更强，这与动态膜内的溶解氧分布和生物活性等有关。

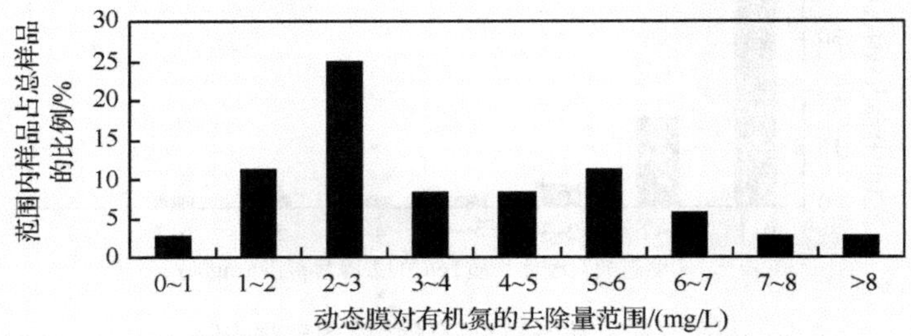


图 2.34 动态膜对有机氮的表观去除

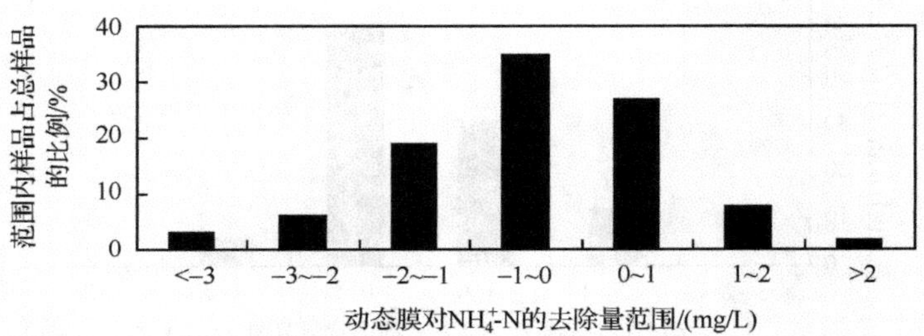


图 2.35 动态膜对 $NH_4^+$-N 的表观去除

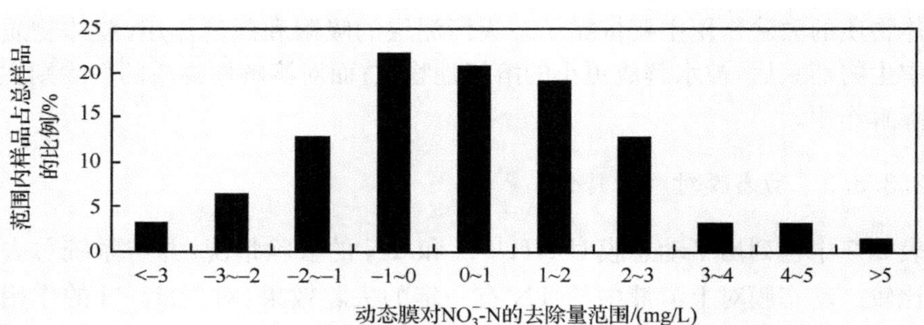


图 2.36 动态膜对 $NO_3^-$-N 的表观去除

#### 2.3.3.4 动态膜内的溶解氧分布

由图 2.38 可以看出，动态膜内溶解氧浓度随测点距动态膜表面距离的增加而下降，在约 2～2.5mm 位置，溶解氧浓度降为零。这表明动态膜表层的微生物具有一定的活性，会消耗流经动态膜的水流中的溶解氧，使动态膜深处的微生物处于无氧状态。

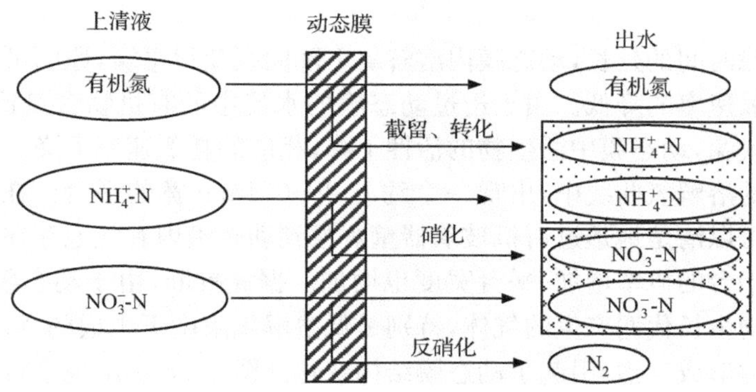


图 2.37　动态膜对上清液中氮的转化示意图

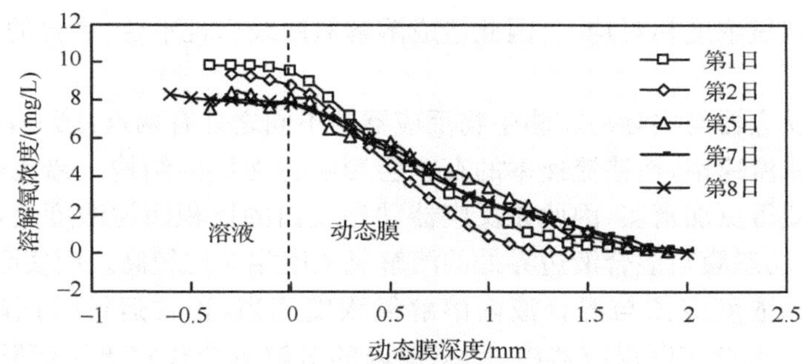


图 2.38　动态膜内外的溶解氧分布

溶解氧的下降速率受动态膜内微生物活性、膜过滤通量、膜内污泥浓度等因素的影响，总体上呈现先增加，而后稳定，最后减小的规律。根据这一规律，可将曲线中位于动态膜内的片段分为 3 个部分：

第一部分是距离动态膜表面之下约 0.3～0.5mm 的部分，这部分溶解氧曲线的斜率不高，且随深度 $x$ 的增加而增加。这部分所在动态膜与主体溶液相连，受到主体溶液内水分子及其他粒子运动及动态膜内微生物本身扩散的影响，泥水分界面并不平滑，越靠近溶液主体，污泥絮体之间的间隙越大，对应的生物密度也越低，因此体积耗氧速率随深度升高而升高。

第二部分是第一部分以下至深度约 1.5mm 的部分，这部分的溶解氧迅速随深度 $x$ 下降，速率明显高于第一部分。曲线斜率相对稳定，这是由于该层的动态膜相对比较致密，单位体积耗氧速率比较大。

第三部分是第二部分以下到溶解氧降至零的部分。这部分的溶解氧下降速度比第二部分有明显降低。一个重要的原因是溶解氧浓度比较低，在微生物中的扩散速度受到影响，使得微生物的耗氧速率与溶解氧充足时（如第二部分）相比有所降低。

随着过滤时间的延长，动态膜内溶解氧下降曲线变得平缓，原因可能是动态膜内微生物耗氧速率的降低。由于透过动态膜的水流中的有机物含量比较低，经过几天的生长代谢，动态膜中微生物的活性下降，相应的耗氧速率下降。

第5日的溶解氧曲线中，出现一个约0.2～0.4mm宽的平台。在试验的第7日、第8日，可以清楚地透过有机玻璃器壁观察到动态膜内有气泡存在，同时，溶解氧曲线出现平台的概率增加，平台宽度也增加。据此推断，由于动态膜结构疏松，其内部微生物生长代谢产生的气体，特别是低溶解氧浓度下生成的 $N_2O$、$N_2$ 等，残留在动态膜内形成气泡，引起了动态膜结构变化。图2.38中出现平台处的溶解氧浓度比较高，约3～4mg/L，微生物处于好氧状态，生成气泡的可能性比较小，因此，该处气泡可能来自于更深处缺氧区产生的气泡的上移。由于氧分子的热运动，气泡内的溶解氧浓度相对均一，因此造成溶解氧曲线出现平台，平台的宽度与气泡尺寸相关。

此微型反应器与实际动态膜生物反应器的不同之处有两点：第一，它没有平行于动态膜的错流速率，而错流速率的存在会影响污泥层的结构。错流速率的作用会使污泥层变得更加密实，因此该反应器动态膜内的体积污泥浓度会低于实际反应器。第二，动态膜与混合液边界处的溶解氧浓度相对比较高。而实际反应器中，此处的溶解氧浓度应该与混合液内溶解氧浓度相当，正常运行时该溶解氧值为2mg/L左右。因此实际反应器中，动态膜内的溶解氧曲线将更短而陡，动态膜内处于好氧状态的污泥层厚度更薄。

#### 2.3.3.5　动态膜内污泥的比耗氧速率

与其他生物膜不同，动态膜内的液体是以一定速度流动的，其大小等于过滤通量 $J$，溶解氧在其中的迁移速度由两部分构成：过滤通量引起的移流扩散和浓度差引起的分子扩散。而前者的扩散量要远大于后者的扩散量，因此在这里只考察移流扩散。对进出动态膜内微元的溶解氧做物料平衡分析，可以得到式(2.1)。

$$J \cdot \left(-\frac{\mathrm{d}C_x}{\mathrm{d}x}\right) = X_x \cdot K_x \tag{2.1}$$

式中，$J$ 表示液体通过动态膜的通量，$\mathrm{L/(m^2 \cdot h)}$；$C_x$ 为动态膜深度 $x$ 处的溶解氧浓度，mg/L。$K_x$ 和 $X_x$ 分别为 $x$ 深度处 $\mathrm{d}x$ 微元内污泥的比耗氧速率和污泥浓度，单位分别为 mg-DO/(g-SS · h)和 mg/L。

通常，污泥的比耗氧速率与溶解氧浓度的关系遵从 Monod 方程式(Chen et al., 1999)，即式(2.2)。

$$K_x = \frac{k \cdot C_x}{C_s + C_x} \tag{2.2}$$

式中，$k$ 为最大比耗氧速率，mg-DO/(g-SS · h)，它与污泥活性有关；$C_s$为溶解氧半饱和常数，mg/L，即比耗氧速率是最大比耗氧速率一半时的溶解氧浓度，它取决于絮体的大小和温度。

如上一节所述，在深度为 0～0.6mm 处动态膜内的污泥浓度分布不均匀，而在 0.6mm 深度以下的部分污泥浓度可以近似认为是恒定的，用 $X$ 表示该污泥浓度值，当深度 $x \geqslant 0.6$mm 时，

$$X_x = X \tag{2.3}$$

综合式(2.1)～式(2.3)，得到

$$\mathrm{d}C_x = (-1) \cdot \frac{X}{J} \cdot \frac{k \cdot C_x}{C_s + C_x} \cdot \mathrm{d}x \quad (x \geqslant 0.6\text{mm}) \tag{2.4}$$

已知 $J=40\text{L}/(\text{m}^2 \cdot \text{h})$，通过测定得到 $X \approx 17\text{g/L}$。式(2.4)中有两个待求参数，$k$ 和 $C_s$，采用试算法求解。算法如下：

(1) 令 $k=0, C_s=0$；

(2) 设溶解氧浓度降为 0 时的深度为 $x_0$，以 $x=x_0-0.1$mm 处的溶解氧浓度值作为初值 $C_1$，步长 $\Delta x$ 取 0.1mm，用式(2.4)计算出 $C_1$的增量 $\Delta C_1$；

(3) 计算 $x=x_0-0.2$mm 处的溶解氧浓度为 $C_2=C_1+\Delta C_1$；

(4) 步长 $\Delta x$ 取 0.1mm，将 $C_2$代入式(2.4)，同步骤(2)计算出 $C_2$的增量 $\Delta C_2$；

(5) 同步骤(3)和(4)，计算下一个深度处的溶解氧浓度，直至 $x=0.6$mm 的点，由此得到一组 $C$ 值 $C_1 \sim C_n$，记作向量 $\boldsymbol{Y}_{\text{cal}}$；

(6) 从 $x=x_0-0.1$ 到 $x=0.6$mm 的溶解氧浓度测量值记做向量 $\boldsymbol{Y}$，计算 $\|\boldsymbol{Y}_{\text{cal}}-\boldsymbol{Y}\|_2$；

(7) $k$ 以 0.1，$C_s$以 0.01 的步长变化，计算不同($k$,$C_s$)下的 $\boldsymbol{Y}$ 的范数 $\|\boldsymbol{Y}_{\text{cal}}-\boldsymbol{Y}\|_2$，取范数最小时的($k$,$C_s$)作为最终结果。

由于最大比耗氧速率 $k$ 受温度影响，用式(2.5)将试验温度下的 $k$ 值折算到 20℃下(Chen et al.，1999)，记作 $k_{20}$。

$$k_{20} = k_T \cdot 1.085^{20-T} \tag{2.5}$$

用 Matlab 编程计算得到($k_{20}$,$C_s$)，结果见表 2.8。

**表 2.8　表层动态膜内污泥的比耗氧速率及溶解氧半饱和常数的计算结果**

| 实验时间 | 温度/℃ | $C_s$/(mg/L) | $k_{20}$/[mg/(g-SS · h)] | $\|\boldsymbol{Y}_{\text{cal}}-\boldsymbol{Y}\|_2$ |
|---|---|---|---|---|
| 第 1 日 | 14.5 | 1.43 | 34.3 | 0.22 |
| 第 2 日 | 17.0 | 0.58 | 29.2 | 0.08 |
| 第 5 日 | 21.0 | 0.23 | 10.6 | 0.30 |
| 第 7 日 | 21.0 | 0.27 | 8.7 | 0.59 |
| 第 8 日 | 21.0 | 0.53 | 12.4 | 0.56 |

由表 2.8 的数据可以看出，第 5 日动态膜表层污泥的比耗氧速率比第 1 日和第 2 日有了明显降低，表明污泥的活性有所下降。在底物充足的情况下，反应器内活性污泥的比耗氧速率为 20～40mg-DO/(g-SS·h)，而比耗氧速率为 5～10mg-DO/(g-SS·h)时，表明滤液中不存在易降解的有机物（Mogens 等，1999）。试验数据表明，动态膜内微生物大体处于有机物缺乏的状态。动态膜表层污泥虽然具有生物活性，但由于受有机物的限制，并不能有效利用，致使活性随着时间的延长逐渐降低，到第 5 日基本稳定，比耗氧速率在 10mg-DO/(g-SS·h)左右。

#### 2.3.3.6　动态膜内的污泥活性

图 2.39 为反应器内混合液污泥与动态膜内污泥的活性测量结果。可以看出反应器内混合液污泥的有机物降解活性、亚硝化活性和硝化活性均高于动态膜内污泥的活性。动态膜浅层污泥的有机物降解活性比深层的高，两者的亚硝化活性和硝化活性相差不大。硝化菌与亚硝化菌在低溶解氧浓度下很难进行代谢，长期处于低溶解氧环境会逐步丧失活性，而有机物降解活性则受溶解氧限制要小。由上节的结果可知，动态膜浅层 1mm 左右以外的地方都处于缺氧状态，而动态膜活性测定取样时，浅层和深层的分界取在中间位置，远远深于 1mm，因此浅层与深层的污泥所处的溶解氧环境相差不大，造成硝化活性与亚硝化活性的差异很小。

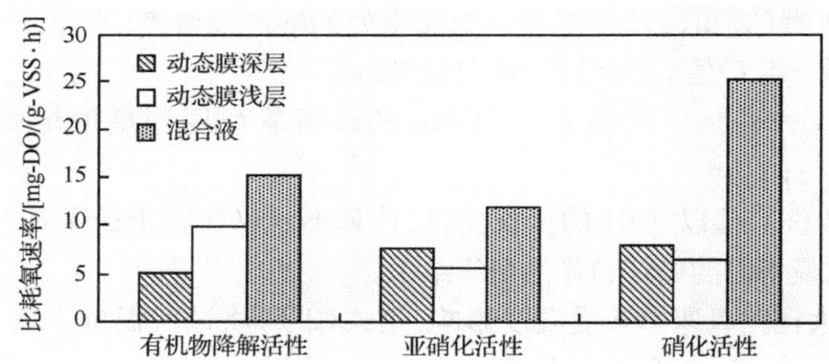


图 2.39　反应器内混合液与动态膜内的污泥活性

通过对污泥活性的分析，可以从另一个角度解释动态膜在系统对污染物去除和转化的贡献为何不大。长期处于不利的环境，动态膜中的污泥活性降低，分解有机物的能力下降，加之水流在膜内的水力停留时间短，只有十几分钟，使得它对上清液中污染物的去除效果不明显。

### 2.3.4　动态膜生物反应器处理城市污水的中试

#### 2.3.4.1　中试反应器的构建

中试装置设置在北京某污水处理厂，该厂的进水主要为生活污水和部分工业废水，属于典型的城市污水。原水经过污水处理厂隔栅、曝气沉砂池后进入中试基地自备初沉池，初沉池出水即为中试反应器的进水。中试反应器主要包括反应器池体、过滤组件单元、曝气系统、进出水系统及自动控制系统五大部分，中试装置外观与微网组件照片见图 2.40。反应器池体有效容积为 $2m^3$，挡流板将其分成两部分：一侧放有微孔曝气盘片，用于正常运行时微生物的供氧和反应器内的水力循环，正常运行时该区域为升流区；另一侧放置微网组件，组件的正下方安装有穿孔管，当动态膜堵塞到一定程度时，组件下方曝气启动以去除组件上堵塞污泥层。

(a)

(b)

图 2.40　中试装置外观(a)和微网组件(b)

中试装置采用恒通量操作方式，靠液位差自流出水。长期试验共运行了近 3 个月，膜通量设定为 $25L/(m^2 \cdot h)$，水力停留时间为 8.9h 左右，装置日处理规模为 $5.4m^3$。通过定期排泥使反应器内污泥浓度维持在 5.3～7.3g/L 之间。曝气量初始设定为 $3.5m^3/h$，试验中根据溶解氧需求进行了一定的调整。

#### 2.3.4.2　有机物的去除效果

反应器进水和出水 COD 及系统对 COD 的去除率随时间的变化如图 2.41 所示。试验期间进水 COD 在 231～771mg/L 之间波动，大部分时间进水水质相对稳定，除少数几次浓度值偏高外，其余时候基本在 300～400mg/L。反应器出水 COD 绝大部分低于 50mg/L，在 29～86mg/L 之间波动，去除率范围为 71%～92%。

#### 2.3.4.3　氨氮的去除效果

反应器进水和出水 $NH_4^+$-N 浓度及系统对 $NH_4^+$-N 的系统去除率随时间的变化如图 2.42 所示。试验期间进水 $NH_4^+$-N 浓度在 35.3～63.3mg/L 之间波动，出水 $NH_4^+$-N 浓度在运行初期(第一阶段)与末期(第三阶段)的浓度比较低，基本位

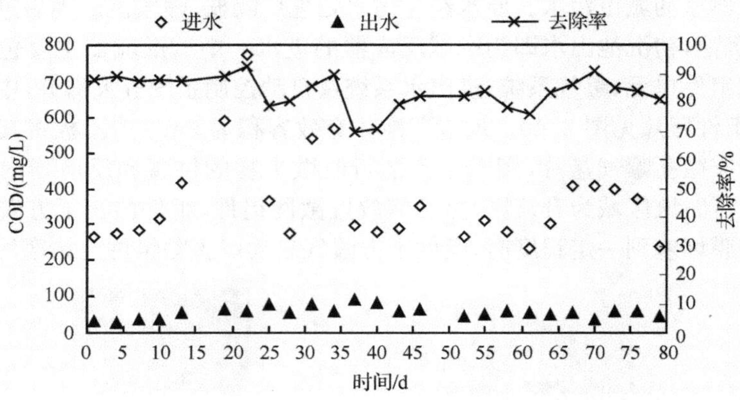


图 2.41　动态膜生物反应器长期运行对 COD 的去除效果

于 5mg/L 以下，中期（第二阶段）出水 $NH_4^+$-N 浓度明显升高，在 17～28mg/L 之间，去除率也比较低，维持在 32%～62%之间。$NH_4^+$-N 去除效果在第二阶段比较差的原因在于反应器曝气量下调造成供氧不足，使硝化菌的活性受到抑制。试验第一阶段，曝气量较大（约 $6m^3/h$ 左右），反应器内部溶解氧较高，反应器内硝化活性较高，加之反应器对硝化菌的有效截留使得硝化菌含量比较高，因此系统对氨氮的去除率保持在 90%以上。第二阶段，由于曝气量下调，反应器内的溶解氧浓度迅速下降，升流区顶部溶解氧浓度都不足 1mg/L。出水氨氮浓度随之升高，去除率只有 50%左右。第三阶段，曝气量提升到 $6m^3/h$，伴随着溶解氧浓度的上升，出水氨氮浓度很快下降，第三阶段的中后期出水氨氮浓度恢复到 5mg/L 以下，去除率均在 99%以上。第 56～61 天出水氨氮出现反弹，原因是此时排泥泵出现异常，反应器内污泥浓度增长迅速，影响了溶解氧的传递，导致硝化菌活性受到抑制，之后，反应器排泥恢复正常，出水氨氮浓度逐渐回落。

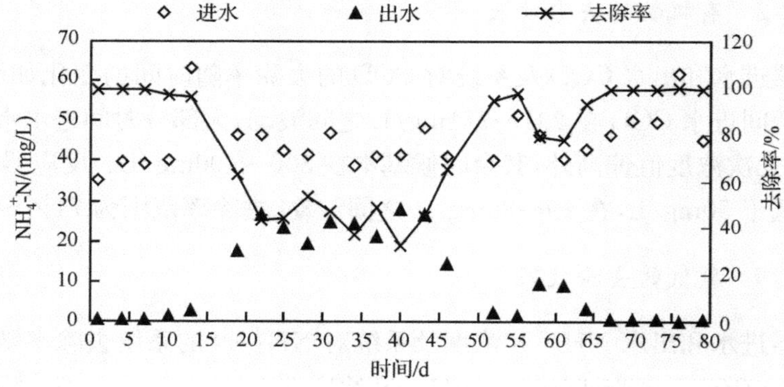


图 2.42　反应器对 $NH_4^+$-N 的去除效果

#### 2.3.4.4　出水浊度

试验期间进水浊度在 69～280NTU 之间，反应器正常运转时系统出水浊度始终低于 5NTU，且绝大多数都低于 2NTU，表现出动态膜对微细颗粒物的高效截留能力，见图 2.43。系统正常运转期间，出水 SS 都在极低的范围内，很难检出。

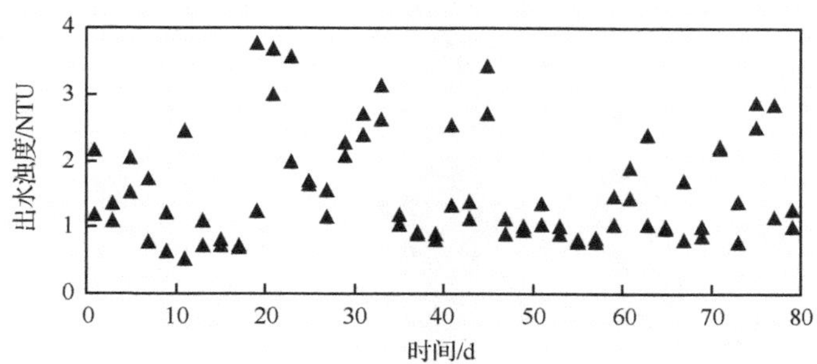


图 2.43　动态膜稳定运行期的出水浊度

#### 2.3.4.5　长期运行动态膜阻力的变化

图 2.44 表示了从干净微网组件放入反应器开始运行起，动态膜过滤压差在 34d 内随时间的变化情况。该运行期内动态膜运行周期的终点液位差设定为 60mm$H_2O$，组件下方曝气启动液位为 10mm$H_2O$，下方曝气时间为 2min。可以看到微网组件刚放入反应器内运行时，动态膜过滤首先经历稳定发展期而后进入堵塞期。到达设定的终点液位后，进水泵停止工作，液位回落，当液位降至下方曝气启动液位，即 10mm$H_2O$ 处时，下方曝气启动，曝气量为 15$m^3$/h，曝气 2min 后，启动进水泵进入下一个运行周期。随着下方曝气次数的增加，过滤周期间隔缩短，由最初的 94.8h 逐渐缩短至第 34 天的 7.92h。下方曝气后动态膜过滤周期缩短的原因可能有两点：①下方曝气无法将污泥层彻底清除。靠近微网组件的污泥层的

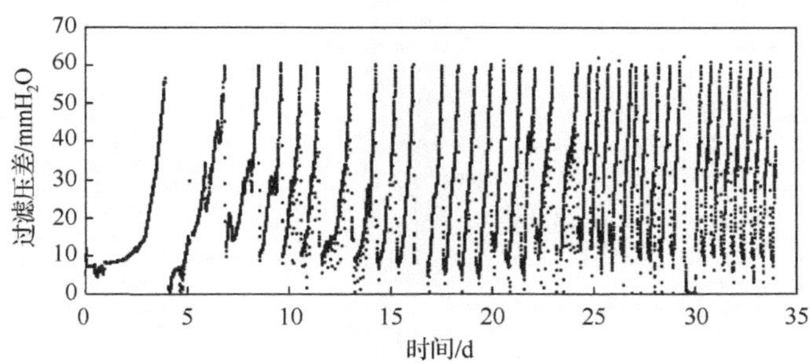


图 2.44　长期运行动态膜过滤压差随时间的变化

压缩程度最高，这些残留的污泥层尽管比较薄，但阻力并不小，使得下一个周期的起点阻力升高，动态膜稳定运行的潜力降低；②下方曝气中污泥层脱落的地方，在下方曝气的扰动下，混合液很有可能穿入无纺布内部成为凝胶层，使得凝胶层逐步发展。实际中，这两种作用可能同时存在。有关在长期运行中如何实现动态膜的稳定运行，尚需进一步探讨。

# 第3章 膜生物反应器处理城市污水的特性

随着社会经济的快速发展，需水量日益增加，致使不少城市和地区面临水资源短缺问题。而城市污水由于水质水量稳定，对其进行处理和再生回用是解决水资源短缺的有效途径之一。MBR 由于具有污染物去除效果好、出水水质稳定且优良、抗冲击负荷能力强等优点，其在城市污水处理与回用中的应用研究受到了广泛关注(桂萍，1999；刘锐，2000；刘若鹏，2003；贺晨勇，2004；王孟杰，2004；李舒渊，2006；李海滔，2007；张志超，2008)。

本章在对比 MBR 与传统活性污泥法(conventional activated sludge，CAS)处理城市污水的效果的基础上，介绍 MBR 工艺参数对城市污水处理效果和微生物增殖特性的影响，MBR 强化除磷以及对病毒等的去除特性。

## 3.1 膜生物反应器与传统活性污泥法的比较

膜的截留作用使 MBR 成为一个对微生物来说相对封闭的系统，其性质必然与开放式的 CAS 工艺有所不同。本节在平行条件下开展了 MBR 与 CAS 两套工艺的比较试验，考察了两套工艺的共性和差异，重点分析了污染物去除效果和微生物的代谢特性(刘锐，2000；刘锐等，2001)。

### 3.1.1 工艺特征

所采用的 MBR 和 CAS 试验系统的简图如图 3.1 所示。

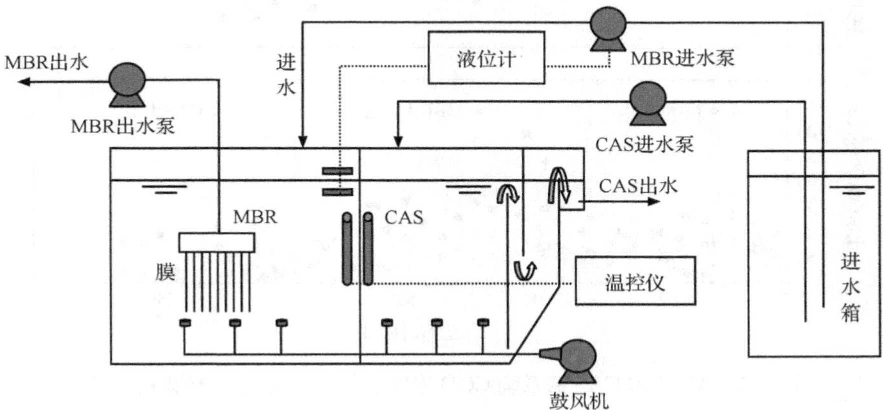


图 3.1 MBR 和 CAS 比较试验工艺流程

MBR 工艺主要由曝气池和膜组件两部分组成。曝气池长×宽×高为 30.0cm×22.5cm×40.0cm，有效容积 15L。束状聚丙烯中空纤维微滤膜组件（膜孔径 0.1μm，膜面积 0.4m²，浙江大学生产）放置于曝气池中，膜下用曝气头曝气。CAS 由 6.4L 的曝气池和与之相连的 3L 沉淀池组成。

两套装置的进水采用模拟城市污水的人工配水，主要含葡萄糖、淀粉、蛋白质和微量元素等。

### 3.1.2 污染物去除效果

#### 3.1.2.1 COD 的去除效果

图 3.2 为两系统进水、MBR 上清液、MBR 出水和 CAS 出水中溶解性 COD 浓度的时间变化以及两系统对溶解性 COD 的去除效果。通过比较，发现 MBR 具有比 CAS 更为优质的出水，其系统出水的平均 COD 浓度为 46.7mg/L，低于 CAS 系统（79.7mg/L）。相应地，MBR 系统对 COD 的处理效率也较高，COD 去除率波动于 68.2%～97.7%之间，平均值达到 89.4%；而 CAS 的 COD 去除率为68.7%～93.2%，平均值只有 82.4%。

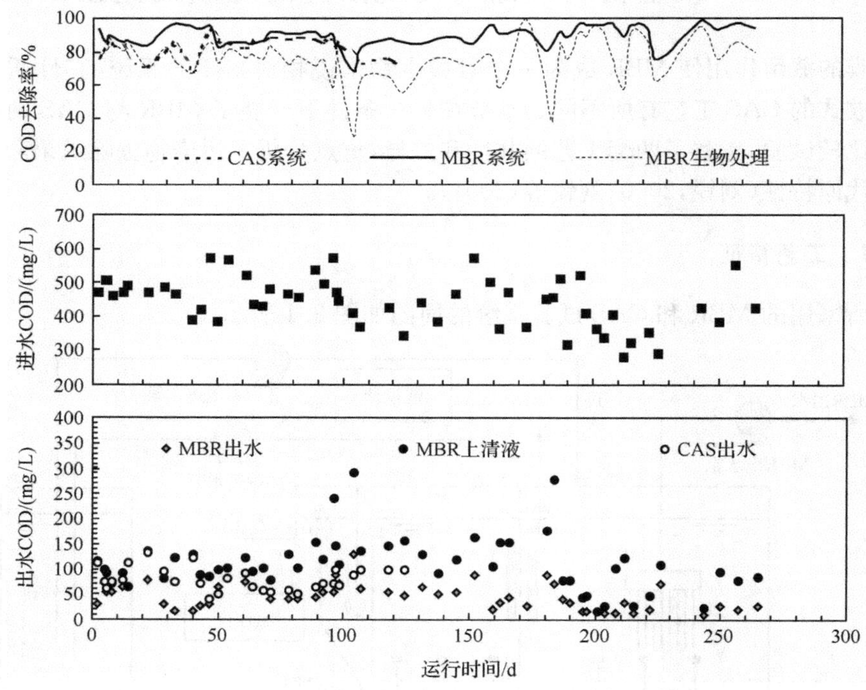


图 3.2 MBR 和 CAS 两系统 COD 浓度变化及 COD 去除效果的比较

MBR 系统对有机物去除效果的提高归因于膜对有机物的进一步去除。MBR 中微生物对 COD 的去除起主要作用，一般可以去除 60%以上的 COD，而膜对出水水质的提高起到了有效的补充。

#### 3.1.2.2　$BOD_5$ 的去除效果

图 3.3 为稳定运行时 MBR 上清液、MBR 出水和 CAS 出水的溶解性 $BOD_5$ 浓度。

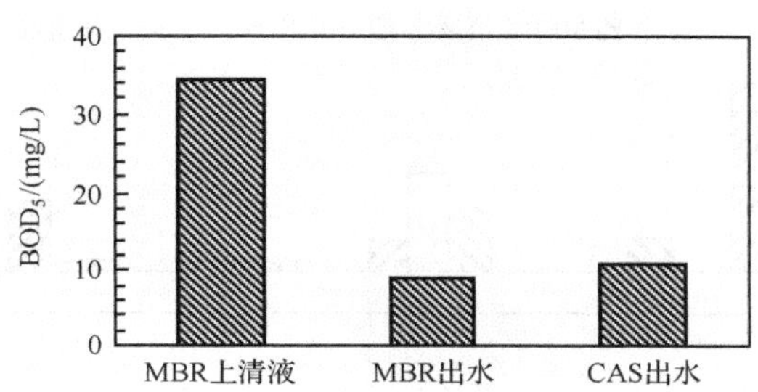


图 3.3　MBR 上清液和出水以及 CAS 出水的 $BOD_5$ 浓度比较

两套系统整体对 $BOD_5$ 的实际处理程度相差不多，但是 MBR 上清液中的 $BOD_5$ 浓度要高一些。这是由于膜把一些生物降解性好的物质截留在了生物反应器中。

#### 3.1.2.3　出水 SS

由于膜的高效截留作用，MBR 系统出水中没有检出悬浮物(SS)。CAS 系统出水中 SS 浓度的时间变化如图 3.4 所示。在正常运行时，CAS 反应器出水的 SS 浓度一般为 20～80mg/L；污泥膨胀时，则可达到 800mg/L。此时，CAS 反应器中大量污泥流失，运行状态恶劣。

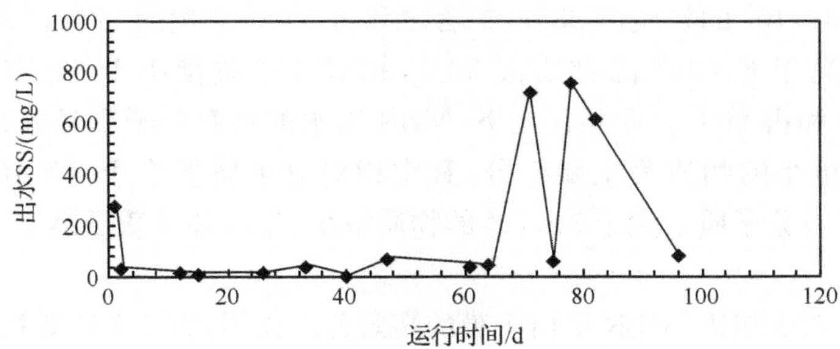


图 3.4　CAS 出水中 SS 浓度的时间变化

### 3.1.3 出水组成分析

MBR 和 CAS 的出水不仅污染物含量不同,而且组成也存在一定的差别。由于生物处理出水的组成比较复杂,直接测定难度较大,所以很多学者提出用相对分子质量分布来作间接表征。图 3.5 为运行第 50 天测定的 MBR 上清液、MBR 出水和 CAS 出水滤液的相对分子质量分布。

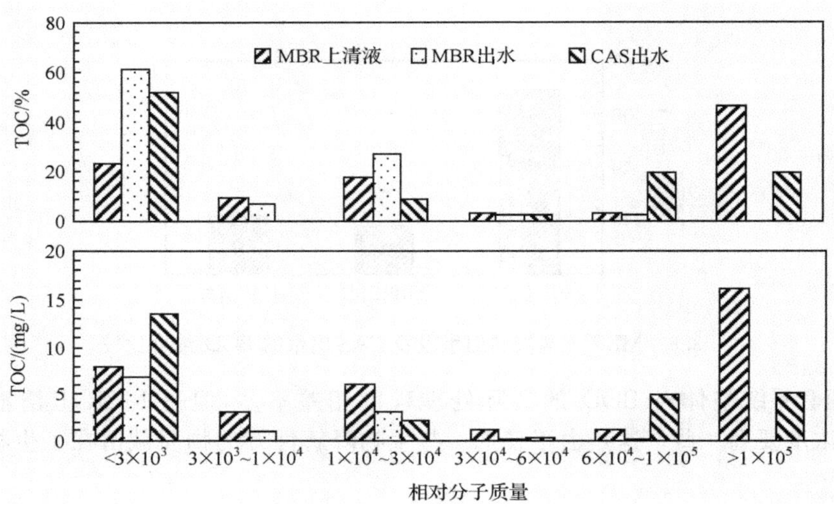


图 3.5 MBR 与 CAS 出水的相对分子质量分布

从图 3.5 可见,MBR 上清液、MBR 出水及 CAS 出水三者之间的相对分子质量分布差别较大。MBR 上清液和 CAS 出水的相对分子质量分布有些相似,分布范围较广,且以相对分子质量大于 $6\times10^4$ 和小于 $3\times10^3$ 的物质为主要组分。MBR 上清液中相对分子质量高于 $6\times10^4$ 的物质占总 TOC 浓度的 49%,相对分子质量小于 $3\times10^3$ 的物质占 23%,二者之和占 TOC 总量的 72%;CAS 出水中相对分子质量高于 $6\times10^4$ 的物质占 38%,相对分子质量小于 $3\times10^3$ 的物质占 52%,二者之和占 90%。而相比之下,MBR 出水的相对分子质量分布就很窄,以相对分子质量小的物质为主要组分,其中相对分子质量小于 $3\times10^3$ 的物质占 60%以上,相对分子质量大于 $3\times10^4$ 的物质很少,相对分子质量高于 $1\times10^5$ 的物质没有出现。

与 CAS 系统相比,MBR 中由于膜的高效分离作用,高分子物质被有效地截留在生物反应器中,造成其含量远高于 CAS 中相应值。对相对分子质量 $1\times10^5$ 以上的大分子物质,膜的阻截作用最为有效,可以使其全部截留;对相对分子质量小于 $1\times10^5$ 的物质,膜有部分截留作用,相对分子质量越小截留作用越差。由于本试验所用的膜孔径为 0.1μm，单纯靠膜本身的作用难以对相对分子质量几万甚至 $3\times10^3$ 的物质有所截留，因此分析膜对小分子物质的高效截留作用与膜表面形成的凝胶层有关。Chiemchaisri 等(1992)也提到膜表面形成的凝胶层能够提高出水水质，能进一步去除 COD 和病毒。

### 3.1.4　溶解性微生物产物的时间变化

微生物在新陈代谢活动中会产生一些微生物产物。这些产物的相对分子质量多数比较高且较难生物降解。在 CAS 系统中，高分子微生物产物随出水流走；而在 MBR 中，高分子微生物产物被截留于生物反应器中，从而有可能出现积累。本试验对 CAS 和 MBR 两系统中上清液 TOC 浓度的时间变化及其相对分子质量组成进行了分析比较。由于本试验中采用以葡萄糖和淀粉为主要成分的人工配水作为试验用水，原水中的基质基本上可被微生物完全降解，因此上清液 TOC 浓度可近似认为代表了生物反应器中的微生物产物量。

#### 3.1.4.1　微生物产物浓度的时间变化

图 3.6 为运行过程中 MBR 上清液和 CAS 出水的 TOC 浓度变化。

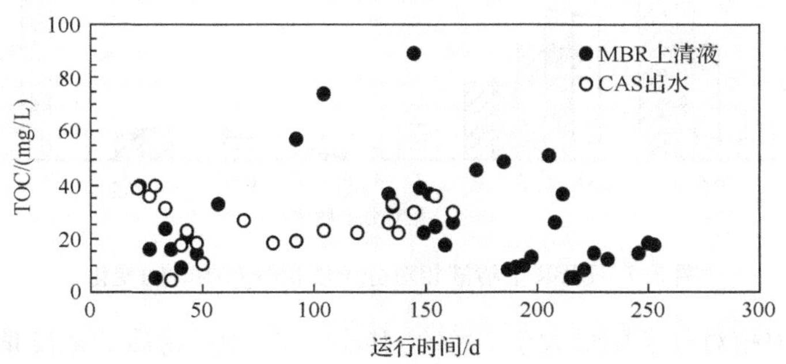


图 3.6　MBR 与 CAS 系统溶解性微生物产物浓度的时间变化

从该图可见，在 5 个多月的运行时间里，CAS 出水滤液的 TOC 浓度随时间的变化无明显规律，波动于 4.88～40mg/L 之间。而 MBR 中由于膜的截留作用，上清液 TOC 浓度随时间呈先增长后下降的趋势。上清液 TOC 浓度在运行大约 50 天后开始升高，运行到第 100～170 天达到 60～90mg/L，约为试验开始时的 3～5 倍。之后，随着运行时间的进一步延长，上清液 TOC 浓度开始下降。

推测上清液 TOC 浓度在第 100～170 天的升高主要是由被膜截留的溶解性微生物产物积累于生物反应器中所致。一些学者在不同的运行条件下也报道了类似的试验结果(柳根勇等，1997)。但是对上清液中积累的 TOC 在较长运行时间中的变化尚未有报道。本试验中 MBR 连续运行了 265 天，发现上清液 TOC 浓度在运行5个月后开始下降。这表明生物反应器中积累的溶解性微生物产物还是能够被生物降解的，只是降解速度较慢，需要的时间较长。随着微生物的不断驯化，微生物产物的降解速率加快，其生成速率开始小于降解速率，积累的绝大部分微生物产物就会被逐步降解。

#### 3.1.4.2 微生物产物相对分子质量组成的时间变化

微生物产物在MBR生物反应器中一方面发生量的变化，另一方面还可能发生组成的变化。在试验过程中对MBR上清液相对分子质量组成随时间的变化加以跟踪分析，如图3.7所示。

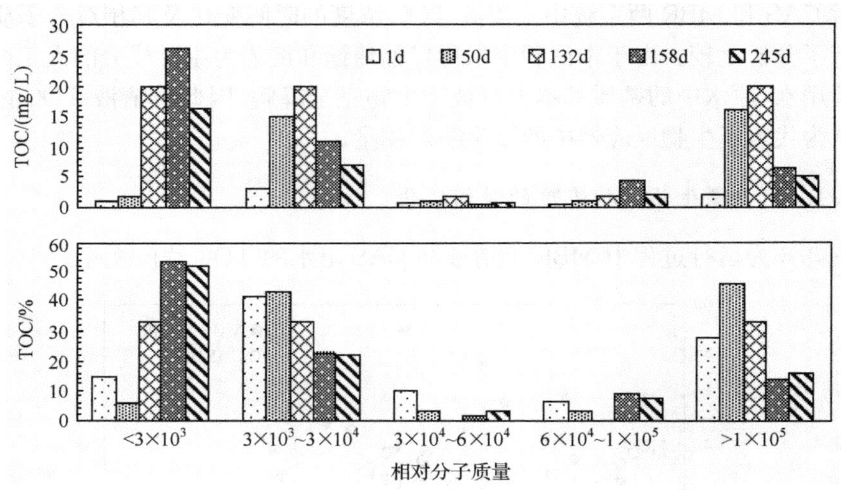


图3.7 MBR上清液相对分子质量分布的时间变化

上清液中相对分子质量大于$1\times10^5$和小于$3\times10^3$物质的浓度值都随运行时间经历了先增加后减少的过程。其中，相对分子质量大于$1\times10^5$物质浓度的变化规律与上清液TOC浓度相同，积累峰值出现在运行第132天，由运行初始时的2.2mg-TOC/L升至20mg-TOC/L。然后，随上清液TOC浓度的不断降低，其浓度开始减少，运行到第245天已降至5mg-TOC/L，只略高于运行初始值。从各种相对分子质量物质所占比例来看，大分子物质是生物反应器上清液的重要组成。相对分子质量高于$1\times10^5$的物质在运行初期占物质总量的28%，在积累阶段最高时则达到了46%。

另一方面，相对分子质量小于$3\times10^3$的物质也占有相当的比例，并也出现逐渐升高的趋势。但与相对分子质量大于$1\times10^5$的物质相比，其积累过程稍微滞后，积累的峰值出现在运行第158天，从运行初始的小于5mg-TOC/L增加至26mg-TOC/L，在总物质中的比例由14%增加至54%。

以上试验结果进一步证明，由于膜的高效截留作用，反应器内的大分子物质不能随出水流出而被截留于生物反应器中，从而在生物反应器中产生积累，成为引起上清液 TOC 浓度上升的主要原因。在经过相当长时间的运行后，随着微生物产物对污泥的驯化，积累的大分子物质逐步被生物降解成小分子物质，表现为上清液 TOC 浓度和大分子物质所占 TOC 的比例开始下降，而小分子物质所占有的 TOC 比例则出现增加。

## 3.2　工艺参数对膜生物反应器性能的影响

本节以浸没式 MBR 为对象，考察了污泥龄、水力停留时间等工艺参数对 MBR 性能的影响(黄霞等，1998b；桂萍，1999；Huang et al.，2000a；Huang et al.，2001)。

### 3.2.1　工艺特征

采用浸没式 MBR，生物反应器的尺寸为：850mm×100mm×1100mm。反应器由隔板分隔成两个容积相等且底部相通的部分。隔板的一侧设有穿孔曝气管，其正上方装有聚乙烯中空纤维膜组件(膜孔径 0.1μm，膜面积 $4m^2$，日本三菱丽阳公司)。通过曝气一方面使反应器中的活性污泥混合液维持一定的循环流动速率，形成对膜表面的冲刷，以减轻活性污泥在膜表面的沉积；另一方面供给微生物分解污水中有机物所需的氧气。试验用水为取自清华大学北区的生活污水。

### 3.2.2　工艺参数对污染物去除效果的影响

#### 3.2.2.1　*污泥龄的影响*

1. COD 去除效果

当 HRT=5h 时，不同污泥龄(SRT)条件下，MBR 进水、膜出水以及反应器上清液 COD 浓度的变化如图 3.8 所示。其中进水和膜出水以总 COD 表示，反应器上清液 COD 以生物反应器混合液的溶解性 COD 表示。

在 SRT 从 5d 提高到 80d 的整个运行期间，由于采用实际生活污水，进水 COD 浓度变化较大，在 39.52～827.01mg/L 之间波动，平均浓度为 147.22mg/L。生物反应器上清液 COD 浓度在 7.87～97.2mg/L 之间波动，随 SRT 的不同而有所变化。当 SRT 从 5d 提高到 20d 时，除个别异常点外，反应器上清液 COD 浓度有所降低。但当 SRT 继续提高时，生物反应器上清液 COD 浓度则有逐渐升高的趋势，特别是当 SRT 提高到 80d 时，这种上升趋势尤为明显。

与生物反应器上清液 COD 相比，膜出水 COD 浓度相对比较稳定。在不同

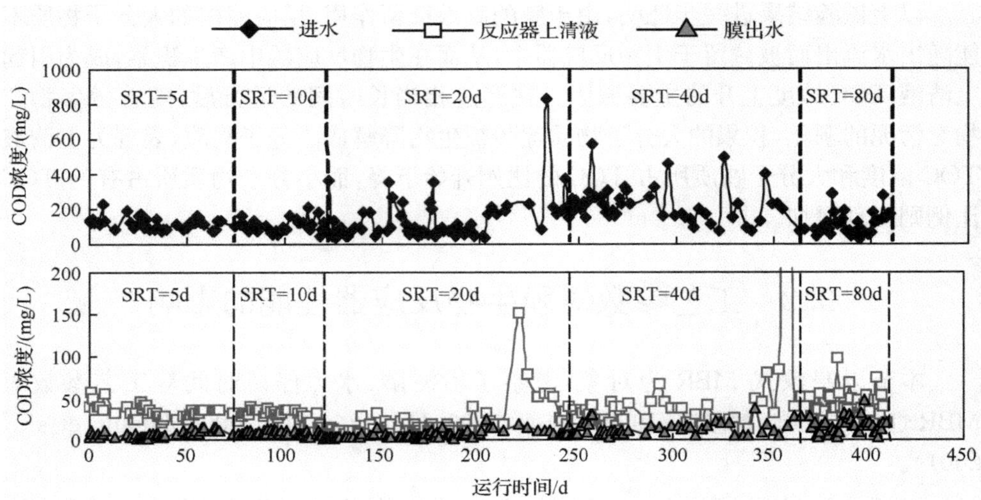


图 3.8 不同污泥龄条件下 MBR 进水、反应器上清液和膜出水 COD 的变化

SRT 条件下，大部分膜出水 COD 浓度均可保持在 20mg/L 以下，平均值为 9.30mg/L，超过 20mg/L 的只占监测点的 4%。

生物反应器上清液 COD 浓度和膜出水 COD 浓度之间存在一定的差值。该差值表明膜对生物反应器上清液中的 COD 成分有一定的截留作用。这种截留作用主要是由在膜表面形成的凝胶层产生，受截留的成分主要是微生物代谢产物等。生物反应器上清液 COD 浓度的高低与这些物质在反应器中的积累有关。

在短污泥龄条件下，生物反应器上清液 COD 浓度较高，推测与原水中一部分未分解的 COD 成分被膜所截留，并在反应器产生积累有关。此时，由于反应器中的微生物浓度较低，反应器整体对污染物分解能力较弱，使得原水中一部分有机成分得不到彻底分解。而随着污泥龄的增长，污泥浓度增加，反应器对污染物的分解能力增强，上清液 COD 浓度下降。但当污泥龄过长时，反应器上清液 COD 浓度出现升高，推测这与微生物代谢产物在反应器中的积累有关。微生物的代谢产物有多糖、蛋白质等，相对分子质量一般在几万到几十万范围内(Liu et al.，2000)。当污泥龄很长时，反应器中的污泥浓度高，代谢产物产生量大，加之从反应器排出的速率降低，因此在反应器中的积累现象也越加明显，造成反应器上清液 COD 升高。

由于试验期间进水 COD 浓度的波动较大，单纯考虑反应器上清液及膜出水 COD 浓度的高低无法判断系统对 COD 的去除效率。选择不同污泥龄条件下生物反应器运行达到稳定的阶段，考察了污泥龄对生物反应器以及系统 COD 平均去除效率的影响，如图 3.9 所示。

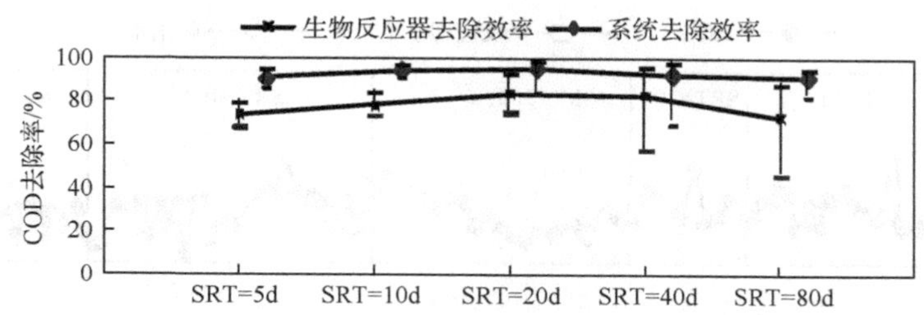


图 3.9　污泥龄对生物反应器及系统 COD 去除效率的影响

当污泥龄从 5d 上升至 20d 时，生物反应器对 COD 的去除效率从 74%增加至 84%。但当污泥龄增加至 40d 时，生物反应器对 COD 的去除效率略有下降。当污泥龄继续增加至 80d 时，生物反应器对 COD 的去除效率下降至 73%。与此相比，由于膜的高效分离作用，系统整体对 COD 的总去除效率基本上不受污泥龄的影响，一直维持在稳定的水平，而且均保持在 90%以上。

生物反应器的 COD 去除效率随污泥龄而发生变化主要与反应器对有机物的分解能力以及代谢产物在生物反应器中的积累情况有关。前已述及，在污泥龄较短条件下，由于反应器内的微生物量低，反应器整体对污染物的分解能力较弱，使得生物反应器的 COD 去除效率较低。随着污泥龄的延长，生物反应器中微生物量增加，有机物的分解也进行得更充分。因此，当污泥龄从 5d 增长到 20d 时，生物反应器的 COD 去除效率有所提高。但污泥龄进一步增长时，微生物代谢产物在反应器中的积累趋于显著，致使生物反应器对 COD 的去除效率降低。

2. 氨氮去除效果

当 HRT=5h 时，不同污泥龄条件下 MBR 进水、膜出水以及反应器上清液 $NH_4^+$-N 浓度的变化如图 3.10 所示。在 SRT 从 5d 提高到 80d 的整个运行期间，进水 $NH_4^+$-N 浓度在 2.87～28.92mg/L 之间波动，平均值为 13.84mg/L。反应器上清液和膜出水的 $NH_4^+$-N 浓度分别在 0～8.78mg/L 和 0～7.69mg/L 之间波动，其中反应器上清液的 $NH_4^+$-N 平均值为 1.34mg/L，膜出水的 $NH_4^+$-N 平均值为 0.87mg/L。二者差异很小。可见，膜对 $NH_4^+$-N 的截留作用很小。

污泥龄为 5d 的试验初期，污泥刚刚接种到生物反应器中，由于硝化细菌生长的世代时间较长，此时生物反应器中硝化细菌浓度较低，从而造成出水（包括反应器上清液和膜出水）中的 $NH_4^+$-N 浓度较高。随着生物反应器运行时间的增长，生物反应器中的硝化细菌量逐渐增多，使得出水中 $NH_4^+$-N 浓度逐渐降低。当运行时间达到 30d 以上时，生物反应器上清液和膜出水的 $NH_4^+$-N 浓度已降低到 1mg/L 左右甚至更小。

试验期间，出水 $NH_4^+$-N 浓度出现了几次较大的波动。其中前两次分别出现在 SRT 为 5d 时第 50 日和 SRT 为 10d 时第 80～84 日，两次波动均出现在洗膜之

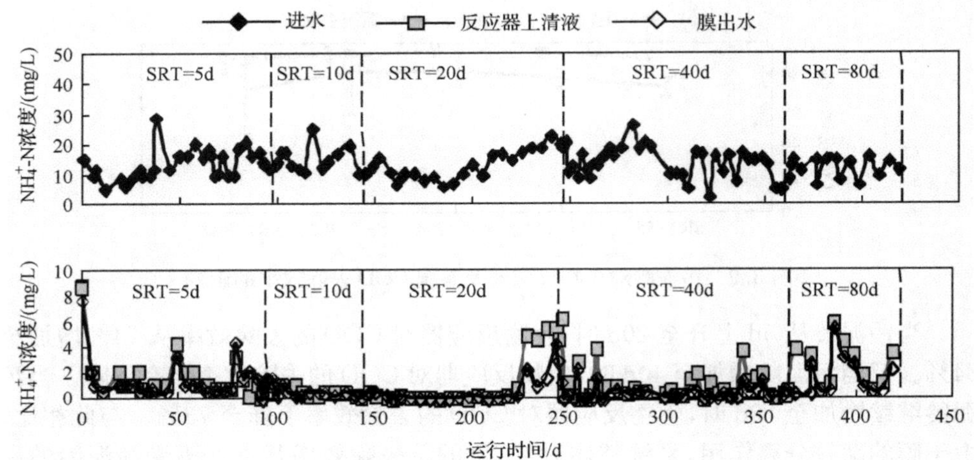


图 3.10　不同污泥龄条件下 MBR 进水、反应器上清液和膜出水 $NH_4^+$-N 浓度的变化

后。由于本研究中洗膜采用强酸，推测由于洗膜后残留在膜组件中的酸液会对生物反应器中的硝化细菌造成不利影响，引起出水中 $NH_4^+$-N 浓度增高。而在相同时期内生物反应器上清液 COD 浓度并未出现下降的情况(参见图 3.8)。这说明硝化自养细菌对 pH 的变化较为敏感，而一般的异养细菌对 pH 变化的耐受能力则较强。由于洗膜造成的膜出水 $NH_4^+$-N 浓度的异常一般在 2～3d 内即可恢复到比较正常的状况。

另外有两次出水 $NH_4^+$-N 浓度的波动出现在 SRT 为 20d 的第 216～224 日以及 SRT 为 40d 的第 357 日。此时生物反应器上清液 COD 浓度也出现了相同的波动。这是由于生物反应器进水 COD 负荷突然提高，微生物对进水水质的突然波动不适应而造成生物反应器上清液水质的恶化。当生物反应器对 COD 的降解逐渐稳定，反应器上清液 COD 浓度恢复到正常水平后，$NH_4^+$-N 也恢复到 2mg/L 以下。可见，生物反应器去除 COD 的运行效果及稳定性会对 $NH_4^+$-N 的去除造成一定的影响。

污泥龄为 80d 时，生物反应器上清液 $NH_4^+$-N 浓度先逐渐升高，然后又出现逐渐下降的趋势。分析原因，推测与污泥龄 80d 时生物反应器上清液 COD 出现积累有关。有文献报道，微生物代谢产物会对微生物的活性产生影响。由于硝化细菌对生长环境比较敏感，代谢产物的积累可能会使硝化细菌的活性受到一定程度的抑制，致使生物反应器上清液及膜出水的 $NH_4^+$-N 浓度升高。而随着运行时间的增长，微生物对代谢产物的抑制作用逐渐适应，生物反应器上清液 $NH_4^+$-N 浓度又逐渐恢复到 1mg/L 以下。

同样选择在不同污泥龄条件下生物反应器运行达到稳定的阶段，考察了污泥龄对生物反应器及系统 $NH_4^+$-N 平均去除效率的影响，如图 3.11 所示。

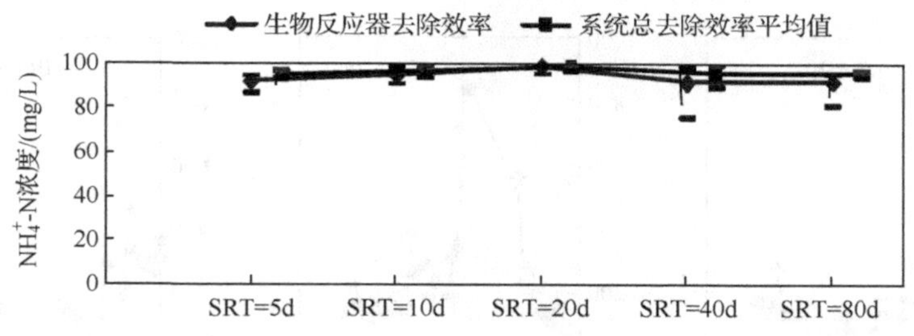


图 3.11　污泥龄对生物反应器及系统对 $NH_4^+$-N 去除效率的影响

从图 3.11 中 $NH_4^+$-N 的去除效率来看，生物反应器和系统整体之间 $NH_4^+$-N 的去除效率无明显差别，均维持在一个较高的水平，并且随污泥龄的变化不大。当污泥龄提高至 40d 以后，生物反应器稳定运行时对 $NH_4^+$-N 的平均去除效率略有下降，但总的来说均能维持在 90％以上。这说明膜分离可以很好地将世代时间长的硝化菌截留在生物反应器内，使反应器对 $NH_4^+$-N 的去除效率保持在较高的水平，但膜本身对 $NH_4^+$-N 的截留效果不大。如前所述，微生物代谢产物对硝化细菌的活性会造成不利影响。

#### 3.2.2.2　水力停留时间的影响

1. COD 去除效果

当 SRT 为 80d 时改变 HRT 为 5h、10h 和 15h，考察了不同 HRT 条件下系统进水、膜出水以及反应器上清液 COD 浓度的变化，如图 3.12 所示。其中进水和膜出水以总 COD 表示，反应器上清液 COD 以生物反应器混合液的溶解性 COD 表示。

由于采用实际生活污水，进水 COD 浓度变化较大，在 22.3～841.73mg/L 之间波动，平均浓度为 158.04mg/L。反应器上清液随之在 8.4～97.2mg/L 之间变化，平均值为 43.32mg/L。而膜出水 COD 浓度在不同水力停留时间的条件下大部分均可保持在 25mg/L 以下，平均值为 12.77mg/L，膜出水浓度超过 25mg/L 的只占总监测天数的 9.45％。

在以上三组试验中，由于生物反应器的 SRT 为 80d，反应器上清液的 COD 浓度较 SRT 为 5～40d 条件下反应器上清液的 COD 浓度高。推测这是由于污泥龄提高后，生物反应器内被膜所截留的微生物代谢产物的人为排放量减小，从而在生物反应器内的积累量增多的缘故。

但在整个试验期间，未观察到反应器上清液 COD 浓度持续上升的情况，特别是当 HRT 为 10h 和 15h 时，当生物反应器运行足够长的时间后，生物反应器上清

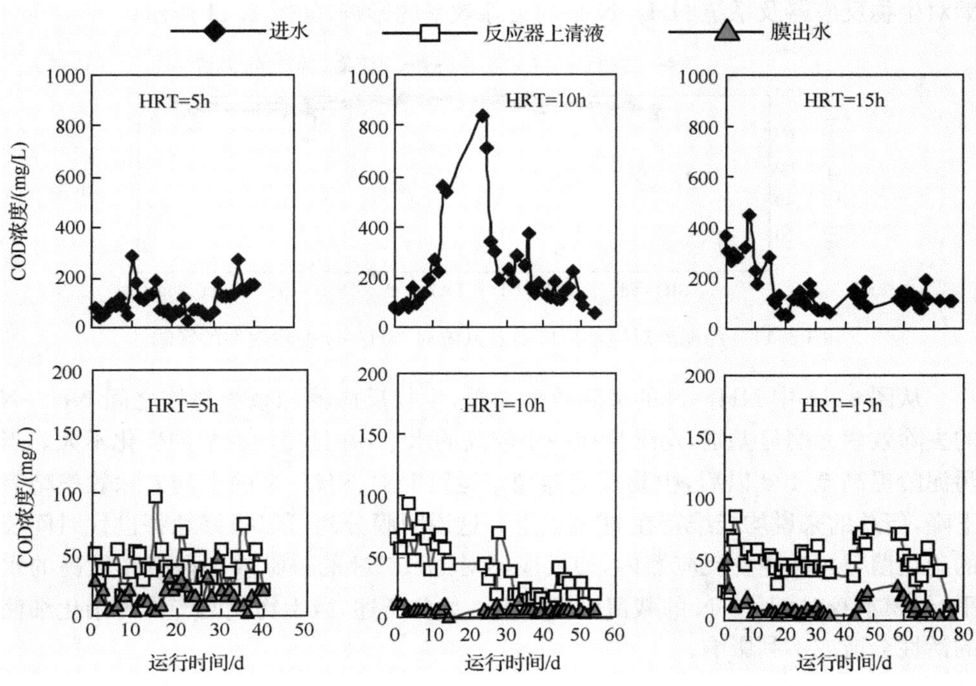


图 3.12　不同 HRT 条件下 MBR 进水、反应器上清液和膜出水 COD 的变化(SRT=80d)

液 COD 浓度出现了下降的趋势。这说明当微生物适应足够长的时间后,在生物反应器内积累的微生物代谢产物还是能够逐渐被微生物所利用(Huang et al.,2000b)。试验中 HRT 为 5h 时,生物反应器上清液 COD 浓度一直维持在一个较高的水平。一方面是由于水力停留时间较短,生物反应器容积负荷较高,微生物代谢产物的积累速度快。另一方面,则可能是由于反应器运行时间不够长,微生物对代谢产物还未完全适应。

进一步考察在不同 HRT 条件下生物反应器及系统对 COD 的平均去除效率,结果如图 3.13 所示。

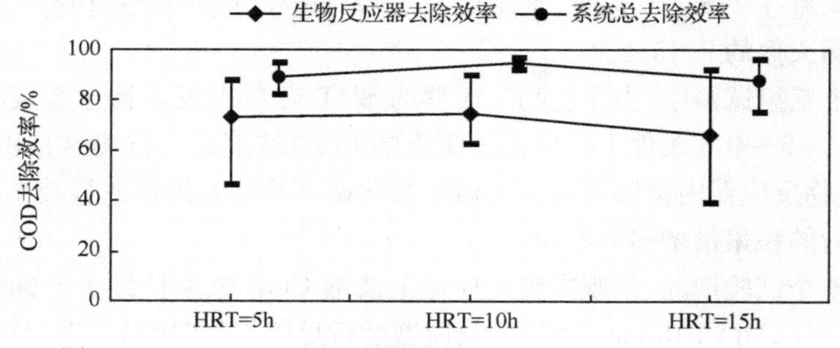


图 3.13　HRT 对生物反应器及系统对 COD 去除效率的影响

从图3.13可以看到，HRT为15h时，生物反应器及系统的COD平均去除效率略有下降。但从总体来看，不同水力停留时间下生物反应器及系统对COD的去除效率均比较接近。生物反应器的COD平均去除率在70%左右，系统的总COD平均去除率为90%左右。因此，采用较短的水力停留时间有利于在不降低处理效果的情况下减少反应器的体积。

2. 氨氮去除效果

在SRT保持为80d，水力停留时间为5h、10h和15h时，系统进水、生物反应器上清液和膜出水的$NH_4^+$-N浓度随时间的变化如图3.14所示。其中进水和膜出水以总$NH_4^+$-N表示，反应器上清液COD以生物反应器混合液的溶解性$NH_4^+$-N表示。

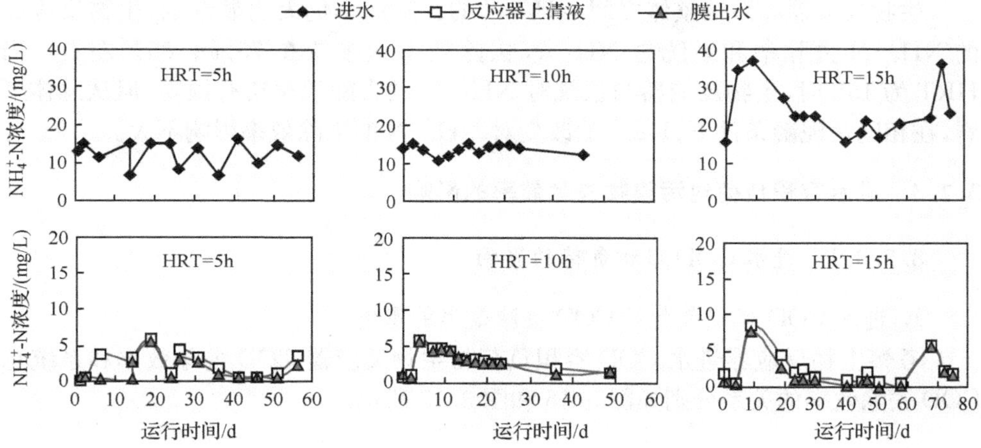


图3.14　不同HRT条件下MBR进水、反应器上清液和膜出水$NH_4^+$-N浓度的变化(SRT=80d)

在此试验期间进水$NH_4^+$-N浓度仍然变化很大，在6.81～36.23mg/L之间波动，平均值为16.64mg/L。反应器上清液和膜出水的$NH_4^+$-N浓度分别在0.28～23.2mg/L和0～22.1mg/L之间波动。其中反应器上清液的$NH_4^+$-N平均值为3.31mg/L，膜出水的$NH_4^+$-N平均值为2.77mg/L，二者非常接近，这说明膜对$NH_4^+$-N的截留作用很小。

与SRT小于80d条件下的试验结果相比，此阶段(SRT=80d)生物反应器上清液和膜出水$NH_4^+$-N浓度均偏高，并且波动较大。如前所述，当SRT=80d时，生物反应器出现了比较明显的微生物代谢产物的积累。据文献报道，这些代谢产物会对微生物的活性产生影响。推测由于积累的代谢产物的影响，硝化细菌的活性受到一定程度的抑制，致使生物反应器上清液及膜出水的$NH_4^+$-N浓度增加。

进一步考察了不同HRT条件下生物反应器及系统对$NH_4^+$-N的平均去除效

率，结果如图 3.15 所示。

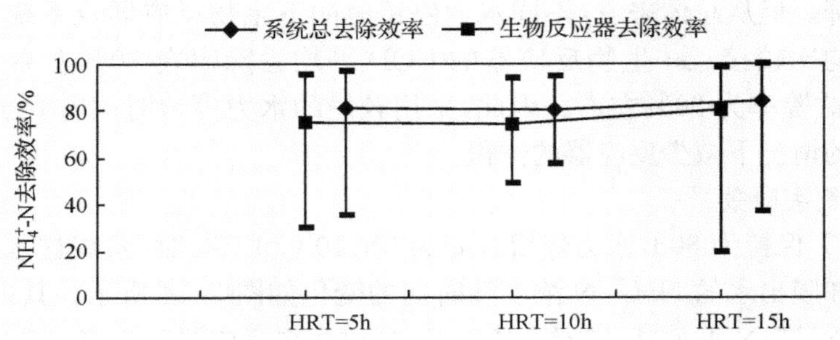


图 3.15 HRT 对生物反应器及系统 $NH_4^+$-N 去除效率的影响

生物反应器和系统整体之间 $NH_4^+$-N 的去除效率仍无明显差别，生物反应器的 $NH_4^+$-N 去除率和系统总 $NH_4^+$-N 去除效率均维持在 75%～80%左右。当 HRT 为 15h 时，生物反应器与系统对 $NH_4^+$-N 的去除效率略有提高，但从总体来看，在相同污泥龄条件下，HRT 的改变对 $NH_4^+$-N 的去除效率影响不大。

### 3.2.3 进水容积负荷对污染物去除效率的影响

#### 3.2.3.1 进水 COD 容积负荷的影响

1. 进水 COD 容积负荷对 COD 去除效率的影响

考察生物反应器进水 COD 容积负荷与生物反应器 COD 去除效率和系统总 COD 去除效率的关系分别如图 3.16 和图 3.17 所示。

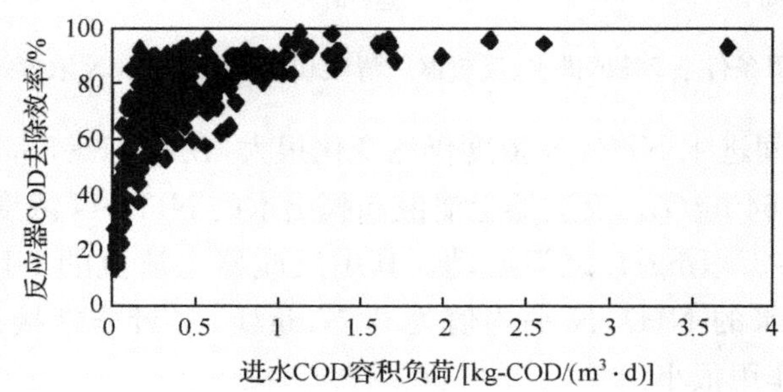


图 3.16 进水 COD 容积负荷对生物反应器 COD 去除效率的影响

与生物反应器 COD 去除效率相比，虽然系统总 COD 去除效率随进水容积负荷的变化趋势是类似的，即进水容积负荷越大，系统总 COD 去除效率越高，但这种变化相对较小，系统总 COD 去除效率始终维持在一个较高的水平。这也反映了在 MBR 中由于膜的高效分离作用使系统整体具有良好的运行稳定性。

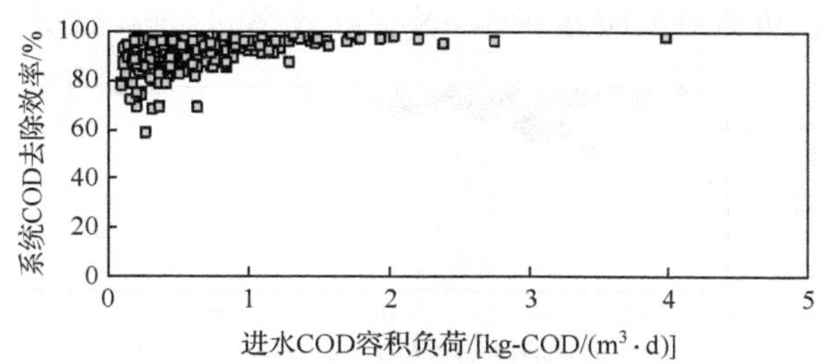


图 3.17 进水 COD 容积负荷对系统 COD 去除效率的影响

2. 进水 COD 容积负荷与去除容积负荷之间的关系

在改变污泥龄的 4 组试验及改变水力停留时间的 3 组试验中，考察了生物反应器进水 COD 容积负荷与 COD 去除容积负荷的关系，如图 3.18 所示。

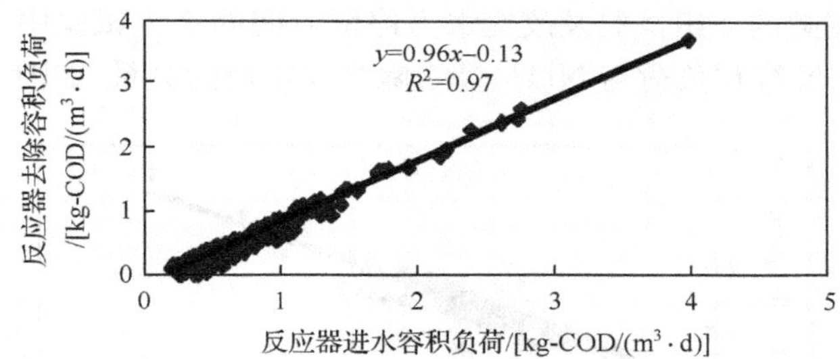


图 3.18 生物反应器 COD 进水容积负荷与去除容积负荷的关系

从图 3.18 可以看到，随着生物反应器进水 COD 容积负荷的增加，COD 去除容积负荷随之增加，二者呈很好的线性关系。这说明在本试验条件下，即使进水 COD 容积负荷达到 4kg/($m^3$ · d)，MBR 仍能够很好地对 COD 进行去除。随着进水 COD 负荷的增加，由于生物反应器能够保证足够的微生物浓度，反应器对 COD 的去除能力也随之增加，有效地保证了生物反应器的处理效果。在传统活性污泥法工艺中，BOD 容积负荷一般为 0.3～0.6kg/($m^3$ · d)(张自杰，2000)。假设生活污水 $BOD_5$/COD 约为 0.5，则 COD 容积负荷相当于 0.6～1.2kg/($m^3$ · d)。本试验中得到的最大 COD 容积负荷为传统活性污泥法的 3～6 倍。

COD 去除容积负荷和进水容积负荷关系直线在横坐标的截距[0.13kg/($m^3$ · d)]代表了进水有机污染物中难以生物降解的部分。

#### 3.2.3.2 进水氨氮容积负荷的影响

1. 进水氨氮容积负荷对氨氮去除效率的影响

由于膜组件对 $NH_4^+$-N 的截留作用很小，因此生物反应器对 $NH_4^+$-N 的去除效率与系统总去除效率十分接近。为此只考察了生物反应器运行达稳定状态时，

进水 $NH_4^+$-N 容积负荷对反应器 $NH_4^+$-N 去除效率的影响，如图 3.19 所示。

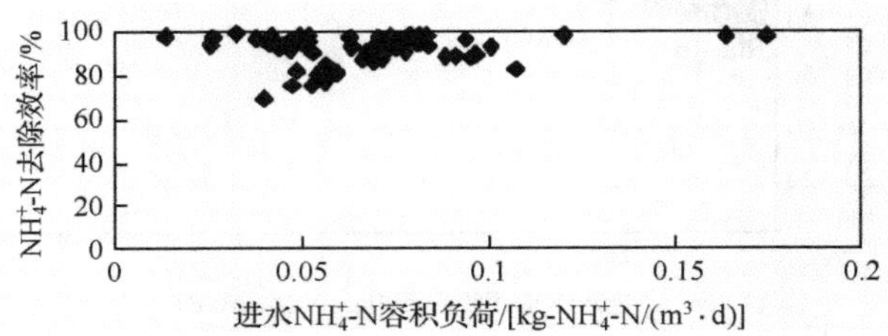


图 3.19 进水 $NH_4^+$-N 容积负荷对生物反应器 $NH_4^+$-N 去除效率的影响

由该图可见，反应器 $NH_4^+$-N 去除效率受进水 $NH_4^+$-N 容积负荷的影响不大，基本上保持在 80%以上。这说明在整个运行期间，MBR 具有良好的硝化能力。

2. 进水氨氮容积负荷与去除容积负荷之间的关系

在改变污泥龄的 4 组试验及改变水力停留时间的 3 组试验中，考察了生物反应器进水 $NH_4^+$-N 容积负荷与 $NH_4^+$-N 去除容积负荷的关系，如图 3.20 所示。

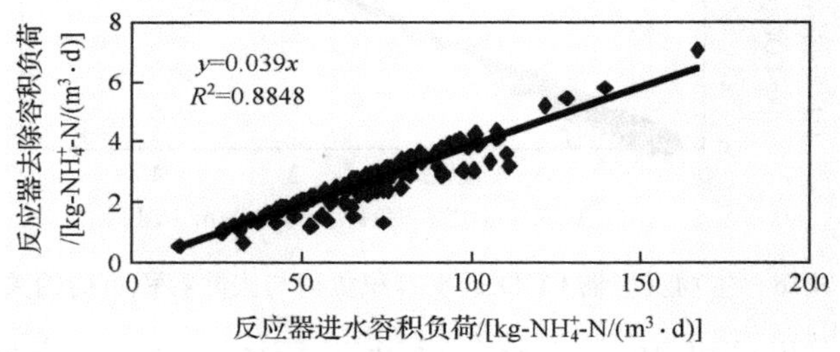


图 3.20 生物反应器 $NH_4^+$-N 进水容积负荷与去除容积负荷的关系

从图 3.20 可以看到，与 COD 进水负荷和去除负荷关系一样，随着生物反应器 $NH_4^+$-N 进水容积负荷的增加，$NH_4^+$-N 去除容积负荷也随之增加，二者呈很好的线性关系。

### 3.2.4 污泥龄对 MBR 活性污泥性质的影响

#### 3.2.4.1 污泥粒径分布的变化

待生物反应器在不同污泥龄条件下运行达到稳定以后，对反应器内污泥的粒径分布进行了测定，结果如图 3.21 所示。

可以看到，污泥颗粒粒径大小呈正态分布。在不同 SRT 条件下，大部分污泥颗粒的粒径小于 100$\mu$m。SRT 分别为 5d、20d 和 40d 时，粒径大于 88$\mu$m 的污泥颗粒数分别占 0.7%，3.6%和 5.7%；污泥平均粒径分别为 14.82$\mu$m、48.24$\mu$m 和 30.61$\mu$m。可见当污泥龄从 5d 增加到 20d 时，污泥颗粒的粒径有较大幅度的增

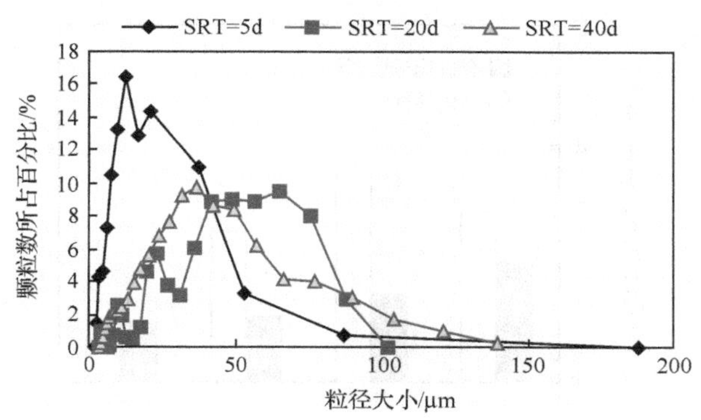


图 3.21　反应器污泥粒径分布随污泥龄的变化

加;但当污泥龄继续提高到40d时,污泥的平均粒径略有减小,但仍远大于SRT为5d时的平均粒径。可见,长污泥龄条件下污泥粒径比起短污泥龄条件下有增大的趋势。

关于MBR中污泥颗粒的粒径分布,其他研究者也作了相关报道。Zhang等(1997)采用与本试验相同的浸没式中空纤维MBR处理生活污水时,测定得到的污泥平均粒径在20～40μm之间,与本试验的结果非常接近。但Zhang等在采用外置式MBR进行试验时,得到的污泥平均粒径在4～20μm的范围内。

关于传统活性污泥法的污泥粒径分布,有研究报道处理生活污水的曝气池中的污泥粒径分布在0.5～1000μm之间,比MBR内污泥粒径分布要广得多。Zhang等(1997)也对传统活性污泥反应器中的污泥粒径进行了测定,其平均粒径变化很大,从60～400μm均有出现。

在外置式MBR中,活性污泥在膜表面以较高的切向流速通过,致使活性污泥内的菌胶团等受到较强的剪切力的作用,污泥的平均粒径减小。本试验采用的浸没式MBR为同时满足减轻膜污染的需要,曝气强度较传统活性污泥法大,但活性污泥受到的剪切力较外置式MBR小,故污泥粒径大小介于二者之间。但当SRT过短时,微生物絮体不易凝聚,因此测得的污泥粒径偏小。

#### 3.2.4.2　污泥活性的变化

生物反应器对污染物的分解能力与微生物的活性密切相关。在进水COD浓度一定的条件下,当反应器的污泥龄变化时,反应器内的污泥浓度和微生物组成也会相应发生改变,从而对反应器内污泥的活性产生影响。

1. 单位污泥硝化活性与有机物分解活性的变化

在不同污泥龄条件下,生物反应器运行达到稳定以后,对反应器内微生物的活性进行了测定。测定结果如图3.22所示。

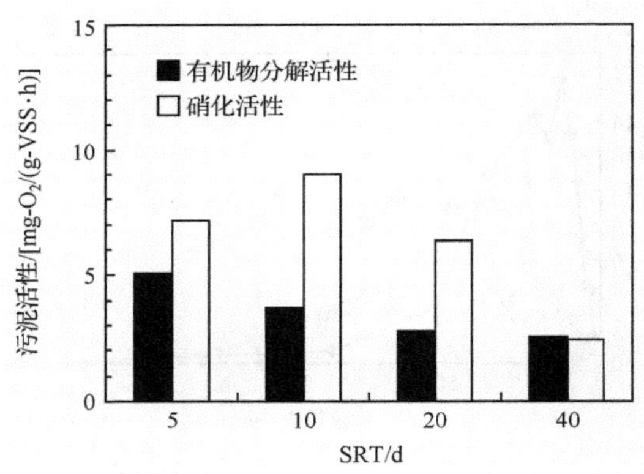


图 3.22　不同污泥龄条件下反应器内单位污泥活性的变化

可以看出，随着污泥龄的增长，反应器内污泥的有机物分解活性有所下降。当污泥龄从 5d 提高到 10d 时，污泥的硝化活性有所提高，但当污泥龄长于 20d 之后，反应器内污泥的硝化活性随着污泥龄的增长则逐渐下降。硝化活性减小的幅度比有机物分解活性减小的幅度更为显著。

造成活性降低的原因主要是由于污泥浓度增加及污泥絮体的尺寸变大影响了溶解氧和基质从反应器混合液向絮体内部扩散；污泥中具有降解污染物功能的活菌数减少，从而使微生物的耗氧活性随之降低。硝化细菌是对氧气含量十分敏感的细菌，当污泥内部氧气不够充分时，硝化活性与分解有机物活性相比，更容易受到影响，因此随着污泥龄的增长，反应器内硝化活性下降的幅度高于有机物分解活性下降的幅度。

SRT 从 5d 增加至 10d 时，硝化活性的提高是由于硝化细菌世代时间较长，当污泥龄过短时，不利于硝化细菌在反应器内的积累。

2. 单位体积内污泥耗氧能力的变化

图 3.23 为单位体积生物反应器的耗氧能力随污泥龄的变化情况。可以看到，虽然单位污泥的活性随着污泥龄的增长有所降低，但由于污泥龄提高后，反应器内污泥浓度得到提高，因此，无论是生物反应器对有机物的分解能力还是生物反应器的硝化能力均呈增加的趋势。

#### 3.2.4.3　微生物相的变化

在 MBR 运行过程中，采用扫描电镜对不同污泥龄条件下微生物絮体的微观结构进行了观察。图 3.24 为放大倍数为 2500 的微生物絮体的电镜照片。

图 3.24(a)为 SRT＝5d 时生物反应器内微生物絮体的表观结构。可以看到微生物絮体结构疏松，絮体内部有较大的孔隙。微生物之间的联结主要通过一些

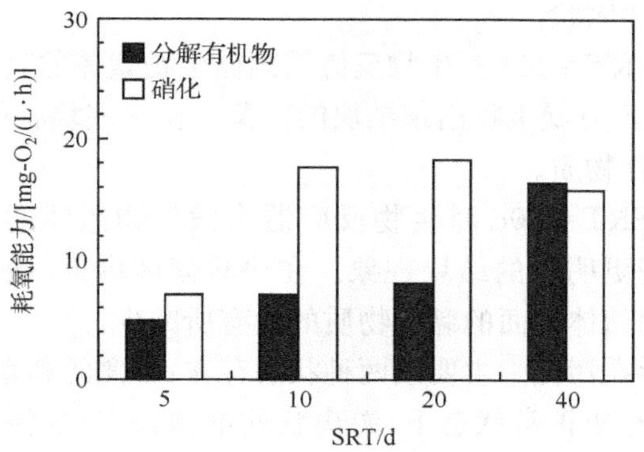


图 3.23　不同污泥龄条件下单位体积内污泥耗氧能力的变化

(a)　(b)　(c)　(d)

图 3.24　不同污泥龄条件下放大倍数为 2500 时微生物絮体表观结构的电镜照片
(a) SRT＝5d；(b) SRT＝10d；(c) SRT＝20d；(d) SRT＝40d

较长的丝状细菌。

图 3.24(b)为 SRT＝10d 时生物反应器内微生物絮体的表观结构。此时微生物絮体联结紧密，絮体内部的孔隙明显减少。菌体之间能看到明显的一层较厚的黏性物质。在黏性物质中间，交联着一些丝状细菌，共同将微生物联结在一起，污

泥絮体整体呈较大的团状。

图 3.24(c)为 SRT＝20d 时生物反应器内微生物絮体的表观结构。与 SRT＝10d 相比，此时有些地方微生物出现结块的现象。在一些块状的污泥表面，包裹着一层非常致密的黏性物质。

图 3.24(d)为 SRT＝40d 时生物反应器内微生物絮体的表观结构。可以看到，此时微生物出现更明显的结块现象。在块状絮体内部，微生物结合得非常紧密，但是块状微生物絮体表面的黏性物质的量有所减少。

一般来讲，细菌在污泥中主要以两种状态存在：游离的和絮状体的。在活性污泥培养的初期和某些非正常状态下，游离状的细菌较多；当活性污泥逐渐培养成熟，游离细菌逐渐被自身所分泌的多糖类胶状物质所包埋，而形成絮体。

当污泥龄很短时(顾夏声，1993)，污泥中产生胞外多聚物的细菌数量较少，处于内源呼吸期的污泥也比较少。因此，微生物表面的黏性物质较少。而诸多研究表明，微生物的胞外多聚物与微生物絮体的形成有紧密的联系。当微生物胞外多聚物的数量不足时，能黏结在一起的微生物较少，因此形成的絮体个体较小，絮体内部孔隙较大。

反之，当污泥龄逐渐增长，微生物胞外多聚物产生的数量增加，微生物形成的絮体个体逐渐增大，絮体结构逐渐趋于紧密。

但是当污泥龄继续增加，由于污泥浓度的增加，生物反应器内污泥负荷逐渐减小。因此，生物反应器上清液中可利用的有机物浓度逐渐降低，微生物又可能以微生物胞外多聚物为食料，使黏结的微生物絮体部分解体，微生物絮体颗粒减小，孔隙增大。

从污泥粒径分布的测定结果来看，SRT 为 5d、20d 和 40d 时，平均粒径分别为 14.82μm、48.24μm 和 30.61μm。随着污泥龄增长，絮体粒径有所增加。但污泥龄为 40d 时，絮体的粒径反而有所减小。这和电镜观察的结果是一致的。分析原因，当污泥龄为 5d 时，生物反应器内污泥浓度很低，反应器达到稳定之后，生物反应器内 SS 接近 0.8g/L。因此，污泥负荷较高，微生物代谢比较旺盛。此时，微生物分泌的代谢产物较少。而随着污泥龄的增长和污泥浓度的增加，微生物分泌的代谢产物增多，因此 SRT 为 20d 时污泥粒径出现较大的增长。而在 SRT＝40d 时，由于污泥浓度的增加，反应器污泥负荷过低，微生物内源代谢作用加大，消耗了部分胞外多聚物，结果使微生物絮体的平均粒径略有减小。

### 3.2.5 MBR 微生物增殖特征与反应动力学

#### 3.2.5.1 微生物浓度随时间的变化

在改变污泥龄的条件下进行的各组试验中，生物反应器内的悬浮污泥浓度

(SS)、挥发性悬浮污泥浓度(VSS)以及两者比值(VSS/SS)的变化情况如图 3.25 所示。

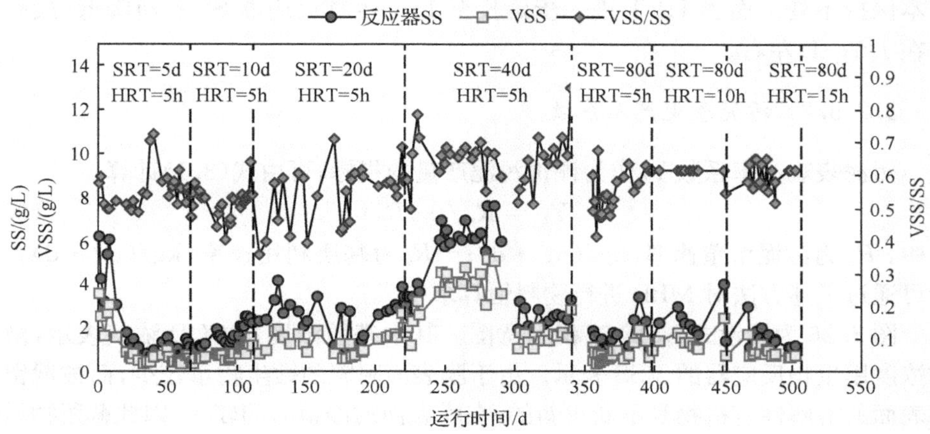


图 3.25　生物反应器 SS、VSS 和 VSS/SS 的变化情况

试验首先在 SRT＝5d,HRT＝5h 的条件下进行。试验开始时,生物反应器接种污泥浓度较高,为 4.6g/L。随着运行时间的延长,生物反应器内的污泥浓度持续下降,当生物反应器运行到第 29 天后,生物反应器内的 SS 浓度稳定在 0.75～1g/L 左右。之后,将生物反应器 HRT 维持在 5h,逐渐提高生物反应器的 SRT。

每当生物反应器污泥龄发生改变时,生物反应器内 SS 浓度会较快地发生相应的变化。经过一段时间运行后,反应器内 SS 浓度变化幅度逐渐减小,最后稳定在一个较小的变动范围。污泥龄不同,生物反应器 SS 浓度达到稳定所需的时间也不同。一般认为,污水生物处理反应至少要经过三倍于污泥龄的运行时间才能达到稳定状态。本试验以此作为生物反应器是否达到稳定状态的依据。

当 SRT＜40d 时,随着 SRT 的延长,生物反应器内 SS 浓度逐渐升高。SRT＝10d 时生物反应器内 SS 稳定值约为 2.3g/L;SRT 为 20d 时,生物反应器内 SS 稳定值在 3g/L 左右;当生物反应器 SRT 继续提高至 40d 时,生物反应器内污泥浓度继续增高,至第 250 天左右达到稳定值,约为 7g/L。

当反应器运行至第 275 天时,由于当时膜污染比较严重,膜组件的抽吸压力上升很快,已经接近试验中所用抽吸泵的极限抽吸力。因此曾停止进水而维持生物反应器的曝气运行了 10 天左右。此阶段,由于没有进水而保持空曝气造成污泥的自身氧化,生物反应器内 SS 浓度明显降低。当生物反应器重新恢复运行后,由于进水 COD 浓度也有所降低,生物反应器内 SS 浓度一直稳定在一个较低的水平,约为 2.5g/L。

在相同进水水质的情况下继续提高生物反应器的 SRT 至 80d,发现生物反应器的 SS 浓度未见明显上升，反而略有下降。生物反应器内 SS 浓度稳定在 1.5～2.3g/L。在 SRT 为 80d 的条件下继续延长 HRT 至 10h，生物反应器内 SS 浓度基本保持不变。而当 HRT 进一步延长至 15h，生物反应器 SS 有所降低，最后稳定在 1.1g/L 左右。

#### 3.2.5.2 污泥表观产率系数

污泥表观产率系数 $Y_b$ 作为评价污泥产量的指标，可由式(3.1)计算：

$$Y_b = R_m/(-R_0) \tag{3.1}$$

式中，$R_m$ 为污泥增殖速率，kg/(m$^3$ · d)；$-R_0$ 为基质利用速率，kg/(m$^3$ · d)。二者可通过下述方法对 MBR 进行物料恒算求得。

图 3.26 为浸没式 MBR 流程示意图。其中基质浓度用 COD 浓度表示，微生物浓度用生物反应器的 VSS 表示。由于膜表面附着的微生物量较少，而被截留在膜表面的溶解性有机物是不断更新的，在膜表面的停留时间较短，因此截留物质在膜表面上的积累及降解均可以忽略。

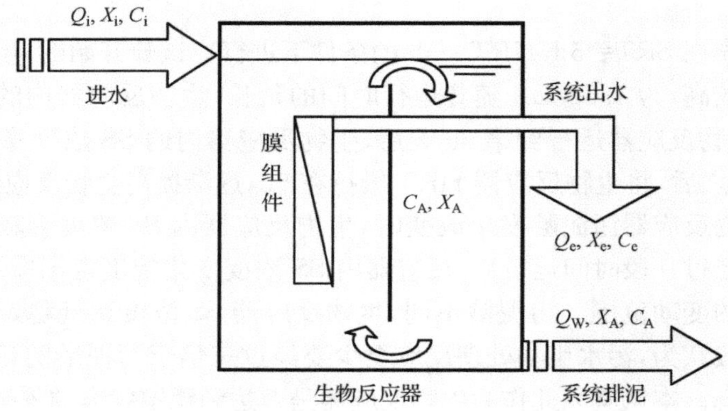


图 3.26 浸没式 MBR 流程示意图

$Q$：流量(m$^3$/d)；$C$：基质浓度(mg/L)；$X$：悬浮固体浓度(g/L)。
下标 i 为进水；e 为出水；A 为生物反应器；W 为系统排泥

以有机物总量为对象进行物料衡算：

$$Q_i C_i + 1000VR_0 = Q_e C_e + Q_W C_A + V\frac{dC_A}{dt} \tag{3.2}$$

式中，$V$ 为生物反应器有效容积，m$^3$。

以悬浮物为对象进行物料衡算：

$$Q_i X_i + VR_m = Q_e X_e + Q_W X_A + V\frac{dX_A}{dt} \tag{3.3}$$

水量平衡：

$$Q_i = Q_e + Q_W \tag{3.4}$$

又

$$SRT = \frac{V}{Q_W} \tag{3.5}$$

$$HRT = \frac{V}{Q_e} \tag{3.6}$$

式中，HRT和SRT分别为水力停留时间和污泥龄，d。

由于进水中的悬浮固体浓度与反应器中的污泥浓度相比小得多，而出水中的悬浮固体则测不出来，因此可忽略进水、出水中的悬浮固体，则有 $X_i=0$，$X_e=0$。

联立式(3.2)及式(3.4)～式(3.6)得到

$$-R_0 = \frac{(C_i - C_e)}{1000 \cdot HRT} + \frac{(C_i - C_A)}{1000 \cdot SRT} - \frac{1}{1000} \cdot \frac{dC_A}{dt} \tag{3.7}$$

联立式(3.3)～式(3.6)得到

$$R_m = \frac{X_A}{SRT} + \frac{dX_A}{dt} \tag{3.8}$$

根据上两式，可以计算在任何运行时间下，基质利用速率和污泥增殖速率，从而可用式(3.1)计算出污泥表观产率系数 $Y_b$。

#### 3.2.5.3 污泥理论产率系数和污泥衰减系数

运用求得的污泥表观产率系数 $Y_b$，以及式(3.9)～式(3.10)，采用图解法就可以计算污泥理论产率系数 $Y_G$ 和污泥衰减系数 $b$：

$$\frac{1}{Y_b} = \frac{1}{Y_G} + \frac{b}{Y_G} \cdot \frac{1}{\mu} \tag{3.9}$$

式中，$Y_b$ 为污泥表观产率系数，kg-VSS/kg-COD；$Y_G$ 为污泥理论产率系数，kg-VSS/kg-COD；$b$ 为污泥衰减系数，$d^{-1}$；$\mu$ 为污泥比增长速率，$d^{-1}$。

$\mu$ 可以用式(3.10)计算：

$$\mu = R_m / X_A \tag{3.10}$$

#### 3.2.5.4 生物反应动力学参数的确定

根据上述方法，计算污泥表观产率系数 $Y_b$ 和污泥比增长速率 $\mu$，可利用式(3.9)采用图解法计算 $Y_G$ 和 $b$ 的值。

图3.27为SRT=5d时 $1/Y_b \sim 1/\mu$ 关系图。

根据直线拟合的结果，得到斜率 $k=0.86$，截距 $a=2.71$，相关系数 $R^2$ 为0.96。则 $Y_G=1/a=0.37$ kg-VSS/kg-COD，$b=k\times Y_G=0.86\times 0.37=0.32(d^{-1})$。

同理，在不同的污泥龄条件下计算得到污泥的理论产率系数 $Y_G$ 及 $b$ 的值如表3.1所示(Huang et al.，2001)。

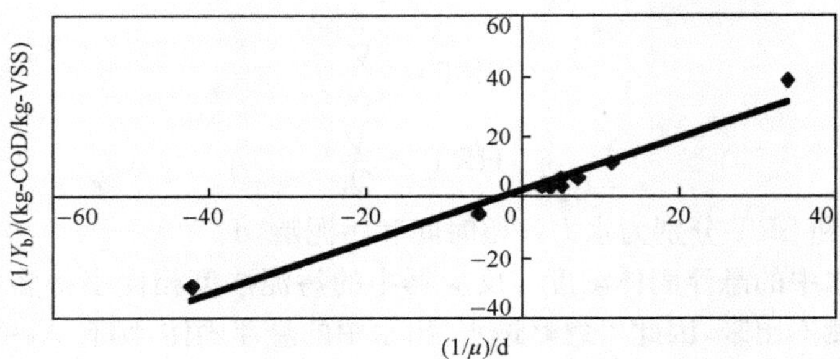


图 3.27　SRT=5d 时 $1/Y_b \sim 1/\mu$ 关系图

**表 3.1　不同污泥龄条件下污泥的 $Y_G$ 及 $b$ 的计算结果**

| SRT/d | $Y_G$/(kg-VSS/kg-COD) | $b$/($d^{-1}$) |
|---|---|---|
| 5 | 0.37 | 0.32 |
| 10 | 0.38 | 0.17 |
| 20 | 0.35 | 0.18 |
| 40 | 0.33 | 0.09 |
| 80 | 0.28 | 0.05 |

从表 3.1 可见，污泥的理论产率系数 $Y_G$ 和衰减系数 $b$ 均随污泥龄发生变化。除 SRT=10d 的数据有些反常外，$Y_G$ 值与 $b$ 值均随 SRT 的延长略有下降。

图 3.28 为 $Y_G$ 随 SRT 增加的变化规律。可见，随着污泥龄的增长，污泥的理论产率系数随之呈线性下降。

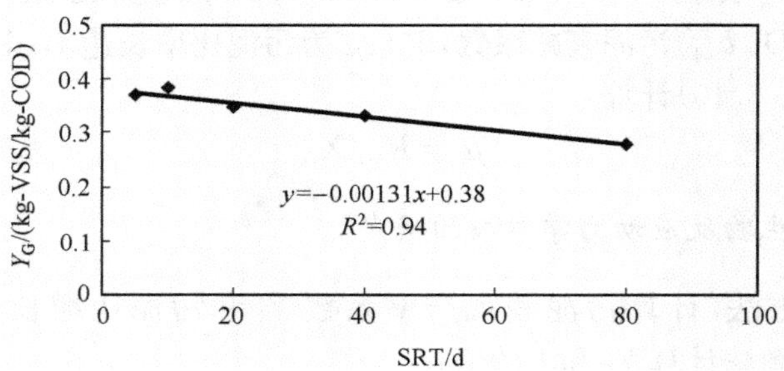


图 3.28　污泥理论产率系数 $Y_G$ 与 SRT 的关系图

根据前面的分析可知，在 MBR 中，由于膜对一部分大分子溶解性代谢产物具有截留作用，系统对基质的去除效率比传统活性污泥反应器要高。而且试验中在生物反应器内没有明显的有机物积累现象，这说明这些大分子物质绝大部分还是可以被微生物逐渐降解的。

黄勇(1993)研究成果也表明,微生物的代谢产物中的一部分是能被微生物降解的,但是降解速率很慢。以微生物代谢产物为基质的污泥理论产率系数比利用易降解基质的值偏小。试验中求得的理论产率系数是同时考虑了进水中小分子基质的降解和被膜截留的大分子物质的降解。随着污泥龄的延长,生物反应器中被截留的微生物代谢产物随之增加,因此污泥的理论产率系数随 SRT 的延长而减小。

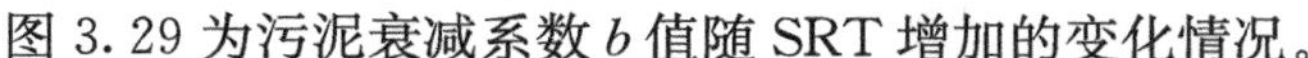

图 3.29 为污泥衰减系数 $b$ 值随 SRT 增加的变化情况。

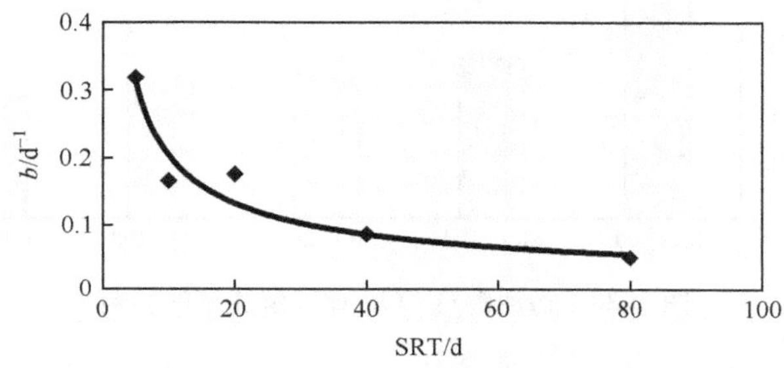


图 3.29　污泥衰减系数 $b$ 与 SRT 的关系图

根据试验数据拟合的结果,得到污泥衰减系数 $b$ 与 SRT 的关系为

$$b = 0.853\mathrm{SRT}^{-0.622}, \quad R^2 = 0.96 \tag{3.11}$$

生物反应器内供氧是否充足会影响微生物内源呼吸速率。当污泥龄较短时,由于生物反应器内污泥浓度较低,氧气的传递与扩散较快。而随着污泥龄的延长,反应器内污泥浓度逐渐提高,氧气的传递与扩散受到限制,在微生物内部甚至可能出现部分厌氧。因此,当污泥龄提高后则表现出污泥衰减系数逐渐减小。

对传统活性污泥法的反应动力学参数,顾夏声(1993)在《废水生物处理的数学模式》论著中给出了 $Y_G$ 的范围在 0.25～0.4 kg-VSS /kg-COD 之间,$b$ 在 0.040～0.07 d$^{-1}$之间。本试验中得到的污泥理论产率系数 $Y_G$ 与传统活性污泥法的类同,污泥衰减系数除 SRT＝5d 时偏大外,其余均与传统活性污泥法的相差不大。在 MBR 系统中,曝气除满足微生物分解有机物的需要外,还需要满足防止活性污泥在膜表面的沉积以减轻膜污染,因此曝气量一般控制得都比较大。在本试验中,生物反应器中溶解氧达到了 7mg/L 以上,大大高于传统活性污泥法曝气池中溶解氧为 2～4mg/L 的水平。而在 SRT＝5d 时,生物反应器中的污泥浓度又较低,因此造成污泥衰减系数偏大。

#### 3.2.5.5　污染物比降解速率的解析

根据有机物降解速率和生物反应器内的污泥浓度,计算得到污泥对有机物的比降解速率。图 3.30 为 HRT＝5h 时,污泥对 COD 的比降解速率的平均计算值随 SRT 的变化情况。随着污泥龄的延长，MBR 中微生物对 COD 的比降解速率逐渐下降。分析原因，可能有以下两个方面：一方面，污泥龄增高，污泥中具有降解底物功能的活菌数减少；另一方面，随着污泥龄的提高，生物反应器内污泥浓度增加，污泥絮体的尺寸变大，阻碍了基质和溶解氧从反应器混合液向絮体内部的扩散，从而对微生物的基质降解速率产生影响。

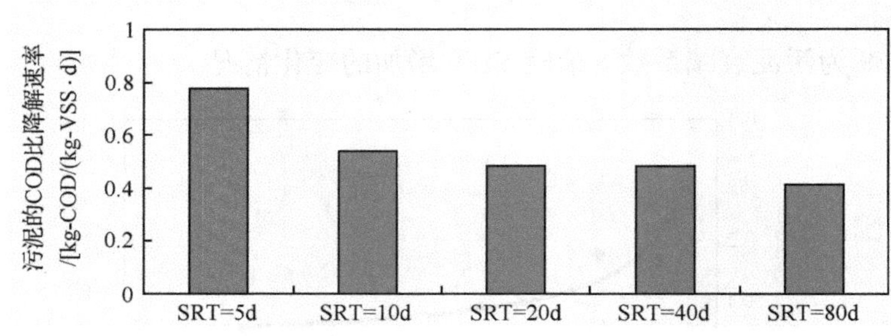


图 3.30　污泥龄对 COD 比降解速率的影响

同样，基于上述原因，随着污泥龄的延长，MBR 中微生物对 $NH_4^+$-N 的比降解速率也逐渐下降，与 COD 比降解速率的变化呈相同的规律，如图 3.31 所示。

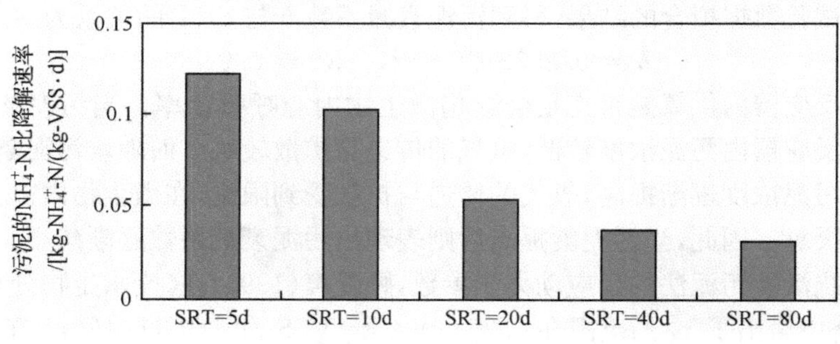


图 3.31　污泥龄对 $NH_4^+$-N 比降解速率的影响

## 3.3　不排泥条件下膜生物反应器的长期运行特性

理论上讲，MBR 能够将污泥完全截留于生物反应器内，实现不排泥操作。但对在不排泥条件下 MBR 处理污水长期运行的可行性，尚存在争议。本节针对人工配制的模拟生活污水，考察了在不排泥条件下（除取样外，不额外排泥）浸没式 MBR 长期运行的可行性，以深入认识在不排泥极限条件下 MBR 的长期运行特性（刘锐，2000；Liu et al.，2005）。

### 3.3.1　去除有机物的稳定性

图 3.32 为浸没式 MBR 在不排泥条件下连续运行 280 天，系统对 COD 的去除效果。

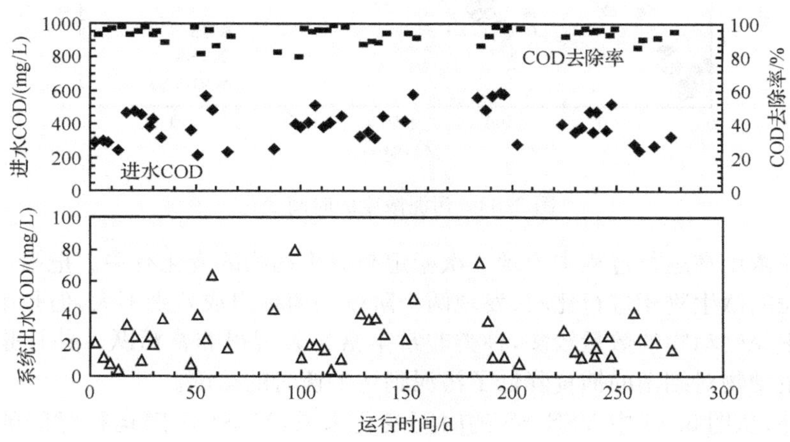


图 3.32　不排泥条件下 MBR 对 COD 的去除效果

本试验中，进水箱里的配水供 4 天使用，淀粉在进水箱中的轻微沉淀和有机物在进水箱中的少量分解使反应器的实际进水水质周期性波动于 219～512mg/L 之间，但仍属于典型的城市污水的水质范围。系统出水 COD 浓度随上清液有机物浓度的变化呈现相应波动，但变化幅度大大减小。

系统对 COD 的总去除率始终高达 80%～99%，其中高于 90%的概率约为 80%。系统出水 COD 浓度一般都能保持在 50mg/L 以下；个别时间的系统出水水质有所下降，但 COD 也低于 80mg/L。

### 3.3.2　污泥增殖特性

#### 3.3.2.1　污泥浓度的时间变化

本试验长期运行过程中污泥浓度的时间变化如图 3.33 所示。

在运行的前 68 天，污泥浓度随运行时间的延长迅速增长。运行到第 69～96 天，污泥浓度出现突然降落是因为液位计突然失灵，造成了部分污泥流失。第 96 天后，污泥浓度的变化可分成 3 个阶段：第一阶段（96～133 天），污泥浓度快速上升；第二阶段（134～195 天），污泥浓度增长缓慢，基本稳定于 13g-SS/L；第三阶段（196～280 天），污泥浓度重新增长并稳定于 16g-SS/L，基本上不再有剩余污泥产生。

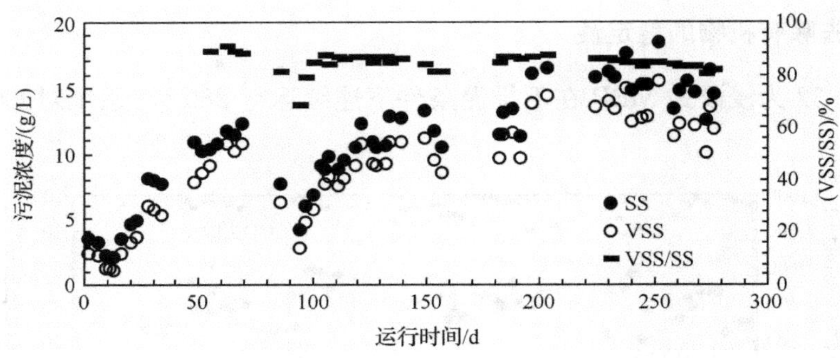


图 3.33 污泥浓度的时间变化

污泥浓度在运行过程中出现二次稳定与原生动物的变化有关。把第二和第三阶段污泥的微生物相进行比较，发现两个阶段的菌种组成差别不大，但是第二阶段的污泥中原生动物的数量较多，种类非常丰富且表现得非常活跃。估计是大量活跃的原生动物对细菌的捕食降低了污泥到达平衡时的浓度。

另外，从图 3.33 中 VSS/SS 的时间变化来看，VSS/SS 随运行时间的延长有轻微下降趋势，由运行第 55 天的 88.6%降至第 276 天的 81.8%。这表明，生物反应器中出现了少许无机物的积累。

试验过程中，污泥负荷的时间变化如图 3.34 所示。与污泥浓度的不断增长相对应，污泥负荷不断下降。直到第 196 天后，污泥负荷稳定于 0.08kg-COD/(kg-VSS · d)。

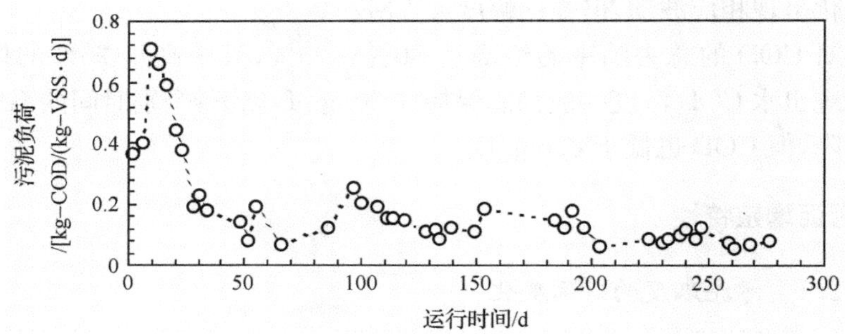


图 3.34 不排泥条件下污泥负荷的时间变化

有关 MBR 中的污泥浓度在不排泥条件下能够达到稳定这一结论已有过报道，但是由于进水水质的差别，稳定时的污泥浓度及相应的污泥负荷不太相同。对于实际生活污水，Muller 等(1995)在不排泥条件下运行报道的结果为 0.21kg-COD/(kg-SS · d)，Chaize 和 Huyord(1991)在污泥龄为 100d 时运行报道的结果为 0.8kg-COD/(kg-SS · d)。本试验由于采用的是人工配水，所含的葡萄糖、淀粉和蛋白胨等属于高能量物质，因此达到稳定时的污泥负荷要低些。

#### 3.3.2.2　污泥增殖动力学

1. 污泥表观产率系数

污泥表观产率系数可以根据式(3.1)进行计算。其中，基质利用速率 $R_0$ 和污泥增殖速率 $R_m$ 分别可以由式(3.7)和式(3.8)求得。

按上述方法计算所得的污泥表观产率系数 $Y_b$ 随时间的变化如图 3.35 所示。

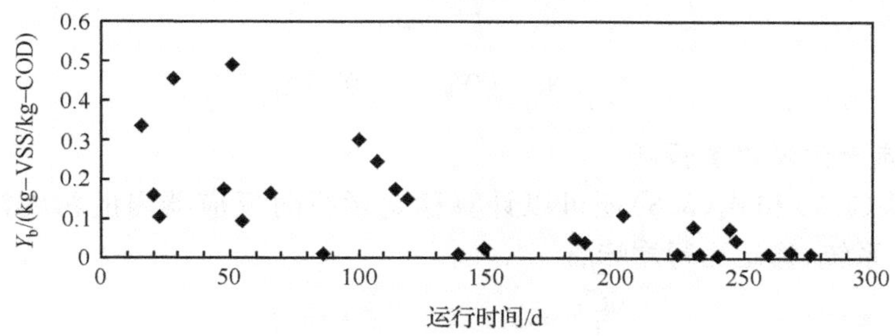


图 3.35　污泥表观产率系数的时间变化

污泥表观产率系数 $Y_b$ 随运行时间的延长显现明显的降低趋势。运行前 69 天，$Y_b$ 波动于 0.096～0.488kg-VSS/kg-COD，平均为 0.248kg-VSS/kg-COD；第 96～150 天，$Y_b$ 波动于 0.008～0.302kg-VSS/kg-COD，平均为 0.131kg-VSS/kg-COD；第 150 天以后，$Y_b$ 下降得更低且逐步趋于稳定，最高值也只有 0.109kg-VSS/kg-COD，平均值只有 0.038kg-VSS/kg-COD。

与传统活性污泥工艺相比，MBR 运行后期的污泥表观产率系数 $Y_b$ 要低得多，只有前者的 20%左右。这是由于在 MBR 中能够保持比较高的污泥浓度，从而使污泥负荷大大降低的缘故。Low 和 Chase(1999)也曾经得出同样的结论，认为污泥产率会随着污泥负荷的降低而下降。

2. 污泥理论产率系数和污泥衰减系数

运用求得的污泥表观产率系数 $Y_b$，以及式(3.9)、式(3.10)，就可以计算不排泥条件下的污泥理论产率系数 $Y_G$ 和污泥衰减系数 $b$。

把不同运行时间 $t$ 下的 $1/Y_b$ 对 $1/\mu$ 作图 3.36，得到直线拟合的斜率($b/Y_G$)和截距($1/Y_G$)。

由此求得不排泥条件下的污泥理论产率系数 $Y_G$ 和衰减系数 $b$：

$$Y_G = 0.288(\text{kg-VSS/kg-COD}), \qquad b = 0.023(\text{d}^{-1})$$

在 3.2.5.4 节中，曾对不同 SRT(5～80d)条件下浸没式 MBR 处理生活污水时的 $Y_G$ 值和 $b$ 值进行过分析，得出 $Y_G$ 值和 $b$ 值随 SRT 的延长有所下降的结论(表 3.1)。本试验求得的 $Y_G$ 和 $b$ 值与其在 SRT=80d 时得到的结果很相近。

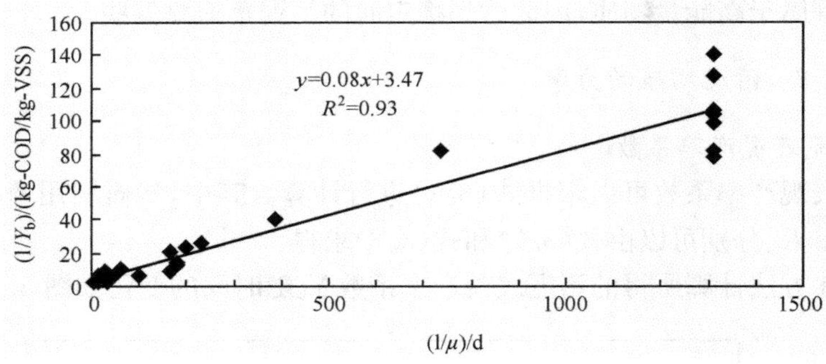


图 3.36　$1/Y_b \sim 1/\mu$ 关系图

3. 稳定时污泥浓度预测

运用式(3.7)和式(3.8)还可以计算稳定运行时反应器内的污泥浓度 $X_{max}$。对于 MBR 系统，稳定运行意味着

$$\frac{dC_A}{dt}=0, \qquad \frac{dX_A}{dt}=0$$

则式(3.8)和式(3.7)简化为

$$R_m=\frac{X_A}{SRT} \tag{3.12}$$

$$-R_0=\frac{(C_i-C_e)}{1000 \cdot HRT}+\frac{(C_i-C_A)}{1000 \cdot SRT} \tag{3.13}$$

将式(3.1)、式(3.9)、式(3.10)、式(3.12)和式(3.13)联立，即可得到：

$$X_A=\frac{Y_G \cdot SRT}{1+b \cdot SRT}\left(\frac{C_i-C_e}{1000 \cdot HRT}+\frac{C_i-C_A}{1000 \cdot SRT}\right) \tag{3.14}$$

当 SRT=∞或 SRT 极长时，稳定运行时的污泥浓度 $X_{max}$ 为

$$X_{max}=\frac{Y_G}{b}\left(\frac{C_i-C_e}{1000 \cdot HRT}\right) \tag{3.15}$$

$X_{max}$ 也可以看做在给定进出水水质和 HRT 条件下 MBR 可以达到的最大污泥浓度。

前面已经求得，对于本试验不排泥情况，$Y_G=0.288$kg-VSS/kg-COD，$b=0.023\ d^{-1}$；而平均进水浓度 $C_i=394$mg/L，平均系统出水浓度 $C_e=24$mg/L，HRT=8.25h。把这些数值代入式(3.15)中，得到 $X_{max}=13.48$g-VSS/L。这一值同本试验运行 200d 后污泥浓度的平均值(13.03 g-VSS/L)很接近。

## 3.3.3 溶解性微生物代谢产物的长期变化

### 3.3.3.1 溶解性微生物产物浓度的时间变化

由于本试验所用进水以葡萄糖和淀粉为主要成分，比较容易生物降解，而试验

中采用的水力停留时间(8.3h)又比较长,因此可以认为生物处理出水中主要是溶解性的微生物产物(soluble microbial products,SMP),上清液 TOC 浓度间接表征了 SMP 的浓度。不排泥条件下生物反应器中 SMP 的时间变化如图 3.37 所示。

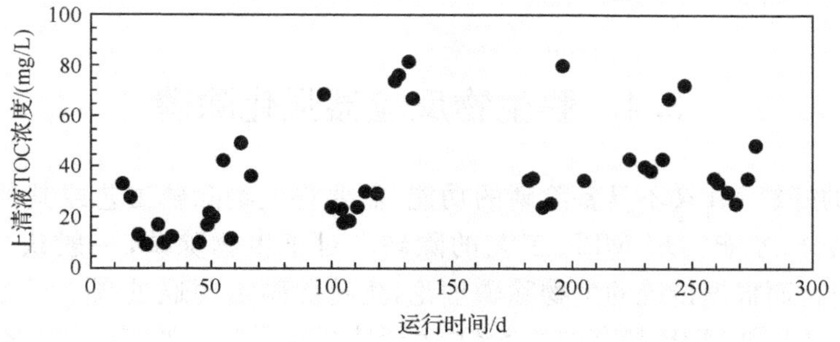


图 3.37　不排泥条件下上清液 TOC 浓度的时间变化

同图 3.6 一样,SMP 随运行时间的延长也出现了先积累后下降的过程。运行 23 天后,上清液 TOC 开始出现积累,第 97～200 天到达较高值,而后开始逐步减少。上清液 TOC 浓度的逐步增加是因为膜把微生物代谢过程中生成的以及细胞解体释放出来的可生物降解性较差的大分子 SMP 截留于生物反应器中,造成这部分物质在生物反应器中的生成和积累速率大于其生物降解速率。而随运行时间的延长上清液 TOC 的进一步降低,可能是因为生物反应器中的 SMP 浓度升高后,由于驯化作用污泥中降解 SMP 的微生物的数目和活性增加,从而提高了 SMP 的降解速率。最终生物反应器中 SMP 的生成、积累和降解速率将达到平衡,SMP 浓度趋于稳定。

#### 3.3.3.2　溶解性微生物产物组成的时间变化

本试验对 SMP 积累前(第 1 天)和积累后微生物对 SMP 已有一定降解能力时(第 276 天)生物反应器上清液 TOC 的相对分子质量分布进行了测定,如图 3.38 所示。

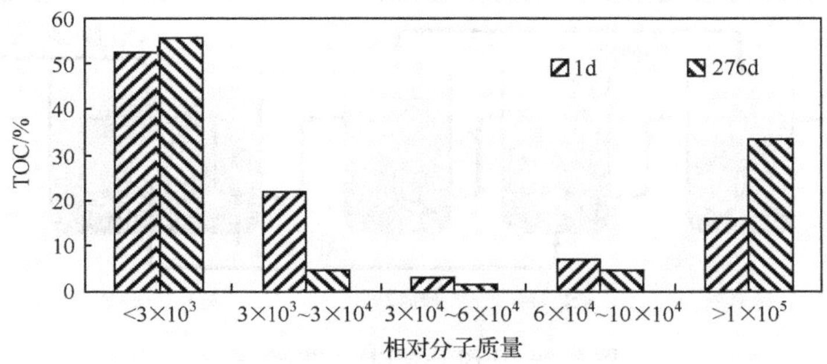


图 3.38　SMP 积累前后上清液相对分子质量分布的变化

发生积累后，上清液中相对分子质量高的物质的含量明显增加。相对分子质量大于10万的物质由16%增加到33%，约为积累前的2倍。这进一步证明了图3.37中的结论，说明生物反应器中高分子物质的积累是造成SMP浓度升高的主要原因。

# 3.4 膜生物反应器强化除磷

传统的好氧MBR不具备除磷的功能，需要将生物除磷工艺或其他除磷方法与MBR结合，才能实现MBR工艺的除磷。对于生物除磷，一般认为MBR的SRT比较长，而根据传统的生物除磷理论，生物除磷需要通过剩余污泥的排放才能实现，这似乎和MBR特有的长SRT运行特征相矛盾。如何优化SRT的控制，兼顾生物除磷并保持MBR长SRT的特征以减少剩余污泥产生量，同时，MBR中高SMP积累特征和膜组件是否对除磷有贡献，尚不十分清楚。

本节针对MBR生物除磷工艺，探讨了污泥龄、胞外多聚物、溶解性代谢产物对生物除磷的影响，研究了膜组件对磷的截留特性(张志超，2008；张志超等，2008；张志超等，2009；Zhang，Huang，2011)。

## 3.4.1 污泥龄对膜生物反应器生物除磷的影响

### 3.4.1.1 工艺特征

构建了如图3.39所示的MBR强化生物处理工艺(enhanced biological phosphorus removal process using membrane bioreactor，EBPR-MBR)。该工艺由四个生物反应区及膜组件组成。原水依次进入厌氧区、缺氧1区、缺氧2区和好氧区(膜区)进行生物处理后，经膜过滤得到出水。各反应区均为完全混合系统。其中R回流是从膜区回流至缺氧1区，回流流量为进水流量的300%～400%；r回流是从缺氧2区回流至厌氧区，回流流量为进水流量的100%。厌氧区、缺氧1区、缺氧2区和好氧区的有效体积分别为0.46L、0.46L、0.46L和0.75L。膜组件采用

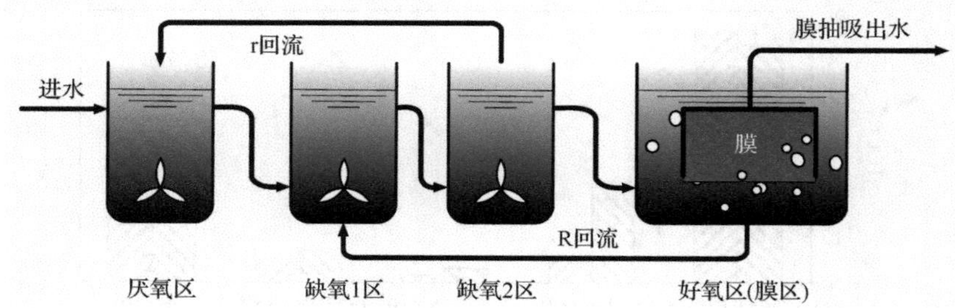


图3.39 EBPR-MBR工艺流程图

中空纤维微滤膜(韩国 KMS 公司制造)，膜面积 0.2m²，平均孔径 0.4μm，材质聚乙烯。试验污水为自配的模拟生活污水。

#### 3.4.1.2　污泥龄对污染物去除效果的影响

1. 磷去除效果

在 HRT 为 8h，不同 SRT 条件下，EBPR-MBR 工艺对 TP 的平均去除率见图 3.40。整体上，在 SRT＝20～50d 的范围内，TP 平均去除率超过 80%。在 SRT 分别为 20d、30d、40d 的条件下，TP 去除率相对稳定，而当 SRT 增加到 50d 时，虽然 TP 平均去除率仍可达到 83.2%，但除磷出现了不稳定，最低 TP 去除率仅为 15.1%。从宏观上来看，在保持进水条件及除 SRT 外的其他操作条件不变的情况下，随着 SRT 的增加，TP 去除率呈现逐渐下降的趋势。在 SRT 低于 40d 时，TP 去除率比较稳定，但当 SRT 达到 50d 时，不仅 TP 平均去除率下降明显同时除磷也变得不稳定。因此初步认为存在一个临界的 SRT，既可保证较好的除磷效果，同时也可尽可能地减少排泥量，在本研究中，临界的 SRT 在 40d 左右。

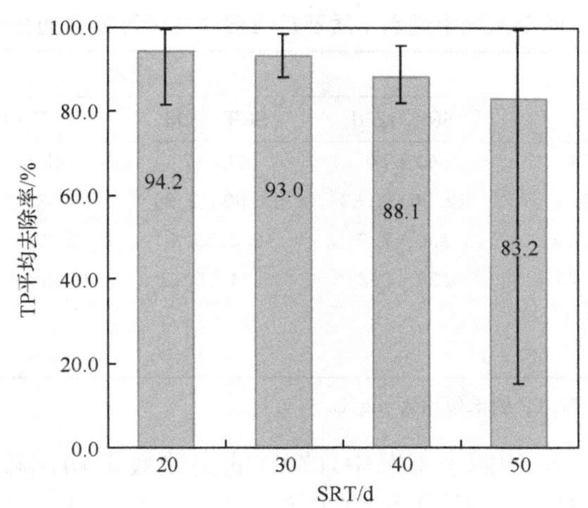


图 3.40　EBPR-MBR 中不同 SRT 下的平均总磷去除率

对 SRT 为 50d 工况的 TP 去除情况做了进一步分析。如图 3.41 所示，在进水相对稳定的情况下，TP 去除率呈现明显的波动，每 10～15d 为一个周期，去除率先下降再上升。由于这种变化的周期比较短，初步判断不是由于微生物种群的变化造成的，而可能是在高污泥龄下，聚磷菌的除磷能力无法一直维持在一个相对较高的水平，因此导致了除磷不稳定。

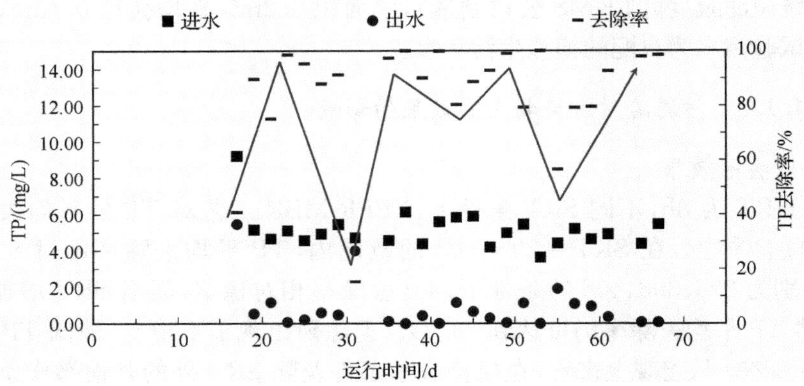


图 3.41　在 SRT 为 50d 工况下 TP 的进水、出水浓度及去除率

2. 其他污染物去除效果

其他污染物，如 COD、TN、$NH_4^+$-N 等的去除效果如表 3.2 所示。

**表 3.2　四个工况中进水水质及反应器对主要污染物的处理效果**

| 参数 | 进水 | 出水 | | | |
|---|---|---|---|---|---|
| | | SRT=20d | SRT=30d | SRT=40d | SRT=50d |
| COD | 273±74 | 40±14 | 49±17 | 42±16 | 43±15 |
| TN | 50.2±6.0 | 12.90±5.33 | 14.60±2.89 | 13.58±4.07 | 12.27±5.92 |
| $NH_4^+$-N | 45.5±10.2 | 1.9±7.7 | 2.2±3.2 | 2.3±4.3 | 3.1±4.5 |
| TP | 4.9±1.25 | 0.29±0.37 | 0.34±0.14 | 0.58±0.21 | 0.87±1.28 |
| pH | 7.8±0.4 | — | — | — | — |
| 温度/℃ | 25±2 | — | — | — | — |

注：COD、TN、$NH_4^+$-N、TP 的单位均为 mg/L。

在 SRT=20～50d 的四个工况中，COD 的去除效果均比较良好，平均去除率始终保持在较高的水平，平均出水 COD 始终低于 50mg/L。这说明 SRT 在这个范围变化不会对 COD 的去除造成影响，MBR 能够保证稳定而有效的 COD 去除。

$NH_4^+$-N 的去除效果在大部分时间内较好，基本检不出，只有在少数时间内会出现出水 $NH_4^+$-N 的检出，但平均出水 $NH_4^+$-N 浓度低于 5mg/L。由于硝化细菌的世代时间较长，要实现良好的硝化效果必须确保 SRT 足够长，而 MBR 在这方面的优势非常显著，在正常的运行条件下，均可以达到较好的氨氮去除效果，而避免了传统除磷工艺中由于采用短 SRT 除磷而造成的硝化细菌流失，硝化效果变差的现象。

TN 的去除率没有因为 SRT 的增长而呈现明显的规律性变化，在整个运行过程中 TN 的去除相对稳定，平均出水 TN 浓度在 12.90～18.58mg/L 之间。

#### 3.4.1.3　污泥含磷量与污泥龄的关系

1. 反应器中的磷平衡

污泥含磷量是表征污泥除磷特性的重要指标，而污泥含磷量很大程度上受SRT的影响(Lee et al.,2007)。EBPR-MBR工艺中，污泥含磷量与SRT的关系如图3.42所示。

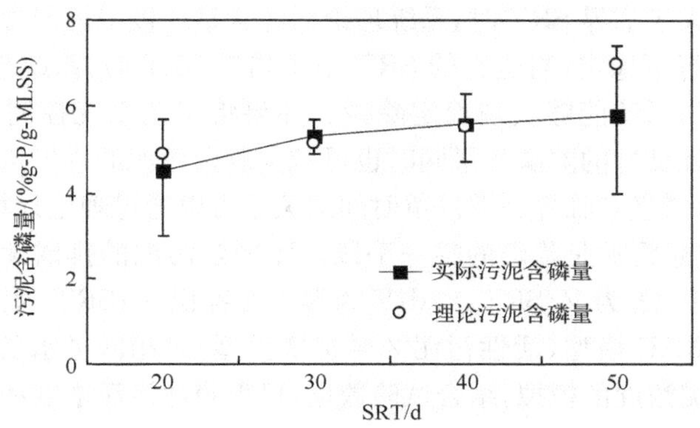


图3.42　不同SRT下的实际污泥含磷量和理论污泥含磷量

当SRT从20d增加到40d时，污泥含磷量从4.5%g-P/g-MLSS增加到5.6%g-P/g-MLSS，但当SRT从40d进一步增加到50d时，污泥含磷量只有微小的增加。这说明在试验进水水质和其他操作条件不变的前提下，在稳定运行的系统中，污泥含磷量可能存在5.8%g-P/g-MLSS的极限值。

根据反应器内磷的物料平衡，建立式(3.16)，可计算稳定状态下反应器内磷的变化。

$$\frac{\mathrm{TP_i} \times Q_\mathrm{i}}{1000} - \left(\frac{\mathrm{TP_e} \times Q_\mathrm{e}}{1000} + \mathrm{TP_{-sludge}} \times Q_\mathrm{w} \times \mathrm{MLSS}\right) = 0 \tag{3.16}$$

式中，$\mathrm{TP_i}$为进水TP浓度，mg/L；$\mathrm{TP_e}$为出水TP浓度，mg/L；$\mathrm{TP_{-sludge}}$为污泥含磷量，%g-P/g-MLSS；$Q_\mathrm{i}$为进水量，L/d；$Q_\mathrm{e}$为出水量，L/d；$Q_\mathrm{w}$为排泥量，L/d；MLSS为污泥浓度，g/L。

利用本试验的进水TP浓度及排泥量数据，并假设以最终出水TP浓度低于0.5mg/L为目标，则可以利用式(3.16)计算出理论污泥含磷量，也列入图3.42。可见，在SRT=20d、30d、40d的工况下，实际的污泥含磷量和理论计算的污泥含磷量基本吻合，在这个状态下，整个除磷体系能保持相对稳定的除磷能力。当SRT增加到50d时，计算的理论含磷量可达到7.0%g-P/g-MLSS，而实际的平均污泥含磷量只能保持在5.8%g-P/g-MLSS的水平。此时，实际污泥含磷量无法达到理论计算值时，必然导致排泥过程无法从系统中去除足量的磷，而导致整个系统除磷变得不稳定且出水中的磷浓度上升。这也说明当 SRT＝50d 时，活性污泥中含磷量可能达到了极限值。

2. 极限污泥含磷量与临界污泥龄的关系

如上所述，在一定的进水条件和其他运行条件不变的情况下，随着 SRT 的增加，污泥存在一个极限的含磷量。当 SRT 变化到一个特定值时，理论污泥含磷量＝极限污泥含磷量，此时系统处于一个临界状态，此时的 SRT 称为临界 SRT。当运行的 SRT 大于临界 SRT 时，系统理论污泥含量＞极限污泥含磷量，则系统除磷恶化，系统运行不稳定；当运行的 SRT 小于临界 SRT 时，系统理论污泥含量＜极限污泥含磷量，系统能够实现稳定除磷。如果将工艺系统控制在临界 SRT 附近，则既可以保证良好的除磷效果同时也可减少剩余污泥的排出量。

极限污泥含磷量和临界污泥停留时间的关系可以通过理论计算进一步阐明。

假设排放剩余污泥是除磷的唯一手段。而剩余污泥的排磷速率为 $TP_{-sludge} \times MLSS \times Q_w$，式中，$Q_w$为 $V/SRT$，L/d；$V$ 为曝气池容积，L；SRT 为污泥龄，d。

再根据 ASM2D 模型（活性污泥 2 号扩增模型）对相同进水负荷及 HRT 下，不同 SRT 下污泥浓度的模拟，结合试验数据，可得膜池污泥浓度和 SRT 之间的多项关系式估算式：

$$MLSS = \frac{0.042 \times SRT^3 - 8.8 \times SRT^2 + 610 \times SRT}{1000} \tag{3.17}$$

则

$$剩余污泥排磷速率(g\text{-}P/d) = TP_{-sludge} \times V \times (0.042 \times SRT^2 - 8.8 \times SRT + 610)/1000 \tag{3.18}$$

试验中测得污泥含磷量约为 5.8%g-P/g-MLSS，这与 Gnirss 等报道的微生物聚磷饱和时污泥含磷量为 6%g-P/g-MLSS(Gnirss et al.，2003)的结果基本一致。将该值代入公式(3.18)，计算剩余污泥排磷速率随 SRT 的变化情况，如图 3.43 所示。

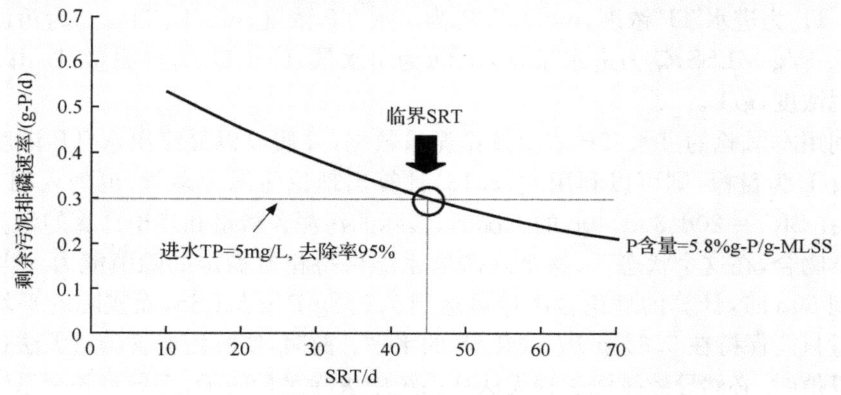


图 3.43　剩余污泥排磷速率随 SRT 变化的预测图

在图 3.43 中，极限污泥含磷量 5.8%g-P/g-MLSS 的曲线与进水磷量横线的交点所对应的 SRT 即为临界 SRT，这一点对应的剩余污泥排磷速率等于随进水进入系统磷的速率扣除随出水排出的磷。临界 SRT 是随着进水磷浓度而变化的。SRT 小于临界 SRT 时，系统能保证 95%的 TP 去除率；而 SRT 大于临界 SRT 时，则不能通过剩余污泥排放将进水磷足量排出，从而导致出水 TP 升高。这样利用进水磷的浓度、污泥的增殖曲线以及极限污泥含磷量就可以计算出临界 SRT 的值，在本试验条件下计算出的临界 SRT 为 44d。在充分考虑进水波动及污泥浓度变化的基础上，可以选取略低于临界 SRT 的值，作为 SRT 的运行参数，这样既可以保证除磷效果同时也可以尽可能地减少污泥排放量。

当然，上述污泥模型估算式和极限污泥含磷量尚需进一步的验证，但在一定程度上反映了不同 SRT 下除磷效果的变化趋势，对于系统运行控制有一定的指导意义。

#### 3.4.1.4　污泥含磷的分布

污泥絮体是由菌体与胞外多聚物（extra-cellular polymeric substance，EPS）组成的，因此，污泥絮体含磷量（$TP_{-sludge}$）包括两部分：胞外多聚物含磷（$TP_{-EPS}$）和菌体含磷（$TP_{-cell}$）（Cloete，Oosthuizen，2001）。本研究测定了胞外多聚物含磷和菌体含磷随 SRT 的变化，其中胞外多聚物含磷是先采用甲醛-NaOH 方法提取 EPS 后再进行 TP 测定（Liu，Fang，2002；张志超等，2009）。图 3.44表示 SRT 在 20～50d 工况下的污泥含磷量 $TP_{-sludge}$、$TP_{-EPS}$和 $TP_{-cell}$的变化。随着 SRT 的增加，菌体内的磷变化不大。在 SRT＝20～50d 内，$TP_{-cell}$在21.68～22.17mg-P/g-MLSS 波动，而相比之下 $TP_{-EPS}$从 20.81mg-P/g-MLSS 增加到 31.35mg-P/g-MLSS。在较高的 SRT 下，伴随着 SRT 的增加，污泥絮体含磷量的增加主要是通过 EPS 含磷的增加来实现的。

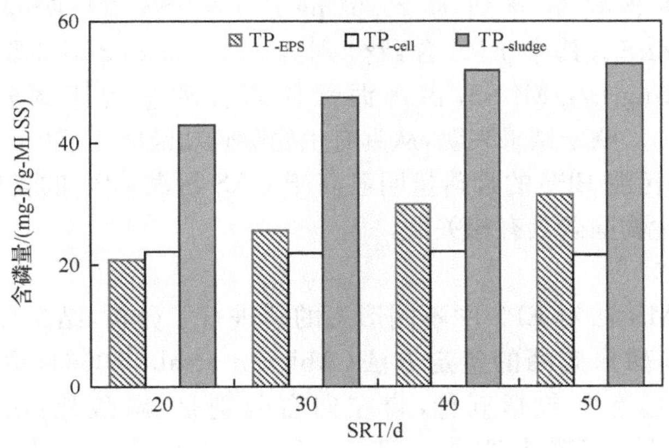


图 3.44　污泥含磷量、胞外多聚物含磷量、菌体含磷量随 SRT 的变化图

一般可以近似地用 EPS 的 TOC 来表征提取的 EPS 的总量。而不同 SRT 对 EPS 总量的影响说法不一：有些研究者认为随着 SRT 的增加，EPS 增加(Masse et al.,2006;Chang,Lee,1998)；而另外一些研究却得到完全不同的结论(Lee et al.,2003;Ng,Hermanowicz,2005)。在本研究中，当 SRT 从 20d 增加到 50d 的过程中，EPS 总量并没有随着 SRT 的改变而发生明显的变化。但随着 SRT 从 20d 增加到 50d，EPS 的含磷浓度从 115.34mg-P/g-TOC 增加到 173.85mg-P/g-TOC。推测由于 SRT 的增加对整个微生物群落结构产生了影响，在高 SRT 下，PAOs 逐步占据了优势地位(Lee et al.,2007)，EPS 的产生也更多地来源于 PAOs。有研究认为 PAOs 有专门产生 EPS 的基因片段，而其产生的 EPS 也在生物除磷过程有重要的作用(Martin et al.,2006)。

### 3.4.2 胞外多聚物对膜生物反应器生物除磷的影响

EPS 是组成污泥絮体中除细胞和水分之外最重要的物质，通常占活性污泥总有机物的 50%～90%，占污泥干重的 15%(Frolund et al.,1996;Urbainet al.,1993)。EPS 在污泥絮体中起着非常重要的作用，但有关 EPS 对生物除磷过程影响的研究却非常有限。

如前所述，EPS 中含有相当比例的磷，而且随着 SRT 的提高，EPS 中含磷量的增长是污泥整体含磷量提高的重要原因，EPS 作为储磷单元的事实得到了证实。而 EPS 中的含磷形态和在生物除磷过程中的变化尚需进一步研究。

#### 3.4.2.1 胞外多聚物的含磷量和磷形态分析

1. 含磷量

测试污泥样品取自 CAS、传统生物脱氮除磷工艺(A/A/O)以及 EBPR-MBR 工艺，测定了三种样品的污泥絮体含磷量及其组成，结果如图 3.45 所示。三种样品的污泥絮体含磷量分别为 25.62mg-P/g-MLSS、29.37mg-P/g-MLSS 和 42.83mg-P/g-MLSS，其中 EPS 含磷分别为 6.17mg-P/g-MLSS、11.36mg-P/g-MLSS 和 20.81mg-P/g-MLSS，占污泥絮体总含磷量的比例分别为 24.1%、38.7%和 48.6%。测定结果表明，从具有生物除磷功能的工艺(A/A/O 和 EBPR-MBR)中获得的污泥 EPS 的含磷量明显高于 CAS 污泥 EPS 的含磷量，进一步证明 EPS 含磷与生物除磷具有相关性。

2. 含磷形态

采用$^{31}$P-NMR 法对 EPS 中不同形态的磷进行了分析，结果如图 3.46 所示。根据文献对不同磷形态峰的鉴定方法(Ahlgren et al.,2006)，测定的三种污泥 EPS 中的磷的形态共包括五种，自左向右分别是：磷酸盐(orthoP)、磷单脂(monoP)、DNA 磷、聚磷末端磷(end polyP)、焦磷酸盐(pyroP)和聚磷中部磷

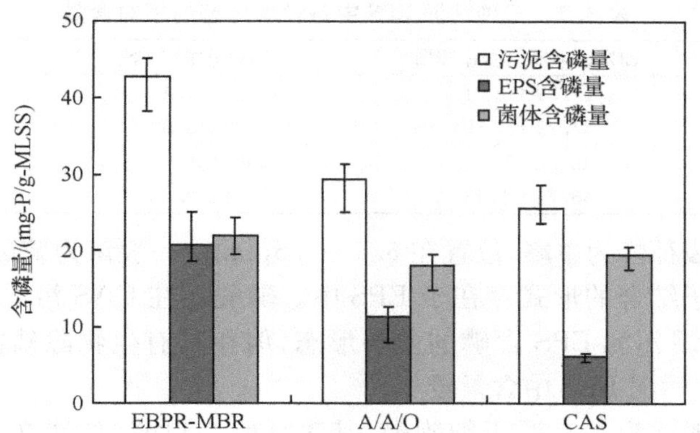


图 3.45　EBPR-MBR 污泥、A/A/O 污泥和 CAS 污泥 EPS 的含磷量

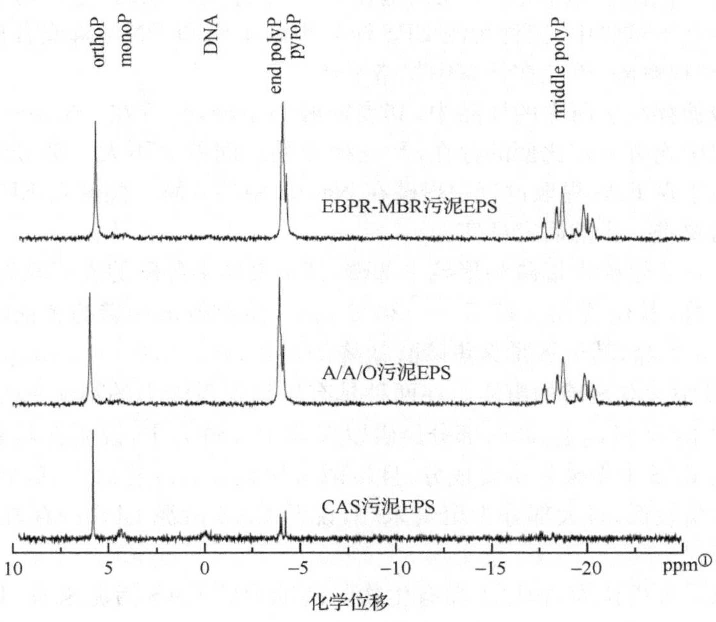


图 3.46　EBPR-MBR 污泥、A/A/O 污泥和 CAS 污泥的 EPS 的 $^{31}$P-NMR 图

(middle polyP)，其中聚磷末端磷(end polyP)和聚磷中部磷(middle polyP)的总和是聚磷(polyP)。EPS 中不同形态磷的比例见表 3.3。

---

① 1ppm=$10^{-6}$，下同。

表 3.3 三种污泥 EPS 中各种磷形态的相对含量

| 磷形态 | EBPR-MBR 污泥 EPS | A/A/O 污泥 EPS | CAS 污泥 EPS |
|---|---|---|---|
| 磷酸盐/% | 17.89±1.21 | 17.85±1.49 | 58.97±1.21 |
| 焦磷/% | 27.29±2.39 | 29.39±2.02 | 23.38±1.31 |
| 聚磷末端磷/% | 8.08±0.24 | 7.45±0.35 | 14.98±0.97 |
| 聚磷中部磷/% | 46.74±1.43 | 45.31±2.22 | 2.67±2.75 |

磷酸盐的表征峰为单峰，位置在 6.5～5.5ppm。一般认为磷酸盐是通过吸附或者与金属离子结合的形式存在于 EPS 中。磷酸盐在 CAS 污泥 EPS 含磷中占 58.97%，是 CAS 污泥 EPS 含磷的主要形态，但在具有生物除磷能力的 A/A/O 和 EBPR-MBR 污泥 EPS 中含量较少。

磷单脂一般认为是来源于细胞壁，其表征峰为单峰，位置在 5.0～4.0ppm。而 DNA 磷的表征峰也为单峰，在 0.5～－0.5ppm。一般认为 EPS 中的少量磷单脂和 DNA 磷是细胞代谢过程中死细胞在 EPS 中停留造成的，这与污泥所处的状态有关。而在本试验中，三种污泥 EPS 样品中磷单脂和 DNA 磷或者检出量比较少，或者低于检测限，因此在计算中忽略不计。

焦磷酸盐存在于所有的样品中，其表征峰为单峰，位置在－3.5～－4.5ppm。在三种污泥中均有一定比例的存在，且三种样品之间差异不大。部分的焦磷酸盐可能是来源于在 EPS 提取过程中聚磷在 NaOH 中的水解。焦磷在 EPS 中的形成和变化还需要进一步的研究证实。

聚磷包括了聚磷末端磷和聚磷中部磷，其中聚磷中部磷的表征峰为一簇峰，包含 7 个以上峰，其位置在－17.5～－20.5 ppm，而聚磷末端磷的表征峰也为一簇峰，包含2～3 个峰，其位置紧靠焦磷酸盐峰的左边，在－3.0～－4.0ppm。进一步证实了 EPS 中含有聚磷的事实。在两种具有生物除磷能力的污泥 EPS 中聚磷均占 EPS 含磷的 50%以上，同时部分聚磷以聚磷中部磷为主，说明在具有生物除磷能力的污泥 EPS 中聚磷是主要成分，且聚磷链比较长。相比之下，CAS 污泥 EPS 中聚磷的含量较低，且大部分为聚磷末端，说明 CAS 污泥 EPS 中存在少量聚磷，聚磷链较短。

通过以上分析认为，相比于没有生物除磷能力的 CAS 污泥来看，具有除磷能力的 A/A/O 和 EBPR-MBR 污泥其 EPS 中主要含有的是聚磷，证明了 EPS 中含磷不仅是依靠吸附磷酸盐或者生物聚磷过程磷酸盐在 EPS 中的滞留，而 EPS 中可能本身就存在生物聚磷过程，从而造成了 EPS 污泥中聚磷的积累。

#### 3.4.2.2 生物除磷过程中胞外多聚物含磷量与形态的变化

1. EPS 含磷总量的变化

采用三种污泥（CAS 污泥、A/A/O 污泥、EBPR-MBR 污泥），开展了厌氧-好氧生物除磷间歇试验，测定了上清液含磷（$P_{\text{-sup}}$）、菌体含磷（$P_{\text{-cell}}$）、EPS 含磷（$P_{\text{-EPS}}$）的

变化规律，结果如图 3.47 所示。三种污泥上清液的 TP 都在厌氧阶段上升、好氧阶段下降，这表明三种污泥在厌氧-好氧交替过程中，都表现出厌氧释磷、好氧吸磷的特性。其中两种生物除磷工艺的污泥（A/A/O 污泥和 EBPR-MBR 污泥）的释

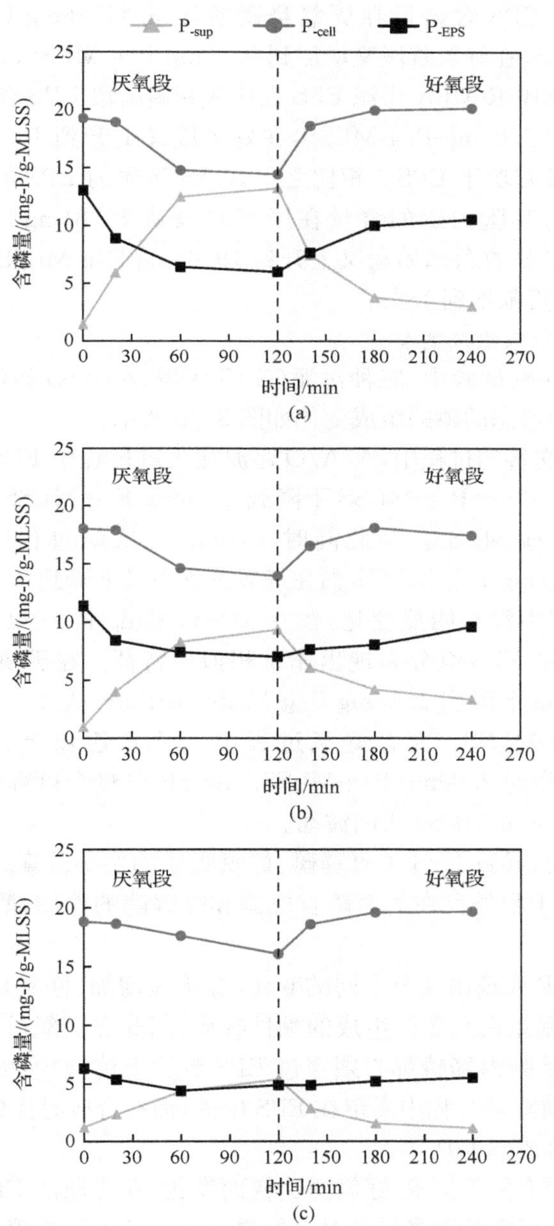


图 3.47　$P_{-sup}$、$P_{-cell}$、$P_{-EPS}$在污泥厌氧-好氧交替过程中的变化

(a) EBPR-MBR 污泥；(b) A/A/O 污泥；(c) CAS 污泥

磷能力明显优于非除磷工艺 CAS 污泥，但 CAS 污泥仍有一定的释磷和吸磷能力，这符合文献报道：很多活性污泥工艺虽然不具备生物除磷能力，但其污泥都有过量吸磷的潜力。但是三种污泥的 $P_{-cell}$ 和 $P_{-EPS}$ 在此过程中则表现出不同的变化规律。

A/A/O 污泥 EPS 含磷量在厌氧释磷阶段从 11.36mg-P/g-MLSS 下降到 7.06mg-P/g-MLSS，在好氧阶段又增加到 9.59mg-P/g-MLSS，42.0%的好氧聚磷归功于 EPS。而 EBPR-MBR 污泥 EPS 在厌氧释磷阶段 EPS 含磷量从 13.04mg-P/g-MLSS 下降到 6.02mg-P/g-MLSS，在好氧段又上升到 10.56mg-P/g-MLSS，44.5%的好氧聚磷归功于 EPS。相比之下，CAS 污泥的 EPS 的含磷在整个过程中几乎没有变化，其胞内磷的含量在厌氧阶段从 19.81mg-P/g-MLSS 下降到 16.06mg-P/g-MLSS，在好氧阶段又上升到 19.66mg-P/g-MLSS。对 CAS 污泥来说，EPS 对吸磷的贡献不到 15%。

2. EPS 中磷形态组成的变化

在生物除磷间歇试验中，三种污泥(CAS 污泥、A/A/O 污泥、EBPR-MBR 污泥)的 EPS 中各种形态的磷的组成变化如图 3.48 所示。

在厌氧-好氧交替的过程中，A/A/O 污泥在厌氧过程中 EPS 含磷的 polyP 成分下降明显，从 8.49mg-P/g-MLSS 下降到 1.56mg-P/g-MLSS，在好氧过程中又升高到 5.57mg-P/g-MLSS。与此同时，orthoP 在厌氧过程中从 2.03mg-P/g-MLSS 增加到 5.17mg-P/g-MLSS，而在好氧过程中又下降到 3.34mg-P/g-MLSS。pyroP 在这个过程中没有明显变化，在 0.33～0.85mg-P/g-MLSS 之间波动。而 EBPR-MBR 污泥的 EPS 组分表现出非常相似的特征。在厌氧过程中，polyP 从 9.65mg-P/g-MLSS 下降到 1.13mg-P/g-MLSS，orthoP 从 2.33mg-P/g-MLSS 增加到 4.40mg-P/g-MLSS。而在好氧过程中，polyP 逐步上升到 6.76mg-P/g-MLSS，orthoP 下降到 2.80mg-P/g-MLSS。pyroP 在整个过程中没有明显变化，在 0.50～1.05mg-P/g-MLSS 之间波动。

上述结果表明，导致 EPS 厌氧释磷、好氧吸磷的主导因素是 polyP 的分解和合成，这可能是由于胞外存在的聚磷合成酶和降解酶的作用，酶可能来源于胞内释放。

而其中 orthoP 表现出完全不同的变化，即厌氧增加、好氧减少。这可以解释为由于 EPS 本身是蛋白和多糖组成的黏性物质，因此在厌氧过程中，无论是 EPS 内发生的释磷还是胞内释磷都必须穿过 EPS 到达上清液中，因此这部分增加的 orthoP 可能是聚磷降解过程中滞留在 EPS 中的，而在合成时优先与上清液中的磷被聚磷酶利用来合成 polyP。

其中 pyroP 没有随着厌氧-好氧的交替而变化，在提取的 EPS 中，pyroP 的含量相对稳定。由于现在的很多研究对自然界中 pyroP 的存在意义还不清楚，因此我们可以认为 pyroP 是组成 EPS 的一种基本形态。而另一方面 pyroP 也可能是

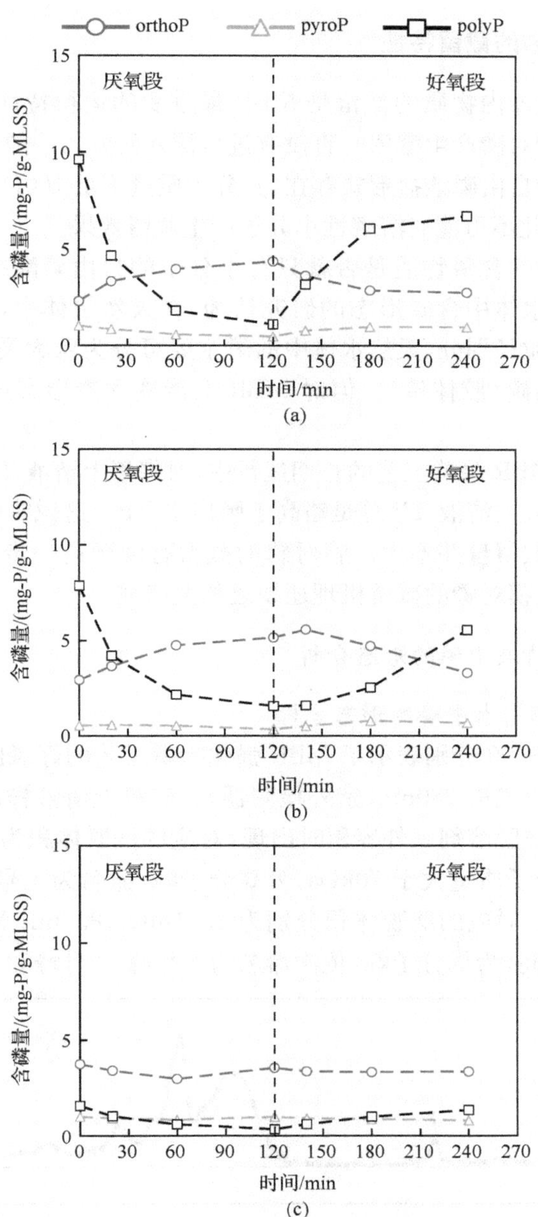


图 3.48　EPS 含磷组分在污泥厌氧-好氧交替过程中的变化

(a) EBPR-MBR 污泥；(b) A/A/O 污泥；(c) CAS 污泥

在 EPS 提取过程中在 NaOH 的作用下（Liu，Fang，2002）导致的部分 polyP 的降解产物。

### 3.4.3 膜组件对磷的截留特性

膜组件对反应器内物质的截留是 MBR 最重要的运行特性之一。但是，对于膜过滤过程是否能对磷产生截留一直没有进行深入研究。一般认为上清液中的磷以溶解性小分子的自由磷酸盐形式存在，其分子质量不足 100Da，而膜的平均孔径达到了 0.4μm，因此不可能对溶解性小分子产生截留效果。

那么上清液中的含磷物质是否就只有小分子的自由磷酸盐呢？在生态环境中，特别是对湖泊水体中含磷形态的研究认为，在天然水体中，磷存在多种形态。按相对分子质量、粒径划分，天然水体中的磷主要可分为两大类：溶解态的自由磷酸盐和胶体形态的磷（胶体磷）。但对 MBR 上清液含磷形态还没有相关的研究报道。

另一方面在 MBR 除磷工艺的长期运行中，对好氧上清液 TP 和膜出水 TP 的监测结果显示，好氧上清液 TP 总是略高于膜出水 TP。这说明膜本身对磷是存在截留能力的，虽然截留量并不大。膜对磷的截留有助于进一步提高 MBR 的整体除磷能力。但有关膜对磷的截留机理还缺乏相关研究。

#### 3.4.3.1 上清液中磷的形态分析

1. 上清液与膜出水中磷的形态分析

图 3.49 和图 3.50 分别表示了 MBR 强化除磷工艺的好氧区上清液和膜出水的凝胶色谱图（吸收光谱 280nm，紫外检测器）。好氧上清液样品中主要包含有 4 个峰，第一个峰在洗脱溶剂＝外容积时出现，对应的洗脱体积为 7.3mL，这个峰代表的溶解性物质分子质量大于 70kDa，为高分子峰，命名为 1 号峰；而其他三个峰都出现在低分子区，对应的洗脱体积分别为 16.1mL、18.5mL 和 21.3mL，分子质量在 3～70kDa 之间，为低分子峰，依次命名为 2 号峰、3 号峰和 4 号峰。

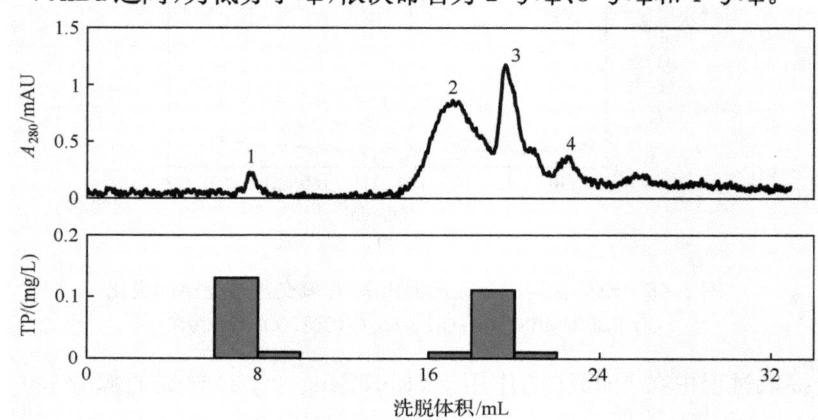


图 3.49 MBR 上清液凝胶色谱及磷分布图

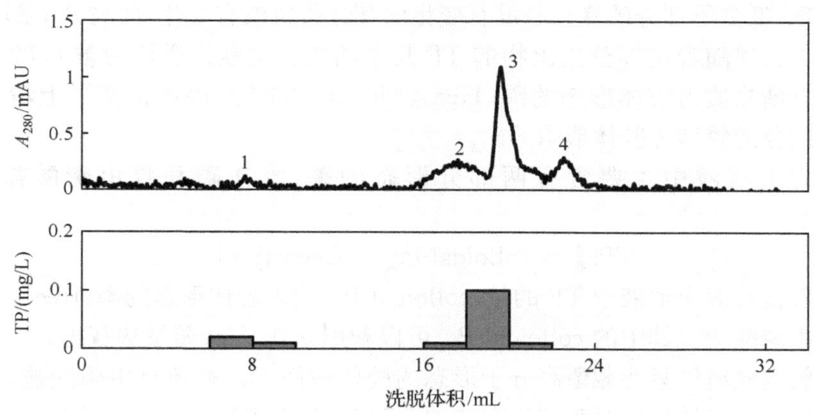


图 3.50　MBR出水凝胶色谱及磷分布图

在膜出水的谱图中，1号峰和2号峰相比上清液谱图都有明显消减，而分子质量较低的3号和4号峰则没有明显的变化，这说明MBR运行过程中，膜能够对1号峰和2号峰的代表物产生较好的截留效果。

进一步对高分子峰和低分子峰的流出物中的TP进行分析发现，在上清液中，高分子峰的含磷量占到了上清液TP的54.1%，而在膜出水中仅占16.6%。在膜截留高分子峰的同时也使其含有的磷得以去除，推测这部分高分子峰结合的磷为胶体形态的磷(Hens，Merckx，2001)。而相比之下经膜过滤后低分子峰含磷则没有明显的减少，说明在低分子峰中流出物主要是自由磷酸盐，因此不会被膜截留而削减。

2. 上清液中胶体磷形态的确定

MBR上清液经0.025μm膜过滤后的凝胶色谱图如图3.51所示。与图3.49

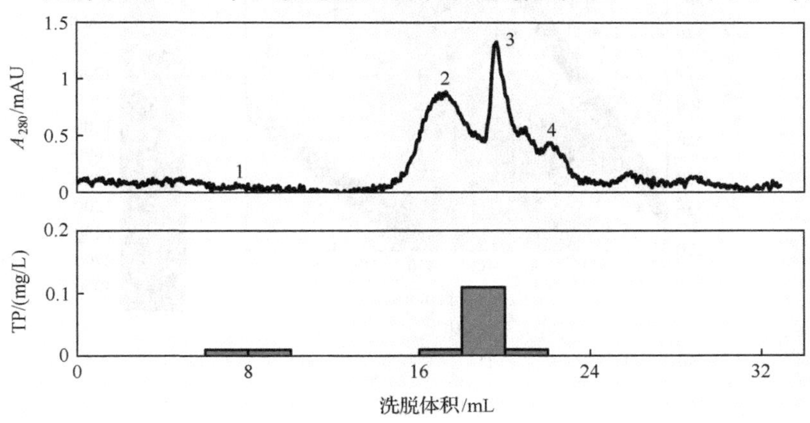


图 3.51　MBR上清液经0.025μm膜过滤后滤液的凝胶色谱及磷分布图

对比发现，低分子部分的峰几乎没有变化而其含磷也没有变化，而高分子部分的峰完全消失且伴随着这部分流出物的 TP 几乎消失。文献报道认为被 0.025μm 膜截留的含磷物质为胶体形态的磷(Hens，Merckx，2002)，因此证实了上清液中的高分子成分的磷即为胶体形态的磷。

假定上清液中主要含有两部分形态的磷：胶体磷和自由磷酸盐，见式(3.19)：

$$TP_{sup} = \text{colloidal-}P_{sup} + \text{freeortho-}P_{sup} \tag{3.19}$$

式中，$TP_{sup}$代表上清液中 TP 的量；colloidal-$P_{sup}$代表胶体形态的磷；freeortho-$P_{sup}$代表自由磷酸盐。其中的 colloidal-$P_{sup}$可以利用 0.025μm 差量法获得。

若假定膜组件只能截留高分子形态的胶体磷而无法截留自由磷酸盐，则可以通过式(3.20)来计算膜对胶体形态磷的去除率，从而表征膜对胶体磷的截留能力。

$$\text{colloidal-P 去除率}(\%) = (TP_{sup} - TP_{eff})/\text{colloidal-}P_{sup} \tag{3.20}$$

式中，$TP_{eff}$代表出水中 TP 的量。

3.4.3.2　上清液中胶体磷的成分分析

利用 0.025μm 膜能够完全去除上清液中的胶体磷成分，通过对去除胶体磷前后的样品的成分差异分析可以一定程度上判断胶体磷可能的物质组成。根据图 3.52，MBR 上清液的主要荧光峰有 L1～L6 共 6 个。根据文献报道(Ahlgren et al.，2006；Khoshmanesh et al.，2002)，各荧光峰所代表的特征物质类型如表 3.4所示。

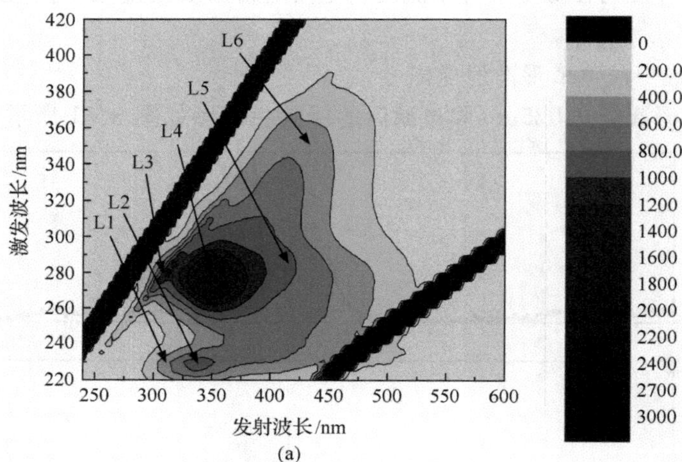

(a)

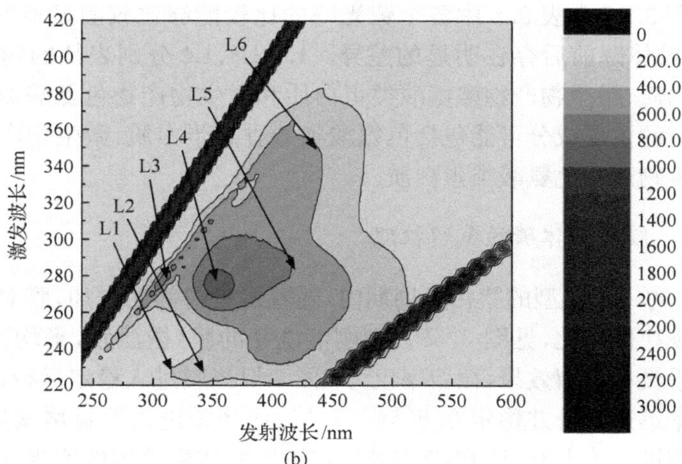


图 3.52　三维荧光光谱等值线图

(a)上清液去除胶体磷前；(b)上清液去除胶体磷后

**表 3.4　荧光峰所代表的物质类型**

| 荧光峰 | 物质类型 |
| --- | --- |
| L1 | 酪氨酸类芳香族蛋白质 |
| L2 | 色氨酸类芳香族蛋白质 |
| L3 | 微生物产物酪氨酸类蛋白质 |
| L4 | 微生物产物色氨酸类蛋白质 |
| L5 | 腐殖酸类腐殖质 |
| L6 | 富里酸类腐殖质 |

通过分析膜过滤前后的三维荧光光谱数据矩阵，得到各荧光峰的峰值所对应的激发波长/发射波长(Ex/Em)及相应的荧光强度(FI)列于表 3.5 所示。

**表 3.5　去除胶体磷前后荧光峰的位置和强度**

| 荧光峰 | 去除胶体磷前 | | 去除胶体磷后 | |
| --- | --- | --- | --- | --- |
| | Ex/Em | FI/AU | Ex/Em | FI/AU |
| L1 | 230nm/300nm | 171.9 | 235nm/300nm | — |
| L2 | 230nm/340nm | 912.1 | 230nm/340nm | 311.4 |
| L3 | 280nm/312nm | 1317 | 275nm/304nm | 778.9 |
| L4 | 275nm/348nm | 1815 | 280nm/373nm | 894.1 |
| L5 | 285nm/416nm | 570.5 | 285nm/398nm | 651.9 |
| L6 | 350nm/400nm | 563 | 345nm/392nm | 570 |

通过对图 3.52 和表 3.5 中各个荧光峰的比较能够比较明显地发现，L2、L3、L4 峰在去除胶体磷前后存在明显的差异。L2、L3、L4 分别表征的物质为色氨酸类芳香族蛋白质、微生物产物酪氨酸类蛋白质和微生物产物色氨酸类蛋白质。由此判断胶体磷的主要成分可能包括色氨酸类芳香族蛋白质、微生物产物酪氨酸类蛋白质和微生物产物色氨酸类蛋白质。

#### 3.4.3.3 膜对胶体磷的截留机理

在 MBR 的一个典型的膜污染周期内，随着运行时间的增加，膜对胶体磷的截留率也呈现规律性变化，见图 3.53。刚刚清洗完的膜（微滤膜，平均孔径 0.4μm）对胶体磷几乎没有截留效果，截留率仅为 2%。但当膜进入稳定运行期时，其对胶体磷的截留率迅速上升并稳定在 60%～70%，而当膜进入严重堵塞期时，膜对胶体磷的截留率进一步上升，达到 87.3%。这说明胶体磷截留的实现并不是依靠膜本身，而是依靠在运行过程中在膜表面形成的污染层来实现的。膜污染的发展程度可以用跨膜压差来表征。从图 3.53 可见，跨膜压差的上升情况和胶体磷截留率之间存在较好的相关关系。

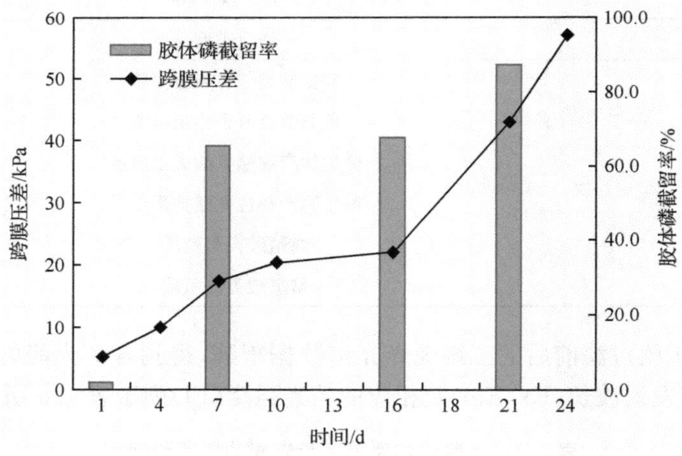


图 3.53　在 MBR 运行的一个典型周期内胶体磷截留率和跨膜压差随时间的变化

### 3.4.4　溶解性微生物产物对膜生物反应器生物除磷的影响

在传统生物除磷工艺中有关 SMP 对生物除磷的影响的研究较少，这主要是由于传统活性污泥法上清液中 SMP 不断随出水流出体系，不会造成积累，因此上清液 SMP 浓度较低、变化较小，研究的意义不明显。而在 MBR 中，由于膜对 SMP 的有效截留造成反应器内 SMP 的积累，因此在 MBR 中讨论 SMP 对除磷的影响具有现实意义。

#### 3.4.4.1　污泥样品除磷能力评估与好氧吸磷速率计算

利用除磷间歇试验，使样品污泥处于厌氧、好氧交替过程，以乙酸为基质，通过研究污泥释磷和放磷过程的特性，考察污泥样品的除磷能力。根据在好氧阶段吸磷曲线线性区的斜率来计算受试污泥样品的好氧除磷速率 $R_{pu}$，单位为 mg-P/(L · min · g-MLSS)。

#### 3.4.4.2　溶解性微生物产物对污泥除磷能力的影响

配置了两种不同 SMP 含量的污泥样品。从 MBR 除磷工艺的好氧区取两份混合液，经离心分离上清液和污泥，将其中一份的上清液和污泥重新混匀，作为 SMPh 样品，另一份的污泥和膜出水混合作为 SMPl 样品。SMPh 污泥样品中 SMP 含量较高，SMPl 污泥样品中 SMP 含量较低。两种污泥样品在厌氧-好氧过程中污泥的释磷和吸磷过程如图 3.54 所示。两种样品在厌氧过程中表现出相近的释磷能力，最大释磷量约为 75mg/L，没有明显的差别，但在好氧过程中呈现出明显的差异。SMPh 样品的吸磷速率 $R_{pu}$＝0.20mg-P/(L · min · g-MLSS)，而 SMPl 样品的 $R_{pu}$＝0.14mg-P/(L · min · g-MLSS)，前者明显大于后者。这说明上清液中 SMP 总量的差异在一定程度上会影响污泥的除磷能力，而这种影响主要表现在污泥好氧吸磷速率上。

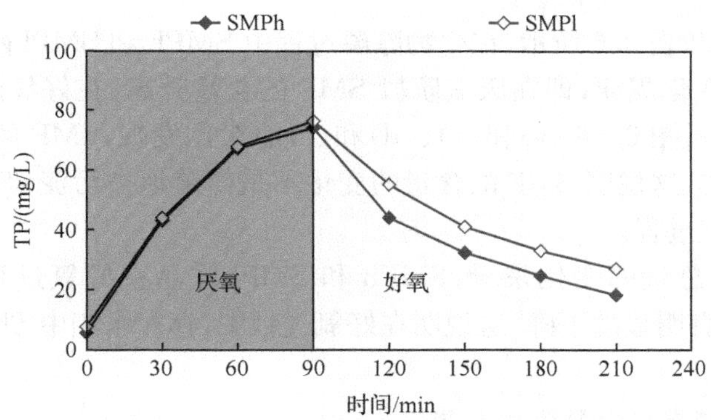


图 3.54　两种不同 SMP 含量污泥样品的释磷和吸磷过程

SMPh：SMP 含量较高；SMPl：SMP 含量较低

为了在不同污泥状态下比较 SMP 含量对除磷的影响，在 MBR 除磷工艺长期运行过程中，定期取污泥样品，制备 SMPh 和 SMPl 对照组样品，并测定两种污泥样品的好氧除磷速率比值的变化，结果如图 3.55 所示。结果表明在 MBR 除磷工艺的长期运行过程中多数情况下 SMPh 和 SMPl 样品污泥的好氧除磷速率比值大于 1，最大值达到 1.52，最小值 0.91。这说明从长期运行来看，SMP 含量较多的

SMPh 样品比 SMP 含量较少的 SMPl 样品有更强的吸磷能力，即 SMP 含量的累计有利于生物吸磷过程的强化。

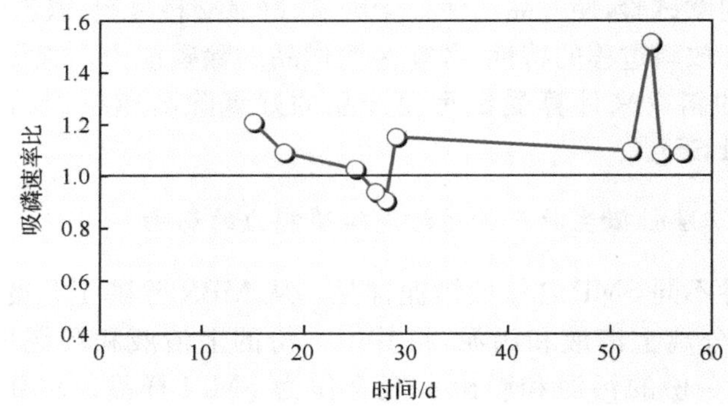


图 3.55　SMPh 和 SMPl 样品污泥的好氧吸磷速率比值随时间的变化

SMPh：SMP 含量较高；SMPl：SMP 含量较低

#### 3.4.4.3　*污泥释磷过程中溶解性微生物产物的变化规律*

为了进一步考察 SMP 在生物除磷过程中的作用，对生物除磷过程中的 SMP 的组成及其所含的胶体磷的变化进行了分析。

1. 三维荧光光谱变化分析

如图 3.56 和表 3.6 所示，在生物除磷过程中 SMPh 和 SMPl 两个样品都表现出相对一致的变化规律，即在厌氧阶段 SMP 的含量升高、在好氧阶段 SMP 的含量下降，而且通过图 3.56 (a)和(c)、(d)和(f)的对比发现，SMP 的物质组成也发生了一定的变化，这说明 SMP 的含量的变化不是简单地被污泥絮体吸附和解吸，而是伴随有反应过程。

而从 SMP 总量的变化来看，SMPh 和 SMPl 样品在好氧过程中，水相中的 SMP 的含量都有明显的下降，这说明在好氧过程中，存在水相中 SMP 向污泥相转移的过程。

2. 胶体含磷及电位特性的变化

如上所述，在好氧过程中存在 SMP 向污泥相转移的现象，图 3.57 则显示了 SMPh 和 SMPl 样品中 SMP 所含的胶体磷浓度的变化情况。结果表明，SMP 含量较多的 SMPh 样品在厌氧过程中胶体磷浓度明显提高，而 SMPl 样品的胶体磷浓度提高不明显。而在好氧阶段，SMPh 样品中的胶体磷浓度迅速降低，这说明胶体磷能够比溶液中的自由磷酸盐更快地进入污泥相，而厌氧过程末端胶体磷浓度的高低决定于样品原有 SMP 总量的多少。因此，污泥对这部分胶体磷的快速吸收也是提高污泥吸磷速率的一个重要方面。

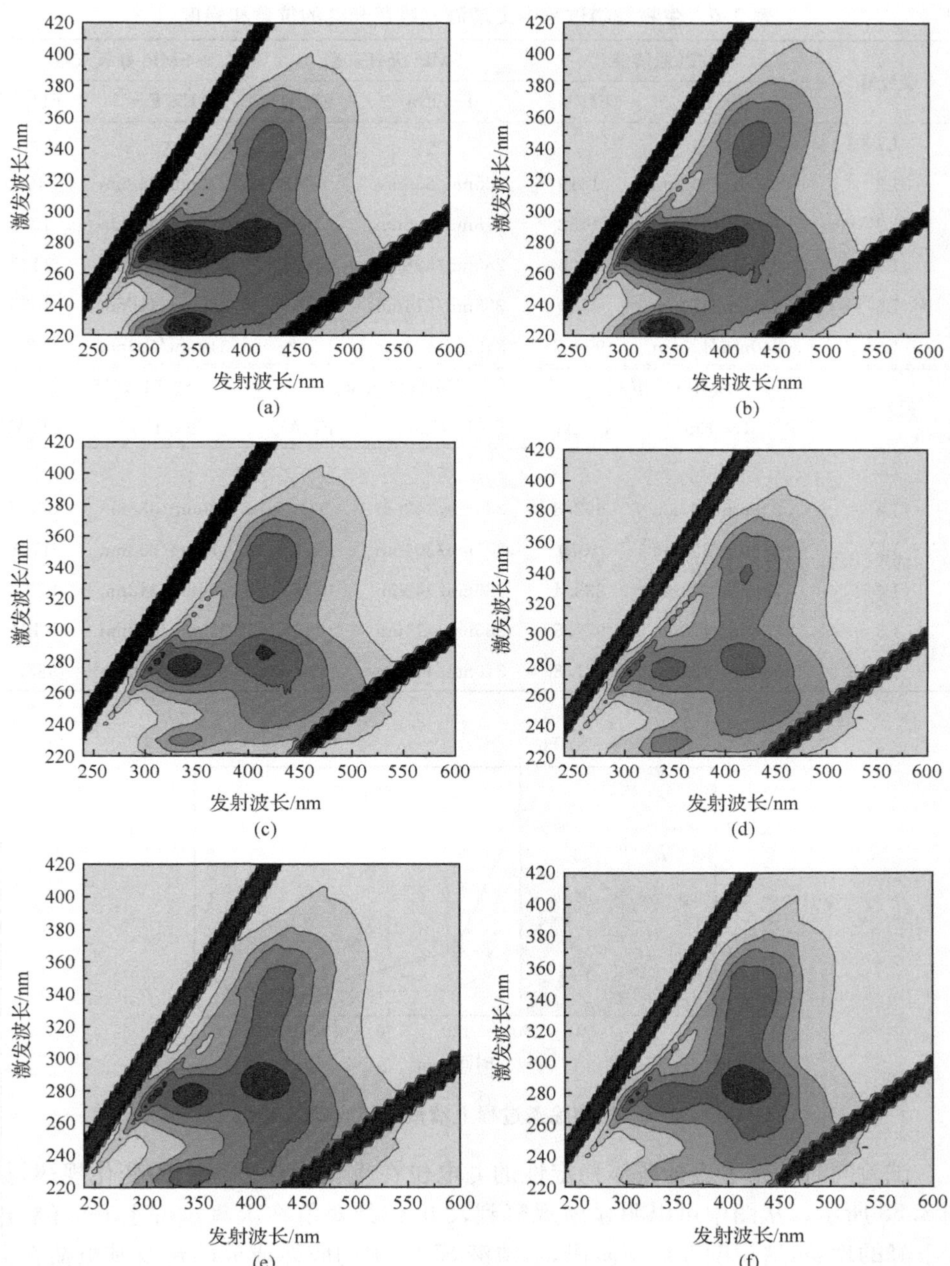


图 3.56　生物除磷过程上清液三维荧光光谱等值线图
(a) SMPh 原溶液；(b) SMPh 厌氧末端；(c) SMPh 好氧末端；(d)SMPl 原溶液；
(e) SMPl 厌氧末端；(f) SMPl 好氧末端

表 3.6 生物除磷过程中上清液三维荧光峰的位置和强度

| 荧光峰 | SMPl 原溶液 | | SMPl 厌氧末端 | | SMPl 好氧末端 | |
|---|---|---|---|---|---|---|
| | Ex/Em | FI/AU | Ex/Em | FI/AU | Ex/Em | FI/AU |
| L1 | — | — | — | — | — | — |
| L2 | 225nm/340nm | 1419 | 225nm/336nm | 1458 | 230nm/340nm | 740.9 |
| L3 | 280nm/312nm | 1452 | 275nm/306nm | 1388 | 275nm/304nm | 1076 |
| L4 | 275nm/340nm | 1508 | 280nm/338nm | 1631 | 280nm/338nm | 1137 |
| L5 | 285nm/410nm | 1160 | 285nm/414nm | 1106 | 285nm/416nm | 1033 |
| L6 | 340nm/420nm | 906.7 | 349nm/424nm | 972 | 340nm/420nm | 992.1 |
| 荧光峰 | SMPh 原溶液 | | SMPh 厌氧末端 | | SMPh 好氧末端 | |
| | Ex/Em | FI/AU | Ex/Em | FI/AU | Ex/Em | FI/AU |
| L1 | — | — | — | — | — | — |
| L2 | 230nm/340nm | 693.8 | 230nm/342nm | 971.4 | 230nm/338nm | 565.9 |
| L3 | 275nm/304nm | 1070 | 275nm/304nm | 1175 | 275nm/308nm | 1101 |
| L4 | 280nm/340nm | 833.4 | 280nm/340nm | 1135 | 280nm/342nm | 975.9 |
| L5 | 285nm/416nm | 977.5 | 285nm/414nm | 1157 | 285nm/418nm | 1194 |
| L6 | 340nm/422nm | 821.8 | 340nm/418nm | 899.2 | 340nm/420nm | 985.1 |

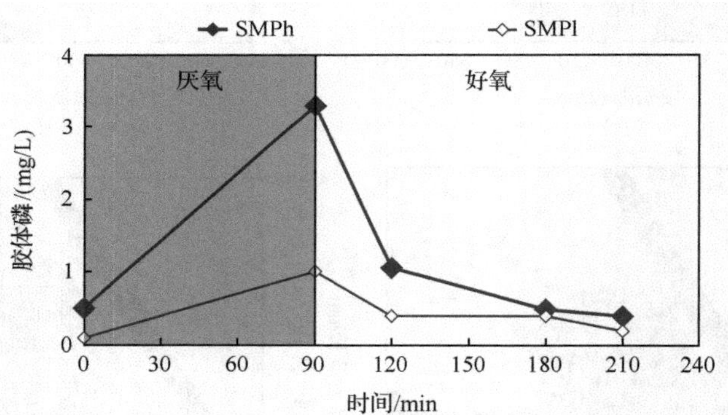


图 3.57 生物除磷过程上清液胶体含磷量变化

试验同时考察了表征胶体稳定性的 ζ 电位在生物除磷过程中的变化规律，如图 3.58 所示。从图中可以明显地观察到，ζ 电位绝对值在厌氧过程上升、好氧过程下降的现象，这说明在好氧阶段，上清液 SMP 中的胶体成分的量及其电荷在向污泥絮体转移，胶体逐步失稳，而这种胶体的转移和失稳可能造成 SMP 在进入污泥絮体过程对上清液中自由磷酸盐的捕集和卷扫，从而加快了污泥絮体的好氧吸磷能力。宏观上表现出 SMP 含量较高时，污泥好氧吸磷速率较快的现象。

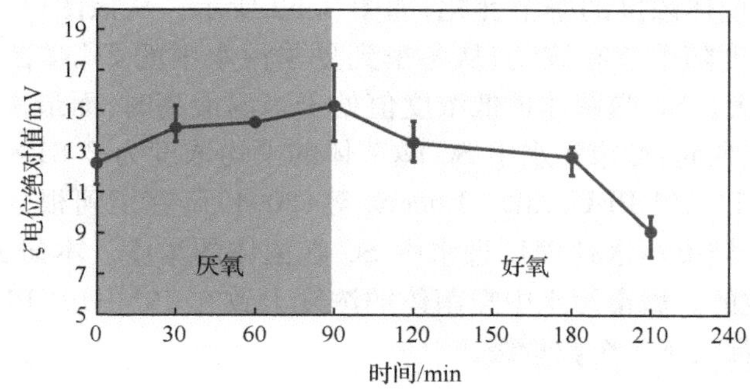


图 3.58　生物除磷过程上清液 ζ 电位绝对值变化(SMPh 样品)

## 3.5　膜生物反应器去除肠道病毒

MBR 与传统活性污泥法的本质区别是用膜组件作为泥水分离的手段,来替代传统活性污泥法中的二次沉淀池。膜组件高效的固液分离效果不仅可以使出水中悬浮物含量降低到很低,还可以截留病原微生物。但有关 MBR 对实际城市污水中病原微生物的去除效果及其影响因素尚不十分清楚。

城市污水中的病原微生物包括细菌类、病毒类、原虫和蠕虫类。其中病毒是一类没有细胞结构但有遗传、复制等生命特征的微生物,能引发多种人类疾病。肠道病毒在城市污水中最常见,排放量大、存活时间长、致病性强,因此在水的病毒学安全性研究中,常以肠道病毒为代表进行研究。但由于直接检测肠道病毒存在困难,一般采用一些简便的间接指标来进行检测。一些研究表明,噬菌体是肠道病毒的良好指示生物。噬菌体本身就是病毒,因此与病毒在大小和结构上具有相似性。噬菌体的检测和肠道病毒的检测相比,操作简便且费用低廉。目前,噬菌体已作为模式病毒,用于评价水和污水处理的效率。常用的噬菌体有三类(Havelaar et al.,1991):SC 噬菌体(Somatic Coliphage)、F-噬菌体(F-specific bacteriophages)和 *Bacteroides fragilis* 噬菌体。

本节以城市污水中存在的 SC 噬菌体为肠道病毒的指示生物,考察 MBR 对城市污水中噬菌体的去除特性,研究了 MBR 中活性污泥对噬菌体的吸附降解、膜组件对噬菌体的截留效果及其操作条件的影响(李海滔,2007;Wu et al.,2010a)。

### 3.5.1　城市污水中噬菌体的浓度与衰减

#### 3.5.1.1　城市污水中噬菌体浓度的季节变化

以北京某城市污水处理厂为对象,进行了连续 8 个月的采样和监测,分析了城市污水中 SC 噬菌体浓度的季节变化，如图 3.59 所示。从该图可见，城市污水中的 SC 噬菌体浓度随季节有波动，从冬季到夏季污水中的 SC 噬菌体浓度持续下降，受水温影响大。SC 噬菌体最低浓度值处于水温最高时，而最高浓度值处于水温较低时。监测期间，城市污水中 SC 噬菌体的平均浓度为 $2.81\times10^4$ PFU/mL，标准偏差为 $1.51\times10^4$ PFU/mL。Lucena 等(2004)研究了阿根廷、哥伦比亚、法国和西班牙若干城市污水处理厂进水中 SC 噬菌体的浓度。本研究和 Lucena 等研究结果是一致的。城市污水中噬菌体的浓度大致在 $10^4\sim10^5$ PFU/mL 之间波动，而样品偏差都大于 1 个数量级。

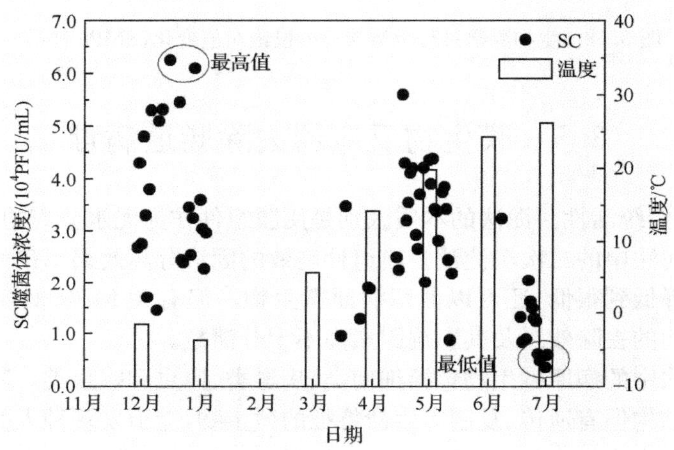


图 3.59　城市污水中 SC 噬菌体浓度和水温随季节的变化

### 3.5.1.2　噬菌体在城市污水中的衰减

通过间歇试验考察了 20℃下 SC 噬菌体在城市污水中的衰减，如图 3.60 所示。从该图可以看出，SC 噬菌体的自身衰减比较缓慢，从 $3.2\times10^4$PFU/mL 衰减到 $0.5\times10^4$PFU/mL 耗费了将近 240h(10d)。一般微生物的衰减都可用一级反应动力学来描述。为了更好地量化 SC 噬菌体的自身衰减，用一级反应动力学对试验结果进行了拟合，得到式 3.21。

$$C = C_0 e^{-K_d t} \tag{3.21}$$

式中，$K_d$为噬菌体衰减动力学常数，$h^{-1}$；$t$ 为反应时间，h；$C_0$为城市污水中 SC 噬菌体的初始浓度，PFU/mL；$C$ 为 $t$ 时刻城市污水中 SC 噬菌体的浓度，PFU/mL。

通过拟合，得到 20℃下城市污水中噬菌体的衰减系数为 $0.01h^{-1}$。根据该系数可以估算噬菌体在污水中的自身衰减对噬菌体整体去除的贡献。

一般 MBR 处理城市污水时的 HRT 为 6～10h。活性污泥对噬菌体的去除率大致为 $1.86\log_{10}$(详见 3.5.4.3 节)。根据式(3.21)，可大致估算出 HRT 为 10h

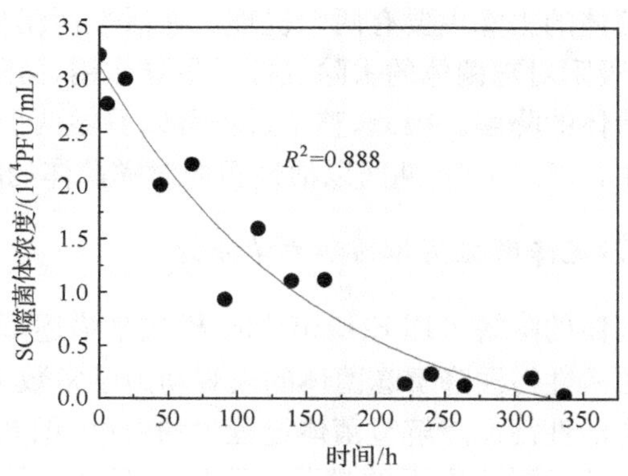


图 3.60　城市污水中 SC 噬菌体的自身衰减(20℃)

时，噬菌体自身衰减对噬菌体去除率的贡献为 0.05$\log_{10}$，与 MBR 中活性污泥混合液对噬菌体的去除效果相比很小，因此在后续研究中忽略 SC 噬菌体自身衰减对噬菌体去除的影响。

### 3.5.2　活性污泥中噬菌体的衰减

#### 3.5.2.1　活性污泥浓度对噬菌体去除速率的影响

通过间歇试验考察了活性污泥浓度对 SC 噬菌体去除速率的影响。图 3.61 表示了城市污水和不同浓度的活性污泥混合后上清液中 SC 噬菌体浓度的变化。活性污泥取自处理城市污水的 MBR 装置。从该图可以看出，城市污水中 SC 噬菌体的初始浓度为 $2.24\times10^4$ PFU/mL，与活性污泥混合后上清液中噬菌体的浓度急剧减少，半小时内，浓度降低了到 $1.14\times10^3\sim6.17\times10^3$ PFU/mL；之后，噬菌体浓度降低缓慢；6 小时后，噬菌体浓度逐渐降低到 90～320PFU/mL 左右。

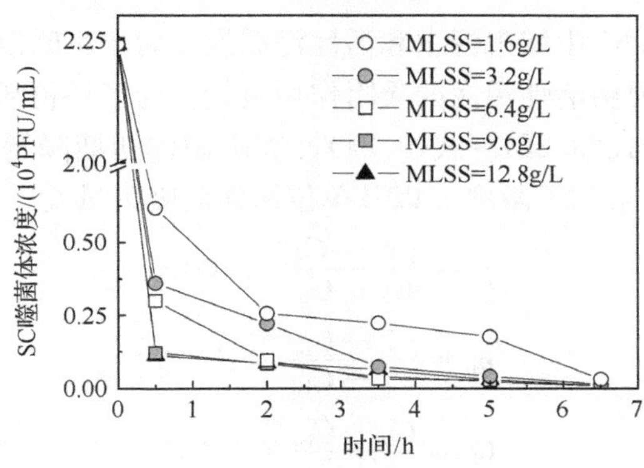


图 3.61　城市污水与不同浓度的活性污泥混合后上清液中 SC 噬菌体浓度的变化

活性污泥对噬菌体的去除主要有两个机理。在活性污泥与城市污水混合的半小时内，活性污泥的吸附对噬菌体的去除发挥了主导作用，而随后噬菌体的减少是由于活性污泥对噬菌体的降解。因此，整个过程可以看做两个阶段：0～0.5h 期间以活性污泥吸附为主，0.5～6.5h 期间以活性污泥对噬菌体的降解为主。

#### 3.5.2.2 活性污泥降解噬菌体的动力学分析

活性污泥对噬菌体的降解可用 Eckenfelder 模式来描述，即可用式(3.21)来描述，但其中 $K_d$需要用活性污泥降解噬菌体的表观动力学常数 $K_b(h^{-1})$来替代。

用式(3.21)拟合活性污泥降解噬菌体过程中的数据(图 3.61 中从 0.5～6.5h 的数据)，得到不同活性污泥浓度下的噬菌体降解表观动力学常数，见表 3.7。不同污泥浓度下拟合结果的 $R^2$ 均大于 0.85，表明活性污泥对噬菌体的降解可以用 Eckenfelder 模式来描述。污泥浓度虽然变化很大，从 1.6～12.8g/L，但 $K_b$值只在 0.41～0.54$h^{-1}$之间波动，说明活性污泥浓度对噬菌体降解的影响不大。与城市污水中噬菌体的自身衰减系数 $K_d$(0.01$h^{-1}$)相比，活性污泥对噬菌体的降解表观动力学常数 $K_b$提高了 4～5 倍，说明活性污泥对噬菌体的降解显著加快了噬菌体在活性污泥中的衰减。

**表 3.7 模型的拟合结果**

| 污泥浓度/(g/L) | 12.8 | 9.6 | 6.4 | 3.2 | 1.6 |
|---|---|---|---|---|---|
| $C_0$/(PFU/mL) | $1.86\times10^3$ | $1.73\times10^3$ | $3.00\times10^3$ | $5.40\times10^3$ | $7.91\times10^3$ |
| $K_b/h^{-1}$ | 0.41 | 0.42 | 0.51 | 0.54 | 0.42 |
| $R^2$ | 0.90 | 0.98 | 0.95 | 0.99 | 0.85 |

#### 3.5.2.3 活性污泥对噬菌体的吸附特性

如前所述，图 3.61 中城市污水和活性污泥混合后半小时以内发生的上清液噬菌体浓度的下降主要由活性污泥的吸附作用贡献。为了评价活性污泥吸附对噬菌体去除的贡献，根据式(3.22)～式(3.24)计算噬菌体初期降解过程中活性污泥的生物降解贡献率 $\eta_b$、吸附贡献率 $\eta_a$以及单位污泥的吸附量 $Q$。

$$\eta_b = \frac{C_{b0} - C_{bd}}{C_0 - C_{bd}} \times 100\% \tag{3.22}$$

$$\eta_a = \frac{C_0 - C_{b0}}{C_0 - C_{bd}} \times 100\% \tag{3.23}$$

$$Q = \frac{C_0 - C_{b0}}{\text{MLSS}} \times 100\% \tag{3.24}$$

式中，$C_{b0}$为生物降解的初始噬菌体浓度，可以假设为达到吸附平衡但尚未开始生物降解时上清液中噬菌体浓度。如图3.62所示，可以通过生物降解的回归方程，将0时刻上清液中噬菌体的浓度视为$C_{b0}$。$C_{bd}$为试验结束时上清液中最终稳定的噬菌体浓度。$C_0$为原水中噬菌体浓度。

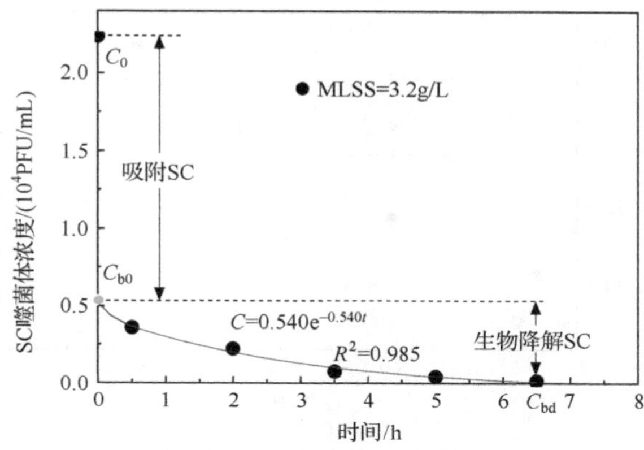


图3.62　噬菌体降解过程中生物降解和吸附所占比例

根据上述方法，计算得到的不同污泥浓度下生物降解和吸附作用在噬菌体初期降解中所占比例以及吸附能力如表3.8所示。

**表3.8　噬菌体初始降解过程中活性污泥的生物降解和吸附作用的贡献**

| 污泥浓度/(g/L) | 12.8 | 9.6 | 6.4 | 3.2 | 1.6 |
|---|---|---|---|---|---|
| 生物降解贡献率/% | 7.9 | 7.3 | 12.9 | 23.4 | 33.8 |
| 吸附贡献率/% | 91.7 | 92.3 | 86.6 | 75.9 | 64.7 |
| 单位污泥吸附量 $Q$/(PFU/g) | $3.21\times10^5$ | $4.31\times10^5$ | $6.07\times10^5$ | $1.06\times10^6$ | $1.81\times10^6$ |

从表3.8可以看出，吸附作用对噬菌体的降解起主导作用。在污泥浓度为1.6g/L时，污泥吸附对噬菌体去除的贡献约占65%。当污泥浓度为9.6g/L时，吸附贡献率高达92%。这和Ketratanakul的试验结果是相近的。Ketratanakul观测到，在城市污水中，固体颗粒吸附12%～30%的噬菌体，而在曝气池内，活性污泥吸附97%的噬菌体(Ketratanakul，Ohgaki，1989)。

关于活性污泥对噬菌体的吸附特性，可以用Freundlich吸附等温式进行描述，见式(3.25)：

$$\lg Q = \lg K_a + \frac{1}{n}\lg C_e \tag{3.25}$$

式中，$n$、$K_a$为常数；$Q$为上清液噬菌体浓度为$C_e$时单位污泥对噬菌体的吸附量，PFU/g；$C_e$为吸附平衡时上清液中噬菌体的浓度，PFU/mL。

采用Freundlich吸附等温式对活性污泥吸附SC噬菌体试验的结果进行拟合，结果见图3.63。拟合优度$R^2$为0.979，说明活性污泥对SC噬菌体的吸附可用

Freundlich 模型描述和解释吸附的机理。拟合的结果表明，MBR 中活性污泥浓度在 1.6～12.8g/L 的范围内时，活性污泥对噬菌体的吸附量可用式(3.26)来估算。

$$Q = 159C_e^{1.03} \tag{3.26}$$

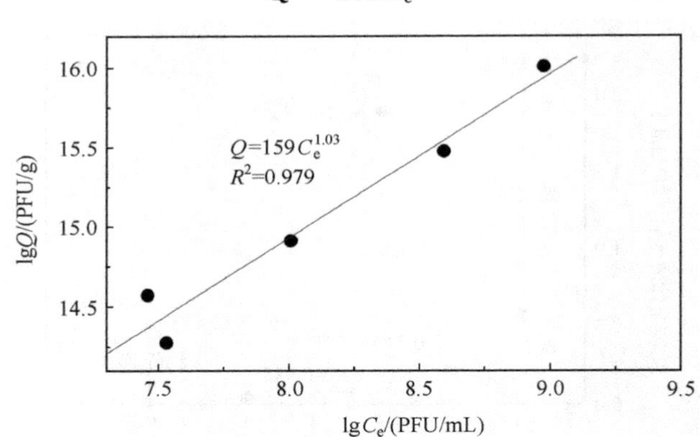


图 3.63　活性污泥对噬菌吸附的拟合曲线

上述结果表明，在活性污泥对噬菌体的初期去除过程中，吸附贡献远大于生物降解的贡献。但 MBR 处于稳定运行过程中，吸附趋于稳定，大部分的噬菌体靠生物降解去除。由吸附从 MBR 工艺去除的噬菌体通过剩余污泥的排放得以实现。

### 3.5.3　膜生物反应器中活性污泥对噬菌体的去除特性

#### 3.5.3.1　SRT 和 HRT 的影响

在 SRT 分别为 10d、50d，HRT 分别为 8.0h、13.3h 条件下，开展了 MBR 处理城市污水的连续试验。在 4 个运行条件下，MBR 中的活性污泥对污水中 SC 噬菌体的对数去除率(log reduction values by biomass，LRVB)如图 3.64 所示。LRVB

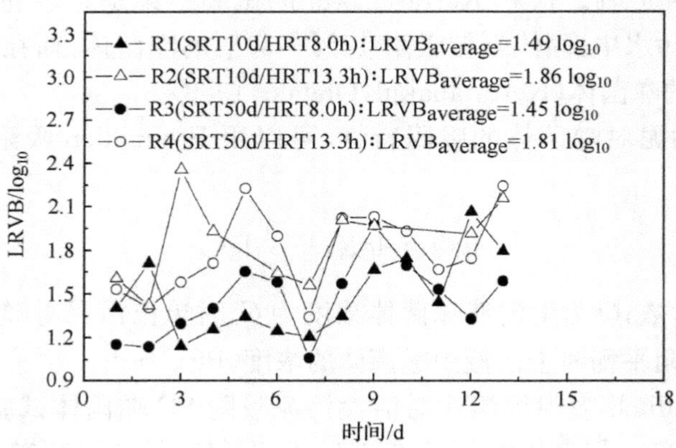


图 3.64　在不同 SRT 和 HRT 条件下 MBR 中的活性污泥对 SC 噬菌体的对数去除率

为进水中的SC噬菌体浓度与活性污泥上清液中SC噬菌体浓度之比的对数值。

在4个运行条件运行期间，上清液中的SC噬菌体浓度在720～6650PFU/mL之间波动。从图3.64可见，HRT对SC噬菌体去除率影响很大。*t*-检验表明，在95%置信度两个HRT下的噬菌体去除率存在明显差异。HRT越长，SC噬菌体的去除率越高。但SRT对噬菌体去除率的影响不明显。由于HRT是影响LRVB的重要因素，以下对两者之间的关系做进一步分析。

活性污泥对噬菌体的降解可用一级反应动力学来描述，因此可用式(3.27)来描述MBR中噬菌体浓度的变化情况(Garcia et al.，2003)。

$$C = \frac{C_i}{1 + \text{HRT} \cdot K_b} \tag{3.27}$$

式中，$C_i$为进水噬菌体的浓度，PFU/mL；$C$为上清液中噬菌体的浓度，PFU/mL；$K_b$为活性污泥降解噬菌体的动力学常数，$h^{-1}$。

从图3.64可见，LRVB($C_i/C$)总是大于0.95$\log_{10}$，因此，$\text{HRT} \cdot K_b \gg 1$。式(3.27)简化为

$$C \approx \frac{C_i}{\text{HRT} \cdot K_b} \tag{3.28}$$

当$C$和$K_b$为常数时，公式可进一步改写为

$$\frac{C_1}{C_2} = \frac{\text{HRT}_2}{\text{HRT}_1} \tag{3.29}$$

在本研究中，$\text{HRT}_1$和$\text{HRT}_2$分别等于8.0h和13.3h，$C_1/C_2$理论上应等于1.66。为证实该公式的正确性，对试验数据进行了相关性分析，如图3.65。由该图可见，在HRT为8.0h和13.3h两个条件下的上清液中SC噬菌体浓度之间存在很强的相关性($R^2$为0.896)。回归线的斜率为1.78，置信区间为1.42～2.15，包含了理论值1.66。理论值和实验比较吻合，因此可以用式(3.29)来预测HRT和上清液中噬菌体浓度之间的关系。

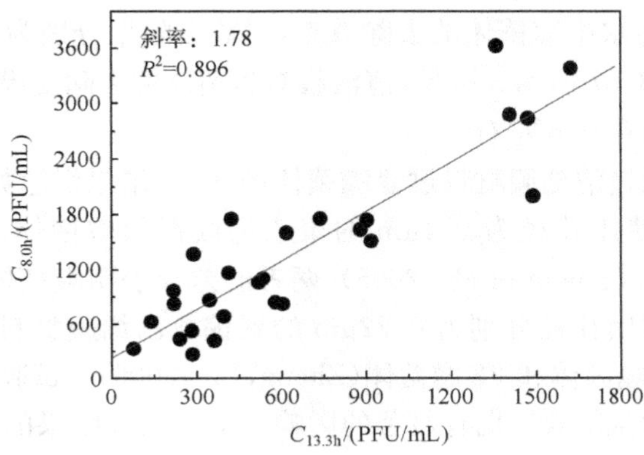


图3.65　不同HRT条件下上清液中SC噬菌体浓度的相关性

3.5.3.2　污泥浓度的影响

SRT 和 HRT 的变化都会影响 MBR 中的污泥浓度。在不同的 SRT 或 HRT 下运行，MBR 最终稳定的污泥浓度会不同。根据各运行条件下稳定的污泥浓度，分析了噬菌体去除率与污泥浓度的关系，见图 3.66。根据 Pearson 相关分析，$p>0.05$，两者之间相关性不显著，污泥浓度对噬菌体去除影响不大。

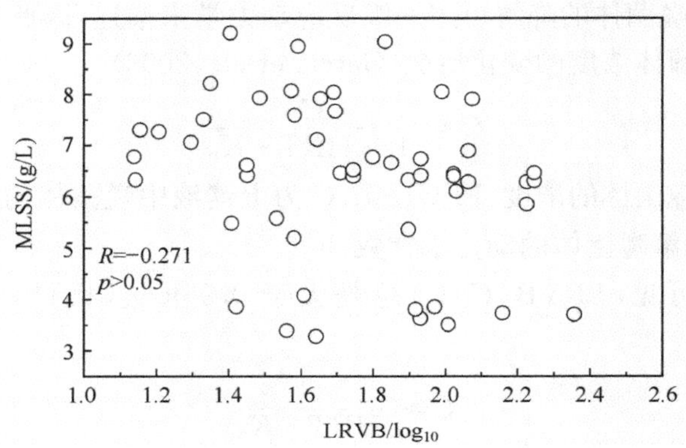


图 3.66　污泥浓度和 LRVB 时间的 Pearson 相关分析

### 3.5.4　膜生物反应器中膜组件对噬菌体的截留效果

3.5.4.1　清洁膜对噬菌体的截留效果

膜对噬菌体的截留效果用噬菌体的对数去除率(log reduction values by membrane，LRVM)来评价。采用公称孔径为 0.4μm 的聚乙烯膜在通量分别为 12.5L/(m² · h)、10L/(m² · h)和 7.5L/(m² · h)条件下，对污水进行了过滤试验，测定了清洁膜对污水中噬菌体的去除效果，对数去除率分别为 $0.7\log_{10}$、$0.5\log_{10}$ 和 $0.6\log_{10}$，如图 3.67 所示。可见，清洁膜对噬菌体的去除受膜通量影响不大，对数去除率的平均值在 0.6 左右。

不少学者都做过清洁膜材料过滤噬菌体的研究，结果汇总如表 3.9 所示。本研究和 Shang 都使用孔径为 0.4μm 的聚乙烯膜截留噬菌体，试验结果分别为 $0.6\log_{10}$ 和 $0.4\log_{10}$(Shang et al.，2005)，两者的差异表明噬菌体的大小会影响膜截留的效果。郑祥用孔径分别为 0.22μm 的聚偏氟乙烯膜材料和 0.1μm 的聚丙烯膜材料截留 T4 噬菌体和 F2 噬菌体(Zheng，Liu，2006)。试验结果表明，膜孔径的大小对噬菌体的截留效果也有显著的影响。上述试验结果的对比说明，膜材料对噬菌体的截留能力与膜孔径和噬菌体的相对大小有关。根据试验结果，分析了

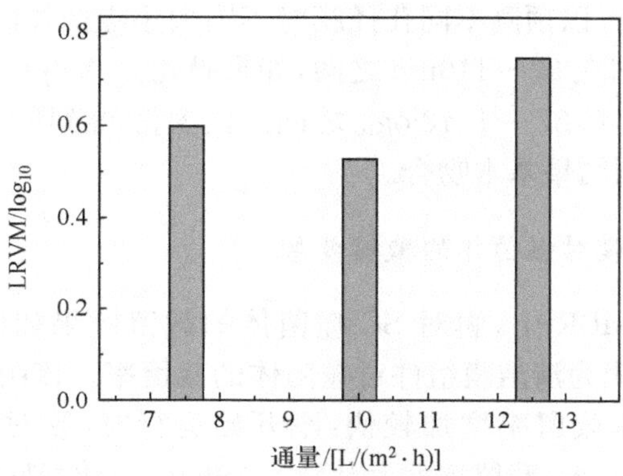


图 3.67　清洁膜组件对噬菌体的截留效果

噬菌体对数截留率和噬菌体与膜孔大小比值的关系，如图 3.68。得到的相关关系为

$$\mathrm{LRVM} = 5.06 \cdot \frac{D_{\mathrm{phage}}}{D_{\mathrm{pore}}} + 0.03 \tag{3.30}$$

式中，$D_{\mathrm{phage}}$和 $D_{\mathrm{pore}}$分别为噬菌体大小，μm；膜公称孔径，μm。

**表 3.9　不同膜孔径对不同噬菌体的截留效果**

| 研究者 | 本研究 | (Shang et al.,2005) | (Zheng,Liu,2006) | | | |
|---|---|---|---|---|---|---|
| 膜孔径/μm | 0.4 | 0.4 | 0.22 | 0.1 | 0.22 | 0.1 |
| 膜材料 | PE | PE | PVDF | PP | PVDF | PP |
| 噬菌体种类 | SC 噬菌体 | MS2 | T4 | T4 | F2 | F2 |
| 噬菌体大小/nm | 27～110 | 24 | 110 | 110 | 26 | 26 |
| 对数去除率/$\log_{10}$ | 0.6 | 0.4 | 2.1 | 5.8 | 0.9 | 1.3 |

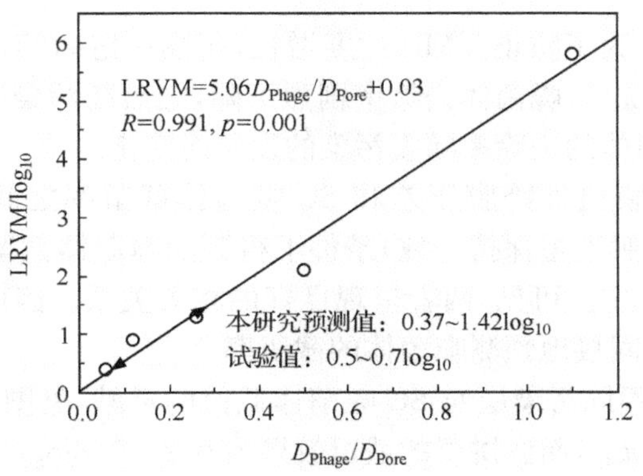


图 3.68　噬菌体对数去除率 LRVM 和噬菌体大小与膜孔比值之间的关系

根据式(3.30),可以预测不同孔径膜对不同大小噬菌体的截留率。由于污水中的噬菌体大小分别在27～110nm之间,如果膜孔为0.4μm,则噬菌体的对数去除率LRVM预测在0.37～1.42$\log_{10}$之间。而实际得到的LRVM值在0.5～0.7$\log_{10}$之间,与预测结果基本吻合。

#### 3.5.4.2 污染膜对噬菌体的截留效果

在连续运行的MBR中,膜对SC噬菌体的截留效果如图3.69所示。图中LRVM为0.6的虚线为清洁膜组件对噬菌体的截留率。该图显示,在运行的前7天,膜组件对噬菌体截留率增加较快:刚开始运行时,膜对噬菌体的截留率为0.61$\log_{10}$,运行到第5天,截留率就上升到1.29$\log_{10}$。随着反应器的进一步运行,膜组件对噬菌体截留的效果增加不明显。平均截留率为1.5$\log_{10}$,一直高于清洁膜时的截留率。膜表面污染层对噬菌体的截留率约为0.9$\log_{10}$,大于膜材料本身对噬菌体的截留率(0.6$\log_{10}$)。

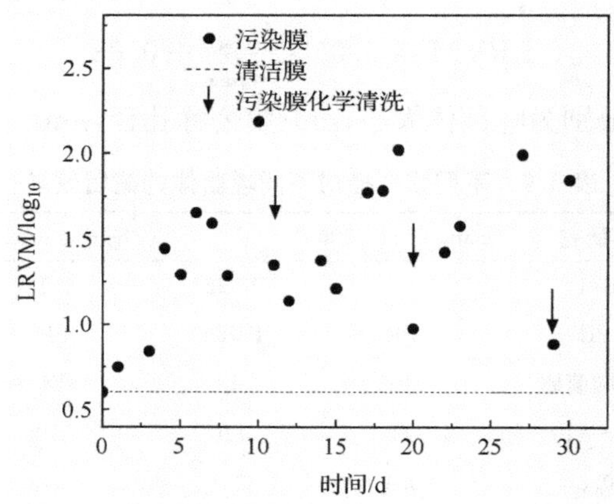


图3.69 连续运行MBR中噬菌体截留率的变化

在运行过程中,为了防止TMP过度增长,每隔一定时间进行在线化学清洗。在实施在线化学清洗后,噬菌体去除率剧烈下降,之后随污染层的形成逐渐恢复。因此,膜组件对噬菌体的去除率随膜污染的发展而变化。

为进一步分析膜组件跨膜压差和SC噬菌体截留率之间的关系,将在不同SRT和不同HRT(膜通量保持一致)条件下得到的噬菌体截留率和TMP之间的关系表示于图3.70中。可见,两者呈现良好的相关关系。因此,在一定的操作条件下,可以用TMP间接地预测噬菌体的截留率。

进一步分析了不同污染层对SC噬菌体截留的贡献,见图3.71。膜组件本身的截留效果为0.6$\log_{10}$,而滤饼层的截留效果为0.2～0.8$\log_{10}$,凝胶层的截留效果为0.6～1.8$\log_{10}$。可见在对噬菌体的截留上,凝胶层发挥了主导作用,并且随着

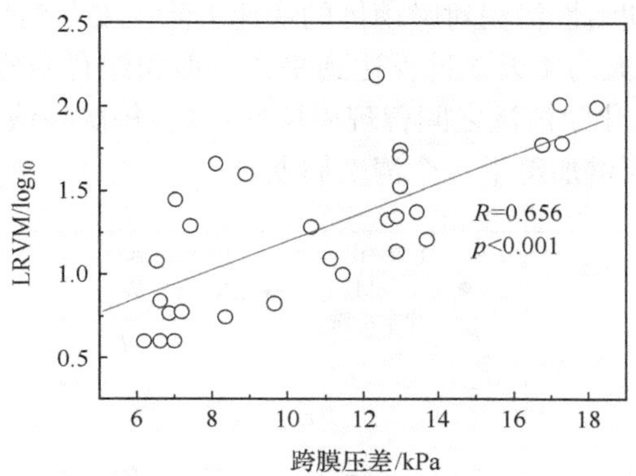


图 3.70　噬菌体截留率和膜组件运行跨膜压差之间的相关关系（HRT=13.3h，SRT 为 10d 和 20d）

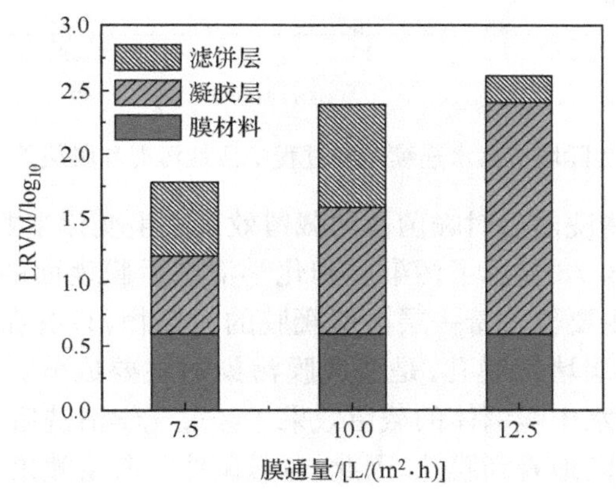


图 3.71　三个通量下不同膜污染层对噬菌体截留的贡献

膜通量的增加，凝胶层截留噬菌体的效果越显著。膜通量的增加，有利于混合液中的溶解性有机物、EPS 等在膜表面的沉积（Kimura et al.，2005），形成具有黏性的、致密的凝胶层，从而有利于对噬菌体的截留。

#### 3.5.4.3　MBR 连续运行过程中活性污泥和膜组件对噬菌体去除的贡献

图 3.72 显示了 MBR 在处理实际城市污水的连续运行中，活性污泥和膜组件对噬菌体去除率的贡献。试验共持续了 35 天，在运行过程中，采用有效氯为500～1000mg/L 的次氯酸钠定期对膜组件进行在线化学清洗。从图 3.72 可见，活性污泥对噬菌体的去除起重要作用。在运行初期，活性污泥对噬菌体的去除率在前 4 天以 1.01$\log_{10}$ 的速率迅速增加，之后在 1.5～2.5$\log_{10}$ 之间波动，平均在

1.86$log_{10}$。运行初期活性污泥对噬菌体的快速去除主要与活性污泥在反应器的累积和吸附作用有关，大约4天该过程达到平衡。而膜组件对噬菌体的截留率平均为0.96$log_{10}$，在两次化学清洗之间曾现周期性变化：每次在线化学清洗后，下降约0.5$log_{10}$，之后又逐渐增加至下一个清洗周期。

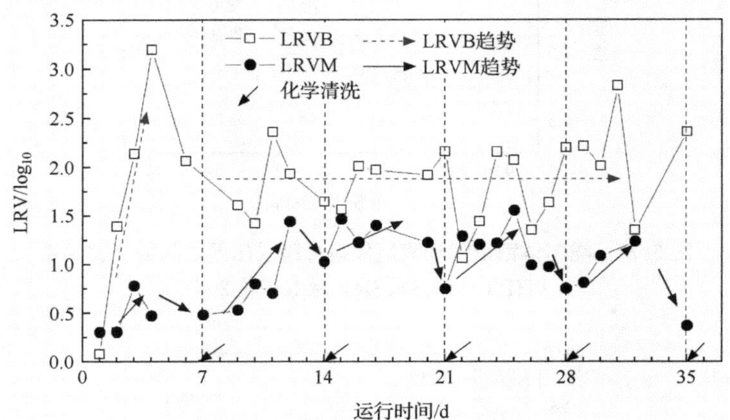


图 3.72 MBR处理实际城市污水连续运行过程中活性污泥和膜组件对噬菌体去除的贡献

膜组件在化学清洗前后对噬菌体的截留效果发生变化主要与凝胶层受化学清洗的破坏有关。图3.73显示了污染膜和化学清洗后膜表面的电镜照片。可看到污染后的膜丝表面主要覆盖着一层类似凝胶的污染物，只有在局部才存在颗粒状的污染物，说明凝胶层堵塞膜孔，是造成膜污染的主要成分。污染后的膜孔径减少，由此可提高对污水中噬菌体的截留效果。经过化学清洗后，膜表面绝大部分的凝胶层被去除，能清晰地看到膜孔，因此，对噬菌体的截留效果降低。

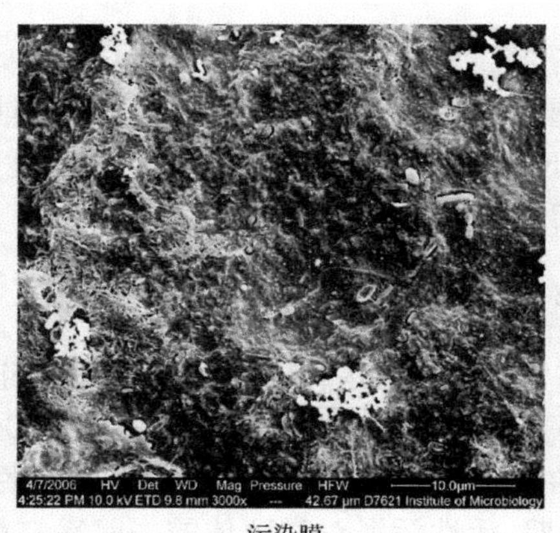
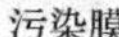
污染膜

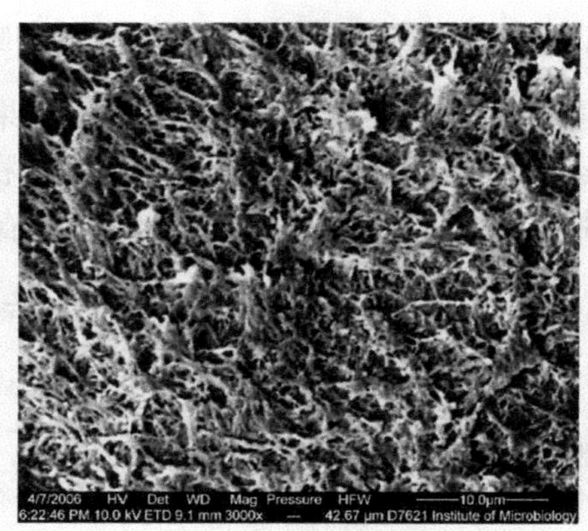
化学清洗后膜

图 3.73 在线化学清洗前后膜丝的电镜照片(放大倍数3000)

系统进水、出水 SC 噬菌体的浓度见图 3.74。膜组件出水中的 SC 噬菌体浓度受化学清洗的影响发生周期性变化。进行化学清洗后，如果进水中的噬菌体浓度比较高，则出水中泄漏的噬菌体会比较高，达 50PFU/mL 以上，运行几天后，随着凝胶层的再次形成，出水中的噬菌体浓度下降到 4PFU/mL。因此，在线化学清洗后，膜出水中病原微生物浓度有升高的风险，建议强化膜组件化学清洗后的出水消毒，以提高水回用的安全性。

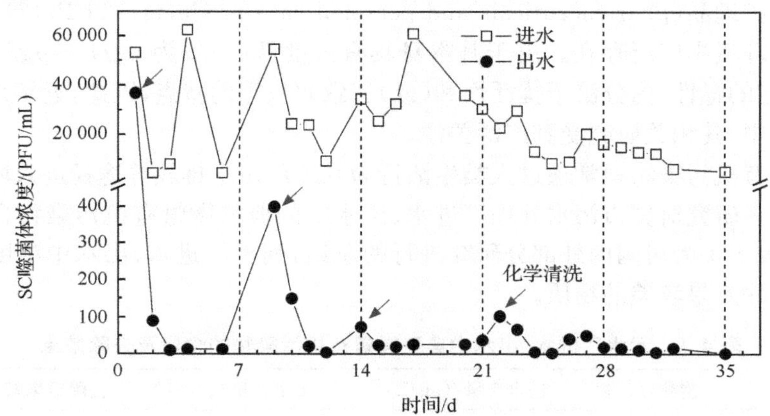


图 3.74　MBR 处理实际城市污水连续运行中系统进水和出水噬菌体浓度的变化

# 第 4 章　膜生物反应器去除微量有机污染物

微量有机污染物，如内分泌干扰物(endocrine disrupting chemicals，EDCs)、药品及个人护理品(pharmaceuticals and personal care products，PPCPs)等，在污水系统和水环境中广泛存在。由于其本身具有浓度低(一般为 ng/L～μg/L)，种类繁多，一定的毒性、内分泌干扰活性和(或)三致效应等的特点，因此，近年来在污水回用领域中，其相关研究受到广泛关注。

微量有机污染物通常通过人类生活行为及工厂污水排放等途径进入城市污水系统。许多研究对城市污水处理厂进水、出水中的典型微量有机污染物含量进行了调查，表 4.1 为对国内外部分研究进行的总结，列出了进水、出水中浓度较高的物质及去除效果较差的物质。

**表 4.1　污水厂进水、出水中典型微量有机污染物的含量及去除效果**

| 来源 | 监测目标物 | 进水含量/(μg/L) | 出水含量/(μg/L) | 去除效果较差的物质[b] |
|---|---|---|---|---|
| 加拿大安大略湖南部 8 座污水厂(Lee et al.，2005) | 11 种酚类 EDCs<br>7 种酸性药品 | 壬基酚：2.72～25.0<br>布洛芬：4.10～10.21<br>水杨酸：2.28～12.7<br>萘普生：1.73～6.03<br>吉非罗齐：0.12～36.53 | 壬基酚：0.32-3.21<br>布洛芬：0.11～2.17<br>水杨酸：0.01～0.32<br>萘普生：0.36～2.54<br>吉非罗齐：0.08～2.09 | 双氯芬酸<br>酮洛芬<br>消炎痛 |
| 日本东京 5 座污水处理厂(Nakada et al，2006) | 6 种 EDCs<br>10 种药品 | 壬基酚：0.2～10[a]<br>辛基酚：0.05～4[a]<br>阿司匹林：0.47～19.4 | 壬基酚：0.1～0.8[a]<br>异丙安替比林：0.02～0.9[a]<br>克罗米通：0.2～1.0[a] | 辛基酚、酮洛芬、萘普生、卡马西平、异丙安替比林、克罗米通、避蚊胺 |
| 西巴尔干半岛 8 座污水处理厂(Terzic et al.，2008) | 76 种 EDCs 及药品 | 壬基酚聚氧乙烯醚：5～395<br>双氯芬酸：0.05～4.20<br>布洛芬：未检出－11.9 | — | 甲氧苄啶、双氯芬酸、红霉素、卡马西平、阿替洛尔、阿奇霉素等 |
| 中国北京某污水处理厂(杜兵等，2004) | 30 种 EDCs | 双酚 A：825(最高)<br>壬基酚：11(最高) | — | 无 |

a. 数据从文献图表中估读得出；b. 平均去除率低于 50%。

从表 4.1 可以看出，大量的微量有机污染物在使用后进入了城市污水处理系统，而目前的城市污水处理工艺在设计过程中，一般只考虑了常规污染物的去除，对微量有机污染物的去除能力有限，许多微量有机污染物的去除率低于 50%甚至为负值。因此，不少微量有机污染物随城市污水处理厂出水进入环境中。

MBR 作为一种有效的污水再生技术，其对微量有机污染物的去除研究也受到关注。不少研究者针对 MBR 对微量有机污染物的去除效果开展了研究(Clara et al.，2005a，2005b；Joss et al.，2006；Khanal et al.，2006；Kimura et al.，2005a，2007；Oota et al.，2005；Urase et al.，2005；Yi et al.，2006)。但由于在评价 MBR 对微量有机污染物的去除效果时，通常采用小试或中试 MBR 与生产性的 CAS 进行对比，两者的规模、运行条件等通常不一致，导致不同研究者，甚至同一研究者得出不同的研究结论。同时，大多数研究仅考量了对目标物浓度的去除效果，而对污水整体安全性的评价很少。因此，有关 MBR 对微量有机污染物的去除研究有待于进一步深入。

本章主要对比了 MBR 和典型活性污泥工艺——序列间歇式活性污泥法(sequencing batch reactor activated sludge process，简称 SBR)对典型 EDCs 去除效果的差异；选取 SRT 这一运行参数对 MBR 进行调控，研究 SRT 对典型 EDCs 去除效果的影响；结合北京市某城市污水处理厂的 $A^2$/O-MBR 组合工艺进行实地检测，考察了 19 种典型 EDCs 和 PPCPs 在该工艺中的去除效果，分析了目标微量有机污染物的迁移行为；最后介绍纳滤与 MBR 的组合系统对微量有机污染物的强化去除效果。

## 4.1　目标微量有机污染物的选取

本研究选取了 20 种典型的微量有机污染物作为目标物质，其中包括 9 种 EDCs 和 11 种 PPCPs。所选目标物的名称、基本性质以及主要用途如表 4.2 所示。

**表 4.2　20 种目标微量有机污染物的名称、基本性质以及主要用途**

| 目标物 | 英文名称(英文缩写) | 分子式 | $\lg K_{OW}$ | 用途 |
|---|---|---|---|---|
| 雌酮 | estrone (E1) | $C_{18}H_{22}O_2$ | 3.13[a] | 天然雌激素 |
| 17β-雌二醇 | 17β-estradiol (E2) | $C_{18}H_{24}O_2$ | 4.01[a] | 天然雌激素 |
| 17α-雌二醇 | 17α-estradiol (17α-E2) | $C_{18}H_{24}O_2$ | 3.94[a] | 天然雌激素 |
| 雌三醇 | estriol (E3) | $C_{18}H_{24}O_3$ | 2.45[a] | 天然雌激素 |
| 17α-炔雌醇 | 17α-ethinylestradiol (EE2) | $C_{20}H_{24}O_2$ | 3.67[a] | 避孕药物 |
| 双酚 A | bisphenol A (BPA) | $C_{15}H_{16}O_2$ | 3.32[a] | 工业合成品 |
| 壬基酚聚氧乙烯醚 | nonylphenol ethoxylates (NPnEO) | $C_{15+2n}H_{24+4n}O_{n+1}$ | 4.17($n$=1)<br>4.21($n$=2)[b] | 工业合成品 |

续表

| 目标物 | 英文名称(英文缩写) | 分子式 | $\lg K_{OW}$ | 用途 |
|---|---|---|---|---|
| 4-辛基酚 | 4-octylphenol (4-OP) | $C_{14}H_{22}O$ | 4.12[b] | 工业合成品 |
| 4-壬基酚 | 4-nonylphenol (4-NP) | $C_{15}H_{24}O$ | 5.76[a] | 工业合成品 |
| 红霉素 | erythromycin (ERY) | $C_{37}H_{67}NO_{13}$ | 3.06[a] | 大环内酯类抗生素 |
| 甲氧苄氨嘧啶 | trimethoprim (TRY) | $C_{14}H_{18}N_4O_3$ | 0.91[a] | 抗菌药 |
| 双氯芬酸 | diclofenac (DCF) | $C_{14}H_{11}Cl_2NO_2$ | 4.51[a] | 消炎镇痛药 |
| 酮洛芬 | ketoprofen (KTP) | $C_{16}H_{14}O_3$ | 3.12[a] | 消炎镇痛药 |
| 美托洛尔 | metoprolol (METOP) | $C_{15}H_{25}NO_3$ | 1.88[a] | β-受体阻滞剂 |
| 舒必利 | sulpiride (SLP) | $C_{15}H_{23}N_3O_4S$ | 0.57[a] | 神经类药 |
| 避蚊胺 | *N*,*N*-diethyl-*m*-toluamide (DEET) | $C_{12}H_{17}NO$ | 2.18[a] | 广谱蚊虫驱避剂 |
| 卡马西平 | carbamazepine (CBZ) | $C_{15}H_{12}N_2O$ | 2.45[a] | 抗癫痫药 |
| 咖啡因 | caffeine (CAF) | $C_8H_{10}N_4O_2$ | — | 强心剂 |
| 佳乐麝香 | galaxolide (HHCB) | $C_{18}H_{26}O$ | 5.9[a] | 天然香料 |
| 吐纳麝香 | tonalide (AHTN) | $C_{18}H_{26}O$ | 5.7[a] | 天然香料 |

资料来源：a. SRC,2009；b. Ahel et al.,1993。

9 种目标 EDCs 中包含 4 种天然雌激素(E1、E2、17α-E2 和 E3)，这些物质主要来源于人及动物的代谢活动，具有较高的雌激素活性。EE2 为人工合成雌激素，是避孕药的主要成分，具有很高的雌激素活性。BPA、NPnEO、4-NP 和 4-OP 均为工业化学品。BPA 被用来合成聚碳酸酯、环氧树脂、阻燃剂等化工产品；NPnEO 被用来合成清洁剂、乳化剂、润湿剂和分散剂。这两种物质应用范围广泛、历史悠久，虽然内分泌干扰活性较低，但在污水中浓度较高，其整体干扰作用不可忽视。壬基酚和辛基酚都是重要的工业原料，用于生产非离子表面活性剂和改性酚醛树脂等。

11 种 PPCPs 中包含 9 种常见药品及 2 种多环麝香物质。所选药品多为使用量较大，城市污水中检出浓度较高，或在已有的报道中受到普遍关注的物质，如消炎镇痛类药物 DCF 及 KTP，以及抗癫痫药物 CBZ 等。另外，麝香物质作为香料成分，广泛应用于化妆品、家庭清洁用品以及杀虫剂中，本研究选取了两种最常见的多环麝香作为代表进行考察。

各种目标物质的分子结构式如图 4.1 所示。

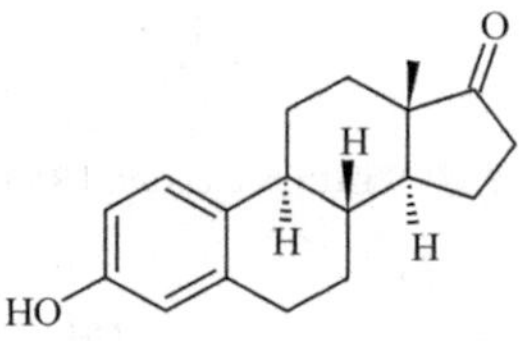

雌酮(estrone, E1)

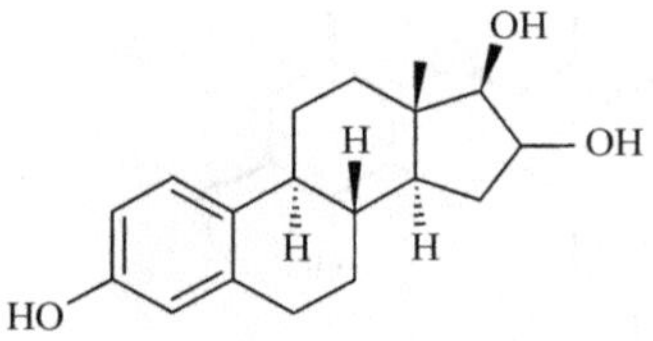

雌三醇(estriol, E3)

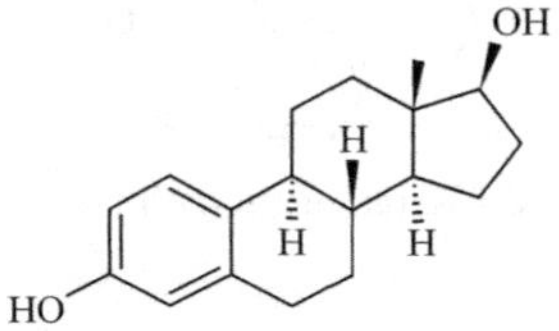

雌二醇 (17$\beta$-estradiol, E2)

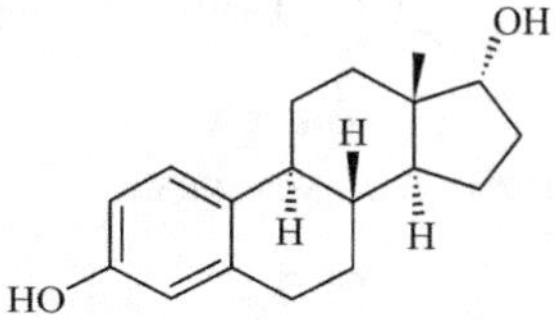

17$\alpha$-雌二醇 (17$\alpha$-estradiol, 17$\alpha$-E2)

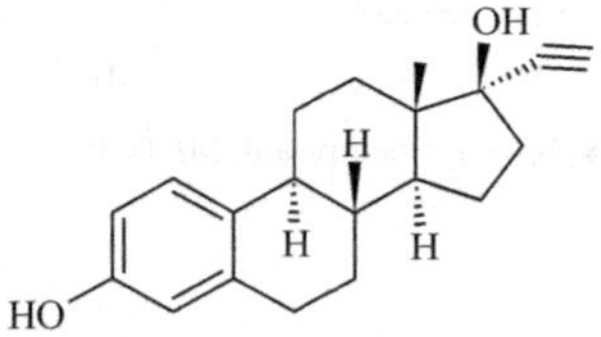

17$\alpha$-炔雌醇 (17$\alpha$-ethinylestradiol, EE2)

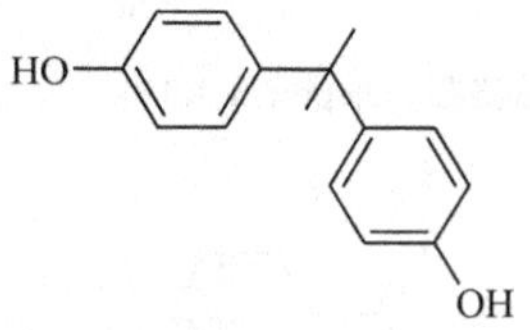

双酚A (bisphenol A, BPA)

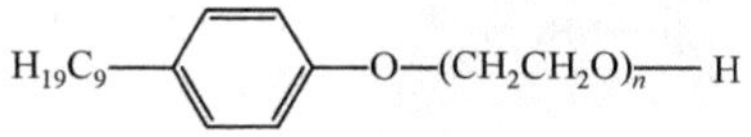

壬基酚聚氧乙烯醚 (nonylphenol ethoxylates, NPnEO)

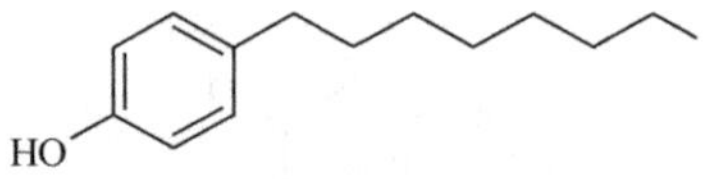

4-辛基酚 (4-octylphenol, 4-OP)

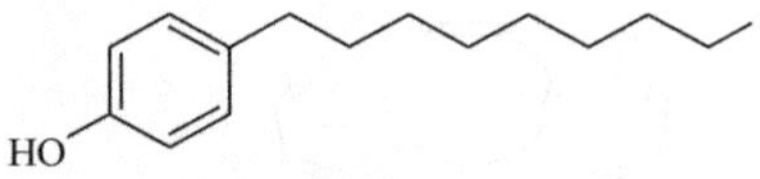

4-壬基酚 (4-nonylphenol, 4-NP)

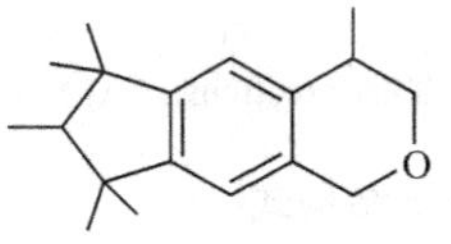

佳乐麝香 (galaxolide, HHCB)

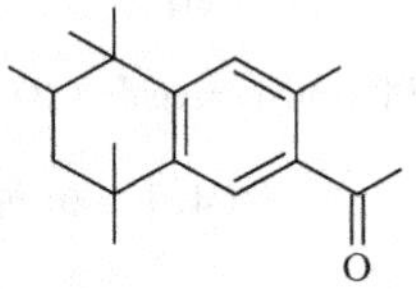

吐纳麝香 (tonalide, AHTN)

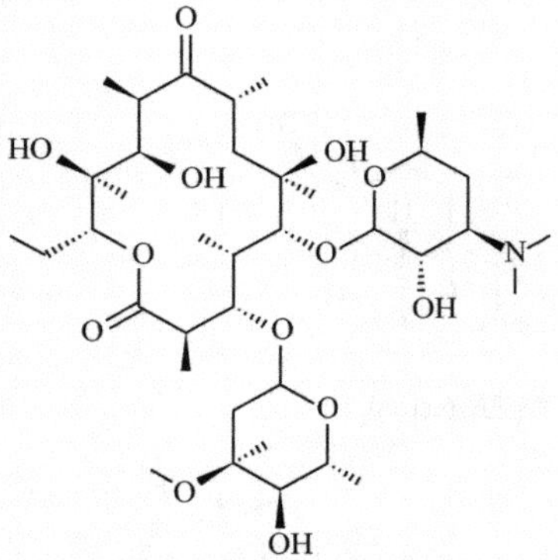

红霉素 (erythromycin, ERY)

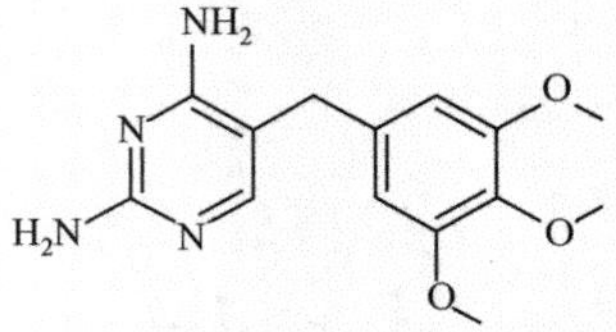

甲氧苄氨嘧啶 (trimethoprim, TRY)

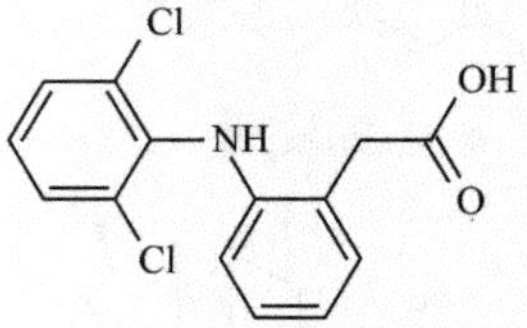

双氯芬酸 (diclofenac, DCF)

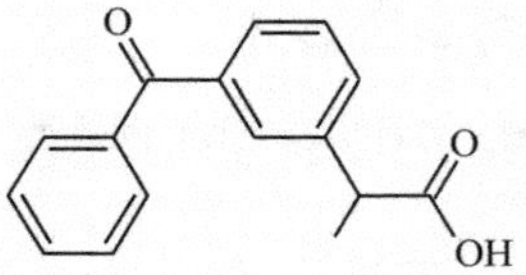

酮洛芬 (ketoprofen, KTP)

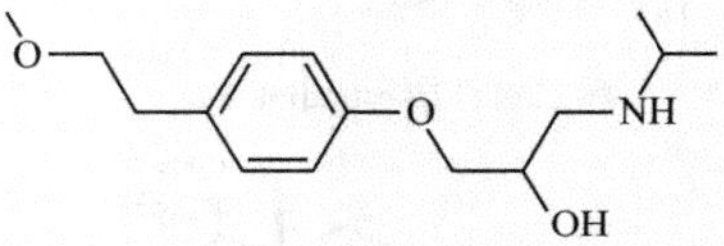

美托洛尔 (metoprolol, METOP)

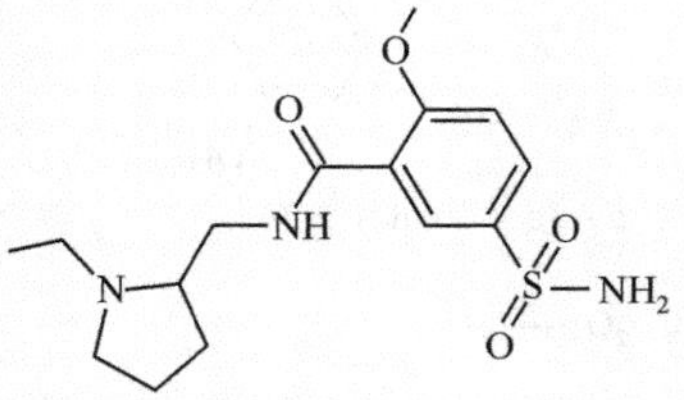

舒必利 (sulpiride, SLP)

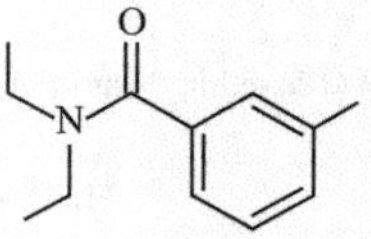

避蚊胺 (*N*, *N*-diethyl-*m*-toluamide, DEET)

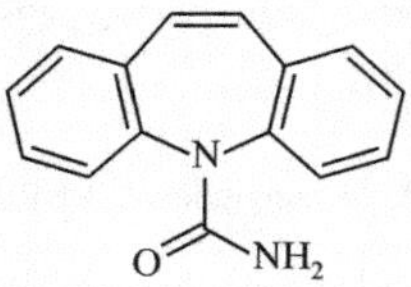

卡马西平 (carbamazepine, CBZ)

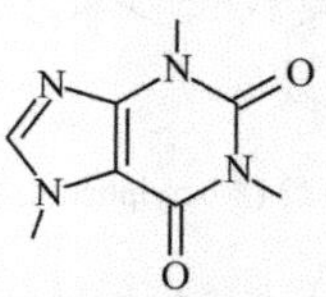

咖啡因 (caffeine, CAF)

图 4.1　20 种目标微量污染物的分子结构式

## 4.2　MBR 和 SBR 去除典型内分泌干扰物的对比

本节采用模拟生活污水，在相同的条件下运行 MBR 和 SBR 装置，比较了 8 种 EDCs 在两种工艺中的去除效果以及生物降解和污泥吸附对 EDCs 去除的贡献。此外，还利用重组酵母雌激素活性筛选法（recombinant yeast estrogen screen,

YES)测定了污水的内分泌干扰活性,从整体上对比评价了两个反应器出水的安全性(陈健华等,2008a,2008b;周颖君,2009;Chen et al.,2008;Zhou et al.,2010)。

### 4.2.1　工艺特征

图4.2为试验采用的一体式MBR(a)和SBR(b)装置示意图。

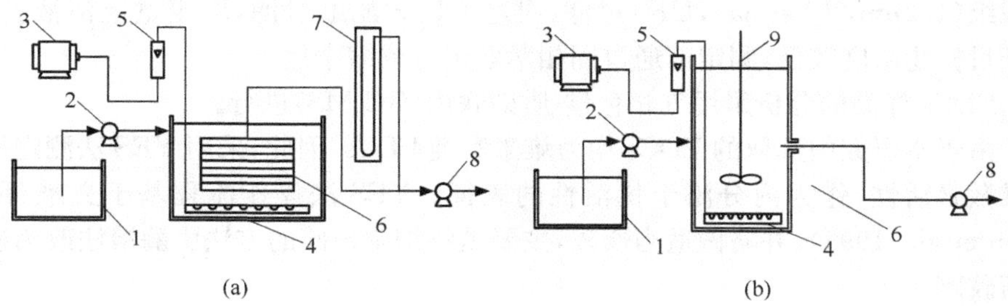


图4.2　MBR(a)与SBR(b)流程图

1. 进水箱;2. 进水泵;3. 气泵;4. 穿孔曝气管/曝气砂条;5. 气体流量计;6. 膜组件;7. U-形压差计;8. 出水泵;9. 电磁搅拌器

MBR装置有效体积为10L,膜组件采用聚乙烯中空纤维膜(Korea Membrane Separation Co. LTD,韩国),公称孔径0.4μm,有效膜面积为0.2$m^2$。采用穿孔曝气管曝气,溶解氧控制在4～6mg/L。

SBR有效体积与MBR相同。采用曝气砂条曝气,同样控制溶解氧浓度在4～6mg/L。曝气阶段还通过电磁搅拌器辅助使反应器内保持完全混合状态。SBR的运行周期为4h,包括进水、曝气、沉淀和出水4个阶段。每个阶段的时间分别为15min、3h、30min和15min。

接种污泥取自清河污水处理厂(北京)二沉池回流污泥。为方便比较,控制两反应器运行条件相同。水力停留时间均为8h,污泥龄均为10d。反应器进水采用自配水,主要污染物指标模拟普通生活污水。在反应器运行稳定20d后,开始投加目标微量有机污染物。

试验考察的微量有机污染物种类有8种,包括E1、E2、E3、EE2、BPA、NPnEO、4-NP和4-OP。由于E2、E1能够相互转化(Thiele et al.,1997),因此试验中反应器进水内不添加E1。NPnEO($n$=1～20)代谢会产生NPnEO($n$=1～2)、NP等物质,这些中间代谢产物由于亲水端的相对削弱,分子疏水性增强,更容易在沉积物和生物体内富集,毒性及内分泌干扰活性要强于母体分子。因此,试验选取的NPnEO聚合度较低,为1～4,平均聚合度为1.5。

投加的7种EDCs中,BPA和NPnEO的投加浓度为500μg/L,其余均为1μg/L。

为方便讨论，本文将 E1、E2、E3、EE2 称为类固醇雌激素类 EDCs；BPA、NPnEO、4-NP 和 4-OP 称为烷基酚类 EDCs。从图 4.1 可知，NPnEO 并非酚类物质，本书的归类仅为方便讨论。

采集 EDCs 测定用水相样品时，MBR 出水直接采集；进水及 SBR 出水经玻璃纤维滤纸 GF/F(0.7μm，Whatman，UK)过滤；反应器混合液则先经 GF/C 玻璃纤维滤纸(1.2μm，Whatman，UK)过滤，再经 GF/F 滤纸过滤，取定量上清液备用。由于目标物浓度较低，测定前通过固相萃取进行浓缩净化。

EDCs 样品的分析采用气相色谱-质谱联用(GC-MS)进行。

由于本研究中选取的 EDCs 均为雌激素类 EDCs，因此，采用 YES 法测定样品的雌激素活性，作为内分泌干扰活性的表征。YES 法操作流程基于文献(Rehmann et al.，1999)，并略做适当修改，主要是将细胞破碎的方法由酶溶法改为机械振荡破碎。

以 E2 标准品的剂量-响应曲线(图 4.3)为对照，按式(4.1)计算所测样品的当量雌激素活性(EEQC，μg/L)。

$$\mathrm{EEQC}=\frac{\mathrm{EC50_{E2}}}{\mathrm{EC50_{sample}}}\times 272.38\mathrm{g/mol} \tag{4.1}$$

式中，272.38g/mol 为 E2 的摩尔质量；$\mathrm{EC50_{E2}}$ 为 E2 的半数效应浓度，μmol/L；$\mathrm{EC50_{sample}}$为样品半数效应对应的稀释倍数。

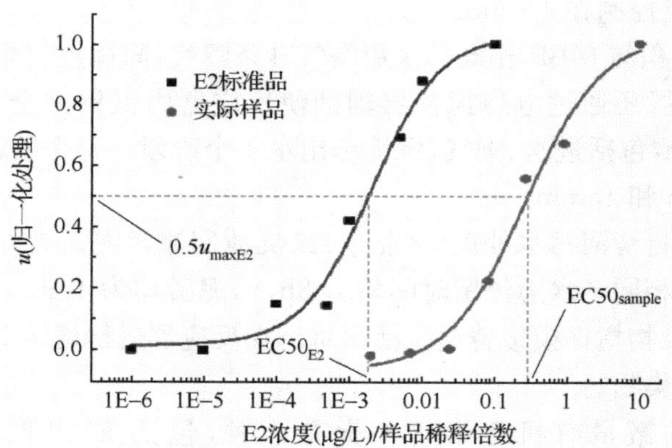


图 4.3 剂量-效应曲线

### 4.2.2 内分泌干扰物去除效果的对比

投加 EDCs 后，反应器稳定运行了 20d。图 4.4 列出了两反应器稳定运行过程中出水和上清液中这 8 种目标 EDCs 的浓度变化。可知，在运行过程中，出水和上清液中的 EDCs 浓度均比较稳定。

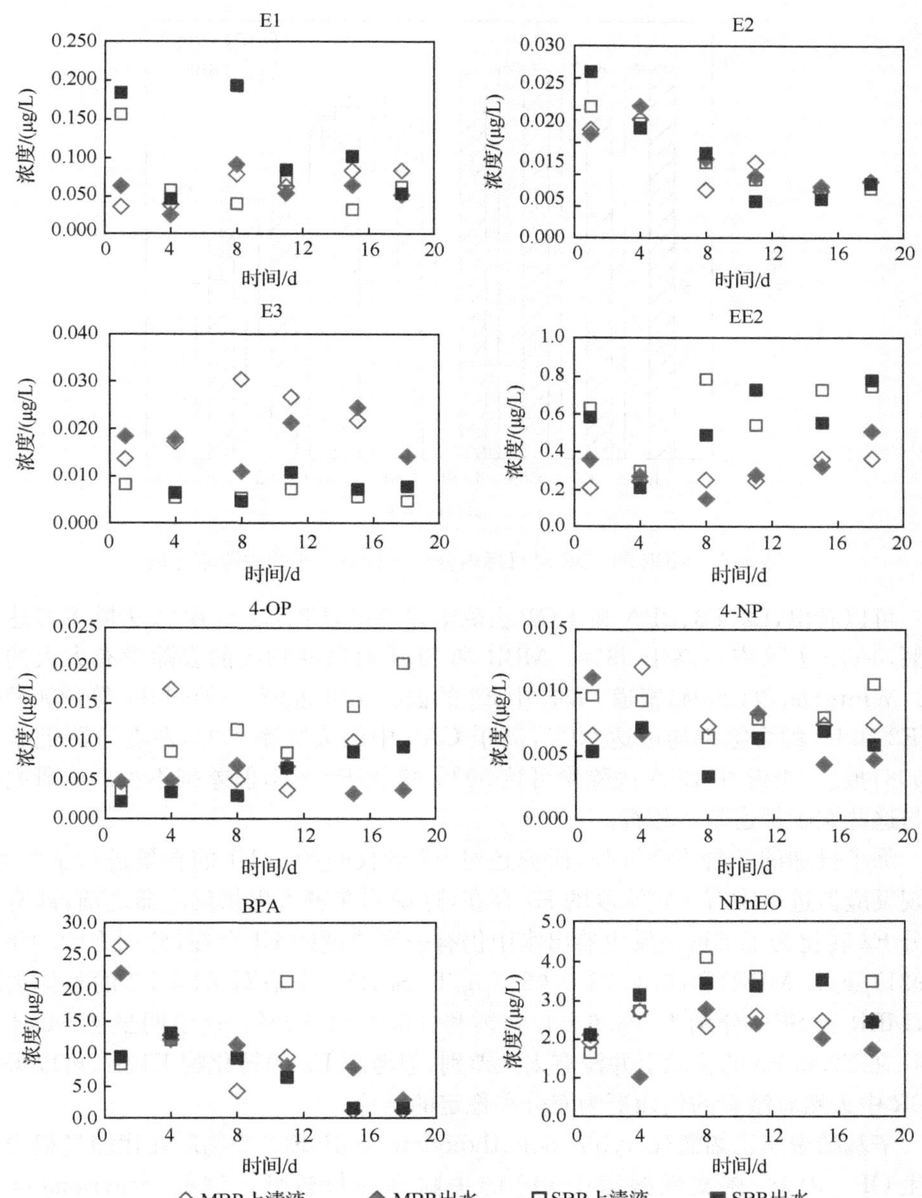


图 4.4　MBR 和 SBR 上清液和出水中目标内分泌干扰物的浓度变化

MBR 和 SBR 对 8 种目标 EDCs 的平均去除效果见图 4.5。

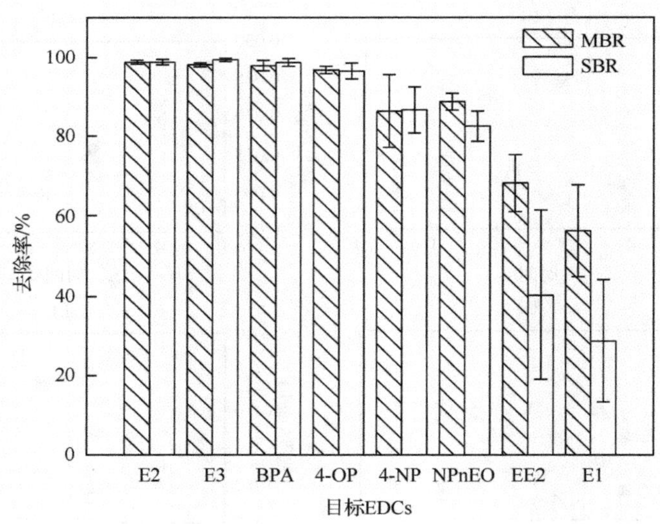


图 4.5　MBR 和 SBR 对目标内分泌干扰物的平均去除率比较

可以看出，E2、E3、BPA 和 4-OP 去除效果良好，E2、E3 和 BPA 去除率可达约 98%，4-OP 去除率也高于 96%。MBR 和 SBR 对这些物质的去除没有太大的差别。Wintgens 等(2004)报道 MBR 中 E2 的去除率可达 98%；Zuehlke 等(2006)报道 E2 和 E3 的去除率均可达 99%，高于 CAS 中的去除率(90%左右)；陈健华等(2008)报道 MBR 中 BPA 去除率可达 99%，略优于 CAS，但差别不大。本研究结果与这些文献报道基本相符。

除了投加的 7 种 EDCs 外，研究还对 E2 的代谢产物 E1 的含量进行了监测，发现反应器进水中有一定浓度的 E1 存在，这说明在进入生物反应器之前，即有一部分 E2 转化为了 E1；在反应器出水中仍有一定浓度的 E1 存在，分别为(0.058±0.021)μg/L(MBR)和(0.111±0.064)μg/L(SBR)。考虑对 E1＋E2 的整体去除率，MBR 和 SBR 分别为(93.6±1.4)%和(89.3±4.7)%。这说明虽然 MBR 和 SBR 在 E2 和 E3 的去除上并没有太大差别，但考虑 E2 的转化物 E1 后，可以得出 MBR 中天然雌激素的代谢更为充分和稳定的结论。

辛基酚聚氧乙烯醚(octylphenol ethoxylates，OPnEO)类物质在代谢过程中会产生 OP。因此，在文献报道中 OP 的去除率一般较低。例如，Stavrakakis 等(2008)测得 CAS 对 OP 的去除率为 15%左右，而 Clara 等(2005b)发现 MBR 中 OP 的去除率为负值。在本研究中，进水中未添加 OPnEO 类物质，结果在 MBR 和 SBR 中都得到了较高的去除率。这说明 OP 本身容易被去除，但在实际污水处理过程中，大量源物质(如 OPnEO)的存在会使其形成“伪持久性”。

试验中 4-NP 和 NPnEO 去除效果次之，为 85%左右。两个反应器对 4-NP 的去除没有太大差别。MBR对NPnEO的去除率为(88.6±2.1)%，SBR为(482.5±3.8)%；MBR与SBR相比去除率要高且稳定。Gonzalez等(2007)比较了MBR和CAS对NPnEO类物质的去除发现，CAS对$NP_{1\text{-}2}$EO和NP的去除率分别为50%和96%，而MBR为90%和95%，与本研究的结论基本一致。

对于EE2的去除，MBR和SBR效果均不佳，去除率分别为(68.2±7.1)%和(40.3±21.1)%。MBR的去除效果明显优于SBR，同时出水浓度也稳定很多。

文献报道中，对EE2的去除结果很不一致。例如，在Zuehlke(2006)的研究中MBR取得了大于95%的去除效果；Clara(2005b)在一组研究中测得MBR和SBR对EE2的去除率均为60%～70%；而在另外一组研究中发现，不同污水厂对EE2的去除效果不同，去除率在0～80%之间波动。这些矛盾的结果可能来自于不同研究中反应器的不同运行条件。这说明在本研究中不同反应器采用一致的运行条件对于正确比较EDCs的去除效果是十分必要的。

结合表4.2中各目标物的物化性质还可知，目标EDCs的去除不仅受到运行条件的影响，也和物质的性质有一定关系。去除效果较差的物质4-NP、NPnEO和EE2，其辛醇-水分配系数($\lg K_{OW}$)较大；而去除率大于97%的E2、E3、BPA，$\lg K_{OW}$均小于4。$\lg K_{OW}$值在一定程度上代表了物质的亲疏水性，其值越大，疏水性一般越强。疏水性较强的物质更容易吸附在污泥颗粒上，通过排泥被去除。因此，对于4-NP、NPnEO和EE2，不仅去除效果较差，而且相对其他物质来说，污泥吸附所占去除总量的比例可能更高；也就是说，这几种物质的生物降解性也可能较差。

总的来说，除EE2、NPnEO、4-NP外，MBR和SBR对7种目标物的去除均较高。和SBR相比，对于E1+E2以及较难去除的EE2和NPnEO，MBR的去除率更高，同时稳定性也较好。特别是对去除效果最差的EE2，MBR可以明显促进其去除。在相同的运行条件下，MBR对EDCs的去除还是具有一定的优势。

### 4.2.3 内分泌干扰性去除效果的对比

由4.2.2节可知，在污水处理过程中，某些EDCs也可能降解生成具有内分泌干扰活性的中间产物；代谢产物的内分泌干扰活性甚至还会高于母体物质。例如，聚合度较高的NPnEO代谢产生较低聚合度的NPnEO($n$=1、2)和NP，后者的毒性要高于母体NPnEO。同时，多种EDCs混合时，不同物质之间可能会出现拮抗或加合作用，其整体内分泌干扰活性并非各种物质内分泌干扰活性的简单加和。另外，实际污水中，存在许多未知的物质，有的可能也具有内分泌干扰活性，有的可能对内分泌干扰活性起抑制作用。因此，仅用目标EDCs浓度来评价出水的安全性并不全面。

本研究中，在测定目标EDCs浓度的同时，采用YES法测定污水的雌激素活性，作为整体指标评价污水的内分泌干扰活性。

试验过程中，对两反应器进水、出水的整体内分泌干扰活性进行了三次测定，得 EEQC 浓度如表 4.3 所示。

**表 4.3　MBR 和 SBR 出水中的实测与计算当量雌激素活性(EEQC)及其去除率**

| 项目 | MBR | | SBR | |
|---|---|---|---|---|
| | EEQC/(μg/L) | 去除率/% | EEQC/(μg/L) | 去除率/% |
| 实测值 | 0.19±0.09 | 88.81±7.03 | 0.94±0.75 | 54.93±22.14 |
| 计算值 | 0.29 | 83.95 | 0.56 | 68.49 |

可以看出，MBR 对内分泌干扰活性的去除率要远高于 SBR。同时，SBR 出水的 EEQC 值波动很大。这说明在相同运行条件下，MBR 出水的安全性和稳定性均高于 SBR。

同时，结合目标 EDCs 的浓度数据和当量雌激素活性，对理论 EEQC 值进行了计算，结果也列于表 4.3 中。该值为 8 种目标物的浓度数据与其相对内分泌活性加权加和得出，代表了 8 种目标物的内分泌干扰活性之和。可以得出，实测与计算所得 EEQC 的去除率相差不大，MBR 出水的计算 EEQC 值同样低于 SBR。但是，对于 MBR，出水的实测值低于计算值；SBR 则正好相反。这说明 MBR 在出水安全性上的优势不仅仅因为其对母体 EDCs 的去除率更高，还可能有其他原因，如：①MBR 中代谢产生了内分泌干扰活性拮抗物质，使整体的内分泌干扰活性降低；②MBR 中膜的作用；③SBR 中母体 EDCs 降解不充分，产生了具有内分泌干扰活性的代谢产物。具体的原因将在下节做进一步讨论。

图 4.6 给出了 8 种 EDCs 的计算 EEQC 值分别占总计算 EEQC 值的比例。可以看出，进水中，E2 和 EE2 为主要的内分泌干扰物质。进水中 BPA 和 NPnEO 虽然具有很高的浓度，但由于其相对内分泌干扰活性较低，所占总内分泌干扰活性的比例很小，两者之和甚至小于 E1 的内分泌干扰活性，后者在进水中由少量 E2

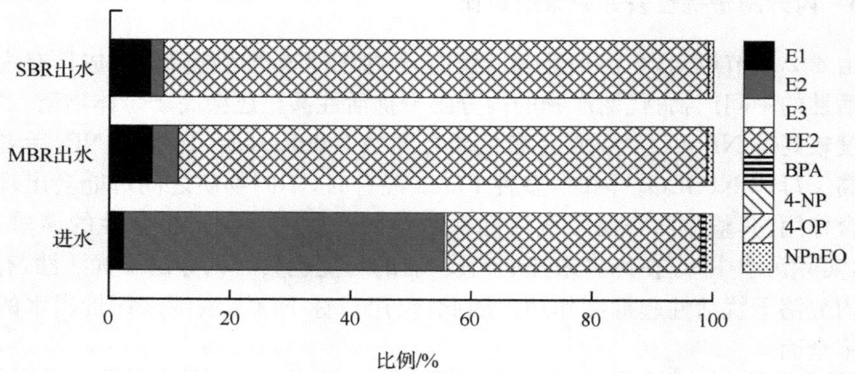


图 4.6　8 种内分泌干扰物分别占总计算当量雌激素活性(EEQC)的比例

转化而来，含量很低，仅为 0.1μg/L 左右。4-NP、4-OP 的浓度和相对内分泌干扰活性都很低，其影响可以忽略；E3 的影响也很小。

在出水中，主要的内分泌干扰物质为 EE2。BPA 和 E3 引起的内分泌干扰活性基本可以忽略，NPnEO 所占比例也略有下降。下降最迅速的为 E2，但其代谢产物 E1 所占比例有所增加。MBR 和 SBR 相比，EE2 所占比例较低，这是因为 MBR 出水中 EE2 的浓度较低。

总的来说，本研究中主要的内分泌干扰物质为 E2、EE2 和 E1。随着 E2 的良好去除，出水中 E2 的内分泌干扰活性大大降低；而去除较差的 EE2 成为出水中主要的内分泌干扰物质。E2 降解产生了 E1，导致其在出水内分泌干扰活性中所占比例增加。

### 4.2.4　内分泌干扰物去除途径的对比

4.2.3 节中得出，MBR 对目标 EDCs 及污水内分泌干扰活性的去除效果优于 SBR。为了进一步解释 MBR 优势的产生原因，对 EDCs 的去除途径进行分析。

EDCs 在 MBR 中可能的主要去除途径包括降解、污泥吸附和膜的截留/吸附等。在 SBR 中，可能的去除途径主要为降解和污泥吸附。在本研究中，还把 SBR 中 EDCs 的去除途径按反应阶段进行了划分，包括曝气阶段的去除和沉淀出水阶段的去除。

#### 4.2.4.1　泥水分离过程对目标物及内分泌干扰活性的去除

为分析 MBR 中的膜组件和 SBR 中沉淀排水阶段对去除 EDCs 的贡献，对上清液和出水中 EDCs 的含量进行了比较，结果见表 4.4。同时，表中还列出了内分泌干扰活性的变化，作为进一步的参考。

**表 4.4　MBR 及 SBR 上清液、出水中内分泌干扰物浓度和内分泌干扰活性比较**

| 目标物/指标 | MBR | | SBR | |
|---|---|---|---|---|
| | 上清液 | 出水 | 上清液 | 出水 |
| E1/(μg/L) | 0.060±0.022 | 0.058±0.021 | 0.070±0.045 | 0.111±0.064 |
| E2/(ng/L) | 12.50±5.19 | 12.70±4.90 | 12.45±5.61 | 12.89±7.81 |
| E3/(ng/L) | 21.92±6.77 | 17.84±4.81 | 6.11±1.32 | 7.43±2.25 |
| EE2/(μg/L) | 0.26±0.06 | 0.27±0.12 | 0.62±0.18 | 0.55±0.20 |
| BPA/(μg/L) | 10.91±9.81 | 10.85±6.55 | 10.61±7.06 | 9.66±2.78 |
| 4-NP/(ng/L) | 8.35±2.14 | 7.08±2.82 | 8.70±1.53 | 5.88±1.38 |
| 4-OP/(ng/L) | 8.24±5.44 | 5.23±1.51 | 11.34±5.71 | 5.69±3.09 |
| NPnEO/(μg/L) | 2.42±0.31 | 2.02±0.60 | 3.20±0.87 | 3.02±0.59 |
| 计算 EEQC/(μg/L) | 0.28 | 0.29 | 0.61 | 0.56 |
| 实测 EEQC/(μg/L) | 0.46±0.26 | 0.19±0.09 | 0.56±0.43 | 0.94±0.75 |

对 MBR 来说，由于目标物的相对分子质量较小，膜对其的去除有限。E1、E2、E3 和 EE2 在上清液和出水中的差别不大。BPA、4-NP、4-OP 和 NPnEO 在出水中的浓度低于在上清液中的浓度，有可能是由于测定方法带来的误差。在混合液过滤获取上清液时，为避免 EDCs 在滤膜上的吸附，本研究采用了玻璃纤维滤纸作为过滤材料，其最小孔径为 0.7μm；而 MBR 中微滤膜的孔径为 0.4μm。上清液和出水间的浓度差很可能是直径介于 0.4～0.7μm 之间的胶体物质对目标 EDCs 的吸附所造成的，实际上微滤膜对 8 种 EDCs 都没有去除效果。

从内分泌干扰活性数据来看，尽管膜对 8 种目标物的去除效果很微弱，导致上清液和出水中 EEQC 计算值基本相同；但是，膜对内分泌干扰活性的去除效果仍十分明显。经膜过滤后，EEQC 从(0.46±0.26)μg/L 下降至(0.19±0.09)μg/L，去除率从 76%左右增加到了 89%左右。这说明膜去除了一部分具有内分泌干扰活性的物质，这些物质不在 8 种目标物之列，但很可能是它们的代谢产物。

对 SBR 来说，EE2、BPA、4-NP、4-OP 和 NPnEO 在出水中的浓度较低，这除了前述过滤方法所造成的误差外，也有可能是在沉淀出水这一相对缺氧状态，这几种目标物仍然发生了降解/吸附，得到去除。对于 E1、E2 和 E3，出水中的浓度反而较高，这可能是由于曝气阶段与沉淀出水阶段的不同混合条件所致。在曝气阶段，污泥充分混合，污泥相与水相接触的表面积大，对目标物的吸附量也较大；而在沉淀出水阶段，由于曝气和搅拌均停止，污泥相比表面积减小，目标物在污泥相与水相间重新达到分配平衡，部分被吸附的目标物重新进入水相，导致出水目标物浓度升高。

同样分析 SBR 的内分泌干扰活性数据，也出现了出水 EEQC 高于上清液的现象；同时对应地，EEQC 计算值并没有太大的差别，甚至出水略低。这说明目标物浓度的变化对上清液和出水的内分泌干扰活性影响不大，导致其增加的原因应当是其他内分泌干扰物质，如代谢中间产物。

MBR 和 SBR 相比，上清液中计算和实测 EEQC 值都较低。这说明 MBR 的生物反应器部分对目标 EDCs 和内分泌干扰活性的去除都要优于 SBR 的曝气阶段。

总的来说，MBR 的膜过滤过程和 SBR 的沉淀出水过程对目标 EDCs 浓度的影响都不明显，但膜过滤过程可以促进内分泌干扰活性的去除，而 SBR 的沉淀出水过程反之。这导致 MBR 在出水安全性方面的优势更为明显。

#### 4.2.4.2 混合液污泥对目标内分泌干扰物的吸附

为考察污泥吸附对 EDCs 去除的作用，研究中还对混合液污泥中 EDCs 的含量进行了三次测定，并对混合液总体浓度进行了计算，结果如图 4.7 所示。其中，混合液总体浓度是指混合液上清液与污泥中目标物浓度之和。其浓度的变化反映了目标物在好氧生物反应阶段的总体去除效果。

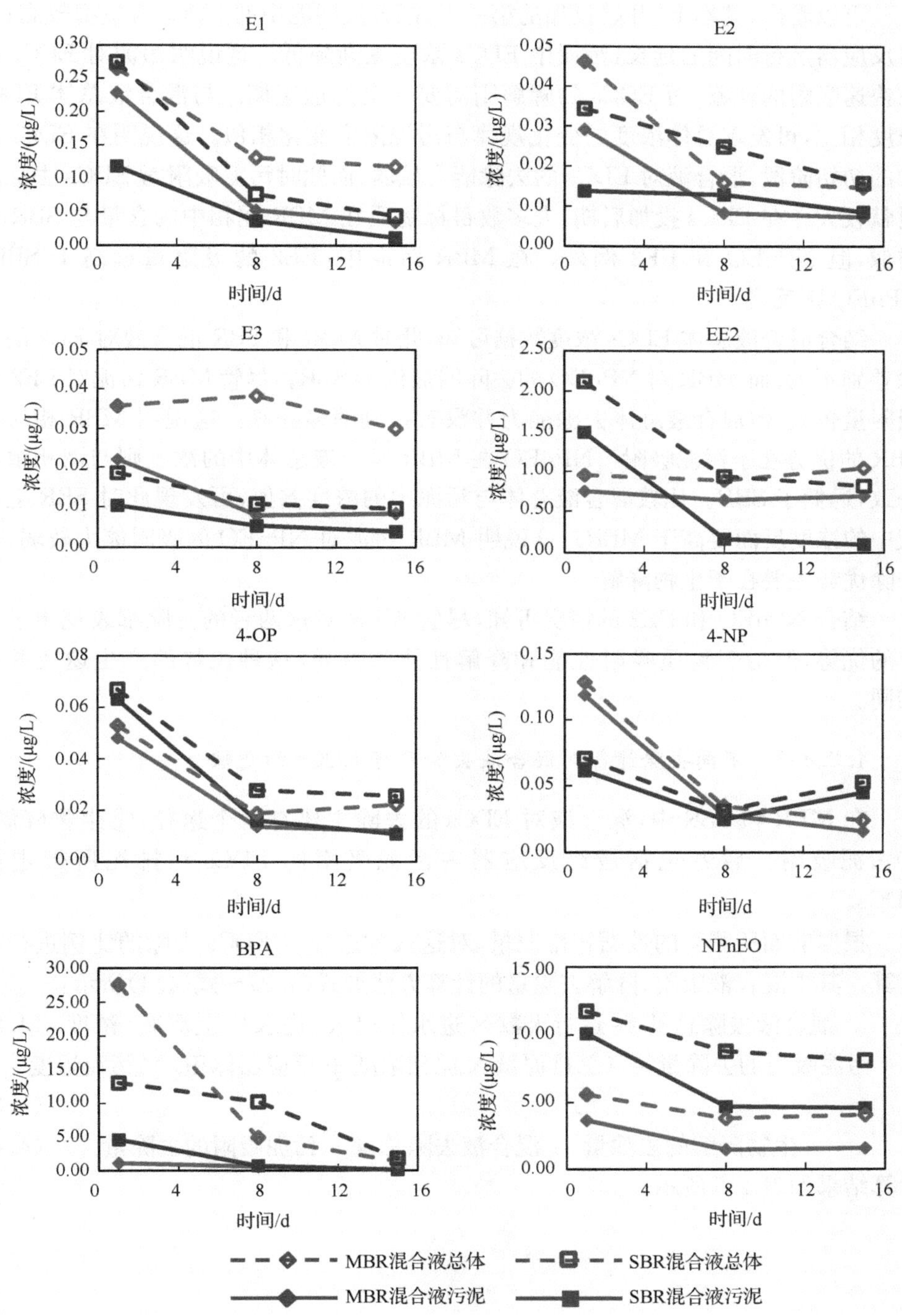


图 4.7　MBR 和 SBR 混合液总体及污泥中目标内分泌干扰物的浓度变化

可以看出，基本上，开始投加的第一天，混合液污泥中的 EDCs 含量都较高；随着反应器运行时间的延长，污泥中 EDCs 浓度逐渐降低。这说明污泥对 EDCs 存在快速吸附的现象，而 EDCs 的降解则需要一定的适应期。与混合液总体 EDCs 浓度相比，可发现总体浓度的变化规律与污泥浓度变化相似。这说明在 EDCs 投加的初始阶段，混合液对 EDCs 的去除能力较弱，而此时污泥吸附对 EDCs 去除的贡献较大。在 EDCs 投加后期，大多数目标物质在 MBR 泥相中的含量与 SBR 中类似，但 NPnEO 和 EE2 例外。在 MBR 污泥中，EE2 的吸附量远高于 SBR；NPnEO 则反之。

结合混合液总体 EDCs 浓度数据可知，此时 MBR 和 SBR 混合液对 EE2 的去除差别不大；而 MBR 对 NPnEO 的去除明显优于 SBR。尽管 MBR 污泥对 EE2 的吸附量较大，但混合液总体去除能力并没有得到明显提高。这说明 MBR 相对于 SBR 的优势在于污泥吸附。NPnEO 在 MBR 混合液总体中的浓度则与泥相浓度一致，远低于 SBR。比较混合液总体与污泥中的浓度差值，可发现此时 SBR 上清液中的浓度反而要高于 MBR。这说明 MBR 污泥对 NPnEO 的吸附能力较弱，其去除优势主要在于生物降解。

结合 NPnEO 和 EE2 的情况可知，尽管 MBR 对这两者的去除都表现出了一定的优势，但由于物质吸附性能和降解性能的差异，这种优势的产生途径并不相同。

#### 4.2.4.3 不同去除途径对混合液去除目标 EDCs 的贡献

在 MBR 和 SBR 中，混合液对 EDCs 的去除主要有两个途径：①生物降解；②污泥吸附。后者包括最终反应器内污泥吸附的 EDCs 和排泥所带走的 EDCs。

根据前面所测得的数据和排泥量，对这两种途径占 EDCs 去除的比例进行了计算。其中混合液吸附、降解去除量的计算方法如式(4.2)～式(4.4)所示：

$$\text{混合液去除总量} = \text{运行天数} \times \text{进水体积} \times (\text{进水} - \text{上清液})\text{浓度} \tag{4.2}$$

$$\text{污泥吸附的去除量} = (\text{总排泥量} \times \text{泥相浓度} + \text{反应器体积}) \times \text{污泥浓度} \tag{4.3}$$

$$\text{生物降解的去除量} = \text{混合液去除总量} - \text{污泥吸附的去除量} \tag{4.4}$$

计算结果如表 4.5 所示。

**表 4.5　混合液中不同去除途径对内分泌干扰物的去除**

| 目标物 | 生物降解 | | | | 污泥吸附 | | | |
|---|---|---|---|---|---|---|---|---|
| | 去除率/% | | 所占比例/% | | 去除率/% | | 所占比例/% | |
| | MBR | SBR | MBR | SBR | MBR | SBR | MBR | SBR |
| E1 | 48.8 | 52.5 | 94.2 | 95.8 | 3.0 | 2.3 | 5.8 | 4.2 |
| E2 | 99.9 | 98.7 | 98.5 | 99.9 | 0.05 | 0.07 | 1.5 | 0.1 |
| E3 | 97.7 | 99.3 | 99.9 | 99.9 | 0.05 | 0.03 | 0.1 | 0.1 |
| EE2 | 63.4 | 24.9 | 94.5 | 88.2 | 3.7 | 3.3 | 5.5 | 11.8 |
| BPA | 98.5 | 98.2 | 99.996 | 99.99 | 0.004 | 0.01 | 0.004 | 0.01 |
| 4-NP | 80.1 | 78.0 | 94.9 | 94.2 | 4.3 | 4.8 | 5.1 | 5.8 |
| 4-OP | 94.7 | 91.6 | 99.3 | 98.5 | 0.6 | 1.4 | 0.7 | 1.5 |
| NPnEO | 86.9 | 78.1 | 99.4 | 96.5 | 0.5 | 3.7 | 0.6 | 3.5 |

可以看出，总体来说，8 种 EDCs 在 MBR 和 SBR 混合液中的主要去除途径均为生物降解，污泥吸附所占去除总量的最大的比例低于 12%。这是因为在长期运行的反应器中，污泥吸附很快达到饱和，吸附带来的去除有限。

对于所有的烷基酚类 EDCs 而言，MBR 中生物降解带来的去除率高于 SBR；污泥吸附所带来的去除率低于 SBR。这说明与 SBR 相比，MBR 中污泥对这 4 种物质的降解能力较强，但吸附能力较弱。

E2 的去除情况与烷基酚类 EDCs 类似，E1 和 E3 的去除效果则反之。E1 和 E3 在 MBR 中的生物降解均弱于 SBR；而在 MBR 中的吸附去除强于 SBR。MBR 中污泥吸附和生物降解对 EE2 的去除均强于 SBR。

分析表 4.5 中不同去除途径的占去除总量的比例可知，按污泥吸附量占去除总量的比例大小排列，MBR 中烷基酚类 EDCs 依次为 4-NP＞4-OP＞NPnEO＞BPA；SBR 中依次为 4-NP＞NPnEO＞4-OP＞BPA。这四种物质按亲疏水性排列为 4-NP＞NPnEO＞4-OP＞BPA。可见，污泥吸附对去除量的贡献与物质的疏水性有一定的关系。在 SBR 中完全成正相关，疏水性越强的物质，污泥吸附所占的比例越大；而在 MBR 中污泥吸附对 NPnEO 的去除比例有所下降，这可能是 MBR 对 NPnEO 的降解能力得到强化的结果。

同样，分析雌激素类 EDCs，可得出 MBR 和 SBR 中污泥吸附对去除的贡献大小依次为：EE2＞E1＞E2＞E3。相应物质的疏水性为 EE2＞ E2 ＞ E1＞E3。同样，污泥吸附对去除量的贡献与物质的疏水性基本也呈正相关。但对 E1，污泥吸附所占比例反而要高于 E2。导致上述结果出现的原因是 E1 去除率整体较差，在上清液中浓度较高。吸附平衡时，污泥中的浓度相应也较高，导致污泥吸附对 E1 的去除比例反而高于 E2。

## 4.3 污泥龄对 MBR 去除典型内分泌干扰物的影响

污泥龄作为城市污水处理工艺中的一个重要设计参数，是影响系统运行的一个重要因素。MBR 可以实现长 SRT 下的稳定运行，这是其区别于一般活性污泥法的一个典型特点。本节采用模拟生活污水，研究了 SRT 对 MBR 去除内分泌干扰物的影响(周颖君，2009)。

### 4.3.1 工艺特征

试验所用装置为图 4.2(a)所示的一体式 MBR。反应器进水采用自配水，主要污染物指标模拟普通生活污水。试验共运行了 4 个 SRT 下的工况：工况 A 为 SRT＝5d；工况 B 为 SRT＝10d；工况 C 为 SRT＝20d；工况 D 为 SRT＝40d。

由于微生物的代谢过程受温度的影响很大，为了方便与其他文献进行比较，在研究过程中对反应器混合液温度进行了测定，以便对 SRT 进行温度校正。参考 Clara 等(2005a)的报道，校正公式如下：

$$\mathrm{SRT}_{10℃} = \mathrm{SRT}_t \times 1.072^{t-10} \tag{4.5}$$

式中，$\mathrm{SRT}_{10℃}$为校正至 10℃后的污泥龄，d；$\mathrm{SRT}_t$为稳定期安排泥量和反应器体积计算的污泥龄，d；$t$ 为反应器稳定运行期间的平均温度，℃。

根据公式(4.5)计算 $\mathrm{SRT}_{10℃}$值，结果如表 4.6 所示。

**表 4.6 温度校正后的污泥龄($\mathrm{SRT}_{10℃}$)**

| 指标 | 工况 A | 工况 B | 工况 C | 工况 D |
|---|---|---|---|---|
| $\mathrm{SRT}_t$/d | 5 | 10 | 20 | 40 |
| $t$/℃ | 19.6 | 19.8 | 25.2 | 25.3 |
| $\mathrm{SRT}_{10℃}$/d | 10 | 20 | 57 | 116 |

### 4.3.2 污泥龄对典型内分泌干扰物去除效果的影响

#### 4.3.2.1 4 种雌激素类内分泌干扰物的去除效果

图 4.8 给出了不同工况中 MBR 对 4 种雌激素类 EDCs 的去除效果。对于 E1，虽然进水中没有投加，但由于其可由 E2 转化而来，在进水、出水中都检测到了 E1 的存在。可以看出，随着 SRT 的延长，E1 去除效果逐渐增强。SRT 较低的两个工况 A、B 中，平均去除率低于 50%；SRT 较高的两个工况 C、D 中，平均去除率可达 90%以上。对于 E2 和 E3，去除效果基本不受 SRT 的影响，平均去除率均大于 97%。

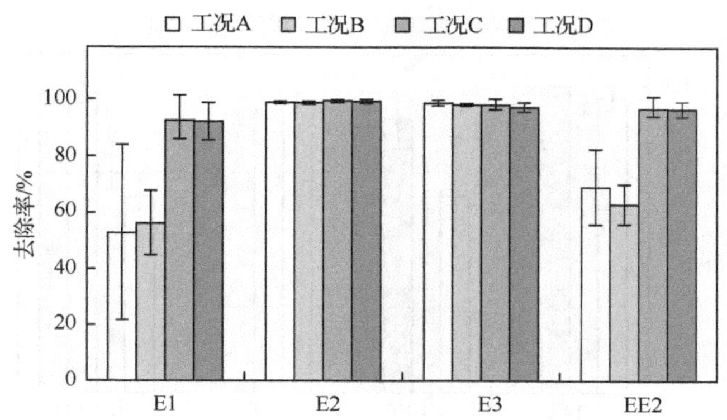


图 4.8　污泥龄对 4 种雌激素类内分泌干扰物去除效果的影响

Clara 等(2005a)对实际污水处理厂的研究也发现，$SRT_{10℃}$ 小于 10d 时，E1＋E2＋E3 的去除效果较差，去除率低于 60%；而 $SRT_{10℃}$ 大于 10d 时去除率可达 80%以上。本研究中 SRT 影响的规律与之基本相同，并且通过对三种物质的分别分析，可以知道 SRT 变化主要是对 E1 的去除产生了影响。文献中临界 SRT 与本研究的结果略有不同，这可能是由于反应器的其他运行条件，如进水浓度、HRT 的不同引起的。

从图 4.8 可见，MBR 对 EE2 的去除规律比较特别，随着 SRT 的延长，去除率先降后增，在 SRT＝10d 时去除率最低，在 SRT＞10d 的工况中，去除效果基本稳定，平均去除率达 95%以上。这种波动在 Clara 等(2005a)的研究中也有类似发现。

整体而言，污泥龄大于 10d 的两个工况 C、D 对雌激素类 EDCs 的去除效果较好，去除率比较稳定。工况 D 中雌激素类 EDCs 的去除效果略好于工况 C，但差别不大。

#### 4.3.2.2　4 种烷基酚类内分泌干扰物的去除效果

图 4.9 给出了不同 SRT 条件下 4 种烷基酚类 EDCs 的去除效果。由该图可知，BPA 和 4-OP 的去除效果与雌激素中的 E2、E3 类似，基本不受 SRT 的影响，平均去除率均大于 94%。4-NP 的去除效果随 SRT 的变化与雌激素 EE2 类似，去除效果随 SRT 延长先降后增，在 SRT＝10d 时去除效果最差。NPnEO 的去除率变化规律则与雌激素 E1 类似，随 SRT 延长逐渐增加。

Clara 等(2005a)在研究中发现，BPA 在 $SRT_{10℃}$＝2d 时去除效果低于 20%，$SRT_{10℃}$＝10d 时低于 80%，但 $SRT_{10℃}$ 大于 10d 可达到 80%以上。本研究中，$SRT_{10℃}$ 均大于 10d，这可能是 SRT 对 BPA 去除效果影响不大的原因。对于 4-OP、4-NP 和 NPnEO，目前还没有检索到研究 SRT 对其去除影响的相关文献。

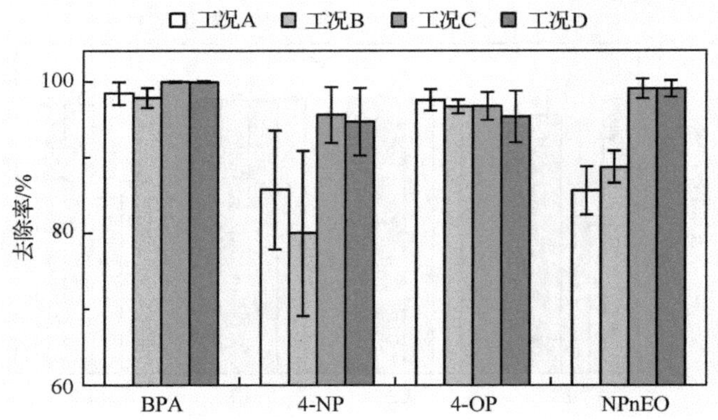


图 4.9　污泥龄对 4 种烷基酚类内分泌干扰物去除效果的影响

总的来说，与雌激素类 EDCs 的去除情况一致，SRT 大于 10d，即在 $SRT_{10℃}$ 大于 20d 的两个工况 C、D 中，MBR 对烷基酚类 EDCs 的去除效果也较好，且去除率比较稳定。EE2 和 4-NP 的去除效果出现了波动，其原因需要进一步的分析。

### 4.3.3　污泥龄对内分泌干扰活性去除效果的影响

除对 8 种 EDCs 的去除效果进行了监测外，对不同 SRT 条件下 MBR 中内分泌干扰活性的去除情况也进行了分析，结果见图 4.10。

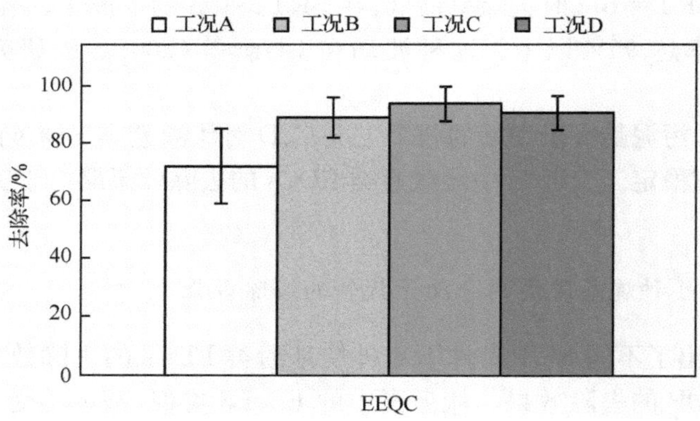


图 4.10　污泥龄对内分泌干扰活性去除效果的影响

从该图可以看出，SRT＝5d（$SRT_{10℃}$＝10d）时，MBR 对内分泌干扰活性的去除效果较差，仅为 70％左右。随着 SRT 延长，内分泌干扰活性的去除率提高，可达 90％左右，且当 SRT＞5d 时内分泌干扰活性去除率变化不大。

这一结果说明，尽管对于目标 EDCs 来说，SRT＞10d 时才能取得较好的去除效果；但是从 MBR 出水的整体内分泌干扰活性来考虑，只需要保证 SRT＞5d

($SRT_{10℃}$>10d)即可保证出水的安全性。目前，关于 MBR 去除 EDCs 的文献中，考察 SRT 影响的研究还很少，而对整体内分泌干扰活性的研究更为缺乏，这一结论可以有效地补充现有研究的不足。

### 4.3.4　污泥龄对典型内分泌干扰物去除途径的影响

结合 4.2.4.1 节，可知泥水分离过程对 EDCs 去除的影响较小，因此，本节主要分析污泥吸附和生物降解两种途径随 SRT 的变化，计算结果见表 4.7。

**表 4.7　不同去除途径占混合液中内分泌干扰物去除的比例**

| 目标物 | 污泥吸附对去除的贡献/% | | | | 生物降解对去除的贡献/% | | | |
|---|---|---|---|---|---|---|---|---|
| | 工况 A | 工况 B | 工况 C | 工况 D | 工况 A | 工况 B | 工况 C | 工况 D |
| E1 | 5.21 | 1.98 | 9.66 | 8.66 | 8.36 | 36.64 | 80.02 | 80.19 |
| E2 | 0.10 | 0.06 | 0.42 | 1.81 | 97.37 | 99.10 | 98.95 | 97.29 |
| E3 | 0.25 | 0.18 | 0.17 | 0.31 | 94.24 | 97.18 | 98.39 | 98.69 |
| EE2 | 10.11 | 8.98 | 9.82 | 25.10 | 6.89 | 45.74 | 87.09 | 74.35 |
| BPA | 0.02 | 0.03 | 0.01 | 0.01 | 99.62 | 99.72 | 99.96 | 99.97 |
| 4-NP | 14.04 | 17.05 | 15.36 | 4.41 | 75.23 | 72.10 | 73.90 | 90.21 |
| 4-OP | 3.39 | 2.58 | 1.86 | 0.89 | 92.69 | 90.21 | 97.93 | 99.02 |
| NPnEO | 3.12 | 10.10 | 3.36 | 2.64 | 74.20 | 74.79 | 72.94 | 75.20 |

从表中可以看出，对于雌激素类 EDCs，随 SRT 的变化两种去除途径所占比例的变化规律基本相同。工况 A 中吸附对这四种 EDCs 的去除均强于工况 B，但随着 SRT 的进一步延长，吸附所占的比例又逐渐上升。

随着 SRT 的延长，MBR 中生物降解对这四种 EDCs 的去除贡献基本上为逐渐增加。可以看出，在污泥龄较低时，E1 和 EE2 不仅去除效果很差，而且生物降解占去除的比例很低。

对于烷基酚类 EDCs，基本上生物降解所带来的去除贡献也随着 SRT 延长而增加；污泥吸附的贡献同样存在波动，对于 4-OP，污泥吸附的贡献随 SRT 延长逐渐降低；而其他三种物质，污泥吸附的贡献则随 SRT 延长先增加后降低。

总的来说，SRT 延长，生物降解对 8 种 EDCs 的去除贡献均有增加；而污泥吸附的贡献则存在波动。在 SRT=5d 时，尽管某些物质(如 EE2)的降解能力较弱、单位污泥对其的吸附量较低，但由于排泥量较大，污泥吸附对去除的贡献却高于 SRT=10d 时的量，使 SRT=5d 时的最终去除效果优于 SRT=10d 时的情况。

## 4.4　$A^2$/O-MBR 工艺对微量有机污染物的去除特性

本节以北京市某城市污水处理厂中 $A^2$/O-MBR 组合工艺为对象，经过长期取样检测，考察了 19 种典型 EDCs 和 PPCPs 在该工艺中的去除效果。并在此基础上，对目标物在工艺中的沿程变化、相间分配等迁移行为进行了系统考察，分析了目标物在系统中的归趋途径(薛文超，2010；Xue et al.，2010b；Wu et al.，2011)。

### 4.4.1　工艺特征

北京某城市污水处理厂于 2008 年初建成一座厌氧/缺氧/好氧-膜生物反应器-反渗透(anaerobic/anoxic/aerobic-membrane bioreactor-reverse osmosis，$A^2$/O-MBR-RO)再生水工艺，设计处理规模约为 60 000$m^3$/d。主要工艺流程如图 4.11所示。原污水通过曝气沉砂池和细格栅后进入 $A^2$/O 系统，好氧池出水进入膜池，经膜过滤得到一般再生水，其中一部分输入再生水管网供给用户，另外约 10 000$m^3$则经过 RO 系统进一步净化后补给奥运公园中心水系。

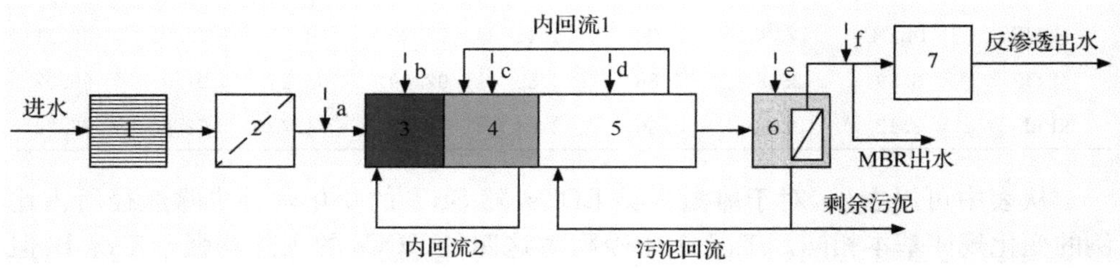


图 4.11　某污水处理厂 $A^2$/O-MBR-RO 工艺流程示意图

1. 曝气沉砂池；2. 细格栅；3. 厌氧池；4. 缺氧池；5. 好氧池；6. 膜池；7. 反渗透系统

$A^2$/O-MBR 中设置了一条污泥回流和两条内回流：膜池按 400%的回流比将污泥回流至好氧池，好氧池末端按 500%回流比将硝化液回流至缺氧池前段，缺氧池末端则按 120%的回流比进一步将混合液回流至厌氧池前端。该工程的膜组件采用的是聚偏氟乙烯(polyvinylidene fluoride，PVDF)中空纤维超滤膜，平均孔径为 0.04$\mu$m，总有效面积为 182.9$m^2$。取样期间该污水处理厂 $A^2$/O-MBR 工艺的主要运行参数如表 4.8 所示。

本研究于 2008 年 7～12 月期间共进行了 5 次采样检测，分析样品总数为 30 个。在 $A^2$/O-MBR 工艺中共设 6 个采样点：a. 格栅出水、b. 厌氧池、c. 缺氧池、d. 好氧池、e. 膜池以及 f. 膜池出水。采样点分布如图 4.11 中箭头所示。

**表 4.8　$A^2$/O-MBR 工艺的主要运行参数**

| 主体工艺单元 | HRT/h | MLSS/(g/L) | DO/(mg/L) |
|---|---|---|---|
| 厌氧池 | 2 | 4.3 | 0.8±0.3 |
| 缺氧池 | 5 | 7.9 | 1.1±0.5 |
| 好氧池 | 7 | 9.4 | 3.6±0.5 |
| 膜池 | 0.5 | 11.5 | 4.9±0.5 |
| 日平均处理水量/($m^3$/d) | | 60 000 | |
| 日剩余污泥排放量/($m^3$/d) | | 1 600 | |
| 曝气量/($m^3$/h) | | 15 000～20 000 | |
| 污泥停留时间/d | | 20 | |

本研究对活性污泥中的 EDCs、药品和麝香浓度也分别进行了分析。污泥样品分别取自 $A^2$/O-MBR 工艺中的厌氧池、缺氧池、好氧池和膜池。混合液经过过滤，污泥样品被截留在滤纸上，将留有污泥样品的滤纸经过 48h 的冷冻干燥，小心剥离干污泥，研磨后用 60 目筛筛分。称取干污泥 20mg、1000mg 和 20mg 分别用于 EDCs、药品和麝香浓度的测定。采用超声萃取和固相萃取对污泥样品进行预处理。

### 4.4.2　目标微量有机污染物的去除效果

#### 4.4.2.1　目标内分泌干扰物的去除效果

5 次取样检测过程中，8 种目标 EDCs 在进水中均有检出，但不同目标物的浓度存在较大差异（图 4.12）。其中，BPA 在进水中浓度最高，为（272.6±84.3）ng/L。EE2 在进水中的浓度达到（163.2±251.6）ng/L，与 Pauwels 等（2008）于 2008 年报道的城市污水中 EE2 的浓度相近，但比 Clara 等（2005a）于 2005 年报道的浓度高出近一个数量级，这可能与近年来含 EE2 成分的药品使用量增加有关。天然雌激素类物质 E1、E2、E3 在进水中的浓度也相对较高，分别达到（125.5±75.1）ng/L、（143.2±122.3）ng/L 和（138.0±72.5）ng/L，这与 Nakada 等（2006）报道的日本城市污水中天然雌激素类物质的浓度相当。与此相比，E2 的异构体 17α-E2 的浓度则相对较低，仅为（15.6±7.7）ng/L。所有目标 EDCs 中，两种烷基酚类物质 4-OP 和 4-NP 在进水中的浓度最低，分别仅为（7.9±6.0）ng/L 和（0.7±1.1）ng/L，这比澳大利亚（Clara et al.，2005b）、日本（Nakada et al.，2006）、希腊（Stasinakis et al.，2008）和英国（Kasprzyk-Hordern et al.，2009）等国家近年来报道的城市污水中 4-OP 和 4-NP 的浓度均要低。

比较不同目标 EDCs 在进出水中的浓度可知，除 4-OP 和 4-NP（平均去除率分

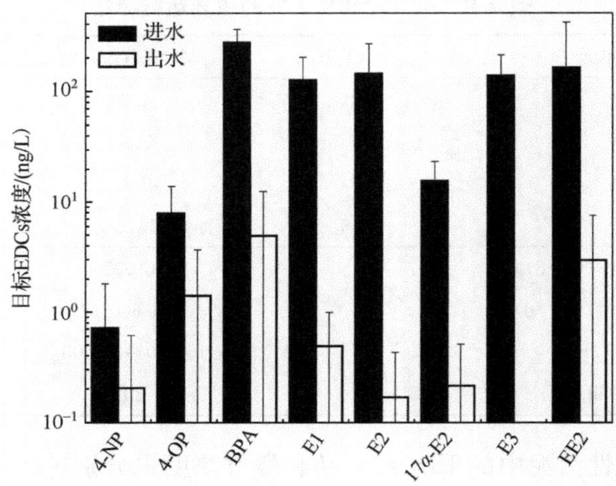


图 4.12 目标 EDCs 在 $A^2$/O-MBR 工艺中的去除效果

别为 79.3%和 75.6%)，其他 6 种目标 EDCs 在该 $A^2$/O-MBR 工艺中均可达到 90%以上的去除率，这说明该工艺对目标 EDCs 均有较好的去除能力。值得一提的是，通常被认为较难降解的 EE2 在本工艺中得到了较好的去除，平均去除率可达 90.4%，且去除效果稳定。另外，烷基酚聚氧乙烯醚(alkylphenol polyethoxylates，APnEO)等前体物质的代谢可能是导致 4-OP 和 4-NP 在系统中去除率较低的重要原因。

#### 4.4.2.2 目标药品及个人护理用品的去除效果

与 EDCs 相比，PPCPs 在进水中的浓度普遍较高(图 4.13)。11 种目标 PPCPs 中，CAF 在进水中的浓度最高，达到(11803.4±4533.9)ng/L。DEET、ERY 和 METOP 的浓度次之，分别达到(1368.9±1250.4)ng/L、(1207.0±444.8)ng/L 和(908.2±154.7)ng/L。其他目标 PPCPs 的浓度则相对稍低。由于 PPCPs 是按照物质的用途归类的，不同 PPCPs 在分子结构和性质上存在较大差异，这导致不同目标 PPCPs 在去除特性上也存在较大差异。由图 4.13 可知，本研究中所选的 11 种 PPCPs 在工艺中的平均去除率分布十分广泛，从低于 10%到高于 90%不等。其中，CAF、DEET、ERY、TRM 和 KTP 去除效果较好，平均去除率均可达到 90%以上，其中一些物质的去除率明显高于 Benotti 和 Brownawell (2007)、Kasprzyk-Hordern 等(2009)和 Radjenovic 等(2009)报道的传统污水处理工艺中这些物质的去除率。而 CBZ、DCF 和 SLP 的去除效果较差，平均去除率均低于 20%。另外，两种麝香物质的去除率一般，分别为 HHCB(59.0%)和 AHTN (51.7%)。

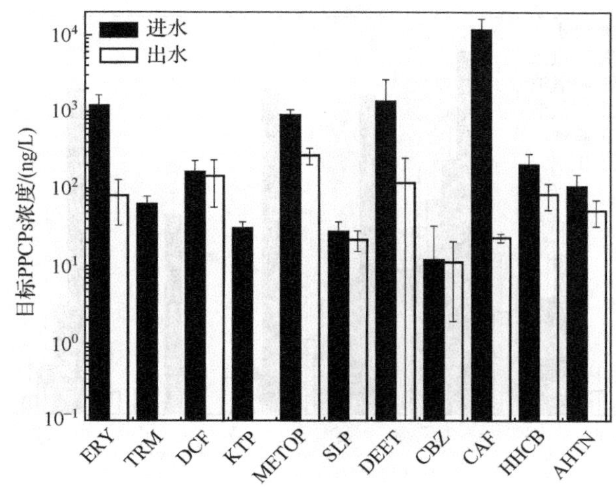


图 4.13　目标 PPCPs 在 $A^2$/O-MBR 工艺中的去除效果

### 4.4.3　目标微量有机污染物的迁移行为

#### 4.4.3.1　水相中目标物沿工艺流程的变化

水相中目标 EDCs 浓度沿工艺流程的变化如图 4.14 所示。多数目标 EDCs 在水相中的浓度呈规律性沿程递减的趋势，这说明工艺中各单元对目标物的去除都具有一定的贡献，但各单元的贡献率存在较明显的差别：与其他单元相比，厌氧池对目标 EDCs 的去除具有明显的优势。另外，从图中可以观察到多数目标物在膜出水中的浓度较膜池上清液中有所降低，这说明膜过滤过程对目标 EDCs 的去除也具有一定的贡献。由于该 $A^2$/O-MBR 中所用超滤膜的平均截留孔径(0.04$\mu$m)远大于目标物分子尺寸，膜的直接截留作用并不能解释这种去除贡献，但膜材料及其上凝胶层和滤饼层对目标物质的吸附以及间接截留(即膜在截留混合液中悬浮污泥、胶体和溶解性大分子物质的同时将吸附在其上的微量有机污染物一同截留的现象)作用则有可能是产生这种去除贡献的原因，不过，这种推测还需要通过进一步的研究来证实。

另外，从图中并没有观察到 4-OP 和 4-NP 有规律性的沿程递减，这主要是由于 APnEO 等前体物质的代谢干扰了检测结果，使图 4.14 中所示的结果并不能代表 4-OP 和 4-NP 沿程去除的真实情况。

水相中目标 PPCPs 浓度沿工艺流程的变化如图 4.15 所示。与 EDCs 相比，目标 PPCPs 浓度沿工艺流程的变化更为复杂，除 METOP 浓度呈沿程递减外，其他目标 PPCPs 的沿程变化并无明显规律性。

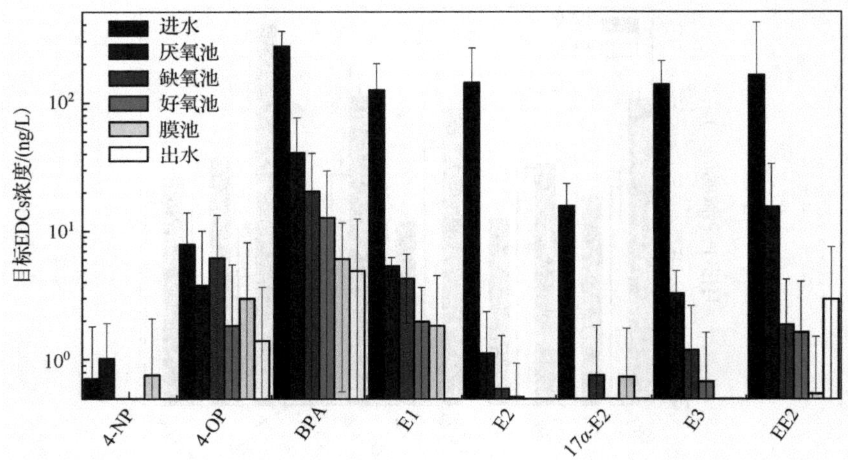


图 4.14　水相中目标 EDCs 浓度沿工艺流程的变化

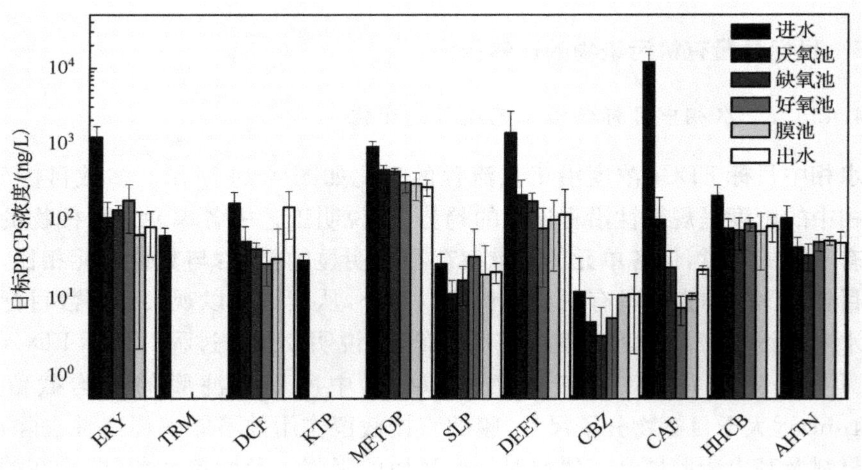


图 4.15　水相中目标 PPCPs 浓度沿工艺流程的变化

为了寻找导致厌氧池去除优势的原因，本研究采用排除法对上述各种假设进行了验证。首先，为了排除内回流对目标微量有机污染物浓度的稀释作用，对工艺各单元中的目标物质分别进行了质量衡算，以水相中目标物去除的总量为 100%，对各单元的实际去除贡献进行了表征，结果如图 4.16 所示。可以看出，排除了内回流稀释作用的干扰后，缺氧池、好氧池和膜池对目标物的去除贡献有了一定程度的提高，但厌氧池的贡献对于绝大多数目标物来说仍然占优势。这说明内回流的稀释作用并不是导致厌氧池中目标物表观浓度迅速下降的主要原因。

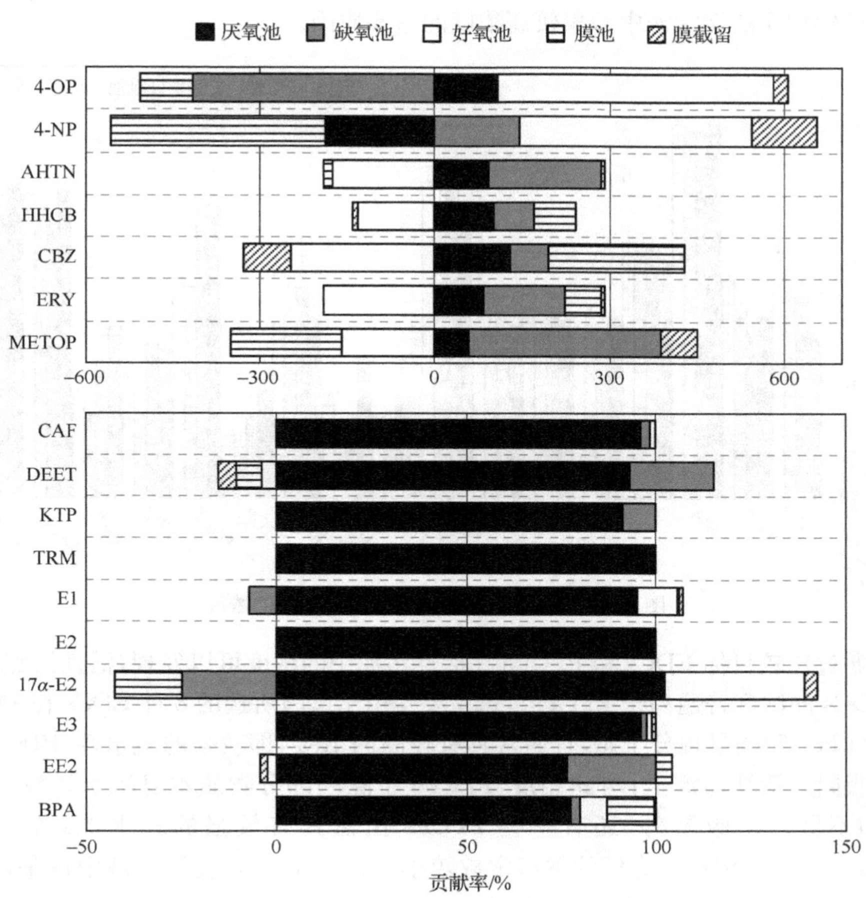


图 4.16　排除回流干扰后各工艺单元对目标物去除的贡献

#### 4.4.3.2　目标物在泥、水两相中的迁移

一些研究结果表明(Joss et al.,2006;Radjenovic et al.,2009;Stasinakis et al.,2008),活性污泥的吸附作用可能成为某些微量有机污染物的重要迁移途径。因此,本研究亦通过检测活性污泥中目标微量有机污染物的浓度来分析活性污泥吸附作用对微量有机污染物迁移行为的影响。图 4.17 所示为部分目标物在 $A^2/O$-MBR 工艺四个生物处理单元活性污泥中的浓度。不难发现,BPA、E1、EE2、DEET、HHCB 和 AHTN 这几种目标物在污泥中的含量相对较高,平均浓度达到 100ng/g-MLSS 以上。辛醇-水系数($K_{OW}$)可在一定程度上表征物质的亲疏水性,通过表 2.1 的信息可知,上述几种目标物均具有比较大的 $K_{OW}$,即较强的疏水性,因此它们比较容易吸附到活性污泥絮体上。另外,较高的进水浓度也是导致

上述目标物在活性污泥中积累较高浓度的重要原因。

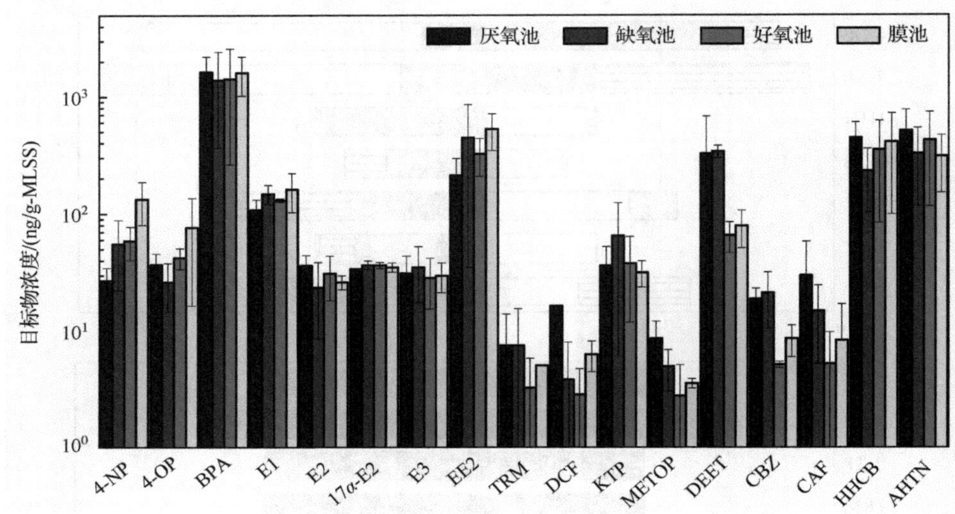


图 4.17　泥相中目标微量有机污染物的浓度

通过比较目标 EDCs 和 PPCPs 在活性污泥中的浓度可以发现，活性污泥中目标 EDCs 的浓度普遍高于 PPCPs。这主要是由于试验所选的 8 种 EDCs 在中性条件下（pH≈7）均呈现分子态，且通常具有较高的 $K_{OW}$，即较强的疏水性，因此比较容易吸附到活性污泥上；与此相反，PPCPs 中除一部分物质本身疏水性较弱（如 CAF）不易发生吸附外，还有一些 PPCPs 虽然具有较强的疏水性（如 DCF，$\lg K_{OW}=4.51$），但由于它们的解离常数较小（$pK_a=4.15$），在混合液中性条件下，容易发生电离使得部分该目标物以离子形态存在，从而降低了该物质的吸附能力，导致该目标物在活性污泥中的吸附较弱。

另外，从图 4.17 中并不能直接观察到不同工艺单元中活性污泥对目标微量有机污染物在吸附能力上是否存在规律性的差异。为了排除进水浓度造成的干扰，在一定程度上客观地表征目标物在活性污泥中的吸附能力，我们引入目标物在泥、水相间的表观分配系数 $k'_p$（L/g-MLSS），定义为

$$k'_p = \frac{C_s}{C_w} \tag{4.6}$$

式中，$C_s$为混合液泥相单位污泥干重中目标微量有机污染物的含量，ng/g-MLSS；$C_w$为混合液水相中目标微量有机污染物的浓度，ng/L。

按式(4.6)计算所得 $A^2$/O-MBR 工艺中各单元内目标微量有机污染物的表观泥-水分配系数 $k'_p$ 如表 4.9 所示。可以看到活性污泥对目标 EDCs 的吸附能力要明显大于目标 PPCPs。另外，对于几乎所有目标 EDCs 均可观察到 $k'_p$ 值沿工艺流

程不断升高的现象，这说明随着运行条件的改变，活性污泥吸附目标 EDCs 的能力也产生了一定的变化。综合考虑各种物化因素如温度、水力条件等的影响，沿程曝气量的不断增加可能是导致这种现象的原因：由于曝气产生的水力剪切不断增强，使得活性污泥絮体颗粒减小，从而增大了活性污泥的吸附比表面积，导致活性污泥吸附能力上升。相反，由于活性污泥对目标 PPCPs 的吸附能力较弱，这种沿程的变化趋势并不明显。

**表 4.9　$A^2$/O-MBR 工艺中各单元内目标微量有机污染物的泥-水分配系数 $k'_p$**

| 目标物 | 泥-水分配系数 $k'_p$/(L/g-MLSS) | | | |
|---|---|---|---|---|
| | 厌氧池 | 缺氧池 | 好氧池 | 膜池 |
| 4-NP | 43.07 | 86.58 | 113.70 | 116.01 |
| 4-OP | 7.39 | 3.19 | 17.43 | 17.03 |
| BPA | 40.19 | 114.85 | 274.55 | 300.33 |
| E1 | 20.24 | 34.16 | 55.46 | 58.85 |
| E2 | 24.35 | 32.33 | 48.41 | 44.26 |
| 17α-E2 | 70.91 | 47.96 | 225.75 | 37.41 |
| E3 | 0.10 | 0.01 | 0.03 | 0.02 |
| EE2 | 13.82 | 179.63 | 154.18 | 642.33 |
| DCF | 0.31 | 0.09 | 0.10 | 0.20 |
| KTP | — | — | — | 0.00 |
| METOP | 0.02 | 0.01 | 0.01 | 0.01 |
| SLP | — | — | — | 0.00 |
| DEET | 1.55 | 1.95 | 0.85 | 0.78 |
| CBZ | 3.87 | 6.55 | 0.94 | 0.81 |
| CAF | 0.30 | 0.60 | 0.71 | 0.80 |
| HHCB | 5.73 | 3.13 | 3.96 | 5.69 |
| AHTN | 11.45 | 9.27 | 8.08 | 5.69 |

Urase 和 Kikuda(2005)在研究中发现微量有机污染物在泥-水相间的分配规律与该物质的亲疏水性($K_{OW}$)具有密切的关系，并在间歇试验中得到了 $\lg k'_p$与 $\lg K_{OW}$之间较好的线性关系。本试验中将目标物在实际污水处理过程中所得的表观分配系数 $\lg k'_p$与 $\lg K_{OW}$进行了比较，结果如图 4.18 所示。随着目标物 $K_{OW}$的不断增大，其在活性污泥上的吸附能力不断增强。通过皮尔森拟合得到 $p<0.001$，

这说明 $\lg k'_p$ 与 $\lg K_{OW}$ 在统计学上具有较好的线性相关关系。但图中仍然存在与拟合直线偏差较远的目标物，如 DCF，这种偏差主要是由于 DCF 较小的解离常数（$pK_a = 4.15$）所引起的。

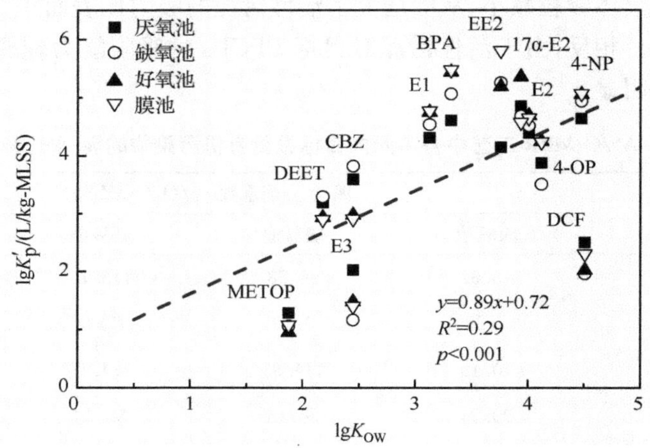


图 4.18 目标物泥-水分配系数 $\lg k'_p$ 与辛醇-水系数 $\lg K_{OW}$ 的关系

#### 4.4.3.3 挥发对目标物迁移行为的影响

由表 4.8 中信息可知，该 $A^2/O$-MBR 工艺的最高曝气量约为 20 000$m^3/h$。假设在活性污泥法曝气过程中，目标微量有机污染物在水相及气相中已达到传质平衡，则根据亨利定律可推导计算目标微量有机污染物的挥发量：

$$m_{\text{target}} = \frac{101.325 \cdot 10^{-3} \cdot k_{c,\text{target}} \cdot c_{\text{target}} \cdot O}{RT} \tag{4.7}$$

式中，$m_{\text{target}}$ 表示目标微量有机污染物的日挥发量，g/d；$k_{c,\text{target}}$ 表示目标微量有机污染物的亨利系数，atm① · $m^3$/mol；$c_{\text{target}}$ 为目标微量有机污染物在液相中的浓度，ng/L；$O$ 为曝气池日曝气总量，$m^3$/d；$R$ 为摩尔气体常量，$R = 8.314$J/(mol · K)；$T$ 为热力学温度，本研究在估算时统一取 $T = 283.15$K。

表 4.10 中所示为根据式(4.7)估算所得各种目标物日挥发去除量。其中，DEET 的平均挥发量最大，可达到 1.13g/d，但此值仍然远远小于因降解或污泥吸附导致的目标物去除。因此，可以认为，活性污泥法曝气导致的目标微量有机污染物挥发对目标物的迁移行为影响很弱，可以忽略不计。

---

① 1atm=1.013 25×$10^5$Pa。

**表 4.10　目标微量有机污染物的平均日挥发量**

| 目标物 | 日挥发量/(g/d) | 日进水总量/(g/d) | 目标物 | 日挥发量/(g/d) | 日进水总量/(g/d) |
|---|---|---|---|---|---|
| BPA | 1.79E−03 | 2.04E+01 | KTP | — | 2.28E+00 |
| E1 | 8.38E−03 | 9.41E+00 | METOP | 2.03E−02 | 6.81E+01 |
| E2 | 8.04E−04 | 1.07E+01 | SLP | 4.44E−05 | 2.06E+00 |
| 17α-E2 | 2.01E−04 | 1.17E+00 | DEET | 1.13E+00 | 1.03E+02 |
| E3 | 1.43E−04 | 1.03E+01 | CBZ | 5.55E−03 | 8.89E−01 |
| EE2 | 2.12E−03 | 1.22E+01 | CAF | 9.15E−03 | 8.85E+02 |
| ERY | 5.14E−09 | 9.05E+01 | HHCB | 2.44E−01 | 1.54E+01 |
| TRM | — | 4.70E+00 | AHTN | 1.52E−01 | 7.98E+00 |
| DCF | 1.65E−02 | 1.23E+01 | | | |

#### 4.4.3.4　目标物在系统中的质量衡算

在认为目标微量有机污染物的挥发可忽略不计的条件下，本研究对取样期间(2008 年 7～12 月)各目标物在系统中的归趋进行了质量衡算，其结果如图 4.19 所示。以进水中目标微量有机污染物的总量为 100%，通过计算得到三种主要归趋途径——转化、剩余污泥排放以及出水排放对各目标物的贡献率。由于试验中采用的是瞬时取样的方法，进水中目标物浓度的波动可能会在一定程度上干扰质量衡算的结果，因此图 4.19 中有个别物质的归趋出现负值。

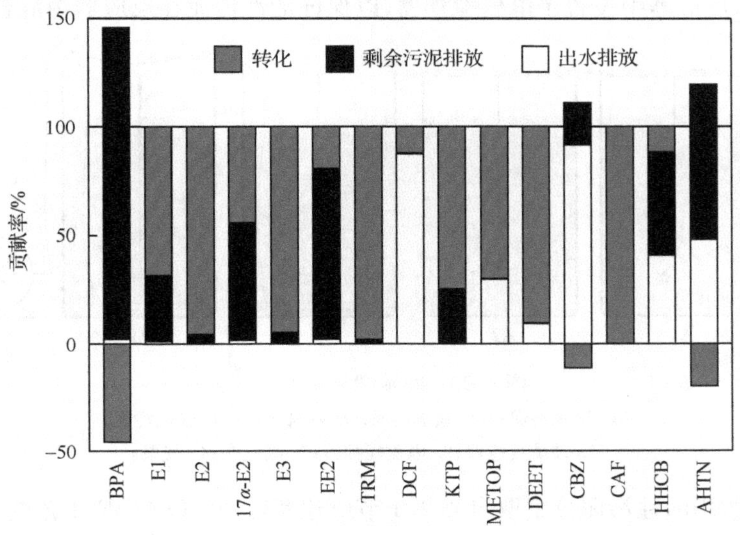


图 4.19　目标微量有机污染物在工艺中的质量衡算

由该图可知，4.4.2 节中讨论的去除率较高的目标物可根据其归趋的特点将它们大致分为两类：①以微生物转化作用为主要归趋途径的目标物，主要包括 E2、E3、TRM、DEET 和 CAF 等；②以微生物转化及活性污泥吸附为主要归趋途径的目标物，其中包括 BPA、E1、17$\alpha$-E2、EE2、KTP、HHCB 和 AHTN。这些目标物通常具有较强的生物降解性和疏水性，尤其对于 BPA、EE2、HHCB 和 AHTN 这四种目标物，质量衡算结果表明，活性污泥吸附是这些物质最主要的归趋途径，这就意味着污水处理厂排放的剩余污泥还具有较高的二次风险，因此针对微量有机污染物去除的剩余污泥处理处置措施也需受到重视。另一方面，在工艺中去除效果较差的 DCF 和 CBZ 等目标物则体现出既难以生物降解又不易被活性污泥吸附的特性。对于这些难以被活性污泥法去除的微量有机污染物则应该考虑其他深度处理措施如高级氧化等进行去除。

### 4.4.4　各单元污泥对微量有机污染物的吸附与降解特性

#### 4.4.4.1　间歇试验方法

利用间歇试验的方法进一步分析 $A^2/O$-MBR 工艺各个单元中活性污泥对目标微量有机污染物的降解和吸附特性。间歇试验装置如图 4.20 所示。试验装置有效容积为 10L，采用玻璃材质以减少装置本身对目标物质的吸附。试验过程中采用砂质曝气头进行曝气，为模拟实际 $A^2/O$-MBR 系统中各单元的运行特点，4 组间歇试验反应器的 DO 分别控制在 0mg/L、0.5mg/L、4mg/L 以及 6mg/L 左右。另外，反应器中设置了电磁搅拌器，以保证活性污泥在反应器中混合均匀。

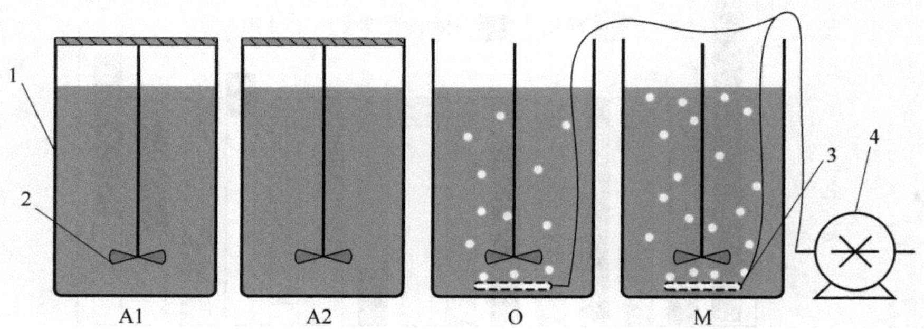


图 4.20　间歇试验装置示意图

A1. 厌氧污泥；A2. 缺氧污泥；O. 好氧污泥；M. 膜池污泥；

1. 玻璃反应器；2. 电磁搅拌器；3. 曝气头；4. 气泵

试验所用活性污泥分别取自 4.4.1 节所述实际 $A^2/O$-MBR 工艺的厌氧池、缺氧池、好氧池和膜池。混合液经离心后去除上清液。试验中用原水将活性污泥稀释至约 1000mg/L。为保证间歇试验条件与实际工艺运行条件尽可能相近，采用

4.4.1 节所述污水处理厂格栅间出水作为本试验的原水。在试验前于进水中投入一定浓度的目标物(EDCs 投入 1μg/L,PPCPs 视实际污水浓度投入 1～50μg/L 不等)。将原水分别注入图 4.20 所示的 4 个间歇试验反应器中,在厌氧反应器(A1)和缺氧反应器(A2)中曝氮气,形成缺氧环境,并在 A2 中投入 20mg/L 的 $NO_3^-$-N 以模拟缺氧池反硝化过程;另外,在好氧反应器(O)和膜池反应器(M)中曝空气,使两反应器中 DO 分别维持在 3～4mg/L 和 5～6mg/L,以模拟实际工艺中好氧池和膜池的溶氧条件。

待各反应器中运行条件稳定后,将活性污泥投入相应的反应器,控制各反应器中污泥浓度约为 1000mg/L。间歇试验开始,在不同时间点取混合液样品 100～200mL 用于目标物浓度的检测。

#### 4.4.4.2　两相迁移模型

利用 Urase 和 Kikuta(2005)建立的两相迁移模型(图 4.21),对间歇试验数据进行分析,从而得到各运行条件下活性污泥对目标微量有机污染物的吸附和降解性能参数。两相迁移模型表达式如下:

$$\frac{\mathrm{d}(\beta C_\mathrm{w})}{\mathrm{d}t} = -k_\mathrm{b}(k_\mathrm{p}C_\mathrm{w} - C_\mathrm{s})X \tag{4.8}$$

$$\frac{\mathrm{d}(C_\mathrm{s}X)}{\mathrm{d}t} = k_\mathrm{b}(k_\mathrm{p}C_\mathrm{w} - C_\mathrm{s})X - k_1 C_\mathrm{s} X \tag{4.9}$$

式中,$C_\mathrm{w}$为混合液水相中污染物的浓度,μg/L;$C_\mathrm{s}$为泥相中污染物的浓度,μg/g-MLSS;$k_\mathrm{b}$为吸附速率常数,表示污染物从水相向泥相迁移的速度,$\mathrm{h}^{-1}$;$k_\mathrm{p}$为泥水分配系数,表示污染物在水相和泥相之间分配,L/g-MLSS;$k_1$为降解速率常数,表示污染物在泥相中的降解速度,$\mathrm{h}^{-1}$;$X$ 为污泥浓度,g-MLSS/L;$t$ 为反应时间,h;$\beta$ 为体积校正常数,用来将混合液体积校正为水相体积。

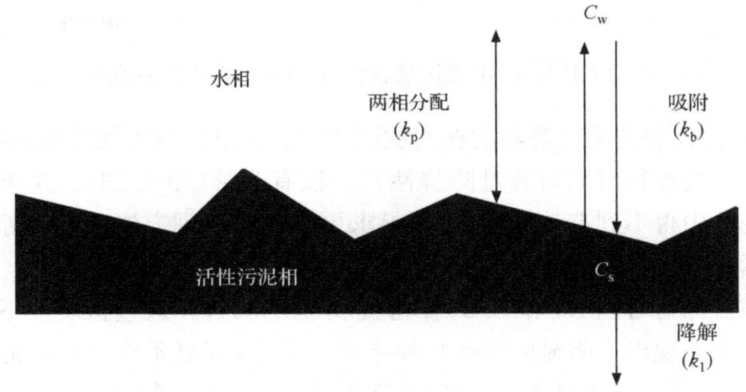


图 4.21　两相迁移模型示意图

间歇试验数据采用高斯-牛顿法(Bates, Watts, 1988)进行非线性最小二乘拟合,拟合工具为 Matlab7.1。采用迭代法寻找残差的最小平方和,给出置信度为95%时的参数区间,并采用 $R^2$ 作为评价拟合优度的指标。由于泥相浓度的测定通常具有较大的误差,数值拟合时仅采用水相浓度数据进行。

4.4.4.3 不同单元污泥对目标物去除特性的影响

本研究中采用间歇试验的方式,考察了各种目标物在厌氧、缺氧和好氧三种污泥混合液中的去除行为,所得结果及讨论如下。

根据目标微量有机污染物在厌氧、缺氧和好氧污泥中的去除特点,可将所选的目标物质大致划分为4类。第一类以4-OP和4-NP为代表(图4.22),间歇试验开始后,这些物质在混合液中的浓度迅速下降,且在三种污泥中的降解过程没有明显的差异。这可能是因为目标物自身具有较强的疏水性,能够大量且迅速地吸附到活性污泥上从而使水相中的浓度降到比较低的水平。另一方面,不同运行条件(厌氧、缺氧和好氧)对这些微量有机污染物的去除能力并无明显影响。此类目标物中还包括E2、17$\alpha$-E2、DCF、KTP、HHCB和AHTN。

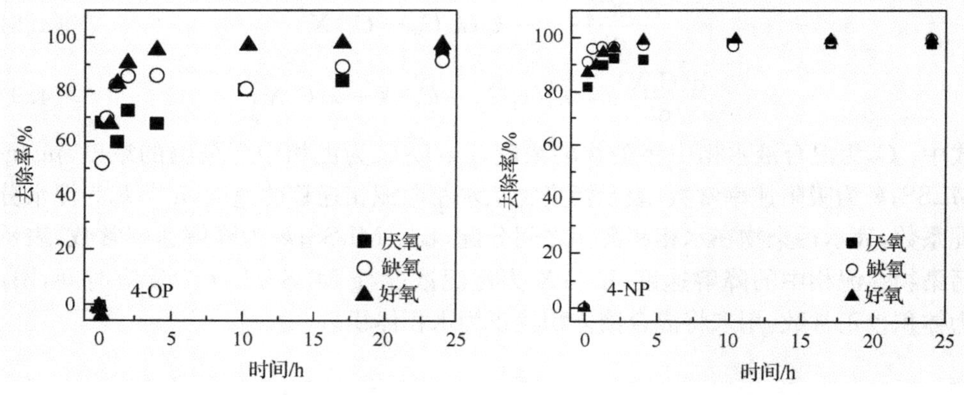


图4.22 4-OP与4-NP在厌氧、缺氧和好氧污泥中的去除率变化

以CBZ为代表的第二类物质在间歇试验中表现出较难生物降解的特性,且改变污泥的性质及运行时间对其难降解性几乎没有改善(图4.23)。这类物质通常在活性污泥法中得不到有效降解,需要寻求更有效的处理方法进行去除。此类目标物还包括SLP。

第三类目标物可以E3和CAF作为代表(图4.24)。这些物质在不同的活性污泥混合液中表现出了明显的降解特性差异。其中,好氧条件下的污泥显示出最强的去除能力,其次为缺氧条件,厌氧条件下活性污泥的降解能力最弱。多数目标物(EE2、BPA、ERY、METOP和DEET)的降解特性属于这一类。

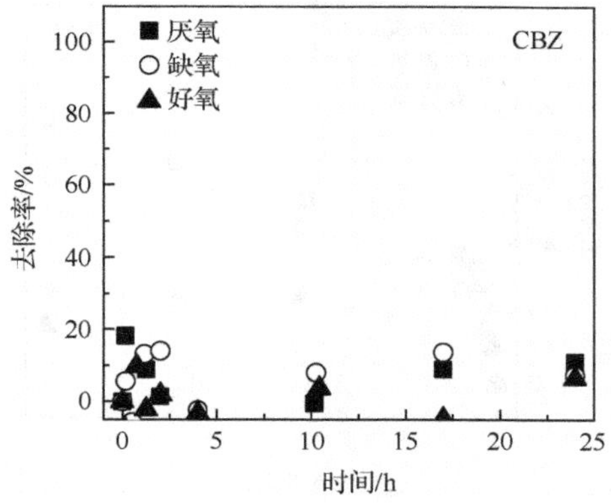


图 4.23　CBZ 在厌氧、缺氧和好氧污泥中的去除率变化

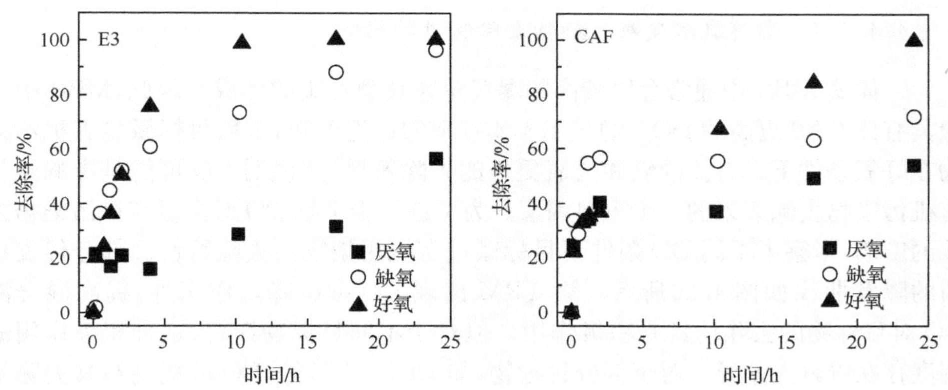


图 4.24　E3 与 CAF 在厌氧、缺氧和好氧污泥中的去除率变化

与第三类物质相反，第四类目标物（图 4.25）呈现出在厌氧条件下去除特性优于缺氧条件，而在好氧条件下，活性污泥对其去除能力最弱。这类物质中只包括 TRM 一种目标物，属于一个特例。

综上所述，不同微量有机污染物在各种活性污泥条件下的去除特性存在一定差异，这种差异可能与目标物在结构和组成上的差异有关。总体上来看，好氧条件对于多数物质的高效去除更有利，但也存在个别物质适于在厌氧条件或缺氧条件下去除。由于本研究所选的目标微量有机污染物种类有限，所得结果还不能代表所有微量有机污染物，因此有关活性污泥运行条件对微量有机污染物去除的影响还有待进一步的深入研究。

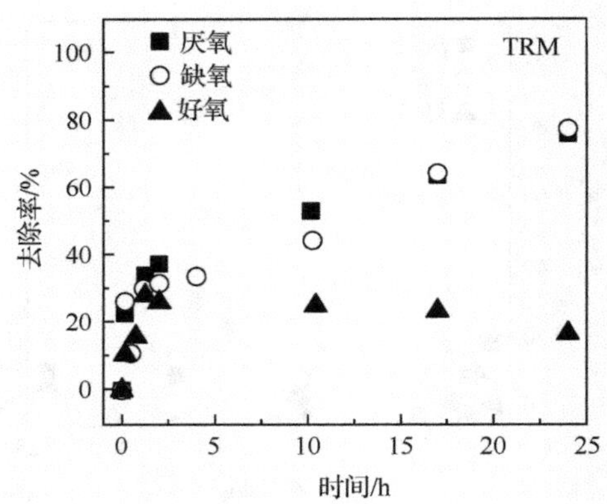


图 4.25　TRM 在厌氧、缺氧和好氧污泥中的去除率变化

#### 4.4.4.4　溶解氧浓度对目标物去除特性的影响

一体式 MBR 中通常会以较高的曝气量减缓膜污染的形成。因此，MBR 中一般具有比 CAS 更高的 DO。通过 4.4.4.3 节的讨论可知，多数目标微量有机污染物在好氧条件下具有比缺氧和厌氧更好的去除效果，这说明 DO 可能是影响微量有机污染物去除效果的一个重要因素。为了进一步了解 DO 对微量有机污染物去除的影响，考察了不同 DO 条件下目标微量有机污染物的去除特性。部分代表物质的降解曲线如图 4.26所示。除 TRM 出现 DO 抑制降解作用外，提高混合液 DO 对目标物的去除均具有积极作用。但对于不同目标物而言，这种积极作用的程度存在着较大差异。对于部分目标物，如 EE2、KTP 等，DO 的提高对其去除率的提高具有较明显的作用，这里称它们为 DO 敏感目标物。对于 DO 敏感目标物来说，增加活性污泥法中的溶解氧浓度也是提高其去除效果的手段之一，因此，这些物质有望在一体式 MBR 中获得较 CAS 更好的去除效果。对于另外一部分目标物，如 E2，以及一些本身难以生物降解的目标物，如 CBZ 等，DO 的提高对其去除效果并没有明显的促进作用，这里称它们为 DO 非敏感目标物。对于 DO 非敏感目标物来说，过度地提高 DO 只能造成能源的浪费。

#### 4.4.4.5　两相迁移模型分析结果

为了进一步定量表示目标微量有机污染物在活性污泥法中的去除过程，分别表征吸附和降解对目标物去除的贡献，本研究采用两相迁移模型对各种目标物的吸附速率常数 $k_b$、泥水分配系数 $k_p$ 以及降解速率常数 $k_1$ 分别进行表征。应用

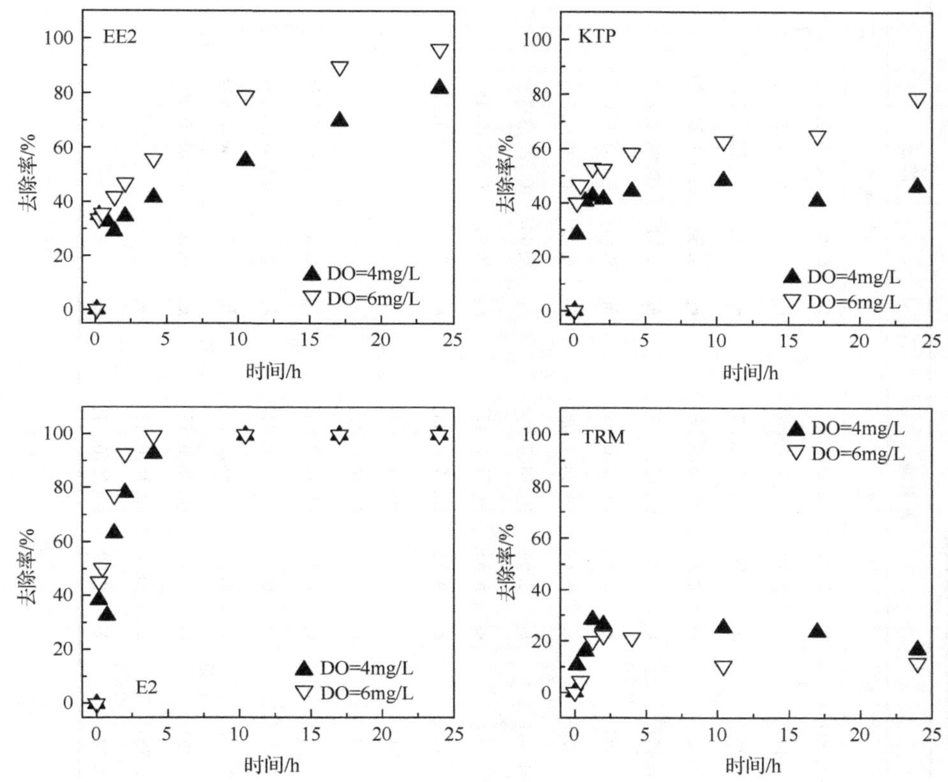


图 4.26　溶解氧浓度对部分目标物降解过程的影响

Matlab7.1 对间歇试验所得数据进行拟合，拟合过程中 $C_w$ 的表达式为

$$C_w = C_1 \times e^{-\frac{1}{2}((k_b k_p X + k_b + k_1 - \sqrt{k_b^2 k_p^2 X^2 + 2 \cdot k_b^2 k_p X - 2 \cdot k_b k_p k_1 X + k_b^2 + 2 \cdot k_b k_3 + k_1^2}) \cdot t)} + C_2 \times e^{-\frac{1}{2}((k_b k_p X + k_b + k_1 + \sqrt{k_b^2 k_p^2 X^2 + 2 \cdot k_b^2 k_p X - 2 \cdot k_b k_p k_1 X + k_b^2 + 2 \cdot k_b k_3 + k_1^2}) \cdot t)} \tag{4.10}$$

式中 $C_1$、$C_2$ 为常数，可根据 $t=0$ 时刻的 $C_w$ 及 $C_s$ 数据获得。利用试验所得的 $C_w \sim t$ 数据，根据式(4.10)进行拟合。

在拟合过程中发现，$k_b > 10h^{-1}$ 时，其取值变化对拟合结果影响不大，因此，本研究中首先假设 $k_b > 10h^{-1}$，并统一采用 $k_b = 10h^{-1}$ 进行拟合。为了验证该假设的合理性，将拟合所得的 $k_p$ 及 $k_1$ 重新带回模型表达式估算相应的 $k_b$ 并考察其对 $C_w$ 影响大小；另外，通过 Urase 和 Kikuta(2005)及周颖君(2009)的研究结果也可以证明此假设具有一定的合理性。拟合所得 $k_p$、$k_1$ 的值如表 4.11 所示。由于受仪器条件的限制，CBZ 等几种 PPCPs 在测定过程中误差较大，拟合效果较差，因此，表 4.11中未予给出。

表 4.11 两相迁移模型拟合结果

| 目标物 | 厌氧池 | | | | 缺氧池 | | | | 好氧池 | | | | 膜池 | | | |
|---|---|---|---|---|---|---|---|---|---|---|---|---|---|---|---|---|
| | 模型参数[a] | | | $R^2$ | 模型参数[a] | | | $R^2$ | 模型参数[a] | | | $R^2$ | 模型参数[a] | | | $R^2$ |
| 4-NP | $k_p$ | 3.9 | (2.69,5.66) | 1 | $k_p$ | 13.37 | (8.51,21.00) | 1 | $k_p$ | 7.13 | (6.03,8.43) | 1 | $k_p$ | 5.41 | (3.90,7.51) | 1 |
| | $k_1$ | 0.31 | (0.14,0.69) | | $k_1$ | 0.11 | (0.03,0.44) | | $k_1$ | 0.78 | (0.58,1.06) | | $k_1$ | 1.8 | (0.99,3.27) | |
| 4-OP | $k_p$ | 1.41 | (1.09,1.84) | 0.98 | $k_p$ | 0.98 | (0.46,2.07) | 0.94 | $k_p$ | 0.76 | (0.25,2.33) | 0.99 | $k_p$ | 0.44 | (0.22,0.89) | 0.98 |
| | $k_1$ | 0.09 | (0.05,0.15) | | $k_1$ | 1.08 | (0.31,3.76) | | $k_1$ | 2.71 | (0.76,9.58) | | $k_1$ | 4.58 | (1.49,14.10) | |
| BPA | $k_p$ | 0.9 | (0.76,1.07) | 0.98 | $k_p$ | 1.06 | (0.80,1.42) | 0.93 | $k_p$ | 0.9 | (0.72,1.12) | 0.99 | $k_p$ | 0.71 | (0.60,0.84) | 1 |
| | $k_1$ | 0.02 | (0.01,0.05) | | $k_1$ | 0.03 | (0.01,0.09) | | $k_1$ | 0.24 | (0.17,0.36) | | $k_1$ | 0.51 | (0.37,0.69) | |
| E2 | $k_p$ | 0.17 | (0.04,0.78) | 0.91 | $k_p$ | 0.29 | (0.13,0.67) | 0.97 | $k_p$ | 0.46 | (0.20,1.06) | 0.97 | $k_p$ | 0.42 | (0.33,0.54) | 1 |
| | $k_1$ | 0.47 | (0.08,2.80) | | $k_1$ | 3.34 | (1.06,10.53) | | $k_1$ | 1.99 | (0.66,5.99) | | $k_1$ | 2.66 | (1.85,3.81) | |
| 17α-E2 | $k_p$ | 4.36 | (3.11,6.11) | 0.99 | $k_p$ | 7.83 | (5.35,11.48) | 1 | $k_p$ | 5.55 | (4.77,6.47) | 1 | $k_p$ | 3.44 | (1.84,6.45) | 0.98 |
| | $k_1$ | 0.01 | (0.00,0.21) | | $k_1$ | 0.13 | (0.04,0.41) | | $k_1$ | 0.74 | (0.57,0.98) | | $k_1$ | 0.48 | (0.12,1.93) | |
| E3 | $k_p$ | 0.14 | (0.08,0.27) | 0.88 | $k_p$ | 0.25 | (0.09,0.64) | 0.9 | $k_p$ | 0.18 | (0.11,0.32) | 0.99 | $k_p$ | — | — | |
| | $k_1$ | 0.13 | (0.05,0.35) | | $k_1$ | 0.64 | (0.17,2.43) | | $k_1$ | 2.5 | (1.25,5.01) | | $k_1$ | — | — | |
| EE2 | $k_p$ | 0.33 | (0.26,0.41) | 0.96 | $k_p$ | — | — | | $k_p$ | 0.55 | (0.45,0.66) | 0.99 | $k_p$ | 0.36 | (0.35,0.37) | 1 |
| | $k_1$ | 0.04 | (0.02,0.07) | | $k_1$ | — | — | | $k_1$ | 0.16 | (0.12,0.21) | | $k_1$ | 0.34 | (0.32,0.36) | |
| ERY | $k_p$ | — | — | | $k_p$ | 0.57 | (0.37,0.87) | 0.88 | $k_p$ | 1.00 | (0.88,1.14) | 0.99 | $k_p$ | 0.98 | (0.66,1.44) | 0.92 |
| | $k_1$ | — | — | | $k_1$ | 0.07 | (0.02,0.19) | | $k_1$ | 0.11 | (0.08,0.15) | | $k_1$ | 0.08 | (0.03,0.19) | |
| TRM | $k_p$ | 0.28 | (0.21,0.38) | 0.98 | $k_p$ | 0.21 | (0.13,0.33) | 0.94 | $k_p$ | 0.3 | (0.18,0.53) | 0.68 | $k_p$ | — | — | |
| | $k_1$ | 0.17 | (0.11,0.26) | | $k_1$ | 0.22 | (0.12,0.42) | | $k_1$ | 0.02 | (0.00,0.71) | | $k_1$ | — | — | |

续表

| 目标物 | 厌氧池 | | | | 缺氧池 | | | | 好氧池 | | | | 膜池 | | | |
|---|---|---|---|---|---|---|---|---|---|---|---|---|---|---|---|---|
| | 模型参数[a] | | | $R^2$ | 模型参数[a] | | | $R^2$ | 模型参数[a] | | | $R^2$ | 模型参数[a] | | | $R^2$ |
| KTP | $k_p$ | 0.31 | (0.27,0.36) | 0.98 | $k_p$ | 0.49 | (0.35,0.69) | 0.91 | $k_p$ | 0.79 | (0.61,1.02) | 0.91 | $k_p$ | 0.64 | (0.52,0.79) | 0.97 |
| | $k_1$ | 0.02 | (0.01,0.04) | | $k_1$ | 0.01 | (0.00,0.14) | | $k_1$ | 0.02 | (0.00,0.10) | | $k_1$ | 0.07 | (0.05,0.12) | |
| METOP | $k_p$ | 0.2 | (0.16,0.25) | 0.91 | $k_p$ | 0.51 | (0.41,0.65) | 0.93 | $k_p$ | 1.09 | (1.93,2.95) | 0.96 | $k_p$ | 0.8 | (0.59,1.07) | 0.95 |
| | $k_1$ | 0.02 | (0.01,0.06) | | $k_1$ | 0.01 | (0.00,0.18) | | $k_1$ | 0.05 | (0.01,0.06) | | $k_1$ | 0.08 | (0.04,0.15) | |
| DEET | $k_p$ | 0.19 | (0.15,0.25) | 0.90 | $k_p$ | 0.67 | (0.56,0.79) | 0.96 | $k_p$ | 2.39 | (1.93,2.95) | 0.97 | $k_p$ | 2.42 | (2.15,2.72) | 1 |
| | $k_1$ | 0.03 | (0.01,0.08) | | $k_1$ | 0.01 | (0.00,0.05) | | $k_1$ | 0.02 | (0.01,0.06) | | $k_1$ | 0.02 | (0.01,0.04) | |
| CAF | $k_p$ | 0.35 | (0.25,0.50) | 0.94 | $k_p$ | 0.56 | (0.34,0.92) | 0.86 | $k_p$ | 0.38 | (0.24,0.60) | 0.97 | $k_p$ | 0.11 | (0.04,0.29) | 0.98 |
| | $k_1$ | 0.05 | (0.02,0.12) | | $k_1$ | 0.08 | (0.03,0.22) | | $k_1$ | 0.38 | (0.21,0.70) | | $k_1$ | 1.94 | (0.58,6.51) | |

a. $k_p$为泥水两相分配系数，单位为L/g-MLSS；$k_1$为污染物降解速率常数，$h^{-1}$。$k_p$和$k_1$是在假设污泥吸附速率常数$k_b$取值为10 $h^{-1}$条件下拟合得到的。括号内数值为拟合参数95%的置信区间。

由表 4.11 可知，所有拟合参数的 $R^2 \geqslant 0.88$，证明模型的建立和求解过程比较可靠。此外，通过模型求解给出的 95％置信区间也相对较小，进一步保证了拟合结果的可靠性。

对 $k_p$ 进行分析可知，目标物在间歇试验中的泥水分配系数 $k_p$ 仍与目标物本身的疏水性($K_{OW}$)保持一定的正相关性，这也说明了微量有机污染物在泥水相间的分配主要受到目标物自身亲疏水性的影响。另外，通过对比不同运行条件下的 $k_p$ 发现，与实际工艺中不同，$k_p$ 值并未出现沿工艺流程随着曝气量的增加而增大的趋势，这可能是因为间歇试验的各个反应器中均增加了电磁搅拌器对混合液进行搅拌，所以曝气带来的水力剪切对污泥絮体的影响差异被削弱，因此 4 种污泥对目标物的吸附能力差别不大。

拟合所得的降解速率常数 $k_1$ 通常比 $k_b$ 小 1～3 个数量级，即目标物在活性污泥中的吸附速率比微生物对其降解速率大得多，说明生物降解是目标物去除过程的主要限速步骤。比较不同目标物的 $k_1$ 可知，目标 EDCs 的 $k_1$ 值通常比目标 PPCPs 大 1～2 个数量级，这也进一步证明了 PPCPs 的难降解性。

另一方面，通过比较不同活性污泥中的 $k_1$ 值可知，对于除 TRM 的目标，均有好氧条件下 $k_1$ 大于缺氧和厌氧条件下的 $k_1$，这与直接观察目标物在间歇试验中的降解特性所得结论吻合。

## 4.5 MBR 中膜及凝胶层对微量有机污染物的吸附特性

根据 4.4.3 节的试验结果，MBR 中膜的存在对目标微量有机污染物尤其是目标 EDCs 的去除具有一定的正向贡献。但由于 MBR 中所用的膜多为微滤膜(截留孔径一般为 0.05～10μm)或超滤膜(截留孔径一般为 1～50nm)，理论上并不能对分子尺寸远小于该截留孔径的微量有机污染物产生直接截留作用。因此，通常认为 MBR 中膜对 EDCs 等微量有机污染物的去除贡献是一种间接截留作用。

产生这种间接截留作用的原因有几种，其中包括膜材料对微量有机污染物的吸附作用及在 MBR 长期运行过程中膜上污染层(凝胶层或滤饼层)的吸附作用。尽管膜及膜上污染层的吸附作用会随着吸附平衡状态的到达而停止，但对于运行周期的初始阶段及一些疏水性较强的微量有机污染物，吸附作用仍可能带来比较显著的去除贡献。本节针对膜及其上凝胶层对微量有机污染物的吸附特性进行了考察(薛文超，2010)。

### 4.5.1 试验方法

选取 E2、E3、EE2 和 4-NP 四种 EDCs 作为本试验的目标微量有机污染物。试验中所用的聚偏氟乙烯平板膜购自 Millipore，USA。有效截留孔径为 0.22μm，单层膜厚 0.125mm。使用前先在缓冲盐溶液中浸泡 48h，以去除膜中所含污物。

用于模拟膜上凝胶层的腐殖酸钠（humic acid Na，HANa）和海藻酸钠（alginic acid Na，AANa）均购自 Sigma-aldrich，USA。其中，HANa 分子质量分布在 2 000～500 000Da，使用前先经过 0.45$\mu$m 尼龙膜过滤，以去除未溶颗粒；AANa 分子质量分布在 10 000～600 000Da。两种模型物质均用含 NaCl（16mmol/L）、$NaHCO_3$（2mmol/L）和 $NaN_3$（3mmol/L）盐溶液配制成浓度 1g/L 溶液，待模型物质充分溶解后加入 $CaCl_2$ 至 2mmol/L 形成腐殖酸钙（HACa）和海藻酸钙（AACa），温和搅拌 24h 后用于膜上凝胶层的形成。

采用死端过滤装置对微量有机污染物在膜及其上凝胶层上的动态吸附过程进行考察。其中，恒流过滤装置用于考察微滤膜对目标 EDCs 的吸附作用；恒压过滤装置用于考察膜上形成凝胶层后，微滤膜与凝胶层对目标 EDCs 的联合吸附作用。

### 4.5.2　微滤膜对 4 种 EDCs 的吸附效果

首先考察了干净的 PVDF 膜对 4 种目标 EDCs 的吸附特性。4 种 EDCs 在膜中的吸附-穿透曲线如图 4.27 所示。比较不同目标物在膜中的吸附-穿透情况可知，E3 的穿透曲线最为陡峭，当 PVDF 膜达到吸附饱和状态时，单位膜面积过流体积仅为 0.0025$m^3/m^2$，说明 E3 在 PVDF 膜中的吸附速率最快，且吸附能力最弱；EE2 与 E2 的穿透速率接近，达到吸附饱和状态时单位膜面积过流体积则约为 0.01$m^3/m^2$；而疏水性最强的 4-NP 穿透曲线最为平滑，即 4-NP 的穿透速率最慢，在达到吸附饱和状态时单位膜面积过流体积已达到 0.4$m^3/m^2$，远高于其他几种目标物。

总的来说，除对如 4-NP 这种疏水性较强的 EDCs，膜对目标 EDCs 的吸附作用持续时间较短，吸附总量也较少，因此可认为仅凭膜对 EDCs 的吸附或解吸附作用造成的 EDCs 去除或出水浓度波动等对 MBR 中 EDCs 的整体去除效果不会有太大的影响。

### 4.5.3　膜上凝胶层对目标物的吸附特性

MBR 在长期运行过程中，膜上会不可避免地形成污染层，尽管这些污染层在膜污染控制方面被视为副作用物质，但在微量有机污染物的去除方面可能会提供正面的去除效果。这些污染层物质的形成相当于使初始的单层膜结构升级为双层膜结构，一方面加强了膜对大分子有机物的截留作用，同时也强化了膜对微量有机污染物的吸附贡献。

采用 AACa 和 HACa 两种模型物质形成凝胶层，用于对目标 EDCs 的吸附特性研究。凝胶层表面的环境扫描电镜照片见图 4.28 所示。两种模型物质形成的凝胶层在结构上有所不同，其中 AACa 凝胶层结构比较均匀致密，从电镜照片中可清晰地观察到其凝胶骨架，而 HACa 凝胶层结构相对松散，且由于 HACa 疏水性较强，其凝胶层较易失水开裂。

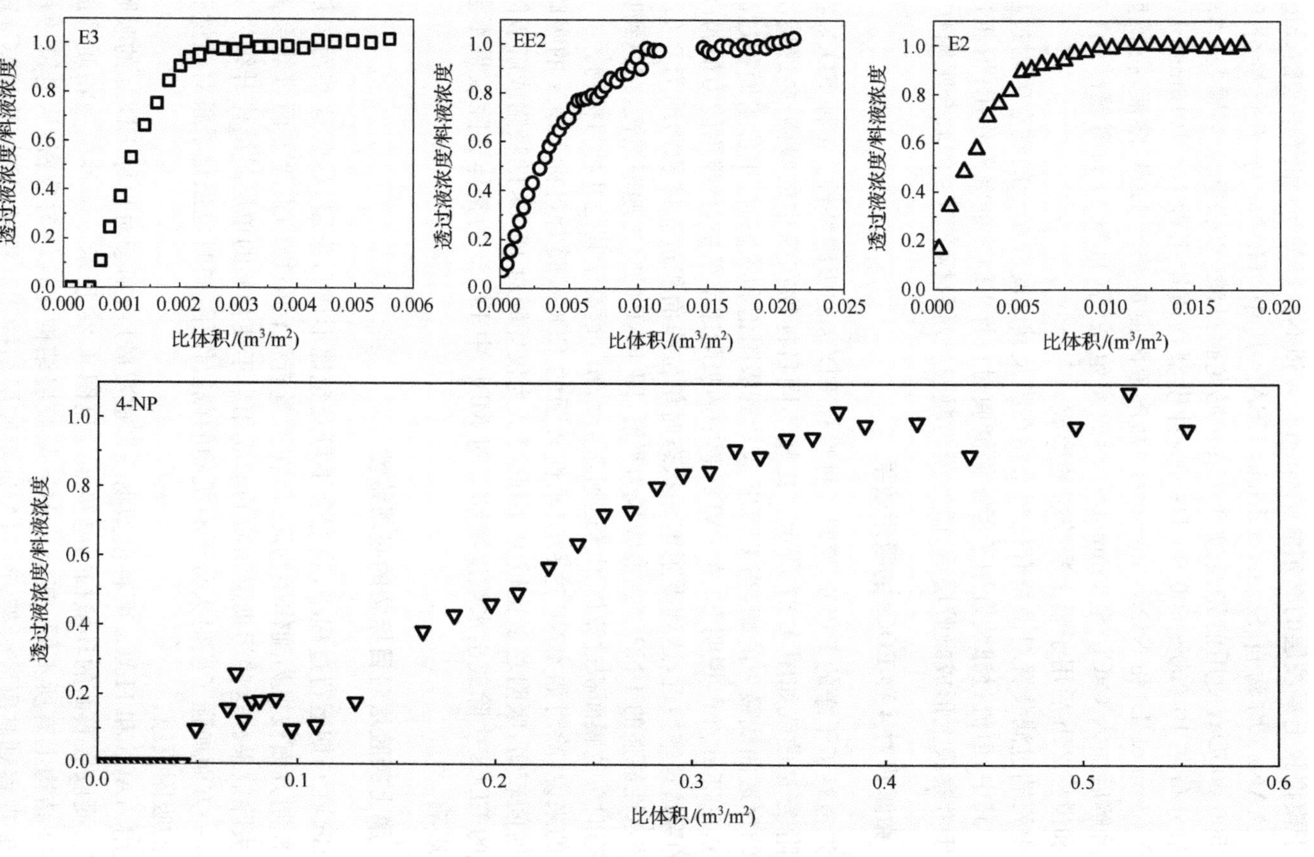


图 4.27　目标 EDCs 在 PVDF 膜上的吸附-穿透曲线

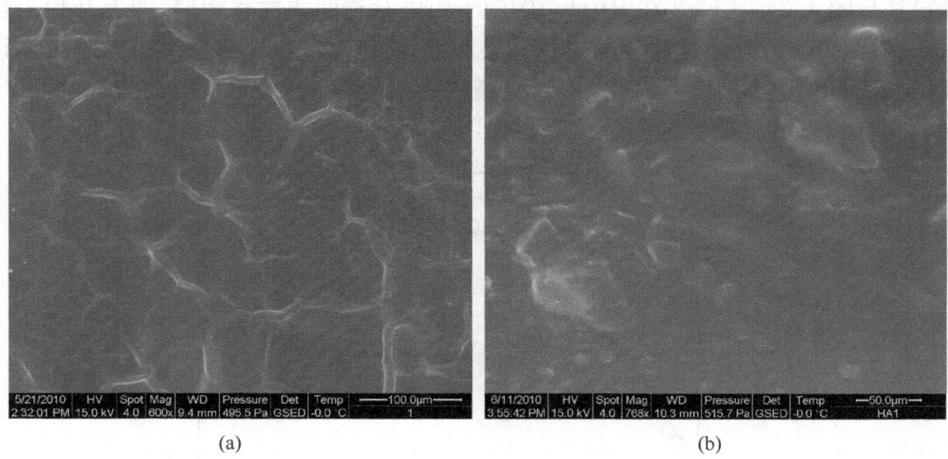


(a)　　(b)

图 4.28　海藻酸钙凝胶层(a)和腐殖酸钙凝胶层(b)表面扫描电镜照片

E3 在 AACa 凝胶层及 PVDF 膜中的吸附-穿透曲线见图 4.29。比较图 4.29 与图 4.27 中 E3 在洁净膜中的吸附-穿透曲线可知，两条曲线的上升趋势相似，均比较陡，说明 E3 无论是在 PVDF 膜还是在 AACa 凝胶层中均有较快的吸附速率。另外，当膜上形成凝胶层后，对 E3 的吸附能力有所提高，凝胶层和膜达到吸附饱和状态时，单位膜面积过流体积达到约 0.005$m^3/m^2$，吸附总量增加。但这种提高并不显著，这主要是由于 AACa 疏水性较弱，对 EDCs 的吸附能力不强，其形成的凝胶层对目标 EDCs 的吸附贡献有限。

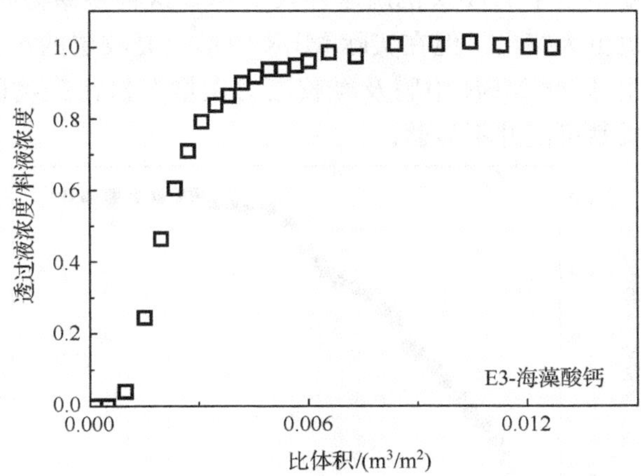


图 4.29　E3 在海藻酸钙凝胶层及膜中的吸附-穿透曲线

图 4.30 所示为 EE2 在 AACa 凝胶层及 PVDF 膜中的吸附-穿透曲线。同样

可知其与图 4.27 中 EE2 在 PVDF 膜中的吸附-穿透曲线性状相似，即上升趋势较 E3 更为平缓。另外通过比较两组试验达到吸附饱和状态时单位膜面积过流体积(双层 PVDF 膜，约为 0.010$m^3/m^2$；海藻酸钙凝胶层+PVDF 膜，约为 0.025$m^3/m^2$)，可知海藻酸钙凝胶层的强化吸附作用不大。

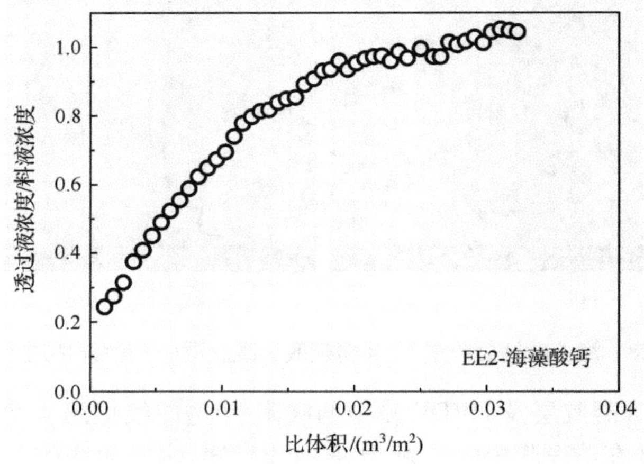


图 4.30　EE2 在海藻酸钙凝胶层及膜中的吸附-穿透曲线

图 4.31 所示为 EE2 在 HACa 凝胶层及 PVDF 膜中的吸附-穿透曲线。可知，当 EE2 达到吸附饱和状态时，单位膜面积过流体积可达到 1.0$m^3/m^2$，即 HACa 凝胶层的存在有效提高了对 EE2 的吸附能力，使 EE2 在膜及凝胶层中的吸附量明显增大。这主要是由于 HACa 的疏水性较 AACa 这种多糖物质强得多，其对目标物的吸附贡献也更为突出。但在实际 MBR 中形成凝胶层的污染物主要以多糖和蛋白类物质为主，因此 MBR 中膜及凝胶层对微量有机污染物的去除作用对目标物整体去除的贡献可能并不显著。

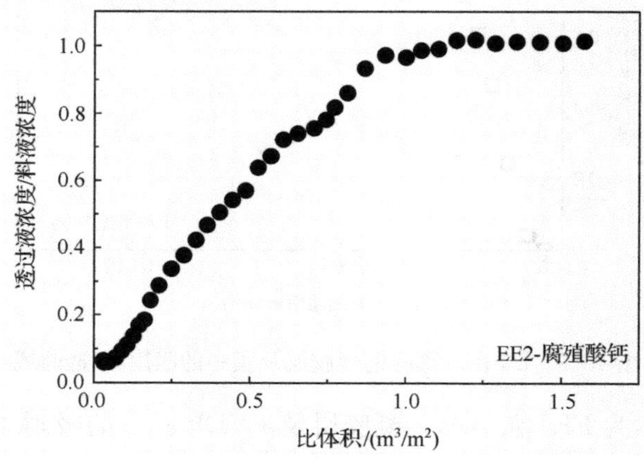


图 4.31　EE2 在腐殖酸钙凝胶层及膜中的吸附-穿透曲线

## 4.6　纳滤与 MBR 组合工艺对内分泌干扰物的去除特性

从前面的研究可知，虽然 MBR 与传统污水处理工艺相比，能提高对微量有机污染物的去除效果，但 MBR 出水中微量有机污染物仍有一定浓度残留。在 MBR 工艺中通常采用微滤（MF）或超滤（UF）膜，对出水中存在的微量有机污染物不具有截留作用，微量有机污染物的去除仍然主要依靠活性污泥微生物的代谢过程。如果要进一步提高处理出水的安全性，需要对 MBR 出水做深度处理。纳滤（NF）膜能够截留分子质量为 200～2000Da 的有机物（王晓琳，王宁，2005），如果与 MBR 组合使用，可以达到强化去除微量有机污染物的目的。

本节搭建了纳滤与膜生物反应器的组合系统（以下简称 MBR＋NF），考察了对典型 EDCs 和雌激素活性的去除效果，并与普通膜生物反应器（以下简称对照 MBR）进行了比较（陈健华，2008）。

### 4.6.1　工艺特征

MBR＋NF 系统的流程图如图 4.32(a)所示。系统由缺氧池、MBR、过渡槽和纳滤系统组成。其中 MBR 是工艺中的主反应器，有效容积 1.2 L，采用浸没式中空纤维微滤膜组件（聚乙烯，Korea Membrane Separation Co. Ltd.，韩国），有效膜面积 0.033 $m^2$，公称孔径 0.4$\mu$m。

由于纳滤系统所需压力远大于 MBR 的出水抽吸压力，因此在二者之间设置过渡槽（容积约 3 L），起到连接 MBR 与纳滤系统的作用。纳滤系统浓缩液回流至 MBR 中，运行过程中浓缩液流速很大，产生大量热能，为防止料液温度升高，将过渡槽放置在低温恒温槽内，保持纳滤系统料液温度在 25 ℃左右。纳滤系统是在日东电工公司（Nitto Denko，日本）提供的 C10-T 型平板膜装置的基础上进行改进的，使用电子天平测定透过液流量。

由于纳滤膜对 MBR 出水中的氮元素具有很强的截留能力，因此截留所得的浓缩液回流至 MBR 中，势必造成反应器内氮元素含量逐渐升高，长期累积可能不利于微生物生长。因此，在 MBR 之前，设置缺氧池（容积为 0.4 L）以实现一定的脱氮功能，防止氮元素在反应器内的无限积累。同时在缺氧池与 MBR 之间设置污泥回流泵，以保证缺氧池可维持一定的污泥浓度。

对照 MBR 系统的流程图如图 4.32(b)所示。反应器由缺氧池和 MBR 组成，各部分参数均与 MBR＋NF 系统相同。为了保证两系统 MBR 中微滤膜通量相同，在对照 MBR 系统的抽吸出水端设置分流容器，并使用单独的出水泵控制出水流量，以使对照 MBR 系统的出水流量与 MBR＋NF 系统保持一致，其他抽吸出水则回流至生物反应器。

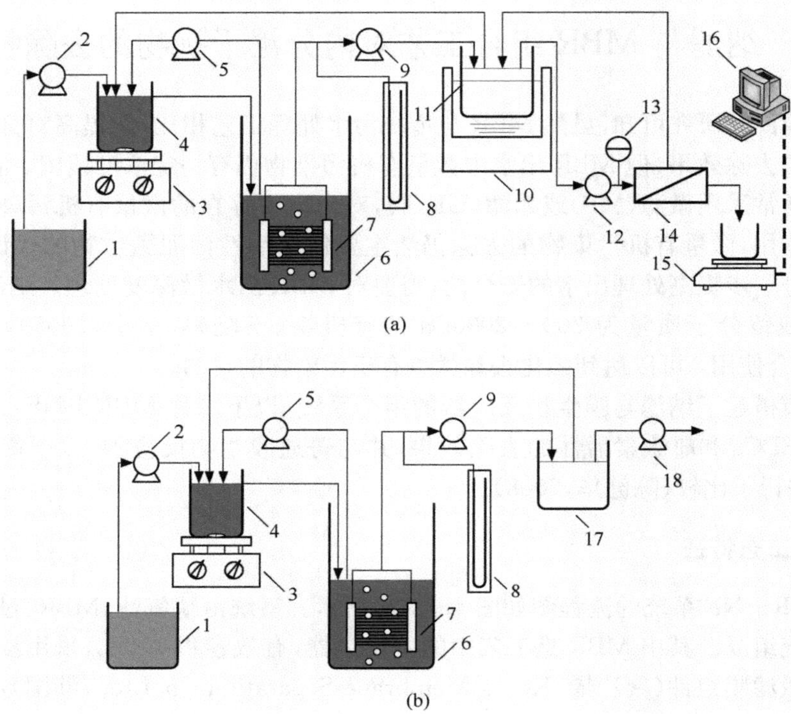


图 4.32　MBR＋NF(a)与对照 MBR(b)流程图

1. 进水槽；2. 进水泵；3. 磁力搅拌器；4. 缺氧池；5. 污泥回流泵；6. MBR；7. 膜组件；8. U 形压力计；9. 微滤膜抽吸泵；10. 低温恒温槽；11. 过渡槽；12. 纳滤加压泵；13. NF 压力计；14. 纳滤膜夹膜装置；15. 电子天平；16. 计算机；17. 分流容器；18. 出水泵

两系统的运行参数如表 4.12 所示。MBR 的 HRT 设为 9h 左右，SRT 约为 30d，微滤膜通量 10.2L/($m^2$・h)。纳滤膜跨膜压差设为 0.4 MPa，相应的通量为 19L/($m^2$・h)。

**表 4.12　MBR＋NF 系统与对照 MBR 系统的基本运行参数**

| 系统名称 | HRT/h | | SRT/h | MF 通量 /[L/($m^2$・h)] | NF 压力 /MPa | NF 通量 /[L/($m^2$・h)] |
|---|---|---|---|---|---|---|
| | 缺氧池 | MBR | | | | |
| MBR＋NF | 3.6 | 10.7 | 30 | 10.2 | 0.4 | 19 |
| 对照 MBR | 3.1 | 9.3 | 30 | 10.2 | — | — |

两个系统采用同样的自配水，主要污染物指标模拟生活污水；目标 EDCs 包括 BPA、NPnEO、E2、E3 和 EE2。

### 4.6.2　BPA 和 NPnEO 的去除效果

4.6.2.1　水相浓度

在 MBR＋NF 和对照 MBR 系统中，BPA 与 NPnEO 浓度随运行时间的变化，分别如图 4.33 和图 4.34 所示。经过生物反应器(缺氧池＋MBR)处理后，BPA 和 NPnEO 的浓度均大幅降低，MBR＋NF 系统与对照 MBR 系统的生物反应器对 BPA 去除率均达到 99.8%，对 NPnEO 去除率分别达到 98.3%与 98.6%。而纳滤截留使 BPA 与 NPnEO 浓度进一步降低，透过液浓度已接近方法的检出限。

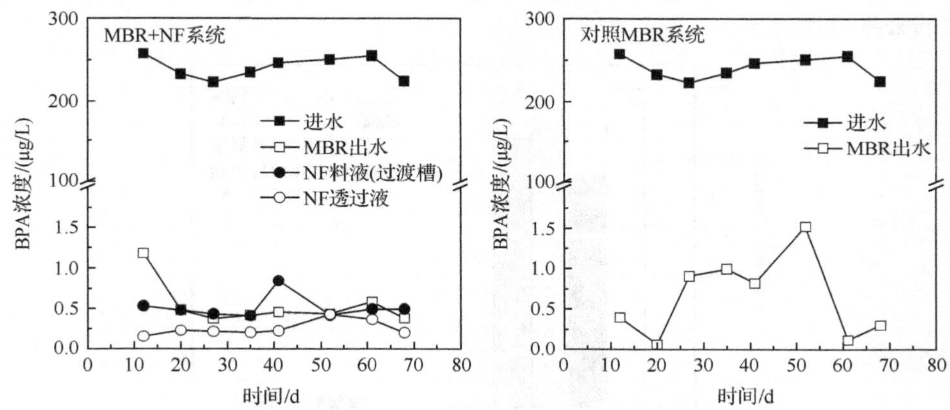


图 4.33　MBR＋NF 系统与对照 MBR 系统水相 BPA 浓度变化

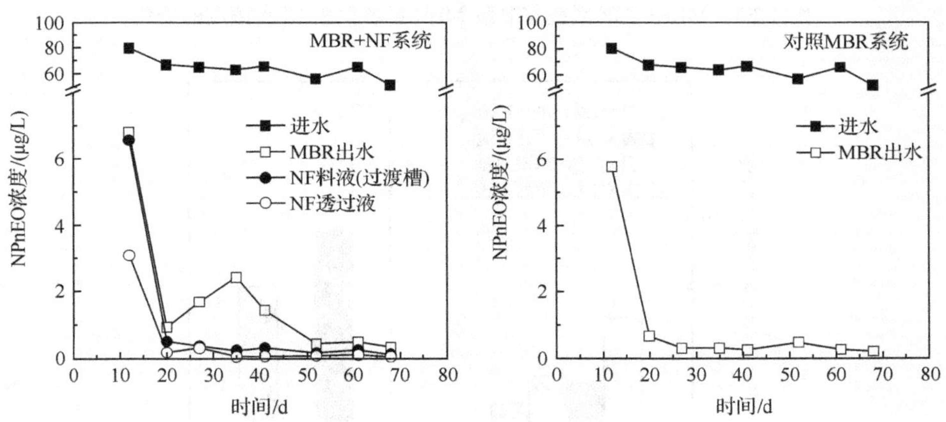


图 4.34　MBR＋NF 系统与对照 MBR 系统水相 NPnEO 浓度变化

MBR 出水与 NF 进水间的差异可能是由纳滤膜吸附造成的，即 MBR 出水经纳滤膜过滤过程中，部分 BPA 与 NPnEO 被纳滤膜吸附，进而随清洗剂的清洗而排出系统。

#### 4.6.2.2 泥相浓度

试验测定了两系统运行至第 12 天与第 68 天时污泥相中 BPA 与 NPnEO 的浓度，如图 4.35、图 4.36 所示。从图可知，泥相 BPA 含量随运行时间的延长而减少；而 NPnEO 浓度则有所增加，尤其是在 MBR＋NF 系统中增加的幅度更加明显。这可能是由两种 EDCs 亲疏水性及可生化降解方面的差异造成的。但结合水相浓度的变化可知，反应器中均未出现两种 EDCs 的积累，表明生物降解仍然是主要的去除途径。

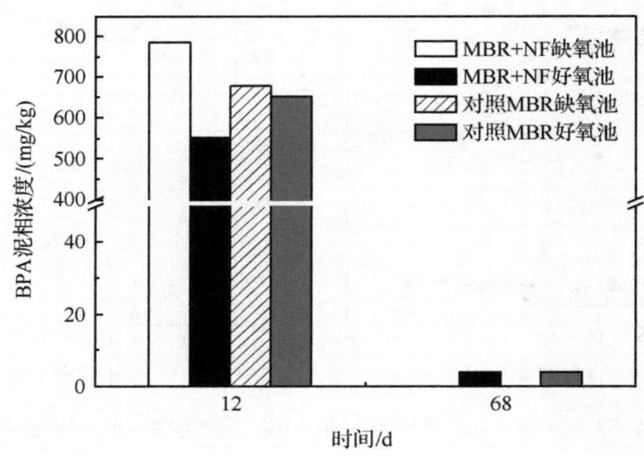


图 4.35 MBR＋NF 系统与对照 MBR 系统泥相 BPA 浓度的变化

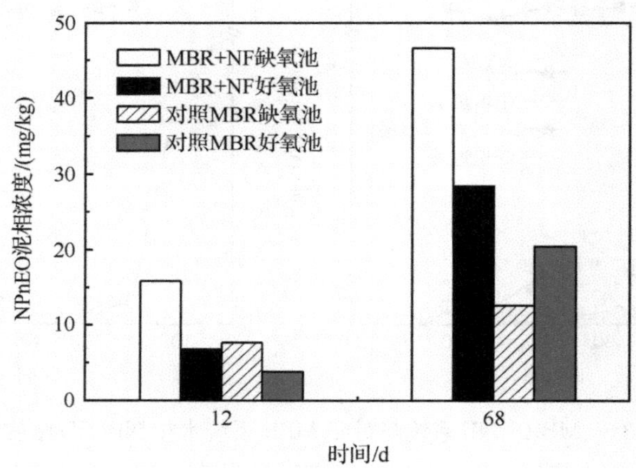


图 4.36 MBR＋NF 系统与对照 MBR 系统泥相 NPnEO 浓度的变化

### 4.6.3　雌激素类 EDCs 的去除效果

#### 4.6.3.1　17β-雌二醇

MBR＋NF 系统和对照 MBR 系统对 E2 的去除效果如图 4.37 所示。从图可知，进水的 E2 浓度平均值为(0.87±0.22)μg/L，MBR＋NF 系统的生物反应器出水 E2 浓度随运行时间的延长呈现逐渐降低的趋势，平均值为(0.0082±0.0038)μg/L；而对照 MBR 系统的出水 E2 浓度平均值为(0.0066±0.0029)μg/L。MBR＋NF 系统过渡槽中 E2 平均浓度为(0.0063±0.0027)μg/L，而 NF 出水的 E2 平均浓度为(0.0049±0.0012)μg/L。可以看出，纳滤膜对 E2 具有一定的截留作用，但这种作用并不明显，这可能是由于 MBR＋NF 系统中生物反应器出水 E2 浓度已经很低的缘故。

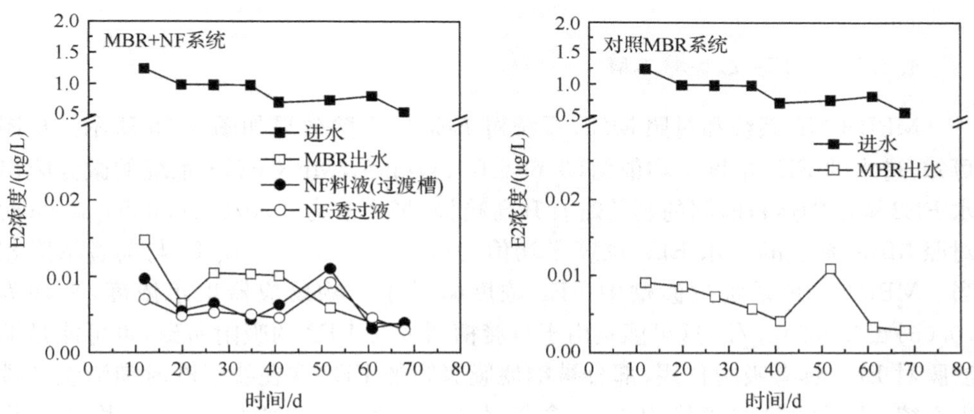


图 4.37　MBR＋NF 系统与对照 MBR 系统进水、出水 E2 浓度的变化

#### 4.6.3.2　雌三醇

MBR＋NF 系统和对照 MBR 系统对 E3 的去除效果如图 4.38 所示。从图可知，系统进水的 E3 浓度平均值为(0.97±0.12)μg/L，MBR＋NF 系统的生物反应器出水 E3 浓度随运行时间的延长基本保持稳定，平均值为(0.013±0.040)μg/L；而对照 MBR 系统的出水 E3 浓度平均值为(0.011±0.007)μg/L，与前者浓度相当。MBR＋NF 系统过渡槽中 E3 浓度略低于生物反应器出水浓度，平均为(0.007±0.005)μg/L，而 NF 出水的 E3 平均浓度为(0.002±0.001)μg/L。可以看出，纳滤膜对 E3 具有截留作用，但由于过渡槽中 E3 浓度已经很低，所以这种作用并不显著。

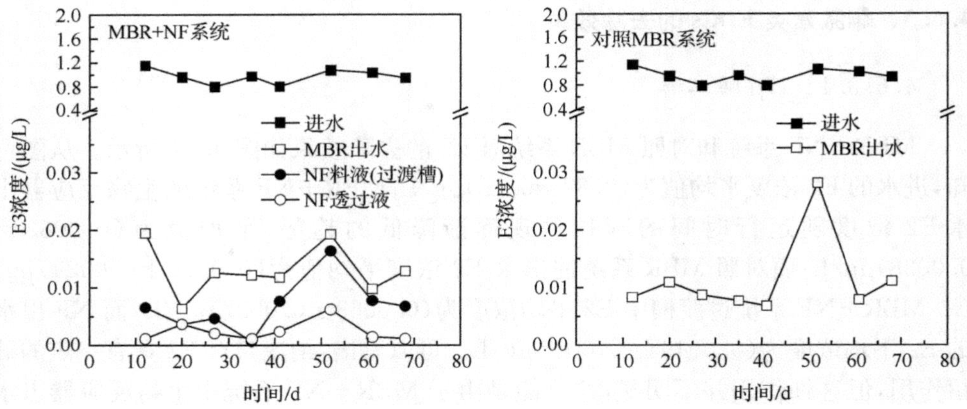


图 4.38 MBR+NF 系统与对照 MBR 系统进水、出水 E3 浓度的变化

#### 4.6.3.3 17α-乙炔雌二醇

MBR+NF 系统和对照 MBR 系统对 EE2 的去除效果如图 4.39 所示。从图可知,进水的 EE2 浓度平均值为(0.68±0.13)μg/L,MBR+NF 系统的微滤膜出水 EE2 浓度随运行时间的延长略有升高趋势,平均值为(0.075±0.025)μg/L;而对照 MBR 系统的出水 EE2 浓度平均值为(0.068±0.027)μg/L,与前者浓度相当。MBR+NF 系统过渡槽中 EE2 浓度略低于生物反应器出水浓度,平均为(0.051±0.009)μg/L,这可能是由于过渡槽器壁对 EE2 的吸附所致,也可能是纳滤膜对 EE2 具有吸附作用,部分被纳滤膜吸附的 EE2 在在线清洗时随清洗剂排出系统,从而引起过渡槽中 EE2 含量的降低,而 NF 出水的 EE2 平均浓度为(0.029±0.042)μg/L。可以看出,纳滤膜对 EE2 具有截留作用。

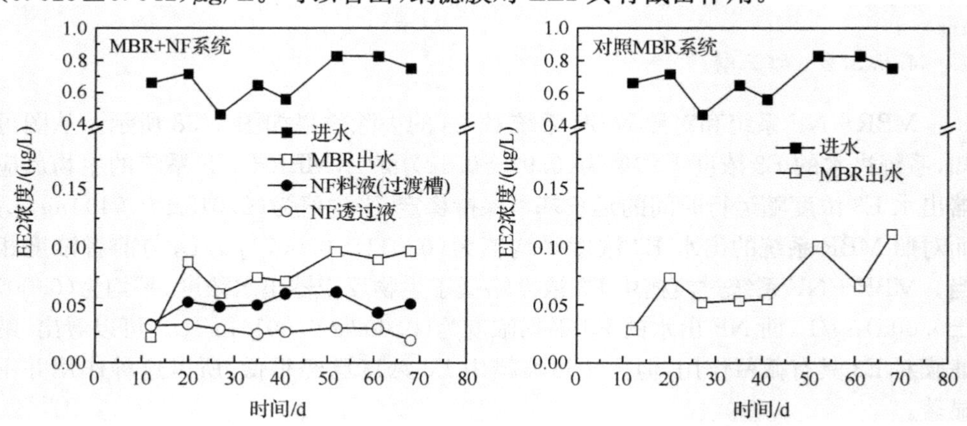


图 4.39 MBR+NF 系统与对照 MBR 系统进水、出水 EE2 浓度的变化

### 4.6.4 EDCs去除效果的比较

两系统对5种目标EDCs的去除率总结见图4.40。从图可知，MBR+NF系统对BPA、NPnEO、E2、E3和EE2的总去除率分别为：(99.9±0.03)%、(99.8±0.1)%、(99.4±0.1)%，(99.8±0.1)%和(95.7±1.2)%，均高于对照MBR系统的总去除率：(99.8±0.2)%、(98.6±2.3)%、(99.2±0.3)%、(98.9±0.6)%和(90.0±3.2)%。对于MBR+NF系统而言，生物反应器对总去除率的贡献占绝大部分，而纳滤截留作用的贡献则较小，且对于不同的目标EDCs而言，纳滤截留作用的贡献不同，对EE2的贡献最大，达(7.9±1.1)%，但对其他物质的去除贡献则很小。

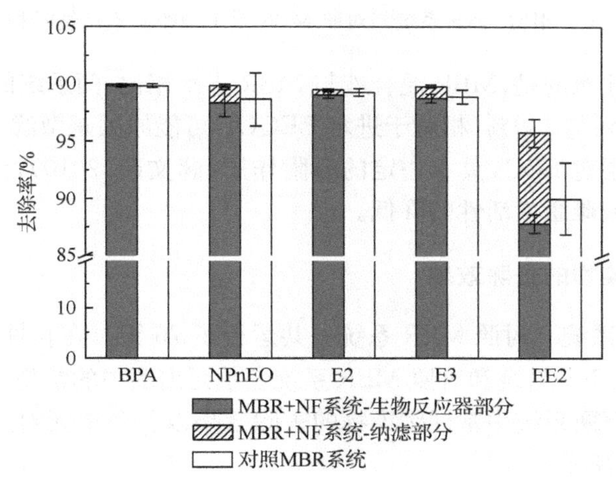


图4.40 MBR+NF系统与对照MBR系统对目标EDCs的去除率

### 4.6.5 雌激素活性的去除效果

使用E2当量浓度(EEQC)来表示雌激素活性的大小。以进水的EEQC为100，对系统各取样点的E2当量浓度进行归一化处理，结果如图4.41所示。

从图4.41可知，MBR+NF系统与对照MBR系统对进水雌激素活性的去除主要由生物反应器完成，这部分去除率分别可达(95.1±2.6)%与(94.7±1.9)%，其中缺氧池的去除率分别为(89.1±3.7)%与(87.2±8.0)%，起主要作用；好氧池(MBR)仅分别贡献了3.9%与5.6%。经生物反应器处理后，微滤膜出水EEQC仍有37～295ng/L。经纳滤膜截留后，透过液雌激素当量浓度降低至方法检出限(1.7ng/L)以下，截留率达(97.6±2.3)%，表明纳滤截留可以显著降低MBR出水的雌激素活性，从而提高其安全性。

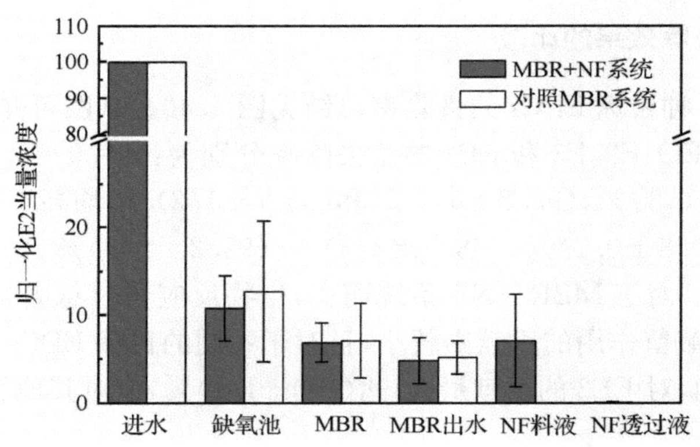


图 4.41　MBR＋NF 系统与对照 MBR 系统中雌激素活性沿程变化

另外，值得注意的是，MBR 混合液与 MBR 出水相比，两系统的 EEQC 又进一步被去除了 2.1%与 1.9%(相对于进水 EEQC)，可能原因是微滤膜及附着在其上的凝胶层、泥饼层对 EDCs 具有一定的吸附作用(薛文超，2010)，使水相 EDCs 含量减少，进而导致雌激素活性的降低。

### 4.6.6　常规污染物的去除效果

MBR＋NF 系统和对照 MBR 系统一共运行了 75 天。在长期运行过程中，连续监测了 MBR＋NF 系统和对照 MBR 系统各单元出水中的常规污染物浓度。根据监测结果，计算两系统中常规污染物的去除效果以及各单元对进水污染物的去除率，如图 4.42 所示。

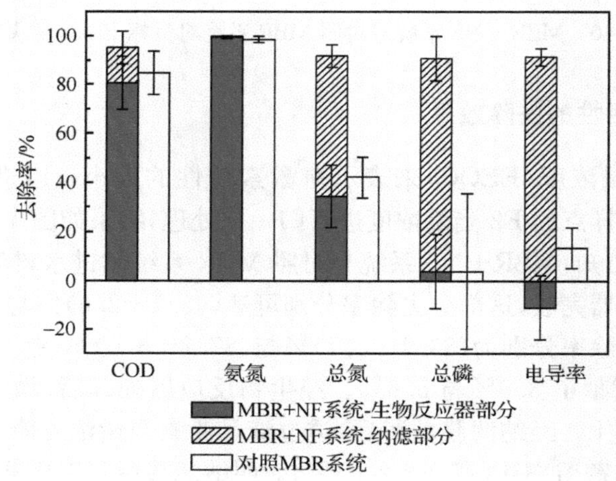


图 4.42　MBR＋NF 系统与对照 MBR 系统对常规污染物的去除率

从图可知，MBR+NF 系统生物反应器部分对 COD 的去除率为(80.6±10.9)%，与对照 MBR 系统的去除率(84.6±9.0)%相差不多，但纳滤系统使 MBR+NF 系统整体的去除率提高了(14.6±8.4)%，达到(95.2±6.8)%。

MBR+NF 系统生物反应器部分对总氮和总磷的去除率分别为(34.5±12.6)%和(3.8±15.2)%，与对照 MBR 系统的去除率(42.2±8.3)%和(3.8±32.6)%相当，但纳滤系统使 MBR+NF 系统对总氮和总磷的去除率分别提高了(57.4±13.5)%和(86.9±21.3)%，达到(91.7±4.6)%和(90.7±9.2)%。由于两系统生物反应器部分对氨氮的去除率已经很高，分别为(99.4±0.5)%和(98.6±1.2)%，所以纳滤系统对氨氮去除的贡献相对较小，只有(0.4±0.4)%，但纳滤膜对氨氮仍然表现出了一定的截留能力。

对照 MBR 系统对电导率的去除率只有(13.6±8.2)%，说明生物反应器部分和微滤膜对无机盐基本没有脱除作用；而 MBR+NF 系统对电导率的去除率达到(91.3±3.6)%，则全部得益于纳滤膜对无机离子的截留。需要说明的是，由于纳滤膜的截留，MBR+NF 系统中盐分产生积累，导致生物反应器出水电导率高于进水电导率，因此 MBR+NF 系统生物反应器部分对电导率的去除率为负值。

综上所述，纳滤系统的加入，没有对 MBR+NF 系统去除常规污染物的能力产生影响，反而使其对各污染物的去除率均有所提高，使出水水质更加良好。纳滤膜使 MBR+NF 系统内的盐分产生积累，但在长达 75 天的连续运行中并未产生负面影响。至于是否可以在更长时间内保持系统的稳定运行，则还需要进一步的试验研究。

### 4.6.7 污染物在纳滤与 MBR 组合系统中的迁移行为

MBR+NF 系统与对照 MBR 系统中目标 EDCs 的沿程变化如图 4.43 所示。图中的数据是系统运行 35 天达到稳定之后的平均值。

从图可知，缺氧池对各目标 EDCs 的去除贡献最大。MBR+NF 系统中，缺氧池对 BPA、NPnEO、E2、E3 和 EE2 的去除率分别为：88%、95%、99%、97%和89%；对照 MBR 系统中，缺氧池的去除率分别为：91%、97%、99%、96%和 83%，两系统中缺氧池的效果相当。

好氧池(MBR)对目标 EDCs 去除的贡献因物质而异，具体来说，对 BPA 和 NPnEO 均有一定的去除贡献，MBR+NF 系统与对照 MBR 系统中好氧池对 BPA 和 NPnEO 的去除率(相对进水浓度的去除率)分别为 10.8%、3.0%与 10.5%、1.5%；而对 E2、E3 和 EE2 来说，好氧池的去除贡献则较小(<3%)，可能是由于其浓度较低无法被微生物有效利用所致，也可能是由于检测精度有限而无法准确检测所致。

对于微滤膜对目标 EDCs 去除的贡献，除 NPnEO 以外，微滤膜对其他 4 种 EDCs 均未表现出明显的去除能力，而且对 NPnEO 去除的贡献也极小，这表明微

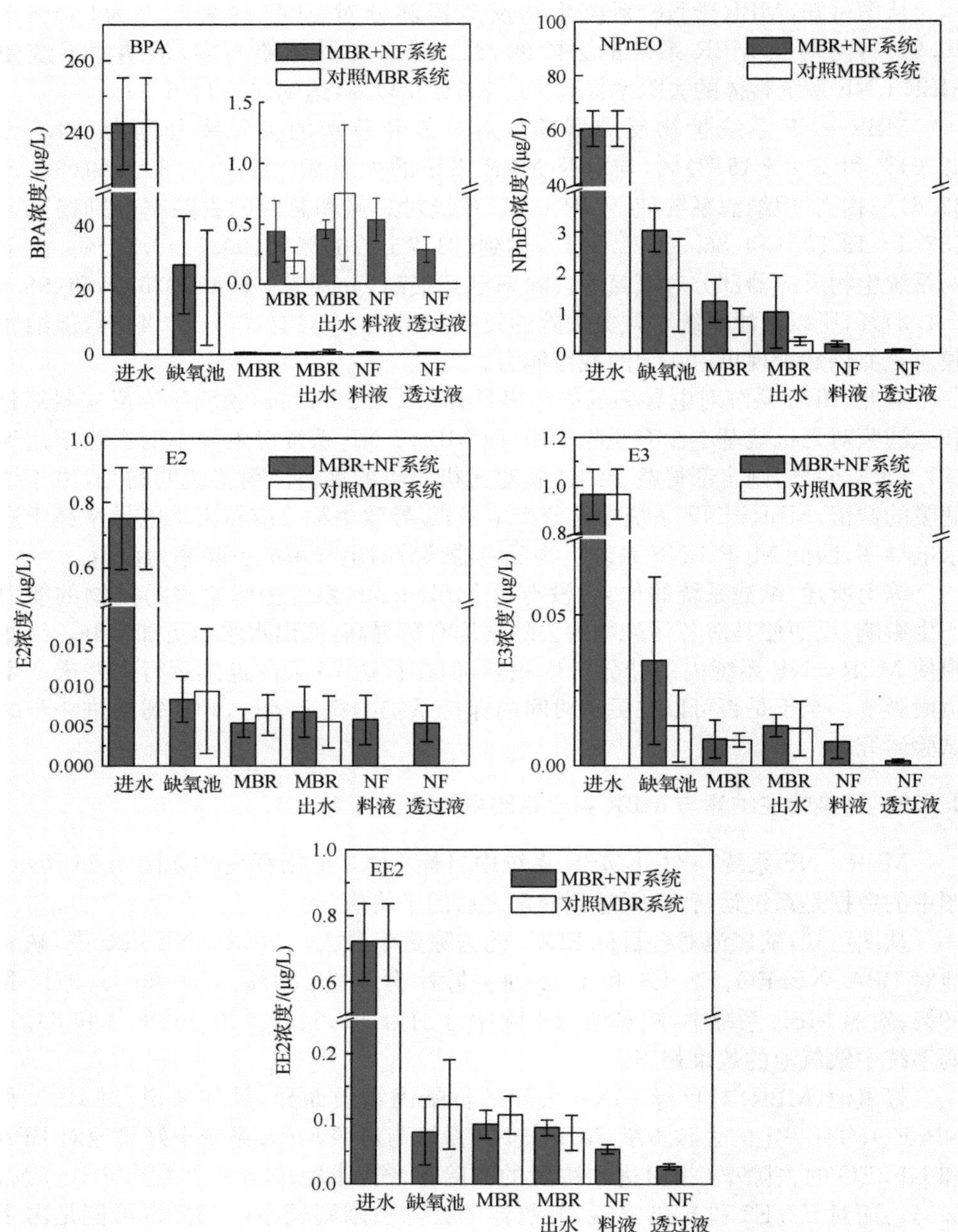


图 4.43 MBR+NF 系统与对照 MBR 系统中目标 EDCs 的沿程变化

滤膜无法截留小分子 EDCs，即使微滤膜上吸附的凝胶层或泥饼层可以吸附部分 EDCs，但随着运行时间的延长，这种吸附逐渐饱和而失去对去除的贡献。

# 第5章　膜生物反应器处理工业废水的特性

近30年来,我国经济建设一直处于快速发展状态,随之带来的工业污染问题也日益突出。尽管各级政府与工业企业在污染控制方面开展了大量工作,但尚有不少问题存在。工业废水种类很多,大部分工业废水中都含有各种各样的难降解有机物,如不进行妥善处理,会对生态环境造成很大危害。

与在城市污水处理中的研究与应用相比,MBR在工业废水处理中的研究与应用相对起步较晚。近年来的研究与应用实践表明,MBR在处理食品加工(Sridang et al.,2008;Wang et al.,2005)、毛纺印染(刘超翔等,2002;Malpei et al.,2003)、造纸(Zhang et al.,2009)、高分子合成(Chang et al.,2006)、制药(李莹等,2007)、石油化工(樊耀波等,1997)、酿酒(王志伟等,2006)、制革(Reemtsma et al.,2002)、电子电器(Goltara et al.,2003)、军工生产(郭新超等,2005)、农药(刘春等,2007a)等高浓度、有毒、难降解等工业废水中均显示了其独特的优势,是一种具有发展前景的处理技术。

在MBR系统中,由于膜具有高效的分离能力,其在处理含难降解有机物工业废水中具有以下潜在优势:

(1) 由于膜能够完全截留微生物,使MBR实现SRT与HRT的完全分离。采用较长的污泥龄可以有效地提高生物反应器中微生物的浓度,且有利于加强对微生物的驯化,从而可提高MBR对难降解有机物的处理效率。

(2) 由于膜对微生物的截留不具有任何选择性,因此对于世代时间长,或絮体沉降性能较差的各种微生物都能有效截留。除了微生物自身的衰减,微生物不会通过别的方式流失,因此生物反应器中可能具有更丰富的生物相,有利于形成对难降解有机物的协同代谢,促进难降解有机物的彻底分解。

(3) 在MBR中,通过膜的筛分作用,可以使污水中一部分大分子有机物截留。由于在MBR运行过程中膜表面凝胶层的形成,可以进一步截留反应器中一些相对分子质量更小的物质。因此可使一些大分子的难降解有机物被截留在MBR中,延长其在生物反应器中的停留时间,促进其降解。

由于工业废水水质的复杂性,处理时一般会采用组合MBR工艺,也常根据需要采用物化或生物强化措施。本章将结合我们开展的研究工作,重点介绍MBR处理几种典型工业废水的特性(刘春,2006;刘春等,2007a,2007b;刘超翔等,2002;赵文涛,2009;Zhao et al.,2009a,2009b)。

# 5.1 膜生物反应器处理焦化废水

焦化废水是焦化工业生产过程中产生的一种典型的高浓度、高毒性工业废水，其水质十分复杂，含有酚类、氰化物和氨等多种高浓度、高毒性的有机和无机污染物，是造成水体污染的重要污染源。目前焦化废水处理中依然存在以下几个问题：

(1) 废水中很高的污染物负荷和水质波动均会影响生物处理的稳定性，造成出水水质的波动；

(2) 废水中高浓度的毒性物质对硝化细菌的抑制和硝化细菌在生物处理系统中的流失，均会造成生物处理中硝化效果的恶化，影响氨氮的去除稳定性；

(3) 生物处理出水中残余的COD和色度依然较高；常规的混凝剂对COD和色度强化去除效果不明显。

我国是焦化工业大国，焦化废水排放量大。面对当前日益严格的废水排放要求和工业废水回用需求，寻求更加有效和稳定的焦化废水处理工艺已成为焦化行业的迫切需求，对保护环境意义重大(赵文涛，2009)。

## 5.1.1 焦化废水的特性

典型焦化废水的污染物组成及浓度参见表5.1，其中有机污染物以酚类化合物为主，一般占总COD的80%左右，此外还含有一定量的多环芳烃(PAHs)和含氮、氧、硫的杂环化合物等；无机污染物则以氨、氰化物、硫氰化物和硫化物为主。

**表5.1 焦化废水水质特征**(Ganczarczyk，1983)

| 物质种类 | 浓度/(mg/L) | 物质种类 | 浓度/(mg/L) |
|---|---|---|---|
| 酚类化合物 | 750～2800 | 氨 | 1500～4500 |
| 酚 | 200～1900 | 有机氮 | 20～40 |
| 氰 | 10～100 | $BOD_5$ | 1600～2800 |
| 硫氰化合物 | 130～860 | COD | 2100～7500 |
| 硫化物和聚合硫化物 | 20～200 | 可萃取物 | 100～240 |
| 硫代硫酸盐 | 50～1200 | | |

## 5.1.2 $A_1/A_2/O$-MBR处理焦化废水的性能评价

### 5.1.2.1 工艺特征

处理焦化废水的小试规模厌氧/缺氧/好氧膜生物反应器($A_1/A_2/O$-MBR)系统的工艺流程如图5.1所示(Zhao et al.，2009a)，其中厌氧反应器($A_1$)有效体积6L，缺氧反应器($A_2$)有效体积12L，好氧反应器(O)有效体积18L。

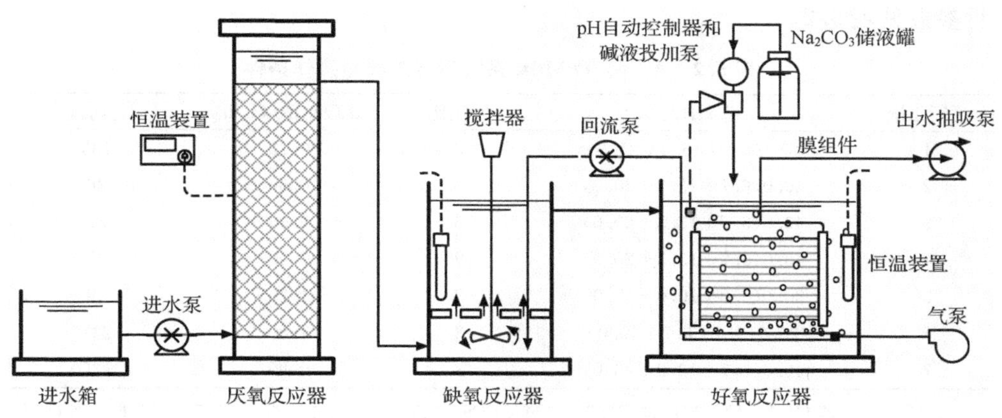


图 5.1 $A_1/A_2$/O-MBR 系统工艺流程图

厌氧反应器采用生物膜法，选用填料为日本某公司生产的亲水性丙烯酸酯纤维制成的柔性填料，填充孔隙率约为95%。缺氧反应器采用搅拌式完全混合悬浮活性污泥法。好氧反应器采用曝气式完全混合悬浮活性污泥法，反应器由隔板分隔成底部和顶部相通的两个部分。隔板的一侧装有中空纤维膜组件，材质为聚乙烯，膜孔径 0.4$\mu$m，膜面积 0.2$m^2$（日本三菱丽阳公司生产）。膜组件正下方设有穿孔曝气管，通过曝气一方面可以使反应器内的混合液维持一定的循环流速，减少污泥在膜表面的沉积，另一方面可以提供微生物降解污染物所需的溶解氧。

研究中平行运行了一小试规模的厌氧/缺氧/好氧活性污泥（$A_1/A_2$/O-CAS）系统，以对比两个系统的运行特性。$A_1/A_2$/O-CAS 系统的厌氧、缺氧反应器的有效容积和结构与 $A_1/A_2$/O-MBR 系统的完全相同，好氧反应器和沉淀池为一体式，好氧反应器采用穿孔管曝气。

试验用焦化废水原水取自北京某钢铁企业焦化厂调节池出水。两系统的缺氧和好氧反应器的接种污泥取自北京某钢铁企业焦化厂实际运行的内循环缺氧/好氧/好氧（$A_2$/O/O）悬浮活性污泥处理工艺的回流污泥。

#### 5.1.2.2 运行条件与参数

$A_1/A_2$/O-MBR 和 $A_1/A_2$/O-CAS 系统在相同进水条件下长期对比运行时间 >600d，整个运行过程分为两个阶段：第一阶段主要考察总 HRT 和回流比（$R$）对 $A_1/A_2$/O-MBR 系统处理效果的影响；第二阶段主要考察 $A_1/A_2$/O-MBR 系统与 $A_1/A_2$/O-CAS 系统处理焦化废水的性能差异。

第一阶段，$A_1/A_2$/O-MBR 和 $A_1/A_2$/O-CAS 系统的缺氧和好氧反应器接种污泥后，开始连续进出水，初始缺氧和好氧反应器的平均 MLSS 为 9.5g/L。运行了 6 个工况。系统总 HRT 和 $R$ 通过改变处理流量和回流流量予以调节，具体运行参数见表 5.2。

**表 5.2　$A_1/A_2/O$-MBR 系统运行工况与操作条件**

| 运行工况 | 总 HRT/h | 回流比 | 处理流量/(L/h) | 运行时间/d |
|---|---|---|---|---|
| 1 | 50.0(8.4+16.6+25.0)[a] | 3 | 0.72 | 133 |
| 2 | 40.0(6.7+13.3+20.0) | 3 | 0.90 | 26 |
| 3 | 40.0(6.7+13.3+20.0) | 6 | 0.90 | 27 |
| 4 | 40.0(6.7+13.3+20.0) | 9 | 0.90 | 25 |
| 5 | 30.0(5.0+10.0+15.0) | 3 | 1.20 | 28 |
| 6 | 20.0(3.4+6.7+10.0) | 3 | 1.80 | 24[b] |
| 7 | 40.0(6.7+13.3+20.0) | 3 | 0.90 | >350 |

a. 厌氧反应器 HRT+缺氧反应器 HRT+好氧反应器 HRT；b. 工况 6 的 5～24d 采用替代膜组件(膜材料：聚偏氟乙烯；膜孔径 0.04μm；膜面积：0.1m²；GE Zenon，USA)

第二阶段，$A_1/A_2/O$-MBR 系统和 $A_1/A_2/O$-CAS 系统的缺氧和好氧反应器接种相同浓度的新污泥，初始缺氧和好氧反应器的平均 MLSS 为 8.8g/L，运行时间>350d，运行参数见表 5.2 中工况 7。

$A_1/A_2/O$-MBR 系统的缺氧和好氧反应器的平均污泥龄(SRT)约 110d，$A_1/A_2/O$-CAS 系统的平均 SRT 约 60d。两系统的其他操作参数在相同范围，包括：厌氧反应器的 ORP<−200mV，缺氧反应器的 DO<0.5mg/L，好氧反应器 DO>3mg/L；反应器的温度控制在 30～35℃；好氧反应器的 pH 控制在 7.0～7.2。需要说明的是，在第二阶段长期运行中，由于自动控制器事故，部分时间自动加碱装置没有正常工作，好氧反应器的 pH 出现低于 7.0～7.2 范围的情况。

### 5.1.3　总 HRT 对污染物去除效果的影响

第一阶段，$A_1/A_2/O$-MBR 系统启动后在 HRT 为 50.0h 条件下运行了 108d，目的是为了使系统启动后达到稳定，便于后续考察总 HRT 和 $R$ 对处理效果的影响。启动后 8～108d 的运行处理效果见表 5.3。

**表 5.3　$A_1/A_2/O$-MBR 系统进出水污染物浓度及去除率**

| 水质指标 | $n^a$ | 进水/(mg/L) | | 出水/(mg/L) | | 去除率/% | |
|---|---|---|---|---|---|---|---|
| | | 平均值[b] | 范围 | 平均值 | 范围 | 平均值 | 范围 |
| COD | 18 | 1997±452 | 995～2956 | 281±51 | 202～451 | 85.3±2.9 | 78.8～91.4 |
| $NH_4^+$-N | 18 | 65±58 | 12～217 | 0.7±0.7 | 0.1～3.8 | 97.3±3.1 | 72.5～99.9 |
| TN | 18 | 352±154 | 142～891 | 73±23 | 35～155 | 77.9±5.7 | 68.7～89.2 |
| $NO_2^-$-N | 18 | — | — | 4.3±4.9 | 0.1～26.7 | — | — |

a. 取样测定的次数；b. 平均值±标准偏差；统计数据为启动后运行 8～108d。

从表中结果来看，$A_1/A_2$/O-MBR 系统对 COD、$NH_4^+$-N 和 TN 的去除效果基本稳定，因此，从 108d 开始考察总 HRT 对污染物去除效果的影响。不同总 HRT 条件下，缺氧和好氧反应器的平均 MLSS、MLVSS 浓度和 MLVSS/MLSS，如图 5.2所示。好氧反应器污泥的 SVI 和 SV 如图 5.3 所示。

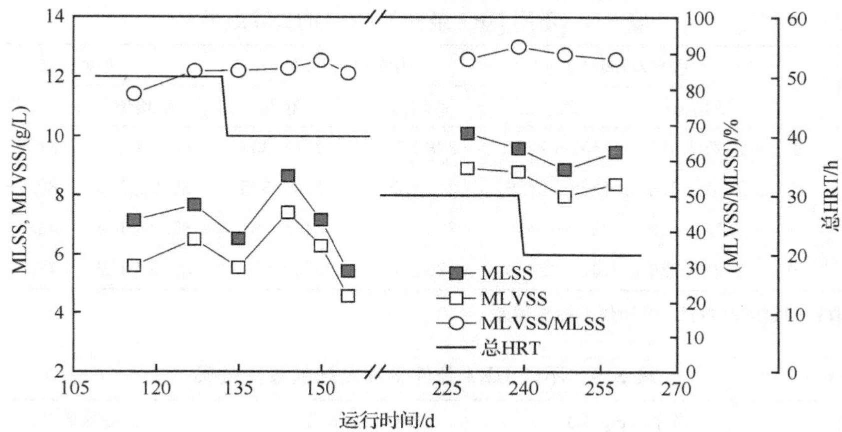


图 5.2　不同总 HRT 条件下 $A_1/A_2$/O-MBR 系统缺氧和好氧反应器中平均 MLSS、MLVSS、MLVSS/MLSS 随时间变化

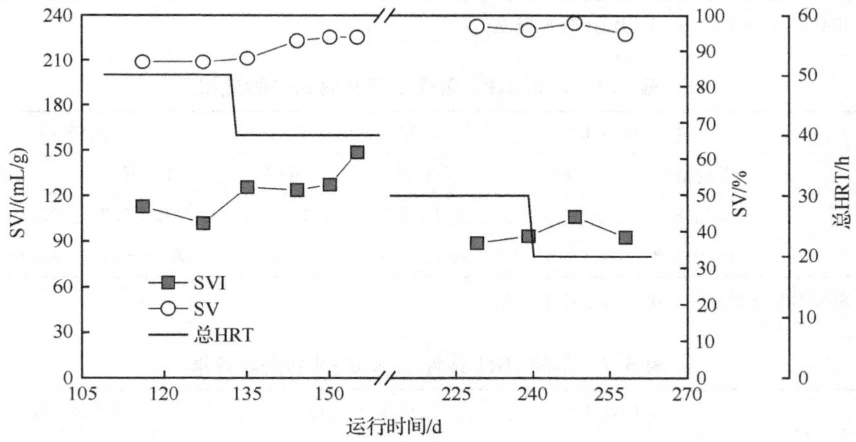


图 5.3　不同总 HRT 条件下 $A_1/A_2$/O-MBR 系统好氧反应器污泥 SVI 和 SV 随时间变化

从图中可以看出，当总 HRT 为 50.0h 和 40.0h 时，缺氧和好氧反应器的平均 MLSS 浓度分别为(7.4±0.3)g/L 和(7.0±1.0)g/L；当 HRT 减少到 30.0h 和 20.0h 时，平均 MLSS 浓度增加到(9.9±0.3)g/L 和(9.2±0.3)g/L。MLVSS/

MLSS 和 SV 值随着 HRT 的减少没有明显变化：MLVSS/MLSS 在 85%～90%之间，而 SV 在 90%左右。

考察了总 HRT 为 50.0h、40.0h、30.0h 和 20.0h 时，$A_1/A_2$/O-MBR 系统对 COD、挥发酚、氰化物、氨氮和总氮的去除效果，统计分析结果列于表 5.4～表 5.8中。

**表 5.4　不同 HRT 条件下 COD 的去除效果**

| HRT/h | $n^a$ | 进水/(mg/L) | | 出水/(mg/L) | | 去除率/% | |
|---|---|---|---|---|---|---|---|
| | | 平均值[b] | 范围 | 平均值 | 范围 | 平均值 | 范围 |
| 50.0 | 9 | 2171±315 | 1653～2567 | 278±21 | 247～334 | 86.7±3.0 | 81.2～89.9 |
| 40.0 | 12 | 1903±228 | 1378～2426 | 245±20 | 205～335 | 86.9±1.3 | 82.7～90.2 |
| 30.0 | 15 | 2615±142 | 2334～3090 | 333±33 | 247～391 | 87.2±1.6 | 83.6～90.4 |
| 20.0 | 10 | 2163±226 | 1618～2660 | 420±46 | 328～537 | 80.5±1.7 | 76.9～83.9 |

a. 取样测定的次数；b. 平均值±标准偏差。

**表 5.5　不同 HRT 条件下挥发酚的去除效果**

| HRT/h | $n^a$ | 进水/(mg/L) | | 出水/(mg/L) | | 去除率/% | |
|---|---|---|---|---|---|---|---|
| | | 平均值[b] | 范围 | 平均值 | 范围 | 平均值 | 范围 |
| 30.0 | 9 | 302±76 | 145～412 | 0.1±0.0 | 0.1～0.3 | 100.0±0.0 | 99.9～100.0 |
| 20.0 | 7 | 297±57 | 129～392 | 0.1±0.0 | 0.1～0.2 | 100.0±0.0 | 99.9～100.0 |

a. 取样测定的次数；b. 平均值±标准偏差。

**表 5.6　不同 HRT 条件下氰化物的去除效果**

| HRT/h | $n^a$ | 进水/(mg/L) | | 出水/(mg/L) | | 去除率/% | |
|---|---|---|---|---|---|---|---|
| | | 平均值[b] | 范围 | 平均值 | 范围 | 平均值 | 范围 |
| 30.0 | 9 | 26.2±8.9 | 19.2～61.6 | 0.2±0.0 | 0.2～0.4 | 99.0±0.3 | 98.3～99.5 |
| 20.0 | 7 | 21.0±6.7 | 4.6～31.6 | 0.3±0.0 | 0.2～0.4 | 98.1±0.7 | 95.7～99.1 |

a. 取样测定的次数；b. 平均值±标准偏差。

**表 5.7　不同 HRT 条件下 $NH_4^+$-N 的去除效果**

| HRT/h | $n^a$ | 进水/(mg/L) | | 出水/(mg/L) | | 去除率/% | |
|---|---|---|---|---|---|---|---|
| | | 平均值[b] | 范围 | 平均值 | 范围 | 平均值 | 范围 |
| 50.0 | 7 | 216±46 | 151～285 | 1.3±1.1 | 0.3～3.9 | 99.4±0.5 | 98.4～99.9 |
| 40.0 | 12 | 282±47 | 191～363 | 0.2±0.2 | 0.0～1.4 | 99.9±0.1 | 99.4～100.0 |
| 30.0 | 15 | 144±26 | 99～212 | 5.7±3.0 | 0.1～15.8 | 96.0±1.9 | 92.2～99.9 |
| 20.0 | 10 | 215±17 | 174～242 | 139±23 | 70～175 | 35.0±9.1 | 18.0～69.9 |

a. 取样测定的次数；b. 平均值±标准偏差。

表 5.8 不同 HRT 条件下的 TN 去除效果

| HRT/h | $n^a$ | 进水/(mg/L) | | 出水/(mg/L) | | 去除率/% | |
|---|---|---|---|---|---|---|---|
| | | 平均值[b] | 范围 | 平均值 | 范围 | 平均值 | 范围 |
| 50.0 | 9 | 343±23 | 304～389 | 109±20 | 77～152 | 67.9±5.7 | 54.1～79.5 |
| 40.0 | 12 | 454±50 | 370～624 | 179±48 | 86～257 | 60.2±11.3 | 41.7～77.9 |
| 30.0 | 15 | 316±34 | 246～459 | 115±30 | 40～176 | 63.6±7.8 | 44.5～84.7 |
| 20.0 | 10 | 362±43 | 291～422 | 197±53 | 96～302 | 46.2±12.2 | 24.2～67.4 |

a. 取样测定的次数；b. 平均值±标准偏差。

综上，HRT 对 $A_1/A_2/O$-MBR 系统去除各种污染物的影响有以下规律：

(1) 总 HRT 为 30.0～50.0h 时，系统对 COD 的去除效果未出现明显变化，表明 HRT 的延长不一定能提高系统对 COD 的去除效果，当总 HRT 缩短到 20.0h 时 COD 去除率略有降低。

(2) 总 HRT 为 20.0h 时，系统即能实现挥发酚和氰化物的几乎完全去除，使得出水浓度稳定达到<0.5mg/L 的国家一级排放标准。

(3) 总 HRT 在 40.0～50.0h 时，几乎能完全去除 $NH_4^+$-N，使出水稳定达到<15mg/L 的国家一级排放标准，且出水中没有 $NO_2^-$-N 的积累；当总 HRT 减少到 30.0h 时，系统去除 $NH_4^+$-N 的稳定性受到一定影响，出水 $NH_4^+$-N 偶有超标现象，出水中出现一定浓度的 $NO_2^-$-N 积累；当总 HRT 减少到 20.0h 时，系统硝化作用受到明显影响，$NH_4^+$-N 去除率显著降低。

因此，综合考虑 $A_1/A_2/O$-MBR 系统对各种污染物的去除效果与运行稳定性，适宜的总 HRT 为 40.0h。此时，系统能稳定去除挥发酚、氰化物和 $NH_4^+$-N，出水达到国家一级排放标准。延长 HRT 不能进一步提高系统对 COD 的去除效果。

### 5.1.4 回流比对污染物去除效果的影响

根据上节的研究结论，本节在选取总 HRT40.0h 的基础上，希望通过增加回流比来提高系统对污染物的去除效果，选取的回流比为 3 倍、6 倍和 9 倍。

不同回流比条件下 $A_1/A_2/O$-MBR 系统中缺氧和好氧反应器的平均 MLSS、MLVSS 和 MLVSS/MLSS 如图 5.4 所示。可见，在不同回流比条件下 $A_1/A_2/O$-MBR系统中缺氧和好氧反应器中平均的 MLSS 和 MLVSS 浓度基本接近，约 7.0g/L。MLVSS/MLSS 随着回流比的增加维持在 86%左右。

考察了在 3 倍、6 倍和 9 倍回流比条件下 $A_1/A_2/O$-MBR 系统对 COD 去除效果，统计分析结果列于表 5.9 中。可以看出，随着回流比的增加，COD 的去除效果没有提高，平均去除率在 87%左右。3 倍、6 倍和 9 倍回流比条件下，系统的出水 COD 浓度接近，分别为(245±20)mg/L、(242±23)mg/L 和(263±32)mg/L，表明

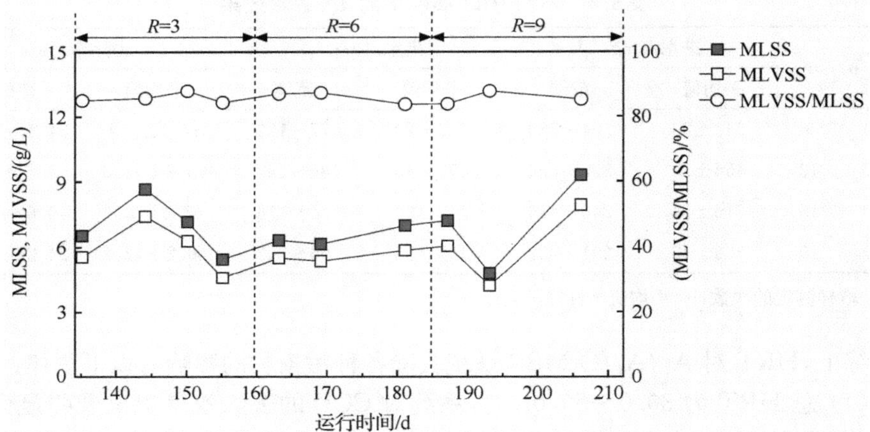


图 5.4　不同回流比条件下 $A_1/A_2$/O-MBR 系统缺氧和好氧反应器中平均 MLSS、MLVSS 和 MLVSS/MLSS 随时间变化

残余的有机物通过增加回流比仍难以被微生物降解。

**表 5.9　不同回流比条件下 COD 的去除效果**

| 回流比 | $n^a$ | 进水/(mg/L) | | 出水/(mg/L) | | 去除率/% | |
|---|---|---|---|---|---|---|---|
| | | 平均值[b] | 范围 | 平均值 | 范围 | 平均值 | 范围 |
| 3 | 12 | 1903±228 | 1378～2426 | 245±20 | 205～335 | 86.9±1.3 | 82.7～90.2 |
| 6 | 13 | 1882±215 | 1338～2327 | 242±23 | 205～298 | 86.9±1.9 | 83.3～90.3 |
| 9 | 12 | 2724±445 | 1997～3679 | 263±32 | 207～375 | 89.9±2.4 | 82.4～93.6 |

a. 取样测定的次数；b. 平均值±标准偏差。

不同回流比条件下 $A_1/A_2$/O-MBR 系统对 TN 的去除效果如表 5.10 所示。可以看出，TN 去除率没有随着回流比的增加而增加，而且在每个回流比条件下去除率都有较大波动，如在 9 倍回流条件下，TN 去除率在 34.6%～96.3%。这一结果可能是由于 TN 的去除容易受进水水质的影响。

**表 5.10　不同回流比条件下的 TN 去除效果**

| 回流比 | $n^a$ | 进水/(mg/L) | | 出水/(mg/L) | | 去除率/% | |
|---|---|---|---|---|---|---|---|
| | | 平均值[b] | 范围 | 平均值 | 范围 | 平均值 | 范围 |
| 3 | 12 | 454±50 | 370～624 | 179±48 | 86～257 | 60.2±11.3 | 41.7～77.9 |
| 6 | 13 | 444±26 | 405～495 | 191±39 | 105～269 | 56.5±9.8 | 40.2～78.1 |
| 9 | 13 | 356±39 | 263～508 | 102±68 | 12～255 | 73.2±15.2 | 34.6～96.3 |

a. 取样测定的次数；b. 平均值±标准偏差。

不同回流比条件下 $A_1/A_2$/O-MBR 系统对 $NH_4^+$-N 的去除效果如表 5.11 所示。可以看出，在回流比为 3～9 倍的情况下，系统均能有效去除 $NH_4^+$-N，基本达到完全硝化的目的。

**表 5.11　不同回流比条件下的 $NH_4^+$-N 去除效果**

| 回流比 | $n$[a] | 进水/(mg/L) | | 出水/(mg/L) | | 去除率/% | |
|---|---|---|---|---|---|---|---|
| | | 平均值[b] | 范围 | 平均值 | 范围 | 平均值 | 范围 |
| 3 | 12 | 282±47 | 191～363 | 0.2±0.2 | 0.0～1.4 | 99.9±0.1 | 99.4～100.0 |
| 6 | 13 | 284±26 | 200～318 | 2.4±3.0 | 0.0～11.2 | 99.1±1.1 | 95.6～100.0 |
| 9 | 13 | 200±35 | 127～269 | 1.1±1.2 | 0.0～6.9 | 99.5±0.5 | 96.8～100.0 |

a. 取样测定的次数；b. 平均值±标准偏差。

综上，从回流比对 COD、TN 和 $NH_4^+$-N 去除效果的影响来看，增加回流比不能提高系统对污染物的去除效果，但却增加了运行成本，因此在实际运行中，可以选用 3 倍回流比，作为适宜的操作回流比。

### 5.1.5　与 $A_1/A_2$/O-CAS 长期对比研究

在 HRT 为 40.0h、回流比为 3 倍的条件下，$A_1/A_2$/O-MBR 与 $A_1/A_2$/O-CAS 系统在相同进水条件下平行运行超过 300d，以考察两系统在处理焦化废水中的差异。

$A_1/A_2$/O-MBR 和 $A_1/A_2$/O-CAS 系统运行过程中，缺氧和好氧反应器平均的 MLSS、MLVSS 和 MLVSS/MLSS 随时间变化如图 5.5 所示。在整个运行过

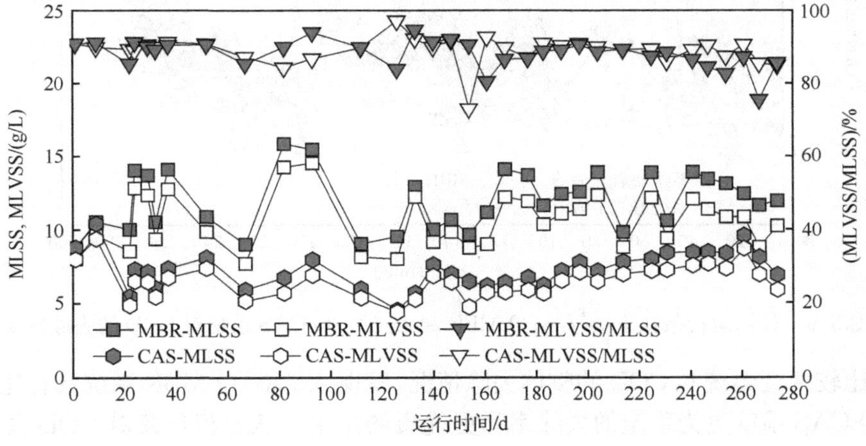


图 5.5　长期运行条件下 $A_1/A_2$/O-MBR 和 $A_1/A_2$/O-CAS 系统中缺氧和好氧单元的平均 MLSS、MLVSS 和 MLVSS/MLSS

程中，$A_1/A_2/O$-MBR 系统缺氧和好氧反应器中平均 MLSS 和 MLVSS 分别是 (12.0±1.7)g/L 和(10.6±1.6)g/L，MLVSS/MLSS 基本稳定在(88.3±2.9)%。对比的 $A_1/A_2/O$-CAS 系统缺氧和好氧反应器的平均 MLSS 和 MLVSS 分别为 (7.3±1.0)g/L 和(6.5±0.9)g/L，MLVSS/MLSS 基本稳定在(89.1±2.4)%。

#### 5.1.5.1 COD 去除

$A_1/A_2/O$-MBR 和 $A_1/A_2/O$-CAS 系统对 COD 的去除效果如图 5.6 所示。

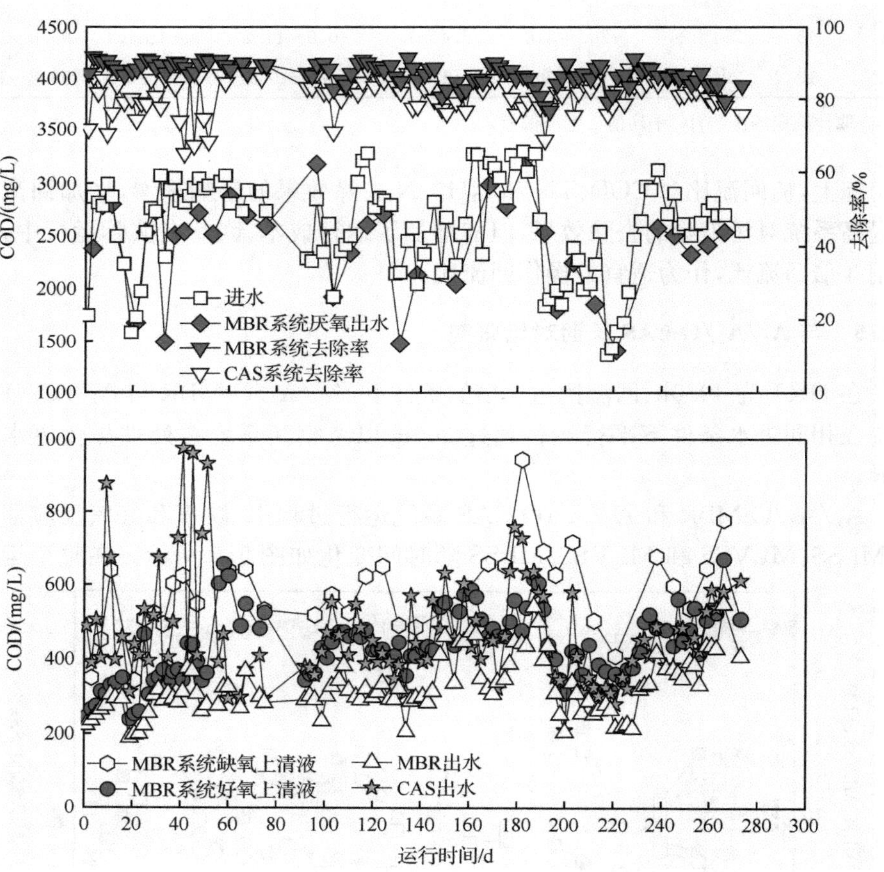


图 5.6 长期运行条件下 $A_1/A_2/O$-MBR 和 $A_1/A_2/O$-CAS 系统对 COD 的去除效果

比较两套系统对 COD 的整体去除情况，发现 $A_1/A_2/O$-MBR 系统具有比 $A_1/A_2/O$-CAS 系统更为稳定的去除率和更优质的出水。从容积负荷对 COD 去除率和出水浓度的影响来看(图 5.7)，在试验的进水负荷条件下，特别是高负荷条件下，$A_1/A_2/O$-MBR 系统比 $A_1/A_2/O$-CAS 系统能更有效地去除 COD。当进水负荷在 0.82～1.99kg-COD/($m^3$ · d)变化时，$A_1$/$A_2$/O-MBR 系统的 COD 平均去除率为(87.5±2.4)%，平均出水 COD 浓度为(318±58)mg/L；而 $A_1$/$A_2$/O-CAS 系统的 COD 平均去除率为(81.8±3.7)%，平均出水 COD 浓度为(471±105)mg/L，且随进水负荷的提高波动较大，稳定性不如 $A_1$/$A_2$/O-MBR 系统。

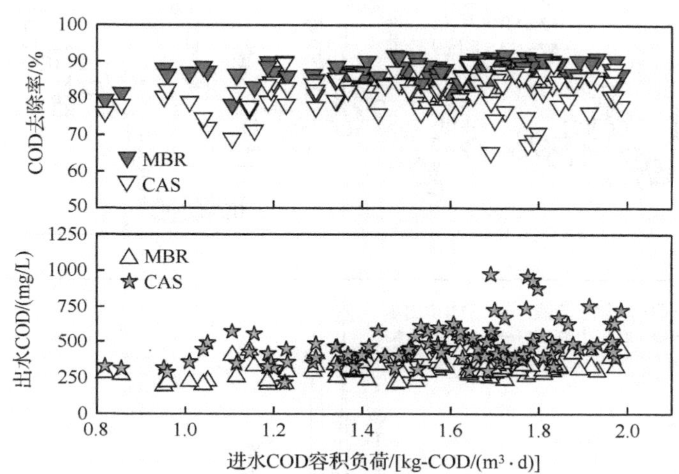


图 5.7　COD 出水浓度和去除率与进水 COD 容积负荷的关系

$A_1$/$A_2$/O-MBR 系统对有机物去除效果的提高归因于高的污泥浓度以及膜对有机物的进一步强化截留作用。

#### 5.1.5.2　氨氮去除

$A_1$/$A_2$/O-MBR 与 $A_1$/$A_2$/O-CAS 系统对 $NH_4^+$-N 的去除效果随时间变化如图 5.8 所示。

排除两系统由于短期内排泥量过大引起 $NH_4^+$-N 去除效果的波动($A_1$/$A_2$/O-MBR 系统运行的 41～51d、184～194d 和 203～217d；$A_1$/$A_2$/O-CAS 系统运行的 39～45d 和 182～193d)，以及由于好氧反应器 pH 自动控制器事故导致不能及时投加碱液，好氧反应器 pH 过低、剩余碱度不足引起的 $NH_4^+$-N 去除效果的波动($A_1$/$A_2$/O-MBR 系统运行的 131～133d 和 148～163d；$A_1$/$A_2$/O-CAS 系统运行的 131～136d 和 143～148d)两种情况以外，对进水 $NH_4^+$-N 容积负荷与出水 $NH_4^+$-N 浓度和去除率进行统计分析，结果如图 5.9 所示。

可以看出，进水负荷在 0.03～0.38kg-$NH_4^+$-N/($m^3$ · d)(进水浓度 50～628mg/L)范围时，$A_1$/$A_2$/O-MBR 系统对 $NH_4^+$-N 有稳定的去除效率，平均出水浓度为(0.8±0.9)mg/L，平均去除率为(99.3±1.0)%。

对比的 $A_1$/$A_2$/O-CAS 系统在进水负荷<0.28kg-$NH_4^+$-N/($m^3$ · d)(进水浓

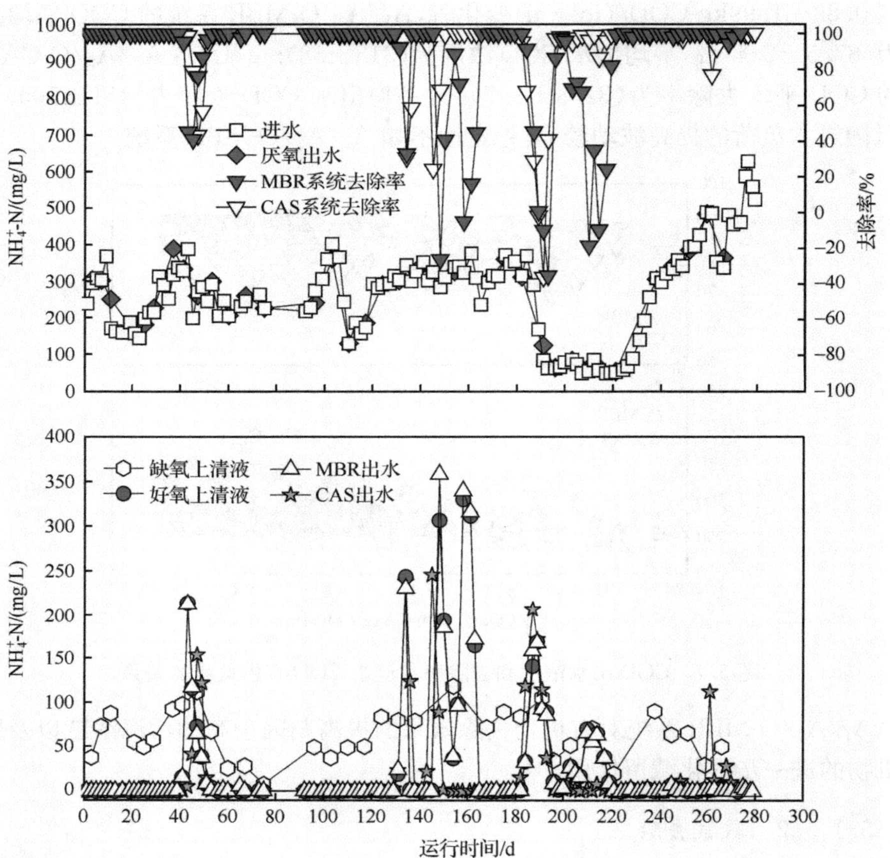


图 5.8 $A_1/A_2/O$-MBR 和 $A_1/A_2/O$-CAS 系统对 $NH_4^+$-N 的去除效果

度<486mg/L)时，对 $NH_4^+$-N 也有很好的去除效果，平均出水浓度为(1.3±1.4)mg/L，去除率为(99.2±0.9)%。然而，在进水 $NH_4^+$-N 负荷进一步提高的情况下，对比系统的 $NH_4^+$-N 去除率受到显著影响。

综上，相对对比系统，$A_1/A_2/O$-MBR 系统有更长的 SRT，因此能更有效地富集自养型硝化细菌，从而增强系统在高 $NH_4^+$-N 负荷条件下的硝化效率。

#### 5.1.5.3 TN 去除

$A_1/A_2/O$-MBR 和 $A_1/A_2/O$-CAS 系统对 TN 的去除效果如图 5.10 所示。

在整个运行过程中，除系统由于排泥和 pH 自动控制器引起的 $NH_4^+$-N 去除效果波动的情况外，在硝化稳定阶段时统计两系统的平均出水 TN 浓度分别为(112±49)mg/L 和(127±59)mg/L，去除率分别为(71.3±8.1)%和(65.7±9.5)%。

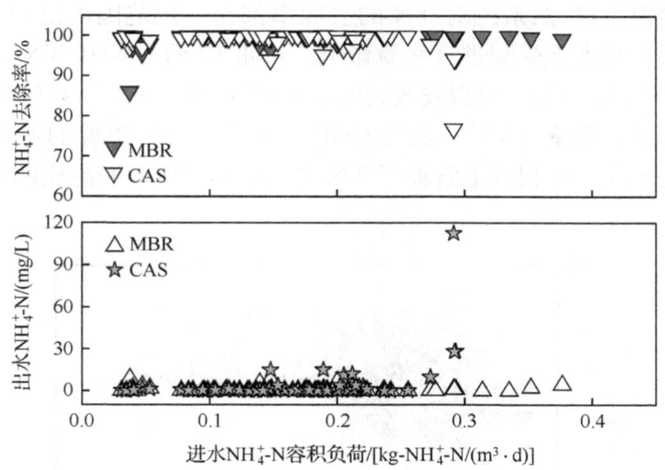


图5.9　出水 $NH_4^+$-N 浓度和去除率与进水 $NH_4^+$-N 容积负荷的关系

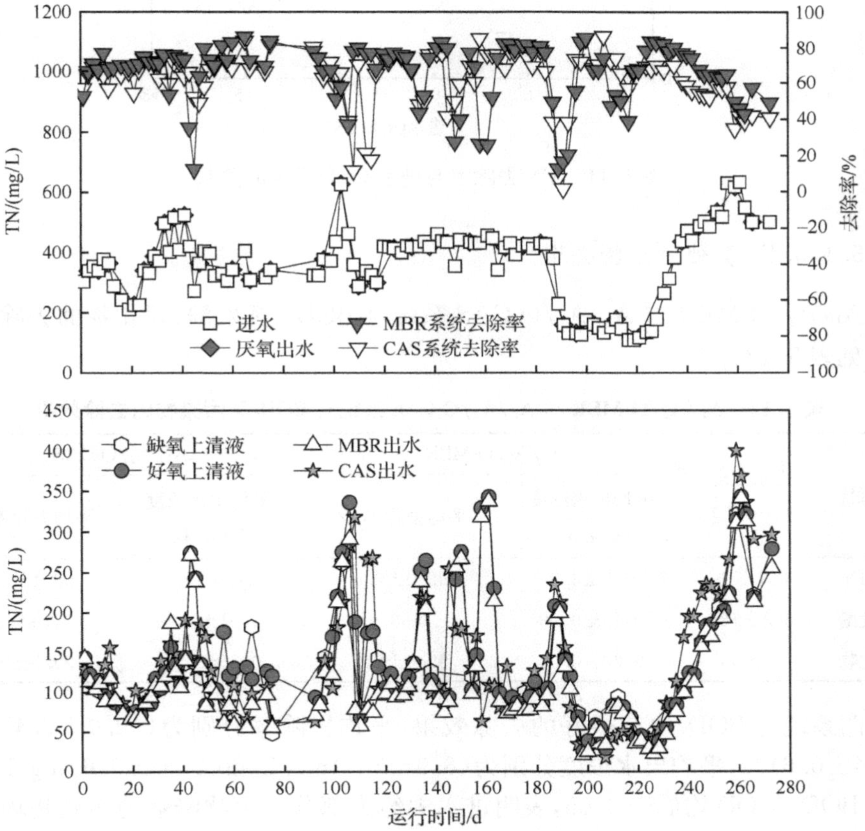

图5.10　$A_1/A_2/O$-MBR 和 $A_1/A_2/O$-CAS 系统对 TN 的去除效果

即使在硝化稳定阶段，两系统对 TN 的去除率都在一定范围内出现波动。TN 去除率的波动很大程度上受到进水水质影响。进水 COD/TN 和 TN 去除率之间的统计分析如图 5.11 所示。可以发现，当 COD/TN＞6.0 时，两系统达到 3 倍回流比条件下的理论去除率的 75%，而当 COD/TN＜6.0 时，碳源的不足导致 TN 去除率降低。这也在一定程度上解释了 TN 去除率不一定随回流比的增加而增加的情况。

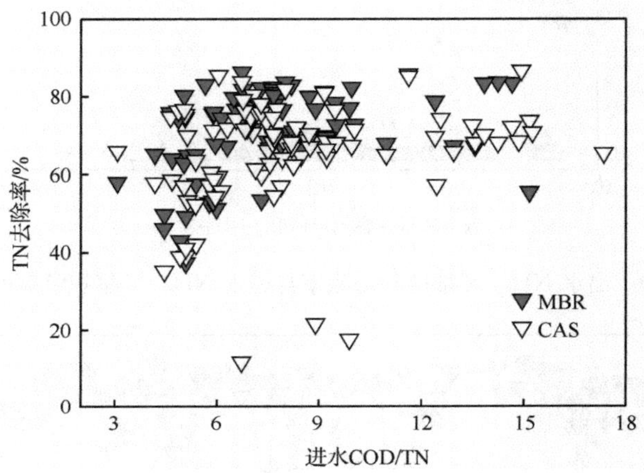


图 5.11　TN 去除率与进水 COD/TN 的关系

#### 5.1.5.4　其他污染物去除

$A_1/A_2$/O-MBR 与 $A_1/A_2$/O-CAS 系统对 $BOD_5$、挥发酚、氰化物的去除效果总结见表 5.12。

**表 5.12　$A_1/A_2$/O-MBR 与 $A_1/A_2$/O-CAS 系统对 $BOD_5$ 等污染物的去除效果**

| 项目 | 进水浓度/(mg/L) | $A_1/A_2$/O-MBR | | $A_1/A_2$/O-CAS | |
|---|---|---|---|---|---|
| | | 平均出水浓度/(mg/L) | 平均去除率/% | 平均出水浓度/(mg/L) | 平均去除率/% |
| $BOD_5$ | 687±55 | 6.9±3.3 | 99.0±0.4 | 11.0±3.6 | 98.4±0.6 |
| 挥发酚 | 503±185 | 0.19±0.08 | ＞99.9 | 1.01±1.49 | ＞99.9 |
| 氰化物 | 45±40 | 0.22±0.03 | 99.0±0.9 | 0.25±0.09 | 99.1±0.6 |

两系统对 $BOD_5$ 均有很好的去除效果，平均去除率分别为(99.0±0.4)%和(98.4±0.6)%，平均出水浓度分别为(6.9±3.3)mg/L 和(11.0±3.6)mg/L。出水中 $BOD_5$/COD 均低于 0.05，表明进水中绝大部分可生物降解的污染物均已被系统有效去除。

从挥发酚的去除来看，尽管进水挥发酚平均浓度高达(503±185)mg/L，且在188～1078mg/L 大范围内波动，$A_1/A_2/O$-MBR 系统基本上能完全去除挥发酚，去除率始终大于 99.9%，平均出水浓度为(0.19 ± 0.08) mg/L，稳定达到<0.5mg/L的国家一级排放标准。$A_1/A_2/O$-CAS 系统尽管在高进水挥发酚浓度时也能使挥发酚降低到 0.5mg/L 以下，但是在冲击负荷条件下，容易出现挥发酚的超标现象，平均出水浓度为(1.01±1.49)mg/L。$A_1/A_2/O$-MBR 系统中低的残余酚浓度可能归功于低的 $F/M$ 运行条件；而尽管传统活性污泥工艺也能实现挥发酚的去除，但出水中往往有相当量的酚残余。

关于氰化物，$A_1/A_2/O$-MBR 与 $A_1/A_2/O$-CAS 系统均有很好的去除效果，平均去除率分别为(99.0±0.9)%和(99.1±0.6)%，平均出水浓度分别为(0.22±0.03)mg/L 和(0.25±0.09)mg/L，始终低于 0.5mg/L 的国家一级排放标准。

#### 5.1.5.5　急性毒性去除

$A_1/A_2/O$-MBR 和 $A_1/A_2/O$-CAS 系统对急性毒性的去除效果如图 5.12 所示。

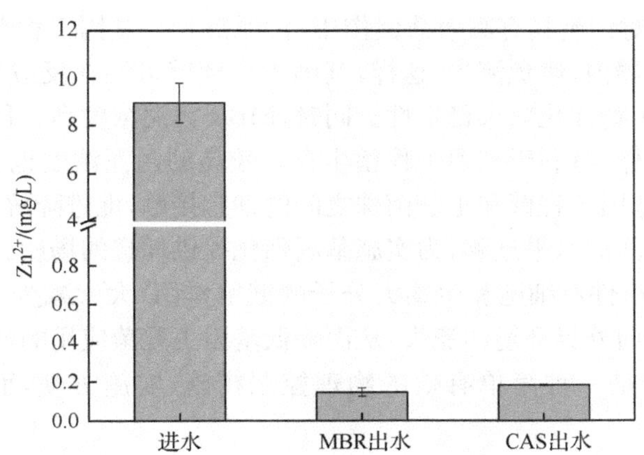


图 5.12　$A_1/A_2/O$-MBR 和 $A_1/A_2/O$-CAS 系统对急性毒性的去除效果

可以看出，焦化废水原水经过 $A_1/A_2/O$-MBR 系统处理后，急性毒性可以从(9.0±0.8) mg-$Zn^{2+}$/L，显著降低为(0.15 ± 0.02) mg-$Zn^{2+}$/L，平均去除率为(98.3±0.3)%。对比的 $A_1/A_2/O$-CAS 系统对急性毒性的去除效果与 $A_1/A_2/O$-MBR 系统相差不大，出水急性毒性为(0.18±0.01)mg-$Zn^{2+}$/L，去除率为(97.9±0.2)%。经过处理后的焦化废水毒性接近文献报道的城市污水处理厂出水毒性范围。由于确定废水中单个污染物的急性毒性非常困难，因此尽管本节仅给出了废水总的 $Zn^{2+}$ 当量急性毒性的去除效果，但在一定程度上可以说明 $A_1/A_2/O$-MBR

和 $A_1/A_2/O$-CAS 系统均能有效降低焦化废水对环境可能造成的毒害。

## 5.2 基因工程菌生物强化膜生物反应器处理含阿特拉津废水

农药阿特拉津是世界上用量最大的除草剂，属于难降解有机物，也被列为持久性有机污染物(POPs)，在世界各地的土壤和水体中都有残留，而且往往浓度超标。对阿特拉津进行生物处理的研究大多未取得理想的结果。

基因工程菌生物强化处理是具有良好应用前景的新的生物处理手段，其在生物强化废水处理中的作用主要表现在：①提高系统对难降解有机物的降解速率和降解底物的范围；②提高系统抗冲击负荷的能力，保护系统土著微生物群落不受冲击负荷的影响，保证系统的正常运行。但是，在基因工程菌的生物强化应用研究中存在着可靠性、稳定性和安全性的问题，有待于进一步的改进和完善。

MBR 工艺由于能够比较好地解决基因工程菌生物强化中存在的效果稳定性和生态安全性问题，是实现难降解污染物基因工程菌生物强化处理的理想工艺之一。其优势主要体现在两个方面：

(1) 膜组件对细胞具有高效截留作用，污泥龄长。基因工程菌引入 MBR 后，能够保持在反应器内，避免流失，这样，基因工程菌就可能在反应器内建立稳定种群，有利于保证生物强化效果稳定性。同时，MBR 污泥浓度高，可为基因工程菌附着提供更多的载体，有利于基因工程菌生存。较高的污泥浓度也提供较高土著细胞密度，有利于基因工程菌和土著菌株之间的细胞接触，促进降解基因在基因工程菌和土著细胞之间的水平迁移，为实施基因强化提供理想的场所。

(2) 由于膜组件对细胞和生物大分子的截留作用，大大减少基因工程菌及外源基因从反应器向外界环境的流失，从而降低基因工程菌应用的环境生态风险，这种截留隔离作用是一种简单有效的物理控制措施，实施方便，而且不会产生副作用。

本节考察了基因工程菌生物强化 MBR 对阿特拉津的去除效果和影响因素，以及长期运行效果，并初步评价了 MBR 降低生态风险的作用(刘春，2006)。

### 5.2.1 基因工程菌生物强化 MBR 系统

#### 5.2.1.1 工艺特征

采用浸没式 MBR 作为基因工程菌生物强化去除阿特拉津的工艺，并同时运行传统活性污泥(CAS)反应器作为比较。浸没式 MBR 有效容积为 6L，内置中空纤维膜组件(日本三菱丽阳公司生产)，膜材质为聚乙烯，膜面积为 $0.03m^2$，膜孔径为 $0.4\mu m$。CAS 反应器采用曝气池和沉淀池合建式，曝气池和沉淀池容积分别为

12L 和 4.5L(Liu et al.,2008)。

#### 5.2.1.2　降解阿特拉津的基因工程菌

阿特拉津(atrazine,2-chloro-4-ethylamino-6-isopropylamino-s-triazine,2-氯-4-乙氨基-6-异丙氨基-1,3,5-三嗪),别名莠去津。分子式:$C_8H_{14}ClN_5$;相对分子质量:215.72;难溶于水,微溶于多数有机溶剂。

使用的基因工程菌为携带阿特拉津水解酶基因质粒的大肠杆菌。采用绿色荧光蛋白对该菌进行了标记,以方便检测。标记后的工程菌细胞形态及其在活性污泥中的特征如图 5.13 及图 5.14 所示。标记后,绿色荧光蛋白在细胞内表达良好,培养基营养条件和生长阶段对绿色荧光蛋白表达影响显著。标记不会对基因工程菌的降解能力产生影响,而且基因工程菌降解能力和荧光强度存在正相关关系,表明降解酶和绿色荧光蛋白表达情况一致。标记后的细胞可以在活性污泥中实现原位检测。

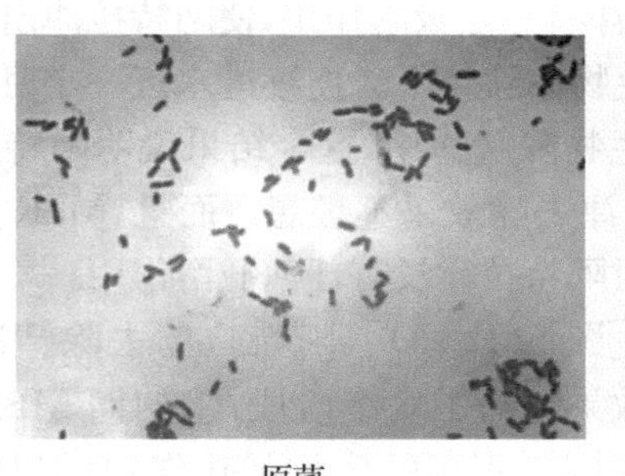
原菌

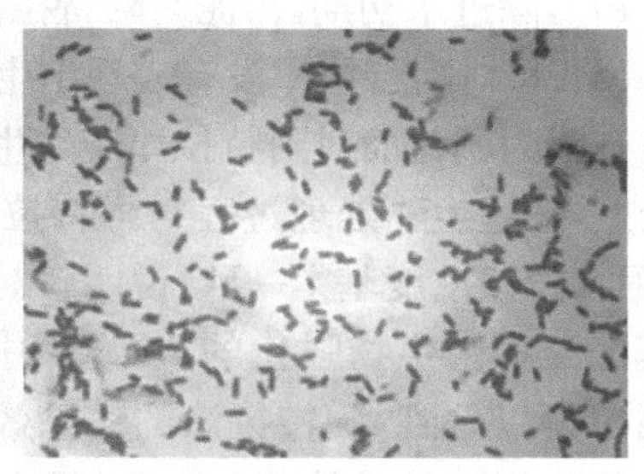
标记后

图 5.13　标记前后基因工程菌细胞形态比较

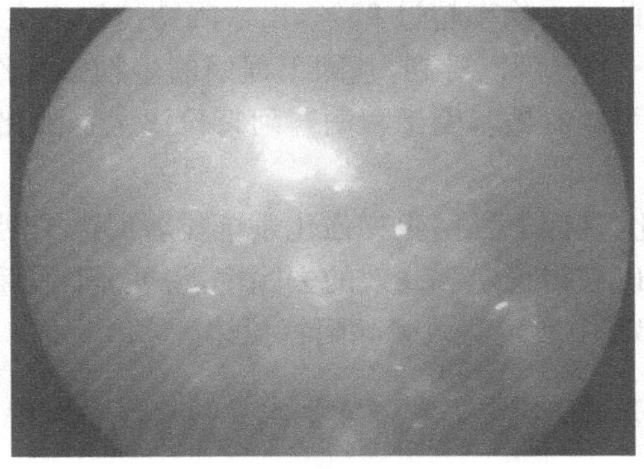

图 5.14　标记基因工程菌在活性污泥中的原位检测

## 5.2.2　基因工程菌生物强化 MBR 对阿特拉津的去除

### 5.2.2.1　基因工程菌在 MBR 中强化去除阿特拉津的对照试验

MBR 接种北京清河污水处理厂二沉池回流污泥，作为土著微生物。活性污泥初始接种浓度为 3g/L，MBR 运行期间，反应器中污泥浓度保持在 3～4g/L，没有排泥。运行 3 天，反应器运行基本稳定后，向其中 1 个 MBR 接种基因工程菌，接种密度约为 0.03mg/mL(约 $10^{14}$CFU/mL)。另 1 个 MBR 未接种基因工程菌，作为对照系统。反应器进水为人工配水(平均 COD 浓度约为 600mg/L)，其中含有 15～20mg/L 的阿特拉津，采用连续进水的形式，HRT 为 24h。2 个 MBR 都在室温下运行。检测 2 个 MBR 进出水中阿特拉津的浓度，评价 2 个 MBR 对阿特拉津的去除效果。

试验结果如图 5.15 所示。可以看到，在未接种基因工程菌的 MBR 对照系统中[图 5.15(a)]，除进水初期，污泥对阿特拉津有一定吸附作用，使阿特拉津出水浓度有所降低外，MBR 对阿特拉津没有表现出生物去除效果。连续进水近一个月，MBR 中污泥也没有因为驯化而对阿特拉津产生生物降解作用，这个结果说明阿特拉津生物降解性较差，普通生物处理过程对阿特拉津去除效果不理想。而且，MBR 上清液和出水中，阿特拉津浓度基本一致，说明膜对阿特拉津没有任何截留作用。

在基因工程菌生物强化的 MBR 中[图 5.15(b)]，阿特拉津去除情况比较复杂。从图中可以看到，阿特拉津的去除效果经历了 3 个阶段：①初期 MBR 表现出一定的生物降解阿特拉津能力，反映了基因工程菌的生物强化作用，但是，阿特拉津最大去除率仅达到 53%；②阿特拉津的去除效果逐渐减弱，直到完全消失，这个过程持续时间不长；③MBR 对阿特拉津的去除很快恢复，而且达到一个效率更高、更稳定的去除阶段，此时去除率超过 90%，出水阿特拉津浓度低于 1mg/L，去除容积负荷为 16mg/(L·d)。可以看到，基因工程菌的生物强化作用在初期经历了不同的阶段，这个过程可以看做基因工程菌对阿特拉津生物强化去除的启动期，大约为 11～12d。

和对照系统相比，基因工程菌生物强化系统显著促进了阿特拉津去除，而且在经过启动期之后，可以获得稳定和高效的去除率，说明基因工程菌生物强化作用可以在实际运行的 MBR 中实现高效去除阿特拉津。

### 5.2.2.2　生物强化 MBR 去除阿特拉津启动期影响因素

在生物强化 MBR 去除阿特拉津的过程中，启动期是一个关键阶段。本节考察了初始阶段阿特拉津进水负荷、反应器运行温度、基因工程菌初始接种密度、进水水质和接种污泥浓度等运行条件对启动时间的影响(从开始运行到去除率达

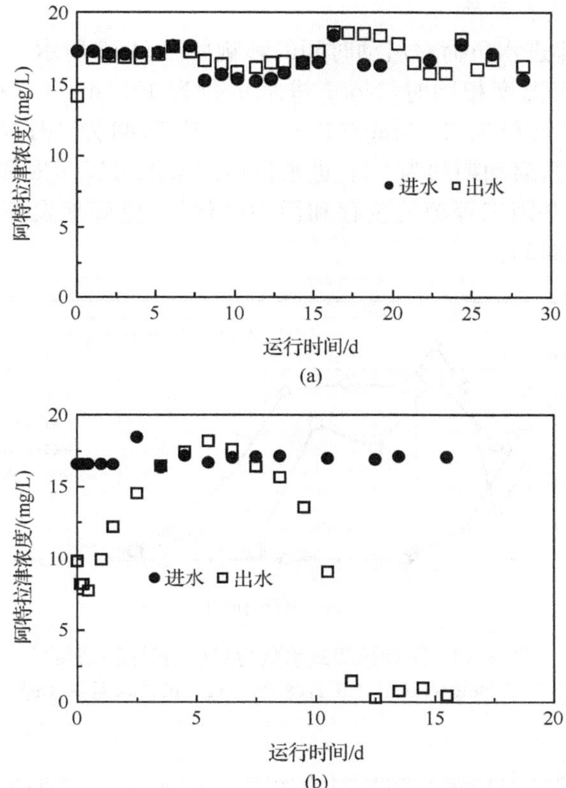


图 5.15　生物强化对 MBR 去除阿特拉津的促进作用
(a) 对照；(b) 生物强化

90%且保持稳定的时间)。反应器进水为人工配水和清华大学校园生活污水，进水中含有一定浓度的阿特拉津。启动期试验条件如表 5.13 所示。

**表 5.13　启动期试验条件**

| 编号 | 污泥 | 进水负荷/[mg/(L·d)] | 运行温度/℃ | 工程菌密度/(mg/mL) | 进水水质 |
|---|---|---|---|---|---|
| 1 | 普通 | 15.0 | 30 | 0.030 | 人工配水 |
| 2 | 普通 | 28.2 | 30 | 0.030 | 人工配水 |
| 3 | 普通 | 48.4 | 30 | 0.030 | 人工配水 |
| 4 | 普通 | 54.0 | 20 | 0.030 | 人工配水 |
| 5 | 普通 | 16.9 | 室温(平均<15) | 0.030 | 人工配水 |
| 6 | 普通 | 29.8 | 30 | 0.045 | 人工配水 |
| 7 | 普通 | 27.9 | 30 | 0.030 | 实际污水 |
| 8 | MBR | 29.0 | 30 | 0.030 | 实际污水 |

1. 阿特拉津进水负荷

初始阿特拉津进水负荷对启动时间的影响如图 5.16 所示。可以看到，在初始接种菌密度和运行温度相同时，No. 1 进水负荷为 15.0mg/(L·d)时，启动期为 6～7d；No. 2 进水负荷为 28.2mg/(L·d)时，启动期为 4d；No. 3 进水负荷为 48.4mg/(L·d)时，启动期约为 2d。进水负荷的增加可以形成和保持较强的环境选择压力，有利于基因工程菌的生存和活性的保持，更好地发挥生物强化去除作用，可以缩短启动时间。

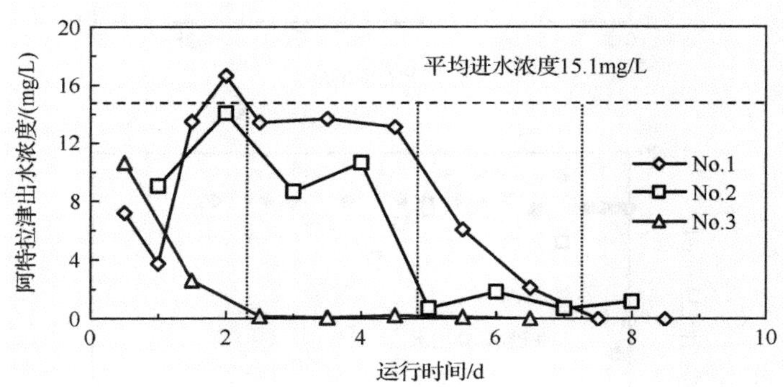


图 5.16　阿特拉津进水负荷对启动时间的影响

负荷 No. 1：15.0mg/(L·d)；No. 2：28.2mg/(L·d)；No. 3：48.4mg/(L·d)

2. 运行温度

反应器运行温度对启动时间的影响如图 5.17 所示。在高进水负荷下(No. 3、No. 4)，启动期比低进水负荷(No. 1、No. 5)时明显缩短，这和前面的结果相符。同时，在其他条件相同时，运行温度为 20℃(No. 4)时启动期为 4d，比运行温度 30℃(No. 3)的启动延长；运行温度为 15℃(No. 5)，启动期接近 12d，大大长于运行温度

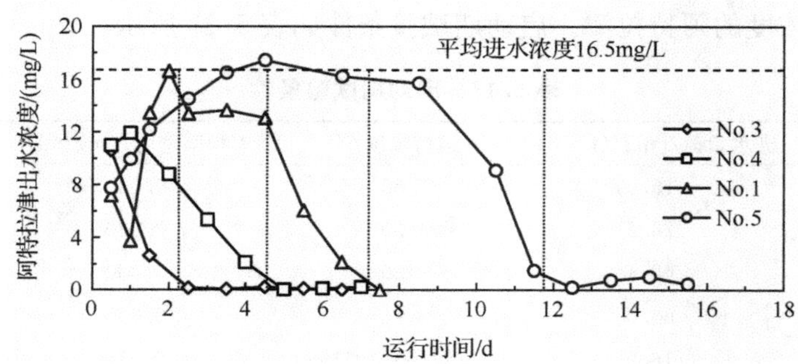


图 5.17　运行温度对启动时间的影响

负荷与温度 No. 1：15.0mg/(L·d)，30℃；No. 3：48.4mg/(L·d)，30℃；No. 4：54mg/(L·d)，20℃；No. 5：16mg/(L·d)，<15℃

30℃(No. 1)时的启动期，说明运行温度对启动的影响非常显著。基因工程菌的适宜温度为 37℃，运行温度较高，接近适宜温度时，基因工程菌的生存能力和活性较高，可以缩短启动期，而如果运行温度过低，则对启动非常不利。

3. 基因工程菌接种密度

基因工程菌接种密度对启动时间的影响如图 5.18 所示。可以看到接种密度为 0.030mg/mL(No. 2)时，启动时间为 4d，而接种密度增加到 0.045mg/mL(No. 6)时，启动时间不足 2d，提高接种密度显著缩短了启动时间。基因工程菌接种密度增加，有助于运行初期 MBR 中维持较高的工程菌密度，因而有利于缩短启动时间。

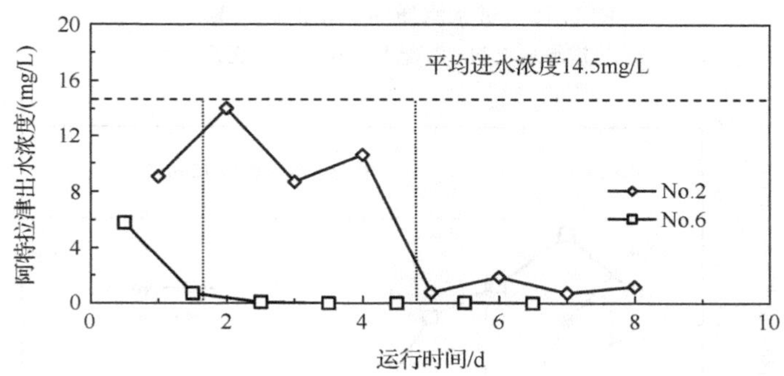


图 5.18　接种工程菌密度对启动时间的影响

接种工程菌密度 No. 2：0.030mg/mL；No. 6：0.045mg/mL

4. 进水水质

在人工配水和实际污水两种进水条件下，MBR 生物强化去除阿特拉津的启动过程如图 5.19 所示。可以看到，两种进水水质条件下的启动时间基本相当，都是 5d。说明尽管两种进水的碳源特性差异显著，但是对启动期的影响并不显著。可见，进水碳源只要能满足基因工程菌和土著微生物生长需要，对阿特拉津去除的影响并不显著。

5. 接种污泥浓度

其他条件相同时，接种低浓度(3～4g/L)普通污泥和高浓度(7～8g/L)MBR 污泥，MBR 生物强化去除阿特拉津的启动过程如图 5.20 所示。可以看到，接种低浓度普通污泥时启动时间为 5d，而接种高浓度污泥时启动时间为 3d，说明接种高浓度污泥有利于缩短启动时间。吸附于污泥絮体有利于基因工程菌生存，污泥浓度高，可以为基因工程菌提高更多的吸附位点，从而提高基因工程菌吸附于污泥絮体的密度，这样有利于反应器中保持更高的基因工程菌种群密度，缩短启动时间。

总的来说，进水负荷、运行温度、基因工程菌接种密度和接种污泥浓度对启动时间影响显著，进水水质对启动时间影响不大。增加进水负荷、提高运行温度、增

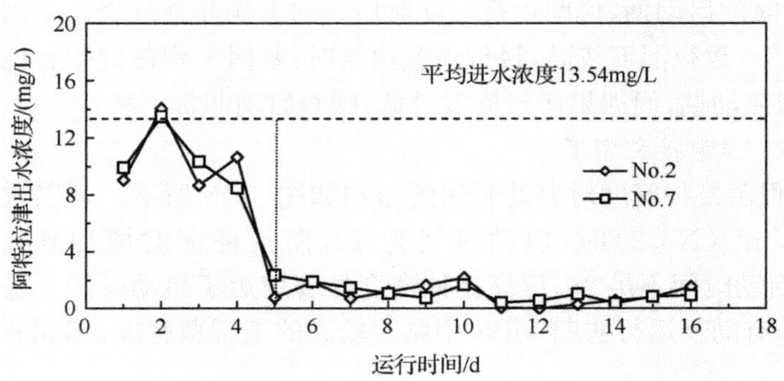


图 5.19 进水水质对启动时间的影响

进水水质 No. 2：配水；No. 7：实际污水

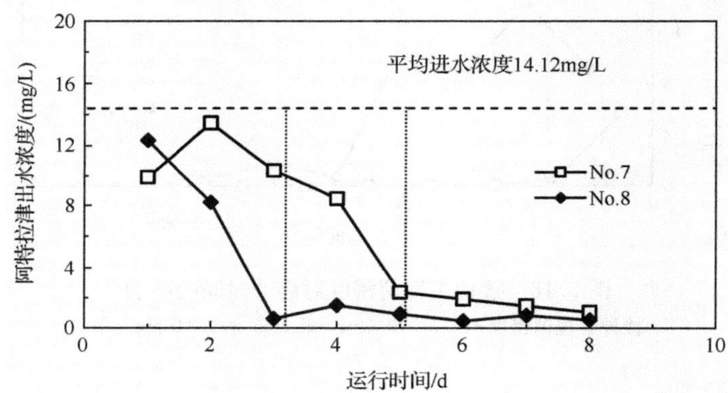


图 5.20 接种污泥浓度对启动时间的影响

接种污泥浓度 No. 7：3～4g/L；No. 8：7～8g/L

加接种密度和接种污泥浓度，有利于实现 MBR 稳定高效去除阿特拉津的快速启动。

### 5.2.3 基因工程菌生物强化 MBR 长期运行中阿特拉津的去除效果

本节比较了 MBR 与 CAS 反应器在长期运行中生物强化去除阿特拉津的效果和稳定性差异。

#### 5.2.3.1 人工配水条件下

接种北京清河污水处理厂二沉池回流污泥，初始接种浓度约为 3g/L。待反应器运行基本稳定后，2 个反应器均接种基因工程菌，接种密度约为 0.03mg/mL(约 $10^{14}$CFU/mL)。在反应器运行过程中，MBR 中的污泥保持在 3.5～4.5g/L，并有

1 次排泥,CAS 中的最大污泥浓度不超过 2.8g/L,没有排泥。

采用连续进水的方式,HRT 为 24h、12h 和 8h,通过缩短 HRT 增加阿特拉津的进水负荷(表 5.14)。运行温度为 30℃,DO 在 4mg/L 左右,pH 保持在中性。

**表 5.14　人工配水 MBR 长期运行试验条件**

| 项目 | Run-1 | Run-2 | Run-3 |
|---|---|---|---|
| HRT/h | 24 | 12 | 8 |
| 阿特拉津平均进水浓度/(mg/L) | 13.1 | 15.9 | 16.0 |
| 阿特拉津平均进水负荷/[mg/(L·d)] | 13.2 | 31.6 | 48.2 |
| COD 平均进水负荷/[g/(L·d)] | 0.62 | 1.15 | 1.75 |
| 运行温度/℃ | 30 | 30 | 30 |
| 运行时间/d | 16 | 10 | 25 |

1. 生物强化 MBR 去除阿特拉津的效果

在人工配水进水条件的长期运行中,对阿特拉津的生物强化去除情况如图 5.21所示。

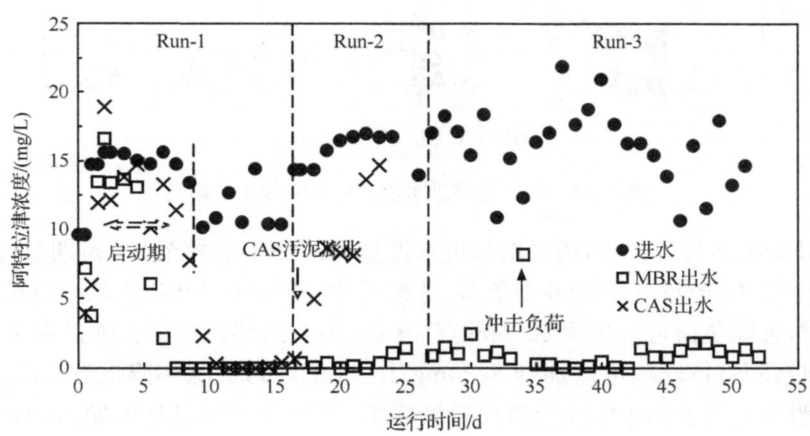


图 5.21　人工配水时 MBR 和 CAS 长期运行中阿特拉津的去除

反应器在 HRT 为 24h 条件下启动,阿特拉津平均进水负荷为 13.2mg/(L·d)。MBR 启动期为 6d,CAS 启动期稍长,为 9d。启动期之后,2 个反应器都保持稳定而高效的去除效果。MBR 中阿特拉津的平均出水浓度为 0.21mg/L,平均去除率为 98.6%,平均去除负荷为 11.8mg/(L·d)。

将 HRT 缩短至 12h 和 8h,提高进水阿特拉津容积负荷。当 HRT 为 12h 时,阿特拉津平均进水负荷为 31.6mg/(L·d),阿特拉津的平均出水浓度为 0.43mg/L,平均去除率为 98%,平均去除负荷为 30.8mg/(L·d);当 HRT 为 8h 时,阿特拉津平均进水负荷为 48.2mg/(L·d),阿特拉津平均出水浓度为 1.17mg/L,平均去除率为 91.6%,平均去除负荷为 46.0mg/(L·d),最大去除负荷可以达到 65.5mg/(L·d)。整个长期稳定运行阶段,阿特拉津出水浓度平均为 0.77mg/L,平均去除率为 94.7%。

在 MBR 中,进水负荷增加对阿特拉津的去除效果基本没有影响,如图 5.22 所示。随着进水负荷增加,阿特拉津去除负荷也线性增长;出水浓度虽然也有所增加,但是增加的幅度很小,基本保持在 1.5mg/L 以下,最大为 2.45mg/L。

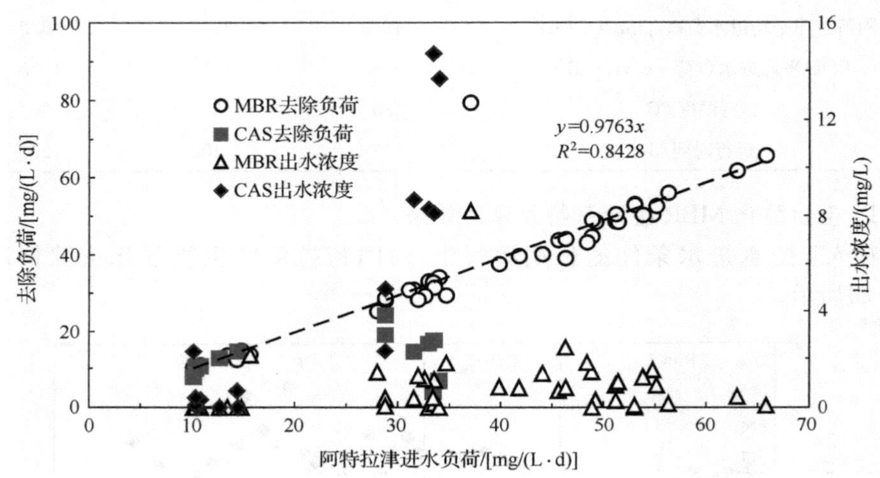


图 5.22 阿特拉津进水负荷对去除效果的影响

在 MBR 运行过程中,通过增加进水流量,将 HRT 缩短至 2h,短期运行 1h,形成高达 182.4mg/(L·d)的冲击负荷,考察了冲击负荷对 MBR 去除阿特拉津的影响,此时,去除负荷可以达到 80.6mg/(L·d),但对阿特拉津的去除效果造成不利影响,出水阿特拉津浓度增加到 8.20mg/L(图 5.22),去除率降低到 54%。但冲击负荷没有对系统的去除能力造成持续影响,其负面作用只是短期的,24h 之后,阿特拉津的去除效果得到恢复,并且保持稳定。

2. CAS 中阿特拉津生物强化去除效果

在 CAS 中,初期较低进水负荷下尚能保持较好的处理效果,阿特拉津的平均出水浓度为 0.48mg/L(图 5.22),平均去除率为 95.6%,平均去除负荷为 10.9mg/(L·d)。但污泥性状会由于阿特拉津的影响而逐渐恶化,污泥开始慢慢流失。特别是缩短 HRT,提高阿特拉津进水负荷后,污泥流失加剧,污泥浓度大幅度下降,丝状菌逐渐占据优势,并最终导致污泥膨胀,系统崩溃。这个过程中,CAS 对阿特拉津的去除效果也迅速恶化,出水浓度上升,去除负荷下降,直到出水浓度达到 14mg/L 以上,去除负荷降至 4mg/(L·d),基本丧失对阿特拉津的去除能力。

在以往有关阿特拉津生物处理的研究中，研究者在传统活性污泥工艺中，采用阿特拉津野生降解菌或者混合菌群进行生物强化，HRT 往往长达 5～7d，去除率最大也仅达到 90%，去除效果较差的仅有 40%～50%，甚至更低。与之相比，本研究中，在进水浓度相当的情况下，基因工程菌生物强化 MBR 在 HRT 仅为 8h 时，仍然可以保持 90%以上的去除率，在处理能力和处理效率上表现出显著优势，实现了生物强化处理工艺对阿特拉津的高效去除。

#### 5.2.3.2　实际污水条件下

MBR 和 CAS 反应器都同样接种北京清河污水处理厂的二沉池回流污泥，初始污泥浓度约为 4g/L，运行过程中没有排泥。待反应器运行稳定后，接种基因工程菌，初始接种密度与上一节相同[0.03mg/mL(约 $10^{14}$ CFU/mL)]。反应器进水为清华大学校园生活污水，COD 平均值约为 240mg/L，氨氮平均值约为 36mg/L，进水中配制一定浓度阿特拉津，采用连续进水方式，HRT 为 12h、8h 和 6h。反应器运行温度在 30℃左右，DO 在 4～5mg/L，pH 保持在中性。反应器运行条件如表 5.15 所示。

**表 5.15　实际污水 MBR 长期运行试验条件**

| 项目 | Run-1 | Run-2 | Run-3 |
|---|---|---|---|
| HRT/h | 12 | 8 | 6 |
| 阿特拉津平均进水浓度/(mg/L) | 13 | 19 | 17 |
| 阿特拉津平均进水负荷/[mg/(L · d)] | 26.6 | 56.6 | 68.1 |
| COD 平均进水负荷/[g/(L · d)] | 0.42 | 0.70 | 0.97 |
| 氨氮平均进水负荷/[mg/(L · d)] | 74.7 | 87.8 | 135.4 |
| 运行温度/℃ | 30 | 30 | 30 |
| 运行时间/d | 25 | 15 | 14 |

1. 生物强化 MBR 去除阿特拉津的效果

MBR 和 CAS 对阿特拉津的生物强化去除情况如图 5.23 所示。

可以看到，反应器启动期约为 4d，和人工配水试验相比启动期缩短，原因是初始水力停留时间为 12h，阿特拉津初始进水负荷提高。在启动期，阿特拉津去除率仅有 20%～40%。启动之后，在 HRT 为 12h，平均进水负荷为 26.6mg/(L · d)时，在 MBR 中，阿特拉津平均出水浓度为 0.98mg/L，平均去除率为 91.8%，平均去除负荷为 24.5mg/(L · d)。

缩短 HRT 至 8h 和 6h，阿特拉津的平均进水负荷提高到 56.6mg/(L · d)和 68.1mg/(L · d)。当 HRT 为 8h 时，平均出水浓度为 0.82mg/L，平均去除率为

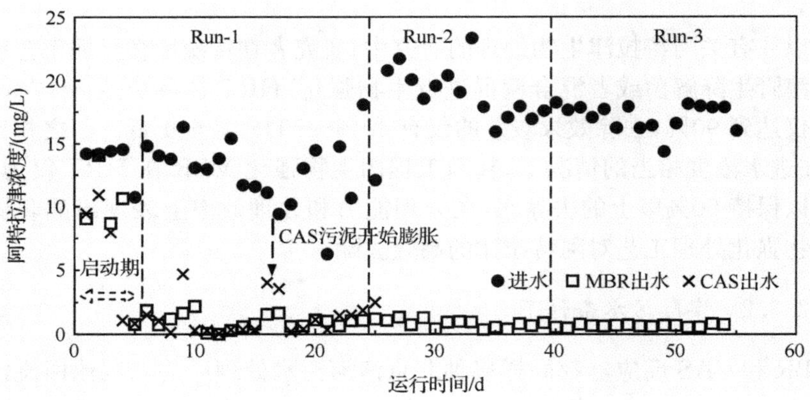


图 5.23　实际污水时 MBR 和 CAS 长期运行中阿特拉津的去除

95.7%，平均去除负荷为 54.1mg/(L·d)；当 HRT 为 6h 时，平均出水浓度为 0.67mg/L，平均去除率为 96.1%，平均去除负荷为 65.1mg/(L·d)，最大可以达到 69.7mg/(L·d)。整个稳定运行期间，平均出水浓度为 0.84mg/L，平均去除率为 95%。

从图 5.24 所示结果，也可以看到，阿特拉津进水负荷增加不会影响 MBR 对阿特拉津的处理效果，出水阿特拉津浓度始终保持在较低的水平，而阿特拉津去除负荷随进水负荷增加也线性增加。说明基因工程菌生物强化 MBR，可以高效处理高负荷阿特拉津。

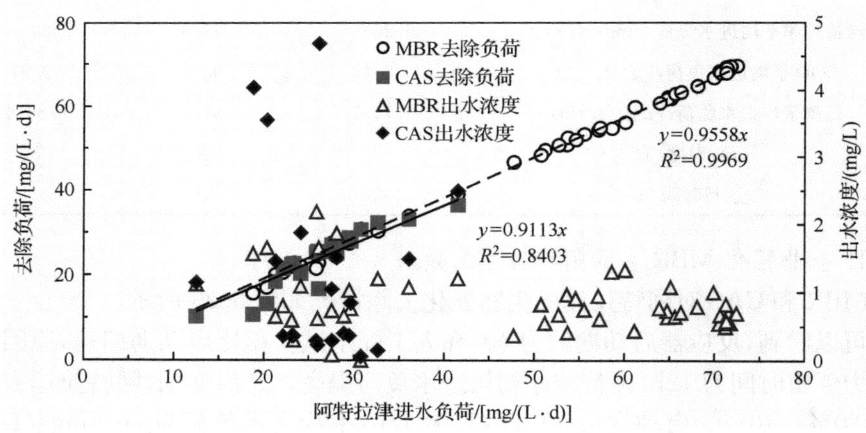


图 5.24　阿特拉津进水负荷对去除效果的影响

2. CAS 中阿特拉津生物强化去除效果

运行初期，启动期之后的稳定运行阶段，在 CAS 中，阿特拉津平均出水浓度为

1.28mg/L(图 5.23),平均去除率为 90.0%,平均容积去除速率为 24.4mg/(L·d),低于 MBR 的去除能力。与人工配水的试验结果相同,在 CAS 反应器出现了污泥性状恶化的现象,污泥逐渐流失,丝状菌膨胀,直至系统崩溃,阿特拉津的生物强化去除能力逐渐丧失。

### 5.2.4 基因工程菌生物强化 MBR 长期运行中 COD 和氨氮的去除情况

试验结果表明,人工配水条件下,生物强化 MBR 对 COD 保持良好的去除效果,COD 出水平均浓度为 38.7mg/L,平均去除率为 92.6%,最大去除容积负荷为 1.66g/(L·d)。从进水、出水阿特拉津当量 COD 浓度分析,可推知阿特拉津被基因工程菌和土著微生物联合完全降解。实际污水条件下,生物强化 MBR 对 COD 的去除效果不够理想,但是对氨氮保持了良好的去除效果,平均出水浓度 1mg/L 左右,平均去除率 97%,最大去除容积负荷可以达到 143mg/(L·d)。

### 5.2.5 阿特拉津生物强化处理对污泥活性的影响

阿特拉津具有一定的生物毒性,有研究表明,阿特拉津对活性污泥中的微生物的生长和活性都有一定的影响。通过分析活性污泥耗氧速率的变化,考察了阿特拉津浓度对普通活性污泥(接种污泥)和生物强化 MBR 中(实际污水条件下 Run-3)污泥活性短期和长期的影响。

结果发现,阿特拉津生物强化处理过程不但会对污泥活性,而且还会对污泥性状造成影响。无论是在人工配水还是在实际污水条件下,一个值得注意的现象是,CAS 生物强化处理阿特拉津的过程中,运行至 2 周左右,都出现了污泥流失、膨胀导致系统崩溃的现象,重复实验得到相同的结果;在污泥开始流失的时候,停止处理含有阿特拉津的污水,改为处理一般污水,污泥流失就会得到缓解,运行逐渐恢复正常。

### 5.2.6 MBR 和 CAS 生物强化去除阿特拉津的比较

综合前两节的结果可以看出,MBR 和 CAS 生物强化去除阿特拉津的表现有明显差异。

MBR 运行稳定性远优于 CAS。MBR 在不同的阿特拉津初始进水负荷下都可以启动,长期运行中,增加阿特拉津进水负荷,MBR 始终运行稳定,并且可以保持对阿特拉津稳定高效的去除效率,避免了阿特拉津由于对污泥性状影响造成的运行不稳定;而在 CAS 中由于阿特拉津对污泥性状的不利影响,导致污泥流失、膨胀,污泥浓度不断下降,最终造成系统崩溃,所以 CAS 仅能在低进水负荷下维持短期运行,运行稳定性很差。很多难降解污染物都具有一定的生物毒性,会对活性污泥性状产生不利影响,造成污泥性状恶化。这种情形在 CAS 中,容易造成污泥流失和丝状菌膨胀，对反应器的稳定运行威胁很大。而在MBR中，由于污泥不会流失，即使污泥性状有所恶化，也不会危及系统运行的稳定性。因此，相比CAS，MBR在难降解污染物生物强化处理中更具有优势。

在相同的低进水负荷下去除阿特拉津时，MBR的去除效果也优于CAS。比如，在人工配水条件下，运行初期，MBR中阿特拉津的平均出水浓度为0.21mg/L，平均去除率为98.6%；CAS中阿特拉津的平均出水浓度为0.48mg/L，平均去除率为95.6%。实际污水条件下，运行初期，MBR中阿特拉津平均出水浓度为0.98mg/L，平均去除率为91.8%；CAS中阿特拉津平均出水浓度为1.28mg/L，平均去除率为90.0%。可见在相同的条件下，MBR对阿特拉津的生物强化去除效果略优于CAS。

总的来说，MBR在生物强化去除阿特拉津中的表现好于CAS，体现了MBR的工艺优势。

### 5.2.7　基因工程菌在MBR中的生态行为

#### 5.2.7.1　基因工程菌在活性污泥中的分布和存在形态

1. 分布和存在形态

活性污泥土著微生物群落中，细菌主要以菌胶团形式存在于活性污泥絮体中，只有极少数游离于上清液中。而基因工程菌接种到活性污泥之后，不会很快形成菌胶团，结合到污泥絮体中，接种初期，会有大量基因工程菌细胞游离于上清液中。在荧光显微镜下，观察接种初期活性污泥样品中的基因工程菌细胞，结果如图5.25所示。

可以看到，基因工程菌接种到活性污泥初期，主要分布于两个场所：游离于上清液中[图5.25(b)]或者吸附在污泥絮体上[图5.25(a)]。显然，吸附在污泥絮体上的基因工程菌细胞仅仅是被絮体网罗和吸附的，并不是形成菌胶团结合到絮体上。上清液中土著细菌细胞很少，游离于上清液中的细胞主要是基因工程菌。不管在污泥絮体上，还是在上清液中，基因工程菌都有两种存在形态：聚集态和分散态[图5.25(c)和(d)]。聚集态是很多基因工程菌在絮体或上清液中聚集在一起，而分散态是单个基因工程菌独自存在于絮体或上清液中。从显微镜观察的结果看，以聚集态存在的细胞较少，而以分散态存在的细胞较多。

2. 不同分布的变化

连续观察活性污泥中基因工程菌两种分布的变化，如图5.26所示。可以看到，在较短的时间内(24h)，分布于污泥絮体和上清液中的基因工程菌都会发生显著的变化。游离于上清液中的基因工程菌细胞快速减少：在0h时，在上清液中可以观察到大量游动的游离态基因工程菌[图5.26(a)]；在6h时，上清液中的游离

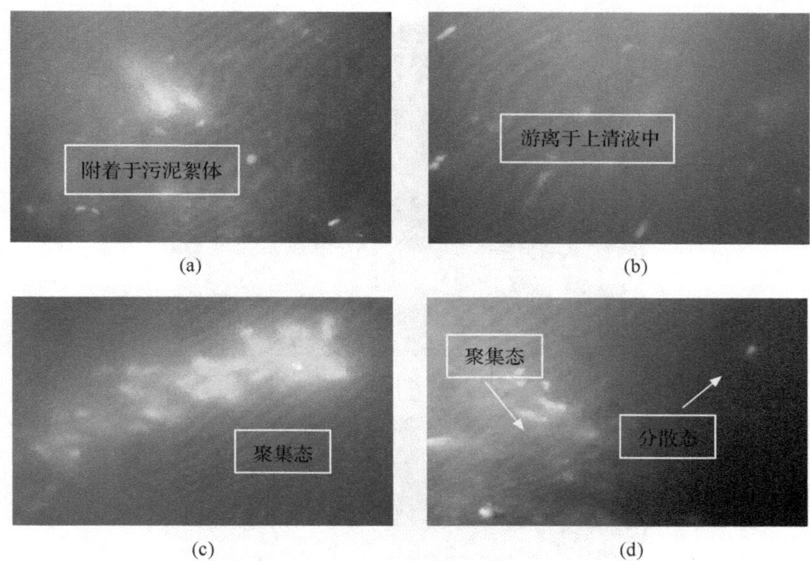


图 5.25　初期基因工程菌在活性污泥中的分布和存在形态

态基因工程菌数量大量减少[图 5.26(b)]；在 24h 时，只能观察到个别游离于上清液中的基因工程菌[图 5.26(c)]。吸附于污泥絮体上的基因工程菌细胞在 24h 内也有显著减少，但 24h 仍可以在活性污泥絮体上观察到大量吸附的基因工程菌。

从显微镜观察，基因工程菌密度在 24h 内的变化最为显著，其后，污泥絮体和上清液中基因工程菌密度变化幅度减小。上清液中可观察到的基因工程菌越来越少，直到几乎观察不到；而活性污泥絮体中一直可以观察到基因工程菌，但是吸附于絮体表面的细胞越来越少，更多的细胞挟裹于污泥絮体内部，将污泥絮体分散后，可以观察到更多的基因工程菌。

#### 5.2.7.2　基因工程菌密度变化规律

对不同运行工况(表 5.14、表 5.15)条件下，反应器内的工程菌数量进行了测定与分析，结果讨论如下。

1. Logistic 模型

Logistic 模型是生态学中常用的描述种群数量变化的模型，可以由式(5.1)表示。

$$\frac{\mathrm{d}N}{\mathrm{d}t}=-r'N\left(1-\frac{K'}{N}\right) \tag{5.1}$$

式中，$N$ 为基因工程菌密度，CFU/mL；$r'$ 为衰减系数，$h^{-1}$；$K'$ 为工程菌稳定细胞密度，CFU/mL。

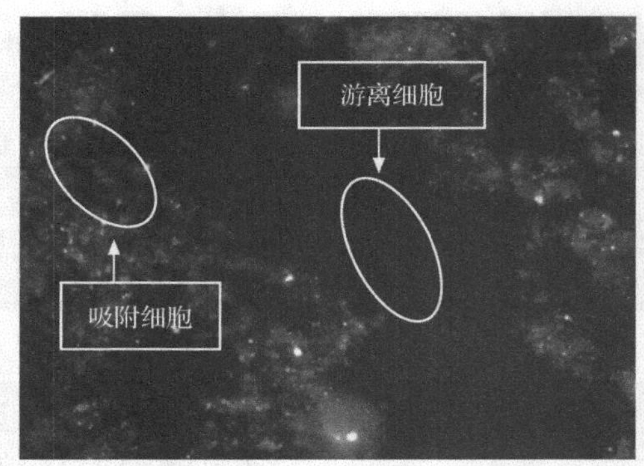


(a) ×100(0h)

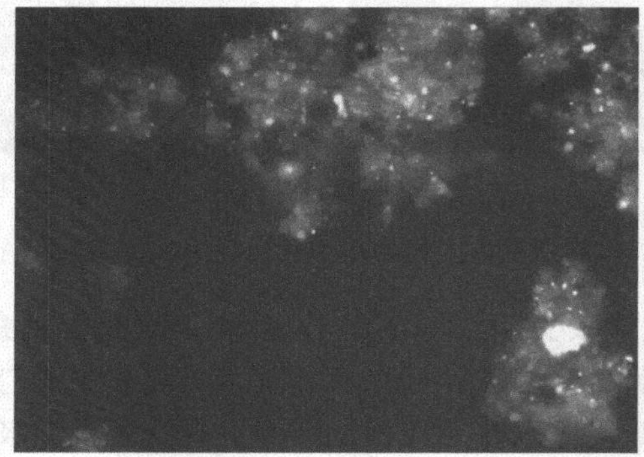

(b) ×100(6h)

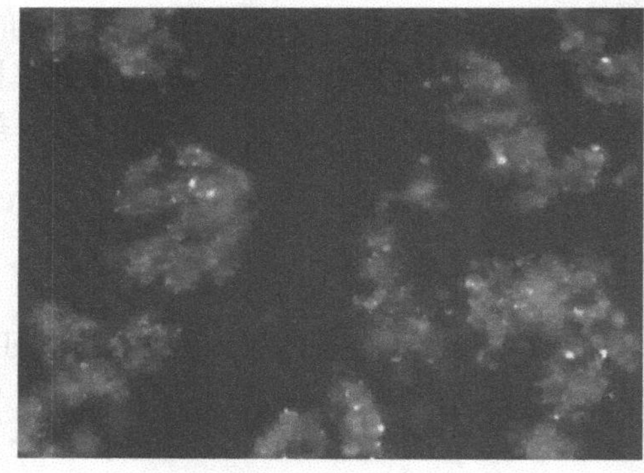

(c) ×100(24h)

图 5.26　不同分布基因工程菌数量随时间变化

(a) 接种 0h；(b) 接种 6h 后；(c) 接种 24h 后

积分后得式(5.2)，

$$N = K' + e^{-r't+c} \tag{5.2}$$

$c$ 为积分常数。

将初始条件 $t=0$ 时，$N=N_0$ 代入式(5.2)，可以得到式(5.3)，

$$N = K' + (N_0 - K')e^{-r't} \tag{5.3}$$

$N_0$ 为工程菌初始投加细胞密度。

在接种密度较大时，稳定密度 $K'$ 远远小于 $N_0$（这个关系在本研究中始终成立），式(5.3)可简化为式(5.4)，

$$N = K' + N_0 e^{-r't} \tag{5.4}$$

可见，该模型实际上是一个指数衰减模型(exponential decay model)。

Logistic 模型物理意义可以理解为：由于环境条件和生态关系的限制，在一定条件下，污泥中只能维持某个水平的基因工程菌密度，而基因工程菌接种密度大大高于这个水平，所以基因工程菌密度会快速下降，直到达到或低于这个水平，才会保持相对稳定。

2. 启动期基因工程菌的变化

用 Logistic 模型拟合不同条件下，MBR 启动过程中基因工程菌密度变化曲线，如图 5.27 所示(以表 5.13 工况 No. 1 为例)，可以看到，Logistic 模型对启动期密度变化曲线拟合很好。

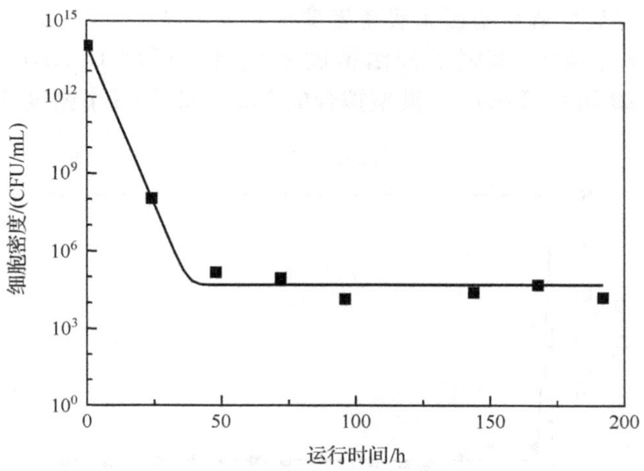


图 5.27　启动期基因工程菌密度变化 Logistic 模型拟合

对几个工况的 Logistic 模型拟合参数进行了计算，结果如表 5.16 所示。可以看到，在 No. 1、No. 2、No. 3 中，进水负荷增加，基因工程菌密度衰减速率显著降低，而稳定密度显著增加。在 No. 3、No. 4 和 No. 1、No. 5 中，运行温度降低，衰减速率增加，而稳定密度降低。在 No. 2、No. 6 中，接种密度增加，稳定密度增加。在 No. 2、No. 7 中，衰减速率差异不大，人工配水的稳定密度略高于实际污水。这些结果与启动时间的试验结果基本对应，说明基因工程菌密度变化与生物强化作用

直接相关。

由于阿特拉津具有一定的生物毒性,因此高进水负荷会对污泥中的微型动物活动产生抑制作用。通过显微镜观察,在高阿特拉津进水负荷下,微型动物没有低进水负荷时运动活跃。事实上,微型动物对基因工程菌的捕食是造成密度衰减的重要因素,高进水负荷对微型动物的抑制作用,可能是造成密度衰减较慢的原因之一。

**表 5.16　启动期基因工程菌密度变化 Logistic 模型拟合参数**

| | $N_0$ /(CFU/mL) | $K'$ /(CFU/mL) | $r'$ /$h^{-1}$ | $R^2$ |
|---|---|---|---|---|
| No. 1 | $10^{14}$ | $4.90\times10^4$ | 0.5716 | 1 |
| No. 2 | $10^{14}$ | $1.19\times10^5$ | 0.5664 | 1 |
| No. 3 | $10^{14}$ | $3.42\times10^5$ | 0.5392 | 1 |
| No. 4 | $10^{14}$ | $2.43\times10^5$ | 0.5501 | 1 |
| No. 5 | $10^{14}$ | $2.16\times10^4$ | 0.6607 | 1 |
| No. 6 | $1.6\times10^{14}$ | $3.76\times10^5$ | 0.5744 | 1 |
| No. 7 | $10^{14}$ | $8.12\times10^4$ | 0.5632 | 1 |

3. 连续运行反应器中基因工程菌密度变化动力学

长期运行反应器中,基因工程菌密度变化也可以用 Logistic 模型拟合。如图 5.28和图 5.29 所示,Logistic 模型拟合的 MBR 和 CAS 中密度变化曲线与试验数据比较吻合。

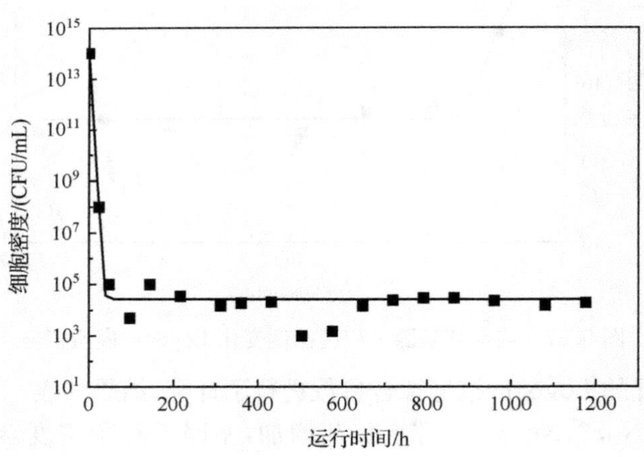


图 5.28　MBR 连续运行中工程菌密度变化的模型拟合

拟合参数如表 5.17 所示。和启动期试验相比,长期运行的 MBR 和 CAS 中稳定细胞较小,说明反应器长期运行中,基因工程菌密度还会略有降低。

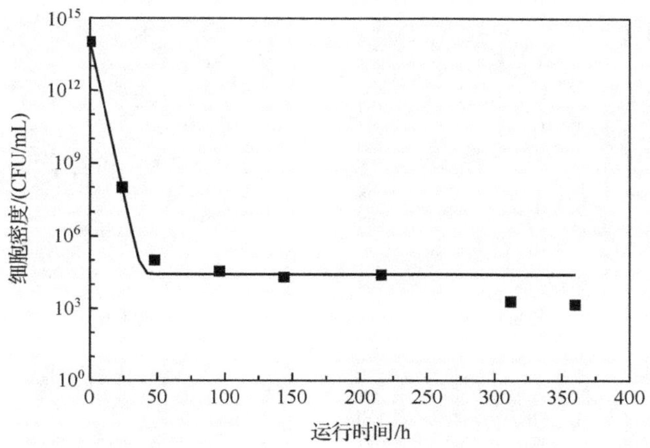


图 5.29　CAS 连续运行中工程菌密度变化的模型拟合

**表 5.17　MBR 和 CAS 中密度变化 Logistic 模型拟合参数**

| 反应器 | $N_0$ /(CFU/mL) | $K'$ /(CFU/mL) | $r'$ /$h^{-1}$ | $R^2$ | $F$ | P-value |
|---|---|---|---|---|---|---|
| CAS | $10^{14}$ | $(2.62\pm1.33)\times10^4$ | $0.5757\pm0.0000$ | 1 | 1.23E+23 | 8.9E−112 |
| MBR | $10^{14}$ | $(2.69\pm0.71)\times10^4$ | $0.5757\pm0.0000$ | 1 | 1.29E+23 | 1.9E−187 |

实际运行的反应器中，基因工程菌密度变化与生物强化作用相关。在阿特拉津生物强化去除的启动阶段，去除效果较差，原因就在于基因工程菌处于环境适应期，降解活性受到抑制，而且细胞密度快速衰减。但是基因工程菌在活性污泥中能够建立稳定种群，长期保持一定的稳定密度，因此可以发挥生物强化作用，表现出对阿特拉津稳定的去除能力。

#### 5.2.7.3　基因工程菌与土著微生物的生态关系

1. 基因工程菌与土著微型动物的生态关系

(1) 反应器中典型的微型动物。微型动物是活性污泥土著微生物生态系统的重要组成部分，位于食物链的顶端，捕食活性污泥絮体和上清液中的细菌细胞。在普通光学显微镜下观察活性污泥中的微型动物，可以观察到游动型的后生动物主要是轮虫，原生动物主要是纤毛虫，固着生长微型动物主要是钟虫和盖纤虫，如图 5.30所示。

(2) 微型动物捕食基因工程菌的直接观察。基因工程菌接种到活性污泥之后，初期有大量细胞游离于上清液中，吸附于污泥絮体的细胞也曝露于絮体表面，短期内难以进入污泥絮体内部，形成菌胶团。基因工程菌在活性污泥中的这种存在状态非常有利于微型动物的捕食。接种数小时内，就可以观察到上清液中基因

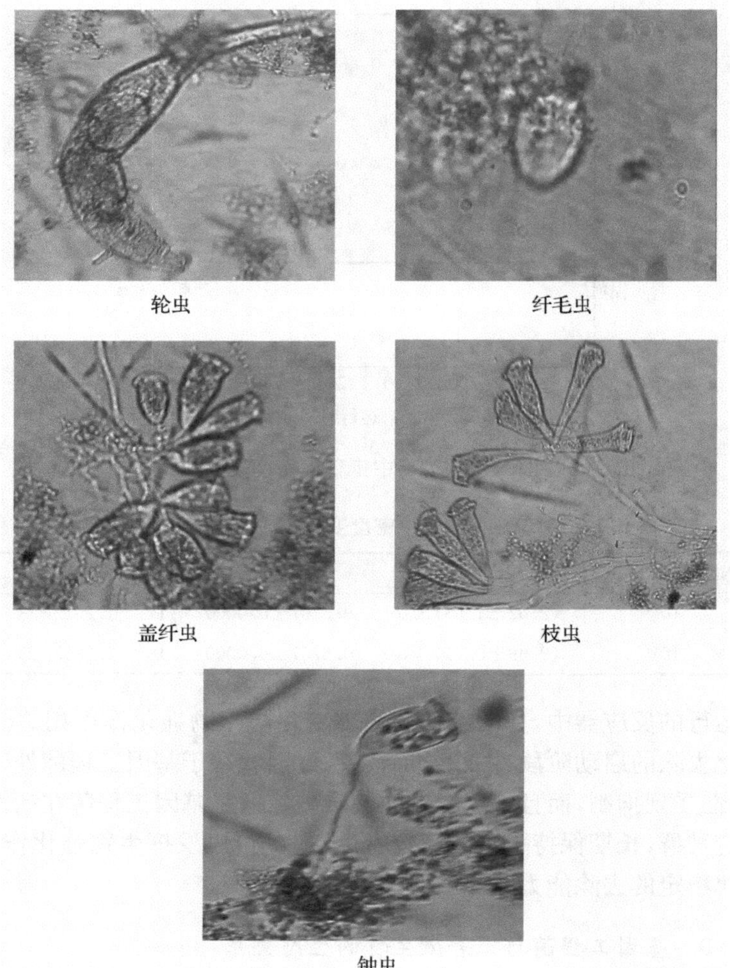


图 5.30　反应器中典型的微型动物

工程菌数量显著减少，而在大量微型动物体内，观察到被捕食的基因工程菌。图 5.31 所示，为接种 1h 后，在荧光显微镜下观察到的微型动物。可以看到，在轮虫体内，充满发出绿色荧光的细胞，而且荧光强度很大，而对照中轮虫只有局部微弱淡黄色荧光背景。同样，钟虫和盖纤虫体内也充满光强很大的绿色荧光细胞，而对照只有微弱的淡黄色荧光背景，这个观察结果直观说明微型动物对基因工程菌强烈的捕食作用。

(3) 反应器中微型动物密度变化。由于基因工程菌存在状态非常有利于微型动物捕食，所以接种基因工程菌之后，微型动物获得丰富食物，因此，数量和活性在短期内都会有显著变化，如图 5.32 所示。

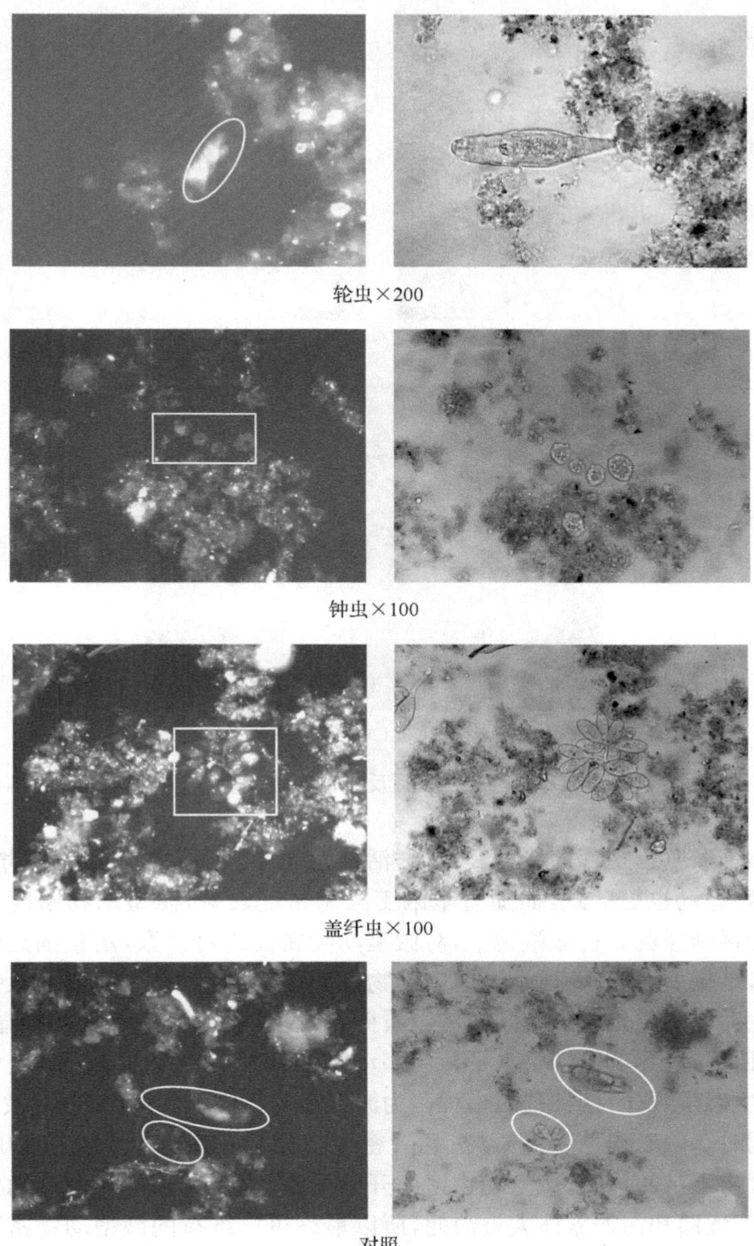


图 5.31　微型动物捕食工程菌的荧光显微镜观察

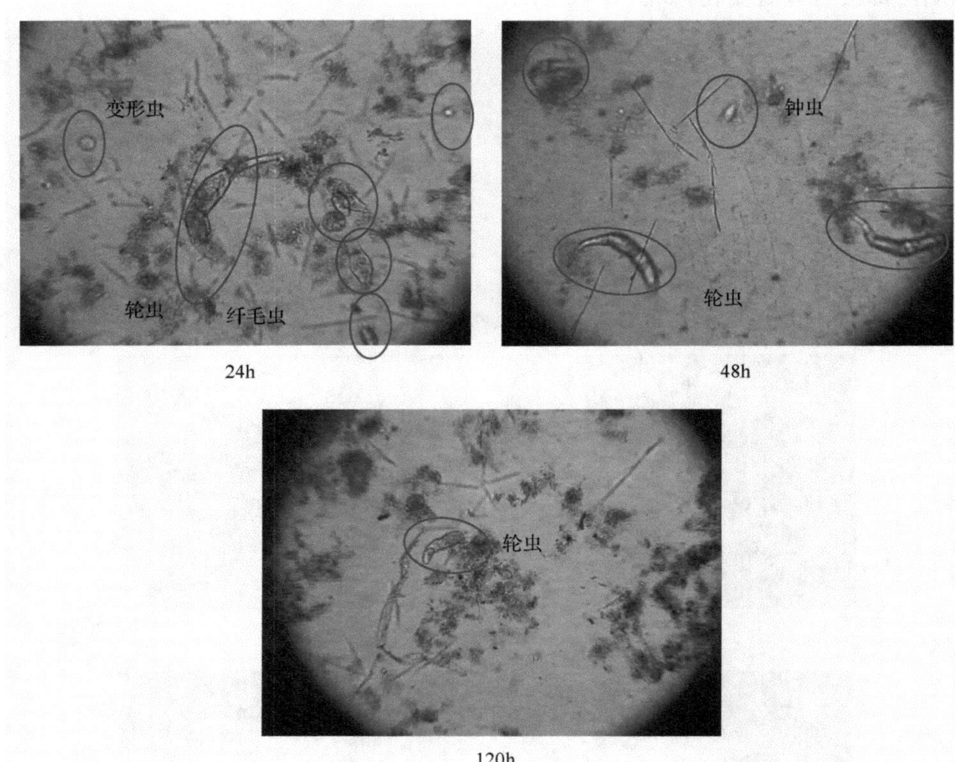


图 5.32　接种基因工程菌后反应器内微型动物显微镜观察

可以看到，基因工程菌接种 24h 后，活性污泥中微型动物密度显著增加，游动型微型动物运动也更活跃，而随着基因工程菌密度衰减，微型动物密度也逐渐回落，活动性逐渐减弱。在显微镜下，对微型动物密度进行计数，定量描述微型动物密度变化，结果如表 5.18 所示。原生动物主要包括纤毛虫、鞭毛虫以及钟虫和盖纤虫；后生动物主要是轮虫。同样可以看到，微型动物密度在接种初期显著增加，尔后逐渐回落，直到低于初始水平。微型动物和基因工程菌种群密度变化符合捕食关系的生态学规律：接种基因工程菌为微型动物提供丰富食物，造成微型动物密度增加，同时基因工程菌密度衰减；两者密度变化导致微型动物对食物的竞争加剧，出现食物不足的情况，微型动物密度开始下降；由于高密度的微型动物对可捕食的基因工程菌和污泥絮体大量消耗，所以最终可以维持的微型动物密度比初始阶段还要低。

表 5.18　接种基因工程菌后反应器内微型动物密度变化

| 时间/h | 原生动物密度/$mL^{-1}$ | 后生动物密度/$mL^{-1}$ |
|---|---|---|
| 0 | $(0.8\sim1.2)\times10^4$ | $(0.6\sim1.0)\times10^3$ |
| 24 | $(1.8\sim2.2)\times10^4$ | $(1.8\sim2.0)\times10^3$ |
| 48 | $(1.6\sim2.0)\times10^4$ | $(1.5\sim1.8)\times10^3$ |
| 72 | $(1.5\sim1.8)\times10^4$ | $(1.2\sim1.6)\times10^3$ |
| 96 | $(1.2\sim1.4)\times10^4$ | $(0.8\sim1.4)\times10^3$ |
| 120 | $(0.6\sim1.0)\times10^4$ | $(0.8\sim1.2)\times10^3$ |
| 144 | $(0.4\sim0.8)\times10^4$ | $(0.6\sim1.0)\times10^3$ |
| 168 | $(0.3\sim0.6)\times10^4$ | $(0.6\sim0.8)\times10^3$ |

基因工程菌和土著微型动物之间只是简单的捕食关系，通过显微镜观察和两者密度变化，可以清楚地反映这种生态关系。这种关系在接种初期基因工程菌密度较大时表现更为显著，但这种相互影响持续时间较短。

2. 基因工程菌与土著细菌的生态关系

基因工程菌与土著细菌在生态系统中地位相同，对于空间、营养物质、环境因素等生存条件要求相同，因而存在相互竞争、相互影响的复杂生态关系。这种关系长期存在，不仅对基因工程菌生存造成影响，而且，对土著细菌种群也有深刻影响。

由于基因工程菌和土著细菌生态关系的复杂性以及研究手段的限制，很难深入探究基因工程菌和土著细菌之间的各种复杂关系。但是，基因工程菌的某些影响还是会引起土著细菌种群变化，而这些变化往往值得特别关注。

(1) 土著抗生素抗性种群的变化。基因工程菌携带的外源质粒理论上讲不具有接合转移能力，不会通过接合作用转移到其他细菌细胞中，在细菌群落中的水平迁移能力较差。但是将基因工程菌接种到 MBR 之后，在 MBR 运行中，对活性污泥中的基因工程菌密度进行检测，发现随着运行时间延长，在选择性培养基培养皿培养中，不同于基因工程菌菌落的土著细菌菌落逐渐出现，这些菌落在菌落形态上与基因工程菌菌落具有明显差异，而且密度也高于污泥中抗生素抗性细菌种群背景值。对选择性培养基(含氯霉素)培养皿检测中基因工程菌菌落和土著细菌菌落分别进行计数，结果如图 5.33 所示。

可以看到，MBR 运行到两周之后，随着基因工程菌密度降低，在选择性培养基培养皿计数中，出现相当数量土著细菌菌落，这些细菌菌落的数量比基因工程菌菌落数量少，但是基本达到相同数量级，而且明显高于污泥背景值。同时，随着运行时间延长，土著抗性细菌密度逐渐升高，说明污泥中土著抗性种群在发展扩大，尽管过程缓慢。

普通 MBR 活性污泥中，抗生素抗性细菌种群背景值应该基本不变，不会随着

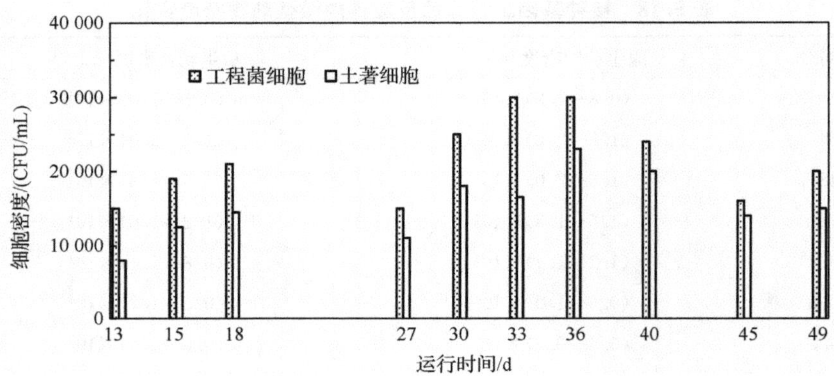


图 5.33　土著抗生素抗性种群的出现和变化

反应器运行而变化，所以生物强化 MBR 中土著抗生素抗性细菌密度提高是由接种基因工程菌引起的，是基因工程菌与土著细菌相互作用的结果。虽然理论上基因工程菌外源质粒没有接合转移能力，但是这只是意味着外源质粒与其他细菌接合频率很低，并没有完全排除接合的可能性。尤其是外源质粒还可以通过转化和转导的方式传播到其他细菌细胞，或者在第三方菌株协助下，通过质粒诱动方式，实现外源质粒向土著细菌转移。尽管这些方式发生频率很低，但是在活性污泥复杂生态系统中，这些转移方式都可能实现。外源质粒转移和传播有可能导致土著抗生素抗性种群的发展和壮大，也会促进土著阿特拉津降解菌的进化和扩大，并且在阿特拉津生物强化去除中发挥作用。

(2) 野生抗性菌株的分离和特性比较。对选择性培养基培养皿上差异明显、数量较多的 3 种土著细菌菌落进行富集培养，并与基因工程菌进行比较。4 种菌株的菌落形态如图 5.34 所示，图 5.35 为 4 种菌株的细胞形态，可以看到，这些菌株之间存在着明显差异，属于不同种属。这些菌株可以在选择性培养皿上生长，证明这些菌株都具有抗生素抗性。同时，检测这些土著菌株对阿特拉津的降解能力，结果如图 5.36 所示，可以看到，土著菌 B 和土著菌 H 具有阿特拉津降解能力，但是比基因工程菌略差，而土著菌 SH 则没有阿特拉津降解能力。对这 4 种菌株的综合比较如表 5.19 所示。

土著菌 B 和土著菌 H 既具有抗生素抗性，同时也具有阿特拉津降解能力，因此可以推测，基因工程菌外源质粒水平迁移可能对这 2 株土著菌获得这些性状起了关键作用。从基因工程菌中可以提取到外源质粒，但是尝试对这两株菌进行质粒提取，都没有提取到质粒，原因可能是质粒的拷贝数太低，或者菌株特性原因，常规质粒提取方法对这 2 株土著菌细胞不适合。土著菌 SH 只表现出抗生素抗性，可能只是污泥中原有的背景菌株。

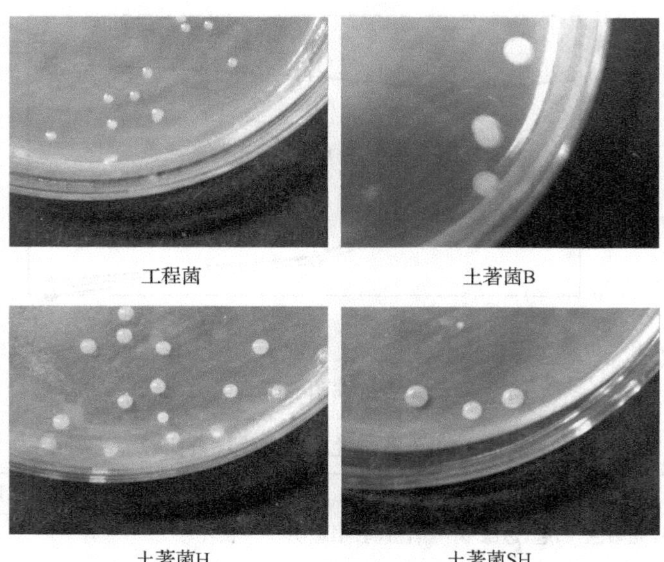


图 5.34　土著抗性菌株菌落形态

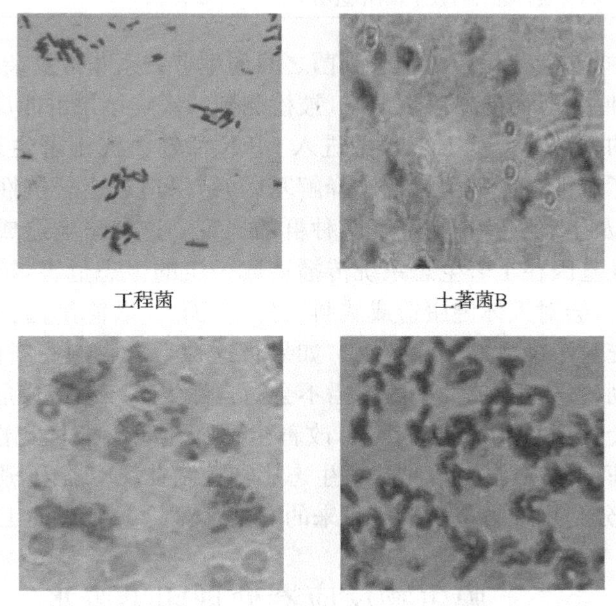


图 5.35　土著抗性菌株细胞形态比较

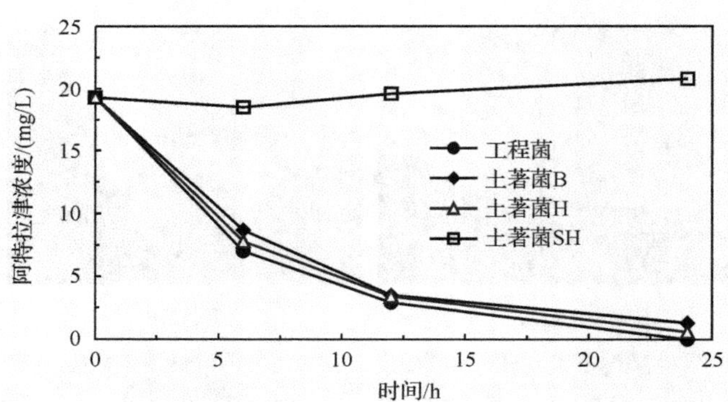


图 5.36 土著抗性菌株降解能力比较

**表 5.19 土著抗性菌株特性综合比较**

| | 菌落特性 | 细胞特征 | 氯霉素抗性 | 阿特拉津降解性 |
|---|---|---|---|---|
| 工程菌 | 小,无颜色,凸起,边缘不平整,湿润,半透明 | 长杆 | 有 | 有 |
| 土著菌 B | 中,乳白,低凸面,扁,光滑,湿润,不透明 | 双球 | 有 | 有 |
| 土著菌 H | 大,淡黄,凸起,光滑,边缘整齐,不透明 | 短杆 | 有 | 有 |
| 土著菌 SH | 大,深黄,低凸面,较干燥,不透明 | 弧状 | 有 | 无 |

生物强化中,基因工程菌与土著细菌之间的生态关系非常复杂,相互影响的形式和结果也多种多样,而能够表现出来、被检测到的影响结果可能反映了这些生态关系中最重要的一部分。基因工程菌进入 MBR 活性污泥土著生态系统后,向生态系统中引入了抗性基因和阿特拉津降解基因,结果造成土著抗性细菌种群密度的发展壮大,以及土著阿特拉津降解菌种群的出现。这种影响造成的结果是复杂的:一方面,抗性基因在土著生态系统传播造成一定的生态危害,特别是有害细菌获得抗药性之后,会对人体健康造成威胁;另一方面,土著降解菌种群的出现有利于保证处理系统对污染物的去除效果。如果将这种生态影响控制在反应器内,则对生物强化有利:一方面,抗性基因传播不会对自然生态环境造成危害;另一方面,降解基因传播会实现基因强化的作用,改善生物强化效果的稳定性。在 MBR 中实施基因工程菌生物强化,可以把这种生态影响控制在反应器内,避免生态风险的同时,还可以充分利用降解基因扩散带来的好处,体现了 MBR 的工艺优势。

## 5.3 膜生物反应器处理印染废水

印染废水具有有机物组分复杂、色度高等特点,属于含难降解有机物废水。

印染废水常用的处理方法有物理法、化学法和生物法。物化法比较有效,但存在处理费用高，同时产生大量较难处理的污泥等问题。目前国内外印染废水以生物处理为主，常用的生物处理法有好氧处理、厌氧处理和厌氧-好氧处理三种。

本节讨论我们在北京市某毛纺织厂开展的利用膜生物反应器处理印染废水的中试研究的情况(刘超翔等，2002)。

### 5.3.1　废水概况与现有处理工艺

该厂是一个生产精纺毛织品的大型国有企业，全厂每年废水排放量约 150 万吨，污水主要来源于精染和毛条两大车间的染色洗呢、煮呢废水。生产过程中使用的染料主要有分散、酸性、媒介、直接、中性、活性染料等，使用的辅料有食盐、洗涤剂、醋酸、元明粉、红矾、硫酸、平平加、拉开粉、烧碱等。废水中的主要污染物质为 COD、染料、悬浮物、六价铬和硫化物。

污水处理工艺采用生物接触氧化法与活性炭法串联的工艺，其工艺流程见图 5.37。其中接触氧化池直径 3.3m，高 5.45m，容积为 $47m^3$，一共 4 座。内部填充 $\phi$25mm 玻璃钢蜂窝填料，填料高度 3m。HRT 为 1.5～2.0h，曝气量为 $2400m^3/h$。该套设施建于 1981 年，废水处理能力为 1600～$2000m^3/d$，进水、出水水质见表 5.20。

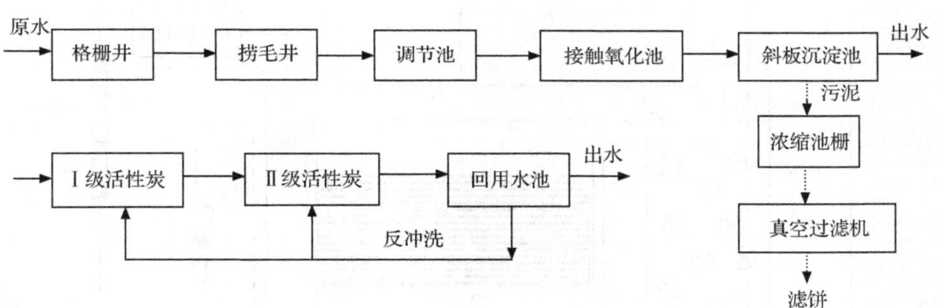


图 5.37　清河毛纺织厂废水处理工艺流程图

**表 5.20　废水处理站进水、出水水质表**(1999 年)

| 项目 | pH | COD/(mg/L) | 色度/倍 | 悬浮物/(mg/L) | 硫化物/(mg/L) | $Cr^{6+}$/(mg/L) |
|---|---|---|---|---|---|---|
| 进水 | 7～7.5 | 60～270 | 5～50 | 8～54 | 0.1～0.2 | 0～0.04 |
| 出水 | 7～7.5 | 30～150 | 2～40 | 4～25 | 0～0.02 | 0～0.01 |
| 平均去除率/% | | 43 | 27 | 67 | 76 | 86 |

注：表中数据来自废水处理站。

自 1981 年 10 月运行以来，该厂污水处理设施处理效果稳定。污水经二级生化处理后，出水水质均能达到国家工业废水排放标准。但出水悬浮物浓度高、水质混浊、色度偏高，不能有效回用，直接排入天然河流造成污染。该厂虽建有活性炭三级处理工艺，但由于废水中的细微悬浮物浓度较高，容易缠绕和堵塞活性炭表面的孔隙结构，造成活性炭再生周期缩短，耗炭量加大，基本上未投入运行。

### 5.3.2 中试工艺与运行条件

中试装置安装在北京市某毛纺织厂污水处理站内。中试工艺流程由厌氧-好氧 MBR 组成，如图 5.38 所示。厌氧反应器有效容积 1.44m$^3$，填充 $\phi$15cm SQC 球形填料，填充率为 30%～40%。好氧反应器有效容积 1.6m$^3$，内置聚乙烯中空纤维膜组件 11 块，每块膜组件的面积为 4m$^2$，膜总面积 44m$^2$。膜组件下设有穿孔管曝气，曝气量控制在 35～50m$^3$/h。膜组件采用间歇运行，抽吸频率为 13min 开，4min 关。水银压差计用于监测在运行过程中跨膜压差的变化。液位控制器用于控制活性污泥反应器液面的恒定。进水经 1mm 孔径的滤网过滤后流入生物反应器。污水中的有机物被反应器中的微生物分解，混合液在抽吸泵抽吸下经膜过滤后形成处理出水。

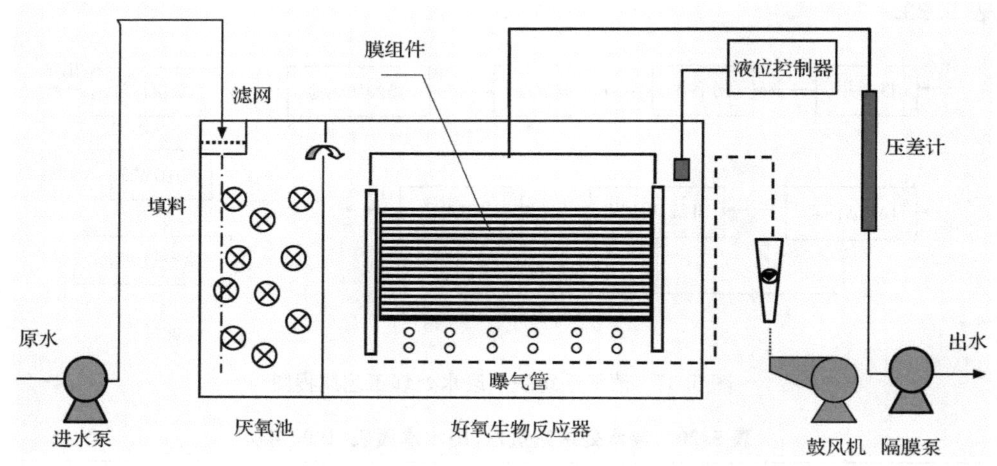


图 5.38 处理毛染废水的 MBR 中试工艺流程图

试验用水取自该厂废水处理站生物接触氧化池进水，$BOD_5$/COD 在 0.24～0.45 之间，属于难降解废水。

中试分为两个阶段。第一阶段，反应器厌氧段未启动，只对废水进行好氧处理，试验进行约 90 天。第二阶段连接并启动厌氧段，进行完整的厌氧-好氧处理，试验进行了 70 天。试验条件如表 5.21 所示。

表 5.21　中试条件

| 项目 | 运行时间/d | 厌氧 HRT/h | 好氧 HRT/h | 膜通量/[L/($m^2$·h)] |
|---|---|---|---|---|
| 第一阶段 | 26 | 0 | 5.5～11 | 3.2～6.6 |
| | 44 | 0 | 4.2～4.7 | 7.7～8.7 |
| | 20 | 0 | 3.0 | 12.0 |
| 第二阶段 | 70 | 3.6 | 4.0 | 9.1 |

## 5.3.3　系统运行情况

### 5.3.3.1　有机污染物去除效果

图 5.39 和图 5.40 分别显示了试验期间不同阶段 MBR 进出水的情况，生物反应器上清液中 COD 浓度的变化情况，以及生物反应器和整个系统对 COD 的去除效果。

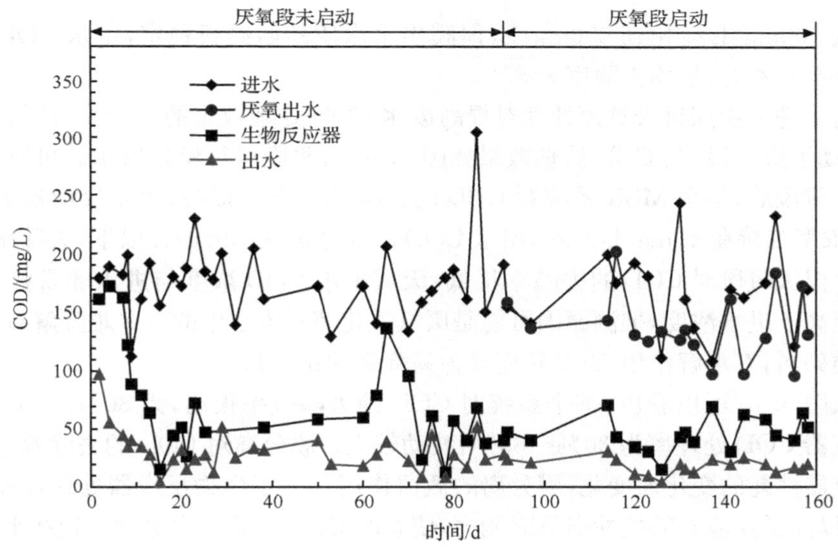


图 5.39　中试装置进出水 COD 浓度随时间的变化

从图中可以看出：①系统运行初期，生物反应器上清液 COD 浓度与进水浓度接近，表明污泥要达到其最大活性需要一个适应和驯化的过程。因此系统运行期间，采取了循序渐进的过程，即将水力停留时间从开始的 11h，逐渐缩短到后期的 3h，最终达到系统最大处理量 12$m^3$/d。②活性污泥对 COD 的去除起到了重要作用。在进水 COD 变化较大的情况下，生物反应器内活性污泥的效能仍发挥得很好。除个别情况外，生物反应器上清液的 COD 浓度均可维持在 70mg/L 以下。③膜对保持系统出水稳定起到了决定性作用。尽管系统进水水质变化很大，COD

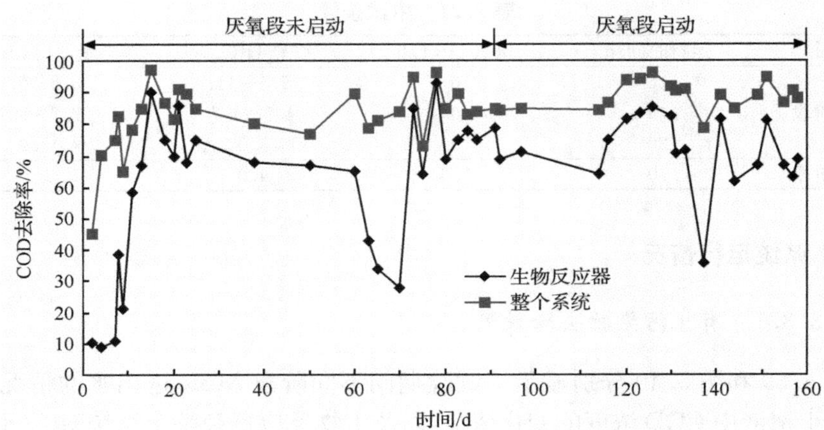


图 5.40　中试装置 COD 去除率的变化情况

浓度从 100mg/L 变化到 250mg/L，但膜出水水质却始终很稳定，出水 COD 浓度在 40mg/L 左右，平均去除率为 82%。

为了进一步探讨厌氧预处理对提高废水 COD 处理效果的可能性，从第 90 天后，启动了厌氧段，其 COD 处理效果如图 5.40 的两段运行模式所示。可以看出，连接厌氧段后，整个 MBR 系统对 COD 的去除效率有所提高，生物反应器上清液 COD 浓度维持在 40mg/L 左右，出水 COD 浓度稳定在 25mg/L 以下，去除率达到 89%。但厌氧段对 COD 的去除率很低，厌氧出水 COD 浓度与进水非常接近，有时甚至高于进水浓度，推测原因可能是厌氧酸化菌对废水中的一些难降解有机物，如各类染料，有水解作用，将其转变成为易降解的化合物。

从图 5.40 可以看出，整个系统对 COD 的去除效率很高，为 80%～96%。生物反应器 COD 处理率为 30%～85%，波动较大。膜分离对 COD 的去除效率随生物反应器性能的变化而变化，膜分离的截留作用弥补了生物反应器处理性能的不稳定，提高了反应器的抗冲击负荷能力，使总的 COD 去除效率保持在较高水平。

#### 5.3.3.2　色度去除效果

试验期间系统进水、出水色度随时间变化关系见图 5.41，对色度的去除效果如图 5.42 所示。

从图 5.41、图 5.42 可知，厌氧段未启动时，当进水色度在 15～40 之间变化时，出水色度在 10～25 之间波动，色度平均去除率为 48%，说明活性污泥法和膜过滤作用对废水中的色度去除作用有限。由于膜出水有明显的颜色，考虑到厌氧作用对脱色具有较好的效果，因此从第 90 天开始，将反应器厌氧段启动。厌氧段启用期间，由于该厂生产处于淡季，进水色度有所降低，平均为 15 左右。从图中可

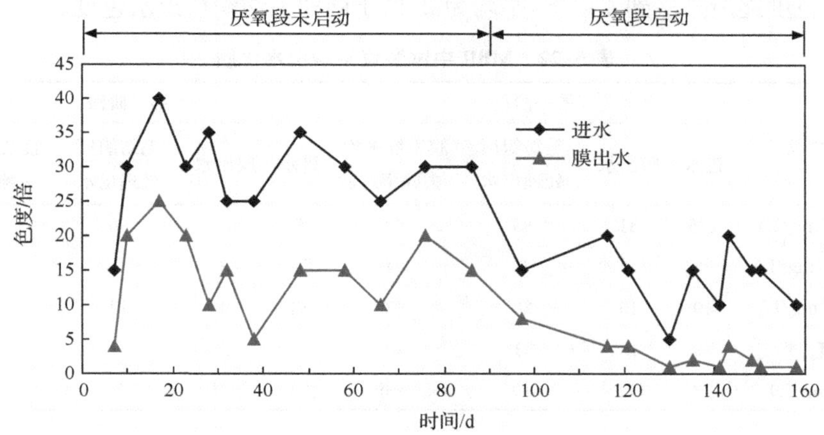


图 5.41　中试装置进水、出水色度随时间的变化

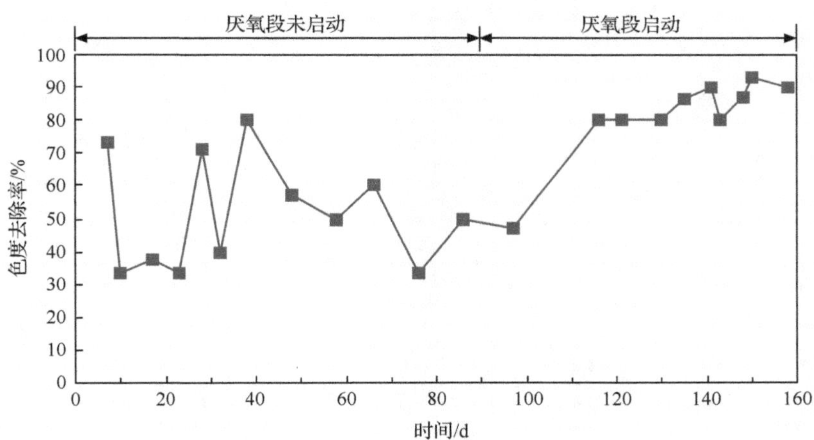


图 5.42　中试装置色度去除率的变化情况

以看出，该时期反应器出水色度均在 4 以下，平均去除效率达到 80%以上，表明厌氧-好氧 MBR 组合工艺比单纯的好氧 MBR 工艺的脱色效果好。

#### 5.3.3.3　系统平均出水水质

表 5.22 为系统达到稳定运行后测试的膜出水水质。各项指标均优于同期毛纺织厂接触氧化工艺出水水质。在进水水质相同的条件下，膜出水 COD 浓度为 10～50mg/L，而毛纺织厂接触氧化工艺出水 COD 为 70～140mg/L。

MBR 中试系统在厌氧段未启动时，对色度的去除效果与毛纺织厂生物接触氧化工艺比较接近，出水色度都在 5～20 之间波动。但厌氧段启动后，中试 MBR 系统出水色度逐渐降低到4以下，平均为2，低于同期毛纺织厂出水色度。

**表5.22　MBR中试装置平均出水水质**

| 污染物 | 第一阶段 | | | | 第二阶段 | | | |
|---|---|---|---|---|---|---|---|---|
| | 进水 | 膜出水 | 毛纺织厂处理出水 | 膜系统平均去除率/% | 进水 | 膜出水 | 毛纺织厂处理出水 | 膜系统平均去除率/% |
| COD/(mg/L) | 176 | 31 | 95 | 82 | 150 | 17 | 90 | 89 |
| $BOD_5$/(mg/L) | 52 | 3 | 9 | 94 | 55 | 2 | 7 | 96 |
| TOC/(mg/L) | 40 | 15 | 20 | 63 | 34 | 9 | 17 | 74 |
| 色度/度 | 29 | 15 | 11 | 48 | 15 | 2 | 9 | 86 |
| SS/(mg/L) | 32 | <1 | 10 | >99 | 23 | <1 | 8 | >99 |

# 第6章 膜生物反应器处理受污染水源水的特性

我国饮用水源水污染现象较为普遍，主要问题包括有机污染和氨氮污染。在一些地区，水体富营养化现象呈日益加重趋势，尤其是春夏季藻类大量繁殖，导致水体中藻源次生代谢产物——致嗅物质大量产生，严重威胁饮用水安全。目前，在饮用水源水污染日益加剧和饮用水标准不断提高的双重压力之下，我国饮用水行业面临空前的挑战。研发新的处理工艺，以保障饮用水安全是十分紧迫的任务。

生物处理能去除水中耗氧有机物、氨氮等污染物（王占生，刘文君，1999），因此应用生物处理技术能提高对有机物的去除效果，减少管网二次污染的可能性，使整个工艺出水更安全可靠。将生物处理单元作为预处理与常规处理工艺联合使用已在微污染水源水处理中得到了应用，其有效性也得到了证实。由于 MBR 具有反应器内生物量较高；膜能截留大分子物质，延长其在反应器中的停留时间，促进降解；能截留微生物及其代谢产物，使出水水质高且稳定等优势，将其应用于受污染水源水的净化，可望达到优于传统生物预处理＋常规工艺的效果，并使净水工艺流程更为简捷，运行更为稳定。

本章重点研究两种型式的 MBR，即悬浮生长型 MBR 和附着生长型 MBR 对微污染水源水的去除特性，并考察投加粉末活性炭（powered activated carbon，PAC）填料的附着生长型 MBR 的工艺特性（莫罹，2002；Mo，Huang，2003）。此外，还研究了曝气生物滤池（BAF）＋超滤（UF）工艺对天然有机物与致嗅物质的去除特性（杨宁宁，2011；Yang et al.，2011）。

## 6.1 几种膜生物反应器处理微污染水源水的效果

### 6.1.1 工艺系统与原水水质

#### 6.1.1.1 工艺系统

采用的浸没式 MBR 如图 6.1 所示。主要由生物反应器和膜组件两部分组成。生物反应器可按悬浮活性污泥法或投加填料的生物膜法运行（莫罹，2002）。

微滤膜采用聚乙烯中空纤维膜（日本三菱丽阳公司生产），孔径为 0.1 μm，膜丝内径为 0.27mm，外径为 0.42mm，膜面积为 0.2$m^2$，浸没在生物反应器中。

原水由进水泵打入 MBR 中，经过生物降解，混合液在抽吸泵的抽吸作用下经膜过滤后形成过滤出水。膜组件采用间歇方式运行，抽吸时间为 15min、停抽时间

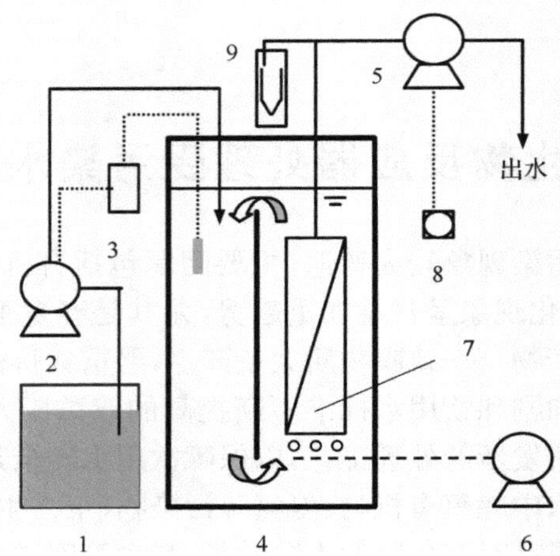


图 6.1　膜生物反应器工艺流程图

1. 原水箱；2. 进水泵；3. 液位控制器；4. 膜生物反应器；5. 出水泵；6. 鼓风机；7. 膜组件；8. 时间控制器；9. 压差计

为 2.5min。鼓风机通过设置在膜组件底部的穿孔管连续曝气，以提供微生物分解有机物所需的氧气，并同时清除积累在膜表面的部分污染物。当反应器内投加有填料时，曝气可促使所投填料随反应器内液、气混合液一同循环流动，促进传质和生物降解作用的充分发挥。

图 6.2　有机空心圆柱形块状填料

分别采用了以下三种填料。

(1) 沸石粉：除可供微生物附着生长外，还对氨氮有离子交换吸附作用，沸石粉粒度为 100 目(产自浙江缙云县)。

(2) 有机空心圆柱形块状填料：直径为 2～3mm，长度约 5mm，如图 6.2 所示。充填密度为 10%。

(3) 粉末活性炭：除作为生物附着的载体外，同时对有机污染物有吸附作用。PAC 粒度为 100 目。

#### 6.1.1.2　原水水质

采用人工配水作为试验原水，模拟微污染水源水。配水包括四个主要组分：腐殖质、耗氧有机物、无机黏土成分及无机离子。其中，腐殖质组分采用市售的固态腐殖酸，按照以下步骤溶解：强碱下溶解 24h，中速滤纸过滤取澄清液，盐酸调节 pH 至中性，最后得到腐殖酸的浓溶液。无机黏土采用高岭土。模拟低浓度生活污水中含葡萄糖、胰蛋白胨、玉米淀粉、尿素等组分。配水水质如表 6.1 所示。

**表 6.1　试验原水水质**

| 水质指标 | 浊度值/NTU | OC/(mg/L) | $UV_{254}$ | 氨氮/(mg/L) |
| --- | --- | --- | --- | --- |
| 最小-最大 | 1.0～24.6 | 1.4～6.2 | 0.025～0.106 | 0.3～14.5 |

## 6.1.2　悬浮生长型 MBR 的工艺特性

### 6.1.2.1　有机物去除特性

为考察长期连续运行过程中，反应器进水、出水有机物浓度及其去除效果的变化，悬浮生长型 MBR 反应器连续运行了 140 多天，考察了 4 个不同 HRT 条件下的运行特性。由于运行期间，膜通量受膜污染的影响，有一定波动，HRT 也发生相应波动。各阶段 OC 和 $UV_{254}$ 的去除效果分别见图 6.3 和图 6.4。可见，系统对有机污染物 OC 和 $UV_{254}$ 的去除效果并没有随 HRT 的延长而增加，HRT 在 4～16h 变化时，其对有机物去除效果的影响很小。

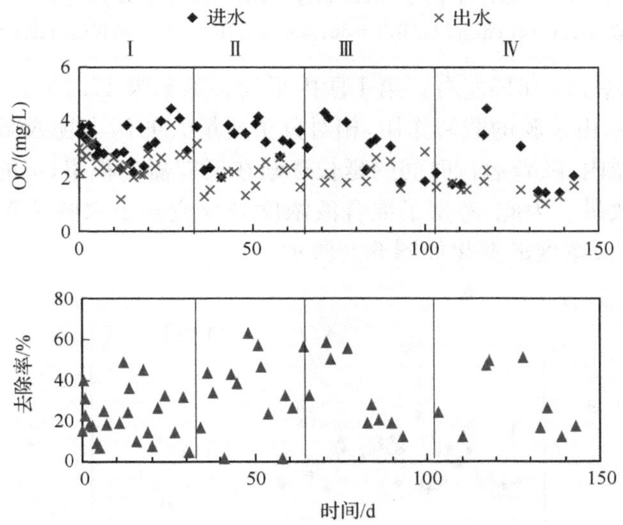


图 6.3　悬浮生长型 MBR 进水、出水 OC 浓度及其去除率

第Ⅰ段：HRT=4h；第Ⅱ段：HRT=8h；第Ⅲ段：HRT=12h；第Ⅳ段：HRT=16h

由于受进水 OC 浓度变化的影响，系统对 OC 的去除率波动较大，范围为 0～62%，平均值约为 22.5%。多数情况下，出水 OC 的浓度在 3.0mg/L 以下。第Ⅰ段，HRT=4h 时，OC 的平均去除率为 23.1%。

系统对 $UV_{254}$ 的去除率波动范围较 OC 更大，为−87%～49.4%，出现了较多

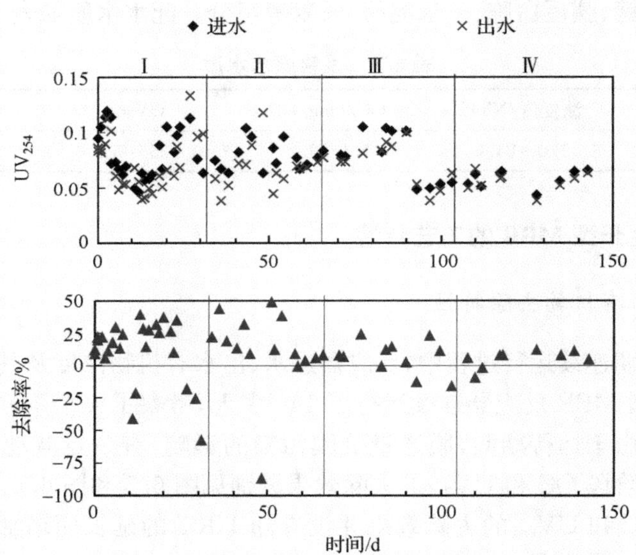


图 6.4　悬浮生长型 MBR 进水、出水 $UV_{254}$ 值及其去除率

第Ⅰ段：HRT＝4h；第Ⅱ段：HRT＝8h；第Ⅲ段：HRT＝12h；第Ⅳ段：HRT＝16h

负值，平均去除率为 9.6％左右。第Ⅰ段内平均去除率为 17.1％。

在 MBR 中，由于膜的截留作用，相对分子质量大的污染物或微生物代谢产物被滞留在反应器内，随着运行时间的延长逐渐在反应器内积累，可能会影响系统对有机物的去除效果。为此，考察了混合液浓度与反应器出水的关系。运行期间混合液 OC 和 $UV_{254}$ 浓度的变化如图 6.5 所示。

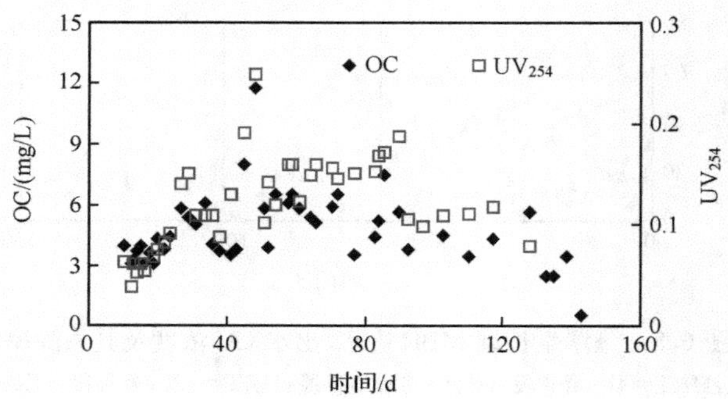


图 6.5　悬浮生长型 MBR 内混合液 OC 和 $UV_{254}$ 的变化

从图 6.5 可见，混合液 OC 和 $UV_{254}$ 浓度均波动较大，两者随时间的变化趋势相似。在运行开始约 50 天，反应器内有机物浓度逐渐升高，在第 50 天时，其浓度升到最高。推测混合液 OC 和 $UV_{254}$ 浓度的升高是因为被膜截留的大分子有机物

质在反应器内的积累所致；从长期运行来看，反应器内并没有出现有机物的持续积累，运行一段时间后，积累的 OC 和 $UV_{254}$ 浓度又逐渐降低。这一现象在处理污水的 MBR 中也有发现。刘锐在采用 MBR 处理生活污水的连续运行试验中，发现相对分子质量＞10 万的物质会在反应器内积累，但经一段时间后会被微生物逐渐降解而浓度降低（刘锐，2000）。

进一步考察系统 OC 和 $UV_{254}$ 的出水浓度与混合液浓度的关系（图 6.6）。发现出水有机物浓度随混合液浓度的升高有增大的趋势，$UV_{254}$ 较 OC 表现得更为显著。例如，运行第 50 天左右时，混合液 OC 升高到最高值 11.7mg/L 时，出水 OC 并无显著升高；而混合液中 $UV_{254}$ 浓度升高到最高值 0.250 时，出水 $UV_{254}$ 显著升高。说明有机物主要通过生物降解去除，膜过滤起辅助作用。

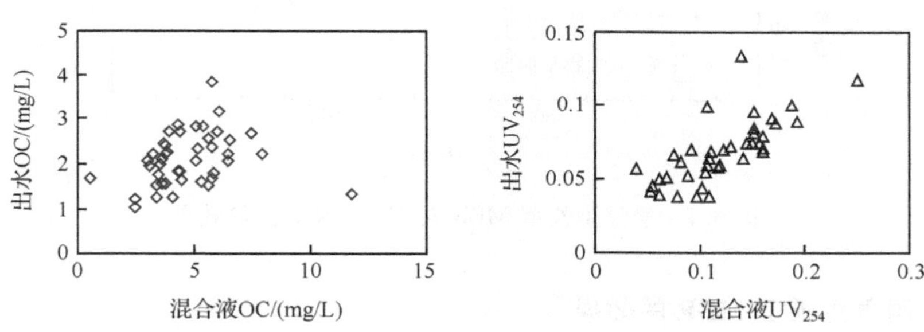


图 6.6　OC 和 $UV_{254}$ 出水浓度与其混合液浓度的关系

总之，悬浮生长型 MBR 对有机物的去除效果不稳定，尤其对 $UV_{254}$ 的去除效果较低且波动较大，反应器内混合液 $UV_{254}$ 浓度的积累是导致其去除率波动的因素之一。

#### 6.1.2.2　氨氮去除特性

悬浮生长型 MBR 进出水、混合液氨氮浓度及其去除率变化如图 6.7 所示。悬浮生长型 MBR 对氨氮有很好的去除效果，平均值可达 90%，出水浓度多数情况在 0.3mg/L 以下，生物氧化对氨氮的去除起主要作用，其贡献约为 70%。

#### 6.1.2.3　微生物量的变化

试验中测定了反应器内混合液总固体（TS）和挥发性固体（VTS）浓度。结果表明，反应器内的微生物量在前 80 天一直缓慢地降低，80 天后基本保持在 1.0g/L，而 VTS/TS 则一直保持在 0.4 左右，反应器内没有出现无机物质的积累。

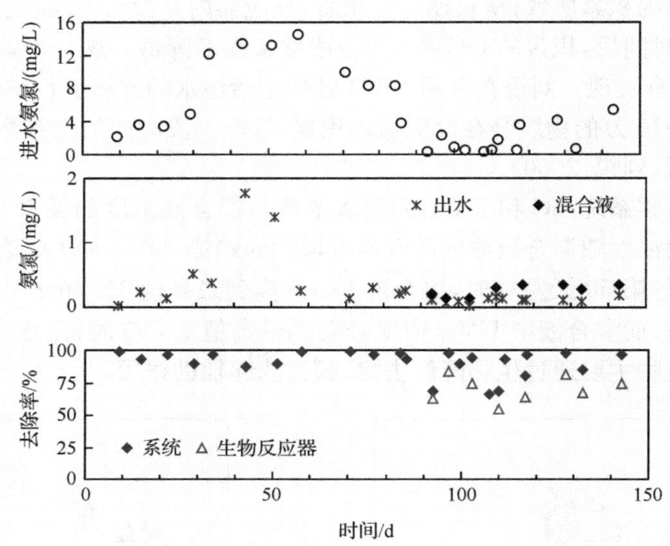


图 6.7 悬浮生长型 MBR 对 $NH_4^+$-N 的去除效果

### 6.1.3 附着生长型 MBR 的效果

考察了投加沸石粉(40mg/L)、块状填料(10%)、PAC(40mg/L)三种填料的 MBR 的工艺特性,反应器 HRT 为 4h。投加几种填料的 MBR 都能保证出水浊度小于 1NTU,无很大差别,下面重点对有机物及氨氮的去除效果和膜过滤特性进行比较。

#### 6.1.3.1 有机物及氨氮去除特性

投加三种不同填料的 MBR 对有机物(OC 和 $UV_{254}$)和氨氮的去除特性及其与悬浮生长型 MBR 的比较如图 6.8 所示。

从图中可看到,四种 MBR 对氨氮的去除率均较高,相互之间无明显差异。尽管沸石粉对氨氮有离子交换吸附作用,但与其他型式 MBR 相比,投加沸石粉的 MBR 对氨氮的去除并无优势。

从对 OC 的去除效果来看,投加块状填料和 PAC 的 MBR 去除率较高,投加沸石粉的 MBR 的去除率较前两者低,悬浮生长型 MBR 的去除率最低。分析沸石粉-MBR 对 OC 去除率较低的原因是,沸石粉密度较大,在反应器内较难悬浮,有沉积现象,导致了生物的附着生长效果和其与混合液的混合效果较差。一般来说,投加填料的附着生长型 MBR 对 OC 的去除效果较悬浮生长型 MBR 好,尤其是对含低浓度有机物水的处理,原因是附着生长有利于稳定微生物量,填料表面存在着

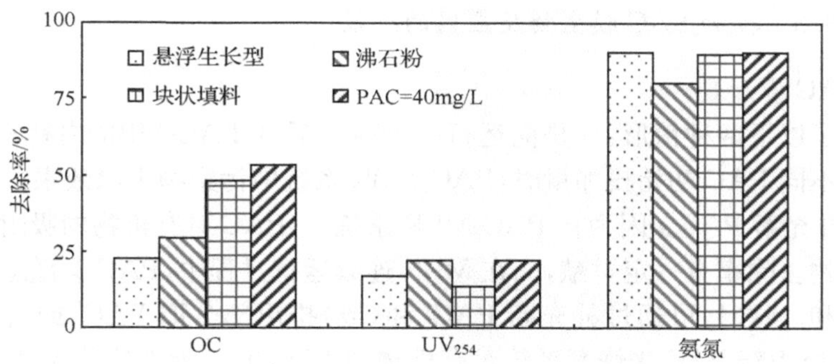


图 6.8　四种型式 MBR 对有机物和氨氮的去除效果

微环境，均有利于生物降解效率的提高。

四种 MBR 对 $UV_{254}$ 的去除率均较低，约为 15%～20%，差异不显著。原因是 $UV_{254}$ 主要表征含有不饱和化学键的有机物，本研究使用的配水以腐殖质类物质为主，其较难生物降解。在 PAC-MBR 系统中，PAC 对有机污染物的吸附能力较强，尤其是对 $UV_{254}$ 所代表的有机污染物，但试验中 PAC-MBR 对 $UV_{254}$ 的去除效果同投加其他填料的 MBR 并无较大差别，推测是因为 PAC 投加量较低。

#### 6.1.3.2　块状填料-MBR 的工艺条件研究

将平均 HRT 依次控制为 4h、3h 和 2h，连续运行约 20 天，考察了 HRT 对投加块状填料 MBR 污染物去除特性的影响。结果如图 6.9 所示，表明 HRT 在 2～4h 范围内变化时，有机物（OC、$UV_{254}$）及氨氮的去除效果无明显变化，有机物的去除率均高于 40%，氨氮的去除率均可达 85%以上。

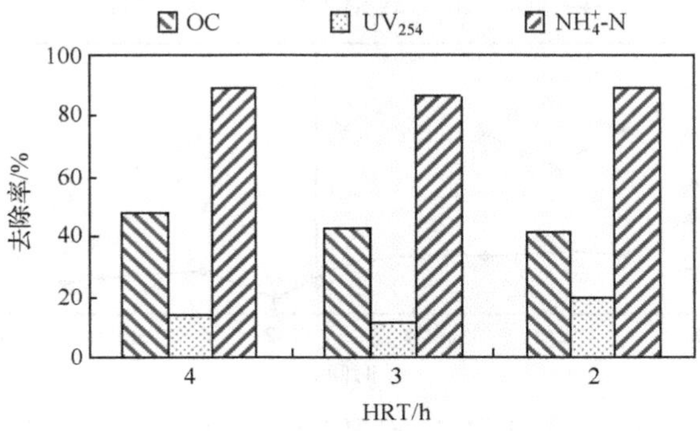


图 6.9　不同 HRT 时块状填料-MBR 对污染物的去除效果

#### 6.1.3.3 投加 PAC 膜生物反应器的效果

1. PAC 投加量

考察了以下两种情形：一是向运行一段时间后的 PAC-MBR 内补充新 PAC；二是采用不同 PAC 初始投加量时，PAC-MBR 系统中污染物去除效果。

(1) 补充新 PAC。因为在 PAC-MBR 系统中，PAC 对有机物的吸附作用对系统的有机物去除率有一定贡献，而在 MBR 连续运行过程中，PAC 会随运行时间逐渐达到饱和。这时，可通过补充新 PAC[和(或)排出部分旧 PAC]或将反应器内 PAC 全部换为新 PAC 来恢复系统对有机物的去除，前一种方法能保持原有 PAC 上附着的微生物。为此，考察了在系统稳定运行一段时间后再补充 PAC，系统对污染物去除效果的变化。

试验中，向连续运行约 30 天后的 PAC-MBR 系统中(初始 PAC 投加量为 40mg/L)补充新 PAC，使反应器内 PAC 的浓度达到 2000mg/L，考察了补充新 PAC 前后污染物去除效果的变化，结果如图 6.10 和图 6.11 所示。当反应器中 PAC 投加量由 40mg/L 增加到 2000mg/L 后，系统对 OC 的去除率立即升高了约 15%，但 4 天后系统对 OC 的去除率又降低到补充 PAC 前的水平；而投加新 PAC 后 2 天，系统对 $UV_{254}$ 的去除率升高了 30%，随后的一周内也保持在较高的水平，较补充 PAC 前提高约 20%。从混合液浓度的变化来看，补充 PAC 后 2 天，混合液 OC 和 $UV_{254}$ 的浓度降低很多，随后 OC 又有升高，与补充新 PAC 前相差不大；而 $UV_{254}$ 的浓度在投加新 PAC 后一周多的时间内一直保持较低水平，混合液 $UV_{254}$ 浓度的降低有助于改善系统对 $UV_{254}$ 的去除效果。由此看来，向 PAC-MBR 补充新 PAC，对 $UV_{254}$ 去除率的改善较为显著，且可持续一段时间。

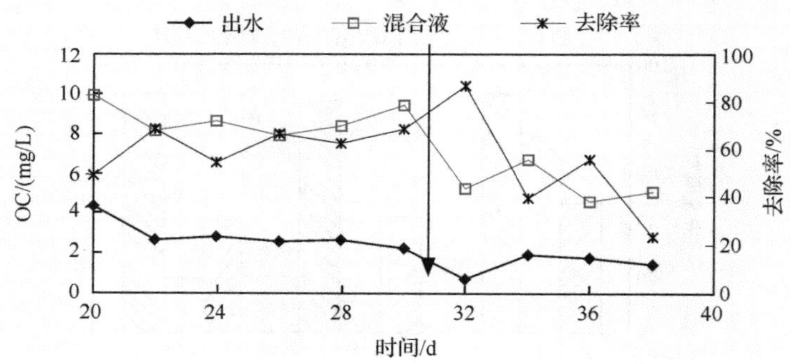


图 6.10 投加新 PAC 前后 OC 混合液和出水浓度及去除率的变化

图中箭头处：PAC 投加量由 40mg/L 提高到 2000mg/L

(2) 改变 PAC 初始投加量。通过改变 PAC 的初始投加量，考察了不同初始 PAC 投加量对系统有机物去除特性的影响。当 HRT＝4h 时，反应器内 PAC 浓

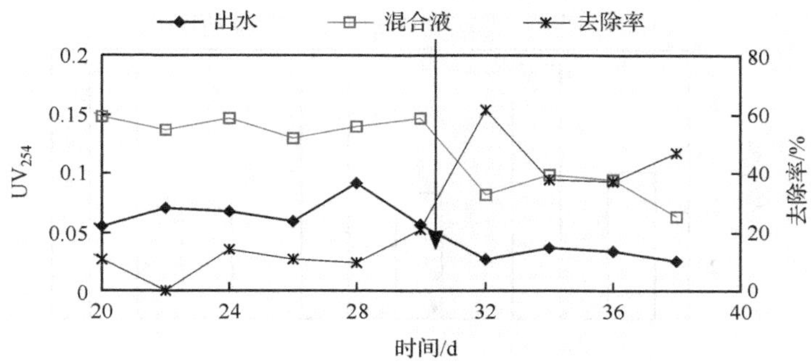


图 6.11　投加新 PAC 前后 $UV_{254}$ 混合液和出水浓度及去除率的变化

图中箭头处：PAC 投加量由 40mg/L 提高到 2000mg/L

度分别为 40mg/L、1000mg/L 和 2000mg/L，在 PAC 未达到饱和的前 2～3 周内，以 PAC-MBR 系统的平均去除率评价了增加 PAC 初始投加量对有机物和氨氮去除效果的影响，结果如图 6.12。

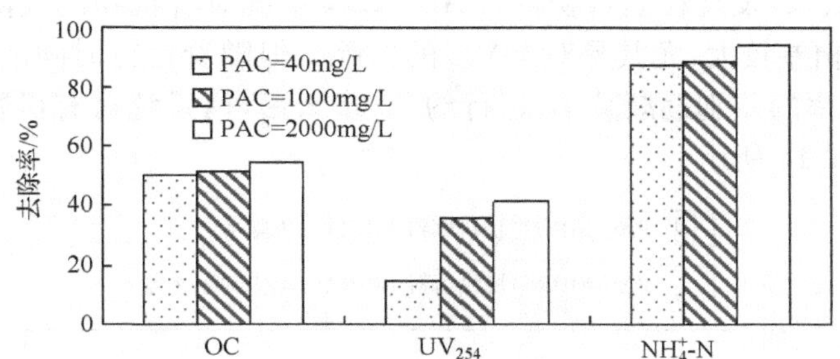


图 6.12　PAC 投加量对有机物及氨氮去除效果的影响

从图中可看到，当反应器中 PAC 投加量由 40mg/L 增加到 2000mg/L 时，对 OC 和氨氮的去除效果并没有较大的增加，但 $UV_{254}$ 的去除效果明显增加，去除率升高了约 25%。

2. HRT

通过变化 HRT，考察了 PAC-MBR 对有机物和氨氮去除特性的变化，如图 6.13所示，其中 PAC 的投加量为 2000mg/L。

从图 6.13 中可看出，PAC-MBR 对氨氮的去除不受 HRT 的影响。但从表面来看，系统对有机物 OC 和 $UV_{254}$ 的去除率随 HRT 的变化有下降的趋势，分别下降约 10%和 20%。如前所述，投加块状填料 MBR 对有机物的去除率受 HRT 影响可忽略，说明系统对有机物的生物降解都受 HRT 的影响很小。因此，推测上述 OC 和 $UV_{254}$ 去除率的略微下降主要是由于随运行时间反应器内 PAC 的不断饱和。

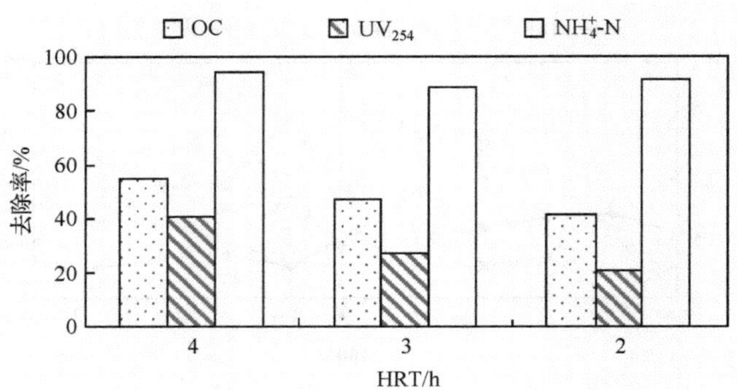


图 6.13 不同 HRT 时 PAC-MBR 的去除效果

#### 6.1.3.4 块状填料-MBR 与 PAC-MBR 的比较

对比 PAC-MBR(PAC 投加量为 2000mg/L)和投加块状填料 MBR 对 OC 和 $UV_{254}$ 的去除效果,发现在运行初期,PAC-MBR 系统对有机物的去除率与投加块状填料 MBR 相差较大,尤其是对 $UV_{254}$ 的去除。但随着运行时间的延长,两系统对有机物去除率的差别逐渐减小,运行约 70 多天后,两系统对有机物去除率已没有差别,如图 6.14 所示。

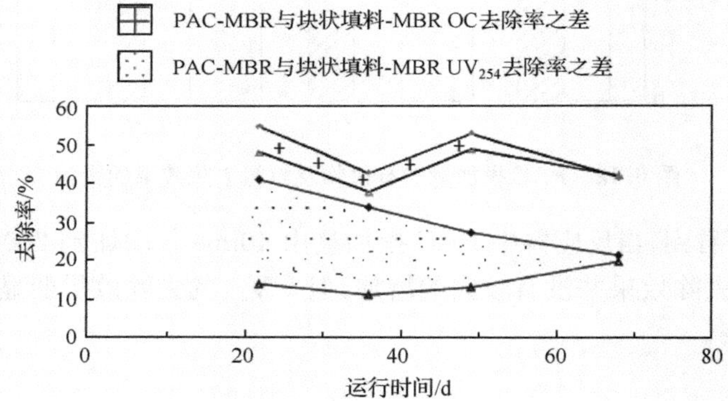


图 6.14 PAC-MBR 与块状填料-MBR 有机物去除率差异随时间的变化

试验结果说明 PAC-MBR 与投加块状填料 MBR 相比,其优势主要体现在对 $UV_{254}$ 的去除率高。PAC-MBR 对 $UV_{254}$ 的去除率高低受 PAC 投加量和 PAC 随时间的饱和过程的影响。当 PAC 投加量为 40mg/L 时,其对 $UV_{254}$ 的去除效果与块状填料-MBR 无差别;当 PAC 投加量提高到 1000mg/L 和 2000mg/L 时,在 PAC 达到饱和前,系统对 $UV_{254}$ 去除率分别可提高约 20%和 25%。但当反应器内 PAC 逐渐饱和后,其对 $UV_{254}$ 的去除率降低,完全饱和后,与块状填料-MBR 有机物去除率相差无几。

## 6.2　几种膜生物反应器中微生物的特征

连续试验中，分别对悬浮生长型 MBR、块状填料-MBR 和 PAC-MBR 中的微生物相进行了观察。

### 6.2.1　悬浮生长型 MBR 微生物相

悬浮生长型 MBR 内污泥呈土黄色，其扫描电子显微镜（SEM）照片如图 6.15 所示，可见污泥呈团状，微生物体和水中的细黏土颗粒、悬浮物质等包裹在一起，且有许多菌丝相连；球菌占多数，杆菌也较多。图 6.15(b) 中可以看到一圆形孢子，其上的花纹清晰可见。

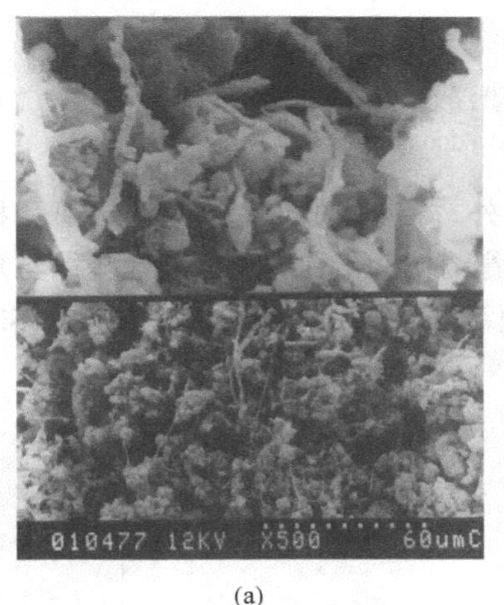


(a)

(b)

图 6.15　悬浮生长型 MBR 中悬浮污泥的 SEM 照片

(a) 5000/500 倍；(b) 10 000/1000 倍

### 6.2.2　块状填料-MBR 微生物相

块状填料-MBR 中，微生物主要以附着态存在，但也有一小部分微生物以悬浮态存在，分别对这两种形态的微生物进行了观察。

将反应器内混合液预处理后，对悬浮态存在的微生物相进行了 SEM 观察，照片如图 6.16 所示。可看出，无机黏土颗粒和悬浮物质较多，微生物体较少，同时还发现了三种原生动物（如图 6.16 箭头所指处）。

将反应器内的有机填料取出，预处理后，对有机填料外、内表面上的微生物相进行了观察,得到的 SEM 照片如图 6.17 和图 6.18 所示。

(a) (b)

图 6.16 块状填料-MBR 中悬浮态污泥的 SEM 照片

(a) 600 倍;(b) 5000 倍

附着态生长的微生物主要存在于填料外、内表面的凹陷处,以球菌和杆菌为主,菌体之间有细丝相连,尤其是内表面附着菌体间的细丝较多,这些细丝可能是细菌的分泌物形成的,一方面使菌体相互缠绕固定,另一方面也可帮助菌体之间物质的传递。

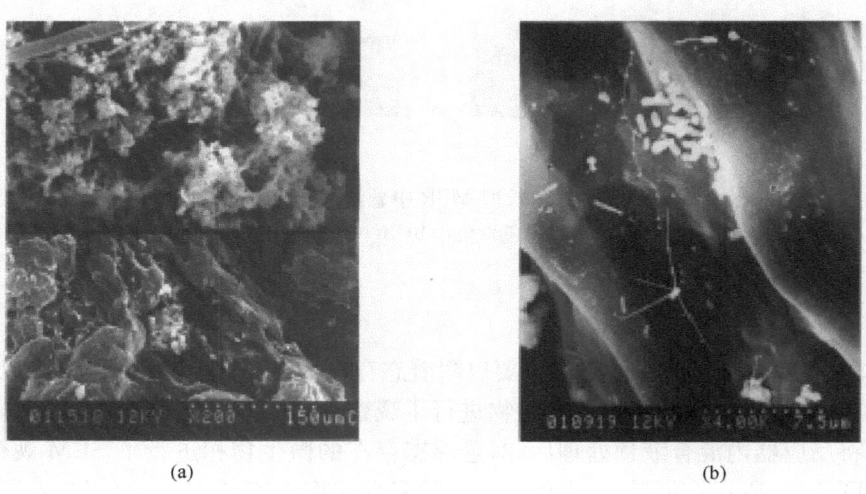

(a) (b)

图 6.17 块状填料外表面附着态微生物相的 SEM 照片

(a) 2000/200 倍;(b) 4000 倍

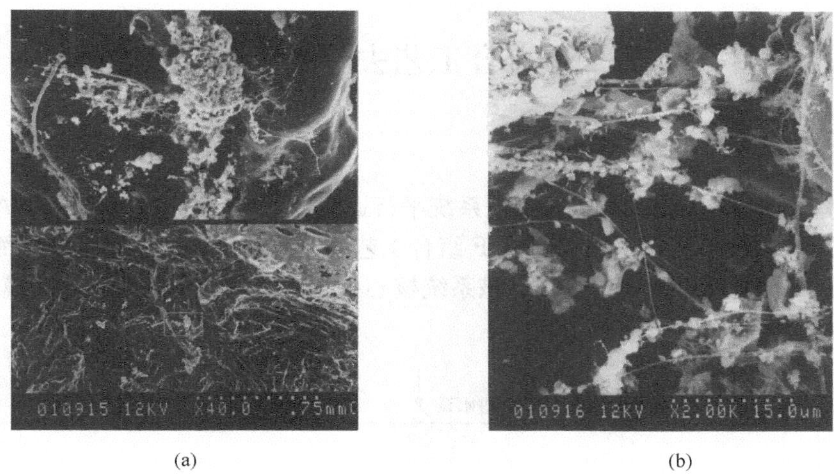


图 6.18　块状填料内表面附着态微生物相的 SEM 照片
(a) 400/40 倍；(b) 2000 倍

### 6.2.3　PAC-MBR 微生物相

将连续运行中 PAC-MBR 中的混合液预处理后，通过 SEM 对微生物附着生长后的生物 PAC 及微生物相进行了观察，照片如图 6.19 所示。

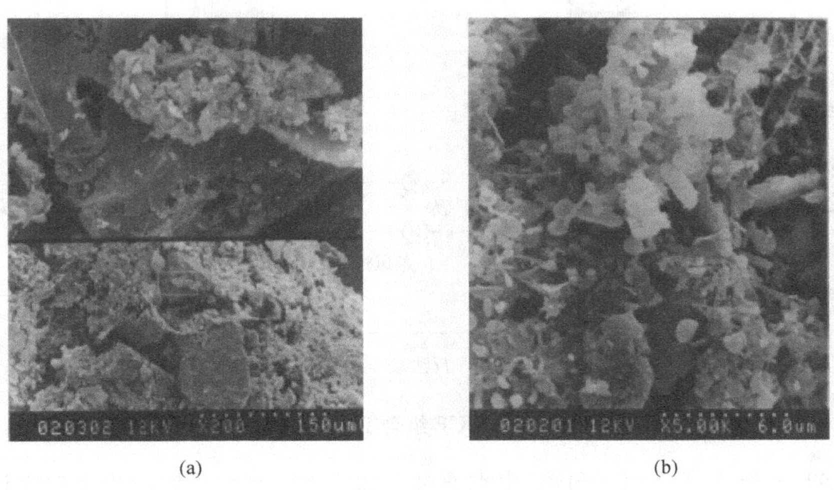


图 6.19　PAC-MBR 混合液中微生物的 SEM 照片
(a) 2000/200 倍；(b) 5000 倍

从图 6.19 中可以看出，PAC 表面的孔里附着有微生物，以球菌和杆菌居多。混合液中悬浮物质、颗粒物质和细菌包裹在一起。

# 6.3　BAF-UF 组合工艺去除致嗅物质的特性

## 6.3.1　BAF-UF 组合工艺特征

建立了两组 BAF-UF 组合工艺系统平行运行，分别考察颗粒活性炭(GAC)和陶粒(CPs)两种不同填料的 BAF-UF 组合工艺的运行效果。两组系统分别简称为 GAC-BAF-UF 和 CPs-BAF-UF。该系统核心单元为曝气生物滤池和超滤膜组件，试验装置见图 6.20(杨宁宁，2011)。

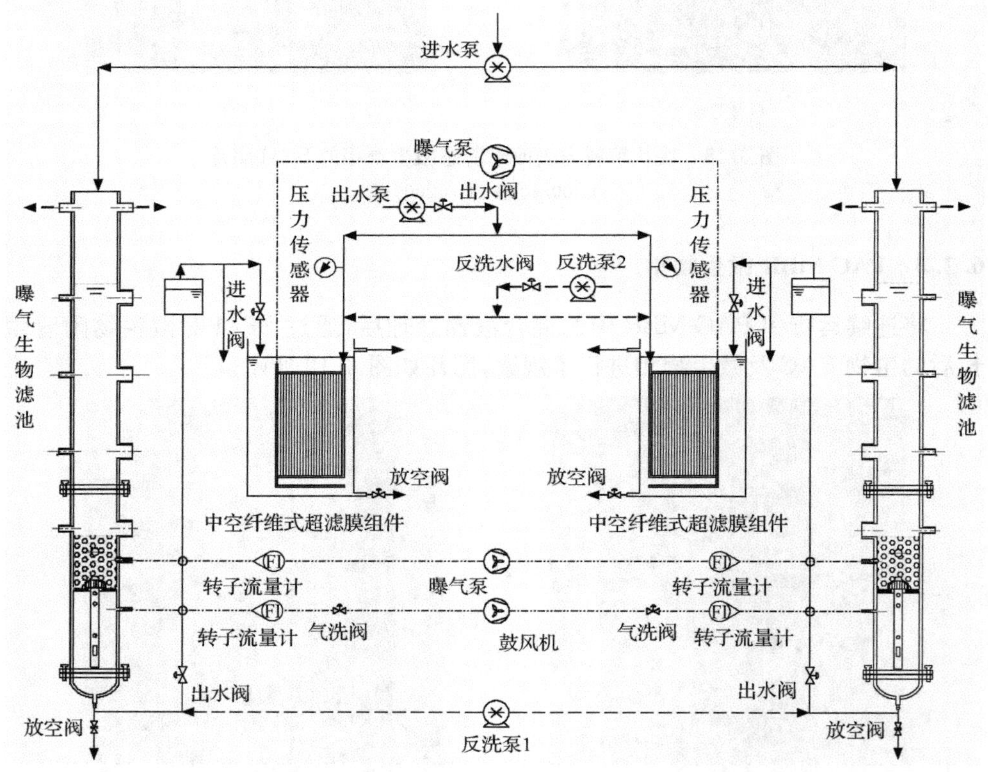


图 6.20　BAF-UF 组合工艺流程示意图

BAF 水流形式采用下向流，出水通过下部集水室底部设置的出水口与调节池底部相连，调节池设置两条出水水路，一条为调节池直接出水水路，另一条为连接调节池和 UF 膜组件的水路，BAF 顶部设有进水泵和溢流口，反应柱集水室侧壁设一个反冲洗进气口，底部分别设有反洗用空气压缩机、鼓风曝气泵以及放空管路，BAF 通过反洗泵 1 与清水池连接；UF 膜组件的出水口经出水泵与清水池的进水口相连，UF 膜组件设有鼓风曝气泵及放空管路和溢流口，UF 膜组件通过反洗泵 2 与清水池连接。

BAF 的接种微生物为春末夏初取自太湖岸边的底泥，通过 200 目筛分之后，直接接入 BAF，接种浓度为 VSS 1g/L，通过鼓风曝气泵提供氧气。

## 6.3.2 BAF-UF 组合工艺运行条件优化

### 6.3.2.1 运行条件

采用模拟太湖水质的自配水，其构成与水质参数见表 6.2 与表 6.3。主要考察了不同 HRT 下 BAF-UF 组合工艺的运行特性，共运行 4 个工况，运行条件见表 6.4。

**表 6.2 模拟太湖水质的自配水构成**

| 物质 | $KH_2PO_4$ | $K_2HPO_4$ | $NH_4NO_3$ | $NaNO_3$ | 腐殖酸 | 葡萄糖 | 2-MIB[a] | 土臭味素 |
|---|---|---|---|---|---|---|---|---|
| 浓度 | 0.272mg/L | 0.209mg/L | 6.86mg/L | 4.25mg/L | 30mg/L | 3.75mg/L | 100ng/L | 100ng/L |

a. 2-MIB：2-甲基异冰片。

**表 6.3 模拟太湖水质的自配水指标**

| 水质参数 | TOC | $NH_4^+$-N | $PO_4^{3-}$-P | TP | $NO_3^-$-N | TN | $BOD_5$ |
|---|---|---|---|---|---|---|---|
| 浓度/(mg/L) | 10.4 | 1.2 | 0.1 | 0.3 | 1.9 | 4.9 | 4 |

**表 6.4 工艺参数优化阶段，不同工况下 BAF-UF 组合工艺的运行条件**

| 试验工况 | 流量 Q/(L/h) | 容积负荷/[g/(L·d)] | HRT/h |
|---|---|---|---|
| 1 | 0.4 | 0.05 | 4 |
| 2 | 0.8 | 0.1 | 2 |
| 3 | 1.6 | 0.2 | 1 |
| 4 | 3.2 | 0.4 | 0.5 |

### 6.3.2.2 组合工艺对有机物的去除效果

1. 组合工艺出水中 DOC 浓度和 $UV_{254}$ 的变化情况

BAF-UF 出水中的 DOC 浓度和 $UV_{254}$ 随时间变化情况见图 6.21 和图 6.22。由图可以看出，当 BAF 的进水基质由启动阶段所用的葡萄糖变为模拟配水时，BAF 对有机物的去除需要 2 周左右的时间达到稳态。系统出水中的 DOC 在 2～6mg/L。UF 膜组件的运行，进一步降低了出水中有机物的浓度。

不同 HRT 条件下，系统出水中 DOC 浓度变化不明显。随着 HRT 的减小，系统出水中 $UV_{254}$ 浓度逐渐增加。

不同填料的两组系统对有机物的去除情况相似。

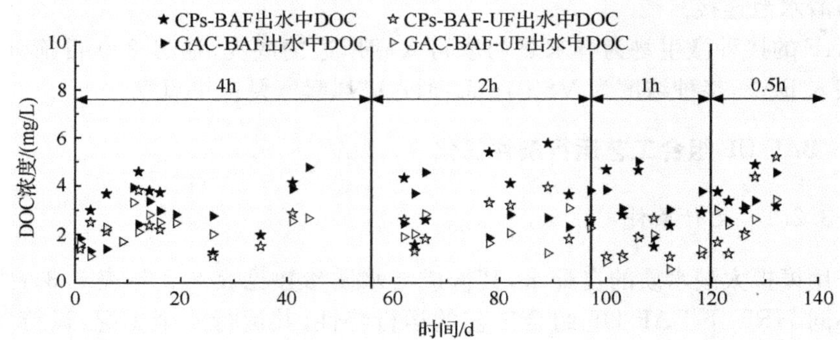


图 6.21　不同工况下两组 BAF-UF 出水 DOC 浓度随时间的变化

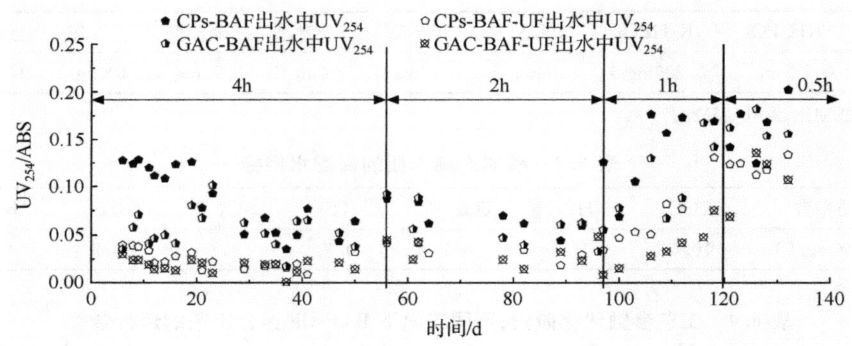


图 6.22　不同工况下两组 BAF-UF 出水 $UV_{254}$ 随时间的变化

2. 组合工艺对 DOC 和 $UV_{254}$ 平均去除率的变化情况

为进一步比较不同 HRT 条件下系统对有机物的去除情况，计算不同 HRT 条件下系统对有机物的平均去除率，结果见图 6.23 和图 6.24。

在 4 个不同 HRT 条件下，BAF 对 DOC 的平均去除率在 50%～70%之间，引入超滤膜组件之后，组合系统对 DOC 的平均去除率提高到 70%～80%之间。

在 CPs-BAF-UF 系统中，随着 HRT 的增加，CPs-BAF 对 DOC 的平均去除率先增加后降低，但整体变化不明显。在 HRT 为 2h 时，CPs-BAF 对 DOC 的平均去除率最高达到 61.1%；在 HRT 为 4h 时，CPs-BAF 对 DOC 的平均去除率最低为 51.4%。当引入 UF 膜组件后，在 HRT 为 0.5h 时，CPs-BAF-UF 对 DOC 的平均去除率最高达到 78.2%；在 HRT 为 4h 时，CPs-BAF-UF 对 DOC 的平均去除率最低为 69.4%。

在 GAC-BAF-UF 系统中，随着 HRT 的增加，GAC-BAF 对 DOC 的平均去除率先增加后降低。在 HRT 为 2h 时，GAC-BAF 对 DOC 的平均去除率最高达到

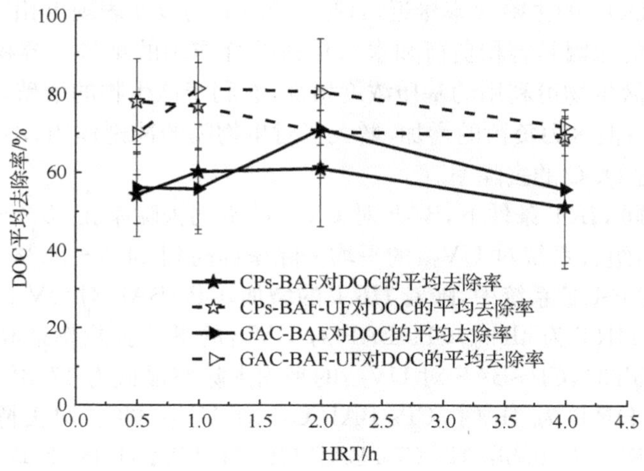


图 6.23　不同 HRT 条件下 BAF-UF 组合工艺对 DOC 的平均去除率

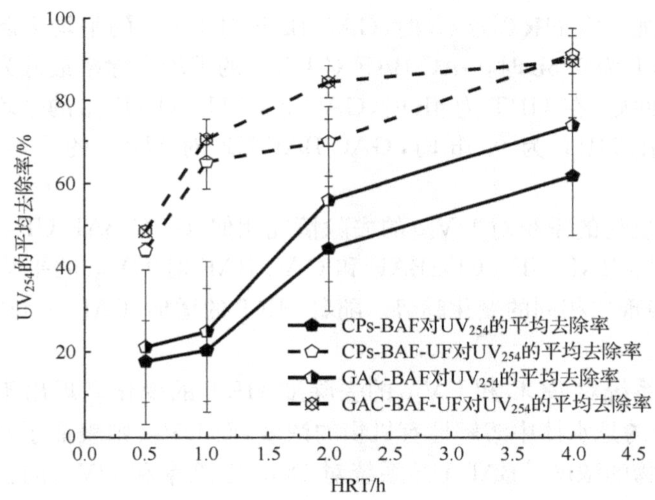


图 6.24　不同 HRT 条件下 BAF-UF 组合工艺对 $UV_{254}$ 的平均去除率

71.2%；在 HRT 为 4h 时，GAC-BAF 对 DOC 的平均去除率最低为 55.9%。当引入 UF 膜组件后，在 HRT 为 1h 时，GAC-BAF-UF 对 DOC 的平均去除率最高达到 81.6%；在 HRT 为 0.5h 时，GAC-BAF-UF 对 DOC 的平均去除率最低为 70.0%。

CPs-BAF-UF 与 GAC-BAF-UF 系统对 DOC 的去除情况相似，填料对于 DOC 的去除效果影响不大。随着 HRT 的增加，BAF 对 DOC 的平均去除率并不相应提高。GAC-BAF-UF 对 DOC 的去除率略高于 CPs-BAF-UF。CPs-BAF 和

GAC-BAF 对 DOC 的去除效率接近，且随着 HRT 的改变表现出相同的变化趋势。出现这一现象的原因是容积负荷和水力负荷综合作用的结果。容积负荷的增加，使得反应器内微生物可利用的基质浓度增加，有利于微生物的增殖，从而会提高对 DOC 的去除率；但水力负荷的增加，增大了对生物膜的冲刷作用，不利于微生物的增殖，降低了对 DOC 的去除率。

在 4 个不同 HRT 条件下，BAF 对 $UV_{254}$ 的平均去除率在 15%～75%，引入超滤膜组件之后，组合系统对 $UV_{254}$ 的平均去除率提高到 44%～92%。

在 CPs-BAF-UF 系统中，随着 HRT 的增加，CPs-BAF 对 $UV_{254}$ 的平均去除率显著增加。在 HRT 为 4h 时，CPs-BAF 对 $UV_{254}$ 的平均去除率最高达到 61.9%；在 HRT 为 0.5h 时，CPs-BAF 对 $UV_{254}$ 的平均去除率最低为 17.8%。当引入 UF 膜组件后，在 HRT 为 4h 时，CPs-BAF-UF 对 $UV_{254}$ 的平均去除率最高达到 91.4%；在 HRT 为 0.5h 时，CPs-BAF-UF 对 UV254 的平均去除率最低为 44.1%。

在 GAC-BAF-UF 系统中，随着 HRT 的增加，GAC-BAF 对 $UV_{254}$ 的平均去除率同样显著增加。在 HRT 为 4h 时，GAC-BAF 对 $UV_{254}$ 的平均去除率最高达到 74.2%；在 HRT 为 0.5h 时，GAC-BAF 对 $UV_{254}$ 的平均去除率最低为 21.2%。当引入 UF 膜组件后，在 HRT 为 4h 时，GAC-BAF-UF 对 $UV_{254}$ 的平均去除率最高达到 89.8%；在 HRT 为 0.5h 时，GAC-BAF-UF 对 $UV_{254}$ 的平均去除率最低为 48.6%。

两个不同填料的系统对 $UV_{254}$ 的去除情况相似，GAC-BAF-UF 对 $UV_{254}$ 的去除率略高于 CPs-BAF-UF。CPs-BAF 和 GAC-BAF 对 $UV_{254}$ 的平均去除率随着 HRT 的改变表现出相同的变化趋势。随着 HRT 的增加，BAF 对 $UV_{254}$ 的平均去除率显著上升。

BAF-UF 系统对 DOC 和 $UV_{254}$ 的去除随 HRT 的变化呈现出不同的变化趋势。DOC 表征的是水体中溶解性有机物的浓度，而 $UV_{254}$ 则表征了水体中含有不饱和键的有机物的浓度。BAF-UF 系统对 DOC 去除率和 $UV_{254}$ 的去除率之间的差异，表明随着 HRT 的增加，BAF 对有机物的去除机理发生了改变。当 HRT 从 0.5h 增加到 4h 时，在 BAF 中，去除的 DOC 中含有不饱和化学键的物质的比例逐渐增加。

比较平均去除率的标准方差，可以看出，UF 组件的运行，提高了系统的稳定性，减少了系统出水有机物浓度的波动。

#### 6.3.2.3　组合工艺对致嗅物质的去除效果

1. 组合工艺出水中致嗅物质浓度的变化情况

不同 HRT 条件下，CPs-BAF-UF 与 GAC-BAF-UF 系统运行过程中出水致嗅物质浓度变化情况见图6.25和图6.26。图中标注的10ng/L是我国《生活饮用水卫生标准》(GB 5749—2006)针对致嗅物质规定的浓度限值。

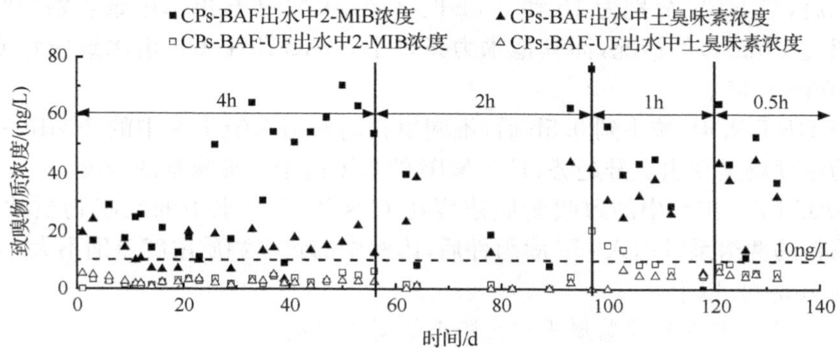


图6.25 不同工况下CPs-BAF-UF出水致嗅物质浓度随时间的变化

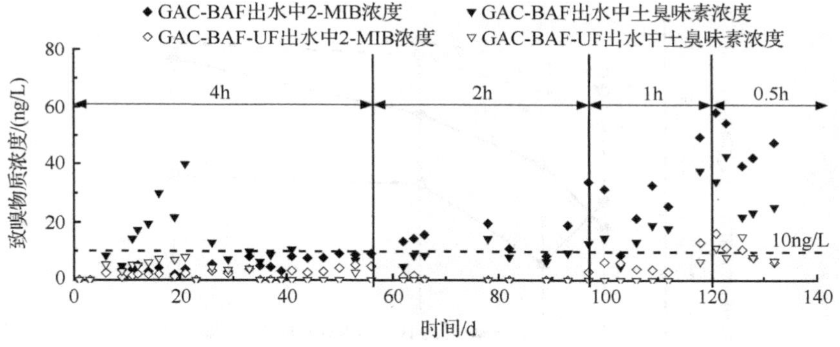


图6.26 不同工况下GAC-BAF-UF出水致嗅物质浓度随时间的变化

BAF出水中致嗅物质浓度不够稳定,且基本不能达标。UF膜组件的引入,大大降低了系统出水中的致嗅物质的浓度,提高了系统去除致嗅物质的能力,增加了系统的稳定性。

在CPs-BAF-UF系统中,当HRT为4h时,CPs-BAF出水中的2-MIB浓度逐渐增加,而土臭味素的浓度较为稳定,在20ng/L上下波动。当HRT分别为2h、1h和0.5h时,出水中的2-MIB和土臭味素的浓度都不稳定,且无明显规律。引入UF膜组件以后,当HRT为1h时,CPs-BAF-UF出水中2-MIB的浓度超过10ng/L,而其他水力条件下,CPs-BAF-UF出水致嗅物质浓度均在10ng/L以下。

在GAC-BAF-UF系统中,当HRT为4h时,GAC-BAF出水中的2-MIB的浓度在10ng/L以下,而土臭味素的浓度不稳定,后期基本能够达到10ng/L以下。当HRT为2h时,GAC-BAF出水中的2-MIB浓度在10ng/L上下波动,土臭味素的浓度达到 10ng/L 以下。当 HRT 分别为 1h 和 0.5h 时，出水中的 2-MIB 和土臭味素的浓度都显著上升，且 2-MIB 的浓度要高于土臭味素的浓度。引入 UF 膜组件以后，当 HRT 分别为 1h 和 0.5h 时，GAC-BAF-UF 出水中致嗅物质浓度均存在超过 10ng/L 的情况，而其他水力条件下，GAC-BAF-UF 出水致嗅物质浓度均在 10ng/L 以下。

当 HRT 从 4h 减小到 0.5h 后，不同填料的两组系统出水中的 2-MIB 和土臭味素的浓度均呈现出上升趋势，且 2-MIB 的浓度高于土臭味素的浓度。

GAC-BAF 出水中的致嗅物质浓度比 CPs-BAF 出水中的致嗅物质浓度低。不同填料的两组系统引入 UF 膜组件后，出水中的致嗅物质浓度差别不大，基本能够达到 10ng/L 以下。

2. 组合工艺对致嗅物质平均去除率的变化情况

为进一步比较不同 HRT 条件下，系统对致嗅物质的去除情况，计算了不同 HRT 条件下系统对致嗅物质的平均去除率，结果见图 6.27 和图 6.28。

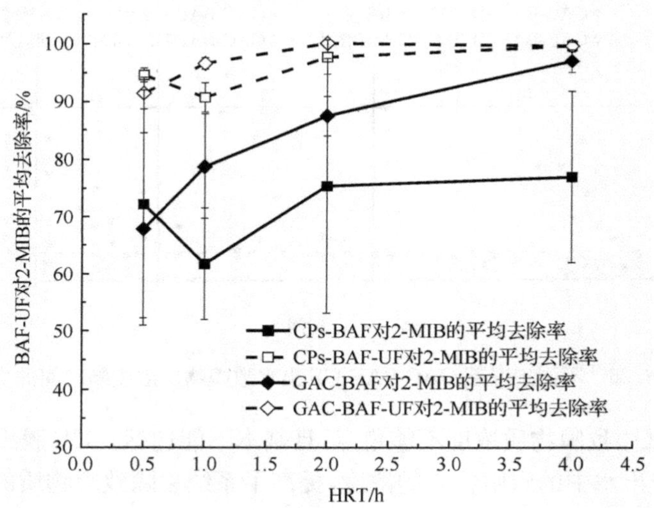


图 6.27 不同 HRT 条件下 BAF-UF 组合工艺对 2-MIB 的平均去除率

BAF 对 2-MIB 的去除率在 60%～96%之间，引入超滤膜组件之后，组合系统对 2-MIB 的去除率提高到 90%～100%。

在 CPs-BAF-UF 系统中，随着 HRT 的增加，CPs-BAF 对 2-MIB 的平均去除率先降低后增加。在 HRT 为 4h 时，CPs-BAF 对 2-MIB 的平均去除率最高达到 76.6%；在 HRT 为 1h 时，CPs-BAF 对 2-MIB 的平均去除率最低为 61.6%。当引入 UF 膜组件后，在 HRT 为 4h 时，CPs-BAF-UF 对 2-MIB 的平均去除率最高达到 99.5%；在 HRT 为 1h 时，CPs-BAF-UF 对 2-MIB 的平均去除率最低

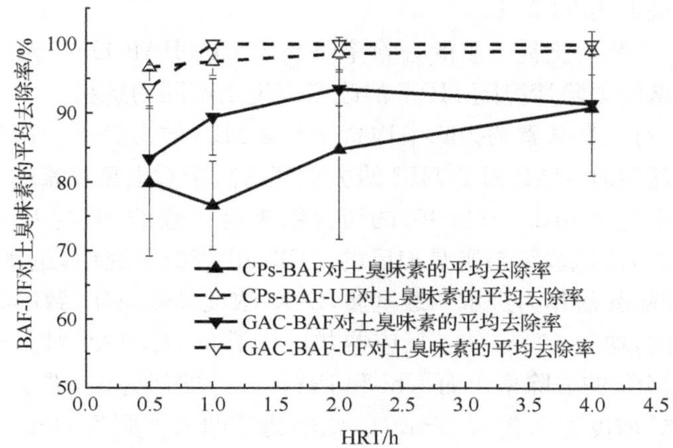


图 6.28　不同 HRT 条件下 BAF-UF 组合工艺对土臭味素的平均去除率

为 90.6%。

在 GAC-BAF-UF 系统中，随着 HRT 的增加，GAC-BAF 对 2-MIB 的平均去除率逐渐增加。在 HRT 为 4h 时，GAC-BAF 对 2-MIB 的平均去除率最高达到 96.8%；在 HRT 为 0.5h 时，GAC-BAF 对 2-MIB 的平均去除率最低为 67.7%。当引入 UF 膜组件后，在 HRT 为 2h 时，GAC-BAF-UF 对 2-MIB 的平均去除率最高达到 100%；在 HRT 为 0.5h 时，GAC-BAF-UF 对 2-MIB 的平均去除率最低为 91.4%。

GAC-BAF-UF 对 2-MIB 的去除率略高于 CPs-BAF-UF。两个不同填料的系统对 2-MIB 的去除情况随 HRT 的改变表现出不同的趋势。

BAF 对土臭味素的去除率在 75%～95%之间，引入超滤膜组件之后，组合系统对土臭味素的去除率提高到 90%～100%。

在 CPs-BAF-UF 系统中，随着 HRT 的增加，CPs-BAF 对土臭味素的平均去除率先降低后增加。在 HRT 为 4h 时，CPs-BAF 对土臭味素的平均去除率最高达到 90.9%；在 HRT 为 1h 时，CPs-BAF 对土臭味素的平均去除率最低为 76.7%。当引入 UF 膜组件后，在 HRT 为 4h 时，CPs-BAF-UF 对土臭味素的平均去除率最高达到 99.2%；在 HRT 为 0.5h 时，CPs-BAF-UF 对土臭味素的平均去除率最低为 96.7%。

在 GAC-BAF-UF 系统中，随着 HRT 的增加，GAC-BAF 对土臭味素的平均去除率先增加后降低。在 HRT 为 2h 时，GAC-BAF 对土臭味素的平均去除率最高达到 93.6%；在 HRT 为 0.5h 时，GAC-BAF 对土臭味素的平均去除率最低为 83.5%。当引入 UF 膜组件后，在 HRT 为 1h、2h 和 4h 时，GAC-BAF-UF 对土臭味素的平均去除率均达到 100%；在 HRT 为 0.5h 时，GAC-BAF-UF 对土臭味素的平均去除率最低为 93.7%。

GAC-BAF-UF 对土臭味素的去除率略高于 CPs-BAF-UF。两个不同填料的系统对土臭味素的去除情况随 HRT 的改变表现出不同的趋势。

两个 BAF 对土臭味素的去除率均高于对 2-MIB 的去除率。这与启动阶段以葡萄糖为一级基质时，BAF 对 2-MIB 的去除率均高于对土臭味素的去除率的结果相反。这一结果与 Elhadi 等(2006)的研究结果是一致的，但与 Uhl 等(2006)和 Persson 等(2007)的试验结果则是相反的。Elhadi 等的研究中，进水采用甲醛、乙二醛、甲酸盐和醋酸盐作为进水一级基质，DOC 浓度 280μg/L，致嗅物质的浓度与本研究是相同的，均为 100ng/L。反应器共运行了 56 天，BAF 对土臭味素的去除率均高于对 2-MIB 的去除率。而 Uhl 和 Persson 等的研究中，进水采用的是地表水，进水的 DOC 浓度为 3.9～5.7mg/L，致嗅物质的浓度则为 20ng/L。其反应器仅运行了 14 天，BAF 对 2-MIB 的去除率均高于对土臭味素的去除率。对比可以发现，当进水基质容易被生物利用时，BAF 对 2-MIB 的去除率均高于对土臭味素的去除率；当进水基质的可生化性较差时，BAF 对土臭味素的去除率均高于对 2-MIB 的去除率。这一差异原因主要在于进水水质的不同，系统中的生物种类和细菌群落结构发生了改变。

比较而言，同一个 BAF 对两种致嗅物质的去除随 HRT 的变化规律是相似的，GAC-BAF 的去除率略高于 CPs-BAF。随着 HRT 的降低，CPs-BAF 对致嗅物质的平均去除率先降低后增加，GAC-BAF 对致嗅物质的平均去除率降低。

引入超滤膜组件之后，组合系统对致嗅物质的去除都有了显著提高，在适宜 HRT 条件下，组合工艺可以完全去除致嗅物质。比较平均去除率的标准方差，可以看出，UF 膜组件的引入，提高了系统的稳定性，减少了系统出水中致嗅物质浓度的波动。

#### 6.3.2.4 BAF 对氨氮和 $COD_{Mn}$ 的去除效果

本研究还考察了 BAF 对氨氮和 $COD_{Mn}$ 的去除效果，不同 HRT 条件下，其平均去除率的结果见图 6.29 和图 6.30。

由于生物膜上能够存活世代时间较长的微生物，有利于硝化菌的富集，因此 BAF 对氨氮的去除效果很好，出水中的氨氮浓度小于 0.2mg/L。去除率达到 90%以上。而 BAF 对 $COD_{Mn}$ 的去除效果则与 DOC 的去除效果相似，当 HRT 为 2h 时，去除率最高，出水浓度在 3mg/L 以下，符合《生活饮用水卫生标准》(GB 5749—2006)的要求。

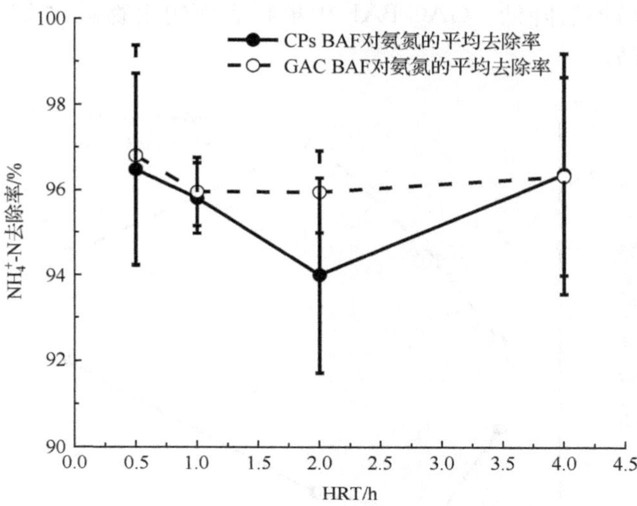


图 6.29　不同 HRT 条件下 BAF 对氨氮的平均去除率

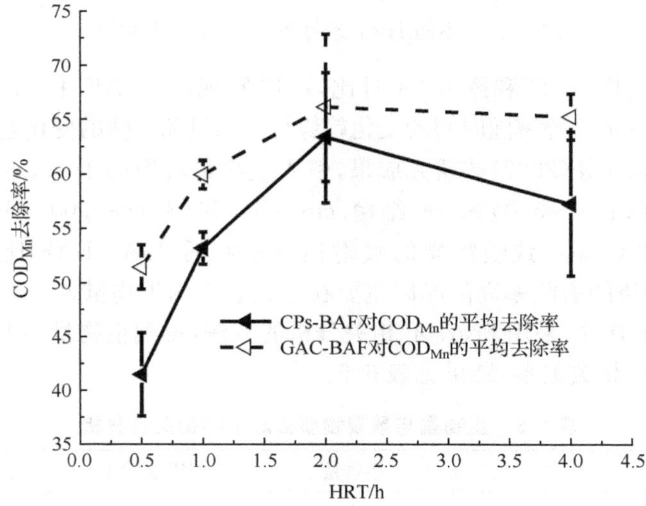


图 6.30　不同 HRT 条件下 BAF 对 $COD_{Mn}$的平均去除率

### 6.3.3　BAF 中生物量与细菌群落结构分析

#### 6.3.3.1　BAF 中生物量变化情况

采用脂磷法测定了 BAF 表层填料表面的生物量，其结果见图 6.31。随着 HRT 的增加，CPs-BAF 中填料表面的生物量先降低后增加，GAC-BAF 中填料表面的生物量先增加后降低。GAC-BAF 中填料表面的生物量比 CPs-BAF 中填料表面的生物量高。

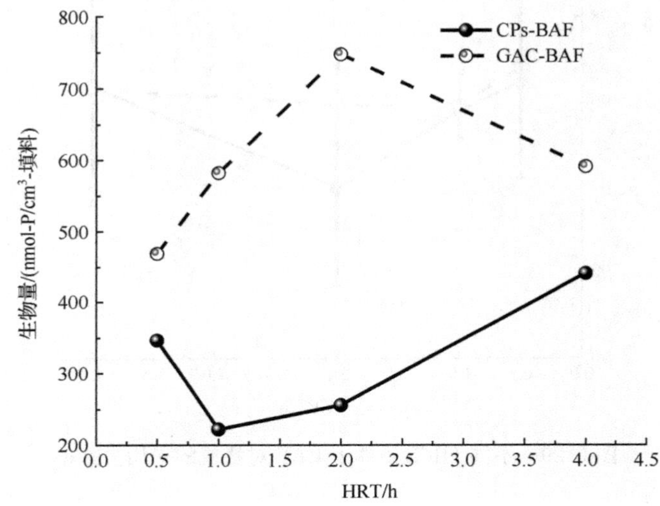


图 6.31　不同 HRT 条件下 BAF 中的生物量

将该结果与图 6.27 和图 6.28 对比，可以发现，在 BAF 中，相同 BAF 对 2-MIB 和土臭味素的去除率随时间的变化趋势与生物量随时间的变化趋势是相似的。

根据 Persson 等(2007)的研究成果，引入生物量转换因子 $1.5\times10^{-8}$ nmol-P/细菌，可以得到 $(1.5\sim3.0)\times10^{11}$ 细菌/$cm^3$-CPs 和 $(3.1\sim5.0)\times10^{11}$ 细菌/$cm^3$-GAC。GAC 和 CPs 对致嗅物质的吸附达到饱和后，GAC-BAF 比 CPs-BAF 对 DOC 和致嗅物质的去除率高的原因主要在于其表面的生物量大。

通过 SPSS 软件，采用 Pearson 相关分析的方法，得到生物量与 BAF 对致嗅物质平均去除率的相关关系，结果见表 6.5。

**表 6.5　生物量与致嗅物质去除率的相关性分析**

| | | 生物量 | 2-MIB 去除率 | 土臭味素去除率 |
|---|---|---|---|---|
| 生物量 | Pearson 相关系数 | 1 | 0.740[a] | 0.838[b] |
| | 单侧显著性检验 | | 0.018 | 0.005 |
| 2-MIB 去除率 | Pearson 相关系数 | 0.740[a] | 1 | 0.837[b] |
| | 单侧显著性检验 | 0.018 | | 0.005 |
| 土臭味素去除率 | Pearson 相关系数 | 0.838[b] | 0.837[b] | 1 |
| | 单侧显著性检验 | 0.005 | 0.005 | |

a. 按单侧检验，检验水准 0.05，该相关系数具有统计学意义；

b. 按单侧检验，检验水准 0.01，该相关系数具有统计学意义。

生物量与 2-MIB 和土臭味素的去除率之间存在显著的正相关关系，即生物量越大，致嗅物质的去除率越高，其中生物量与土臭味素去除率之间的相关性比与 2-MIB 去除率之间的相关性略为明显。同时，不同致嗅物质去除率之间也存在较好的正相关关系。

### 6.3.3.2　BAF 中细菌群落的变化情况

在运行过程中，采用 T-RFLP 方法考察了不同工况条件下 BAF 表面的细菌群落变化，其结果见图 6.32。通过比较，可以看到，不同 BAF 中细菌群落结构差异明显，CPs-BAF 中群落构成比 GAC-BAF 中的群落复杂；而随着 HRT 的变化，细菌群落结构发生了较大变化。

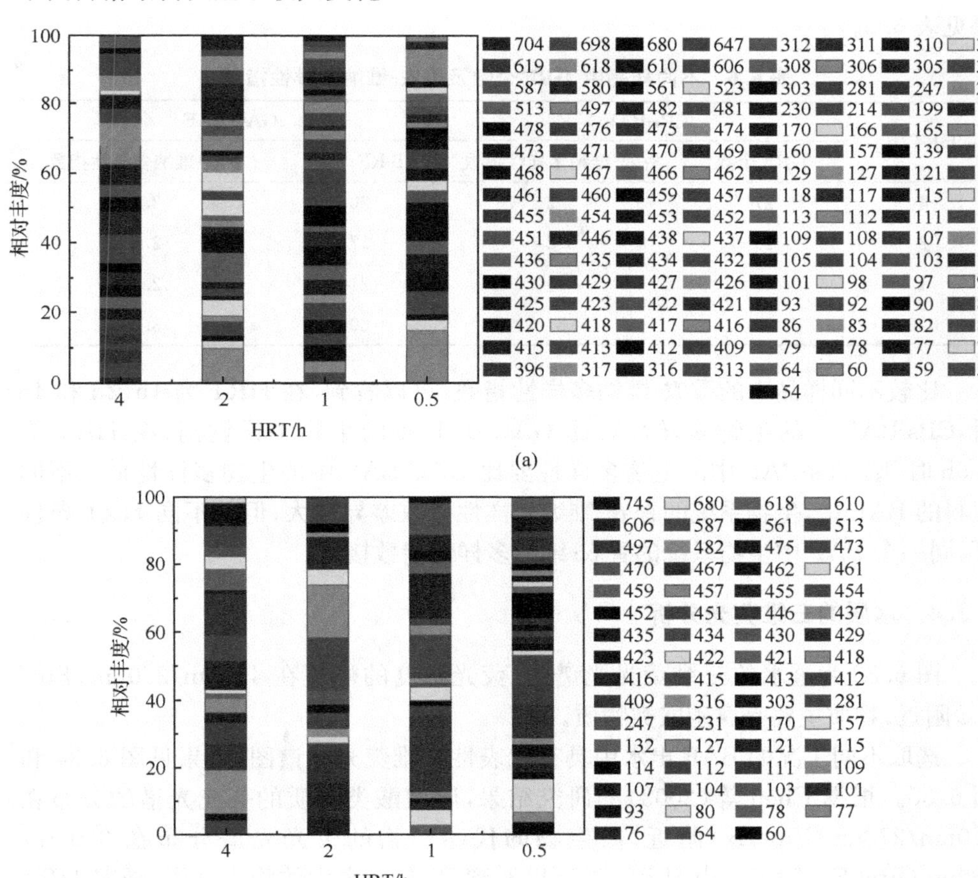


图 6.32　不同 HRT 条件下 CPs-BAF 和 GAC-BAF 中的细菌群落结构

(a) CPs-BAF；(b) GAC-BAF

为进一步分析样品中细菌群落的多样性，采用广泛使用的香农-维纳多样性指数(Shannon Weiner's diversity index)来评价样品中物种多样性，其计算公式为

$$H = -\sum_{i=1}^{s} P_i \ln P_i \tag{6.1}$$

式中，$S$ 为物种数目；$P_i$ 为属于种 $i$ 的个体在全部个体中的比例。

香农-维纳多样性指数反映物种的丰富度(richness)和个体分配上的均匀性(evenness)两个因素。生态学上的意义包括：种数一定的总体，各种间数量分布均匀时多样性最高；物种个体数量分布均匀时，总体物种数目越多，多样性越高；多样性可以分成几个不同的组成部分，即多样性具有可加性。本研究中将每一个不同的 T-RF 作为一类，将其峰面积的相对比例作为 $P_i$，计算香农-维纳多样性指数，结果见表 6.6。

**表 6.6 不同样品中 T-RF 个数及香农-维纳多样性指数**

| HRT/h | CPs-BAF | | GAC-BAF | |
|---|---|---|---|---|
| | T-RF 个数 | 香农-维纳多样性指数 | T-RF 个数 | 香农-维纳多样性指数 |
| 4 | 27 | 3.2 | 20 | 2.8 |
| 2 | 29 | 3.2 | 17 | 2.6 |
| 1 | 33 | 3.4 | 21 | 2.6 |
| 0.5 | 25 | 3 | 30 | 3.2 |

比较不同样品中的香农-维纳多样性指数，可以看到，在 HRT 为 1h、2h 和 4h 时，CPs-BAF 中的生物多样性要比 GAC-BAF 中的生物多样性高；在 HRT 为 0.5h 时，则 CPs-BAF 中的生物多样性要比 GAC-BAF 中的生物多样性低。不同填料的 BAF 中，生物系统的香农-维纳多样性指数差异较大；但是不同 HRT 条件下，同一个 BAF 中生物系统的香农-维纳多样性指数接近。

### 6.3.4 水质的三维荧光分析

图 6.33 为进水的三维荧光光谱图，荧光强度的峰值在 420nm/270nm(Em/Ex)附近，物质主要是腐殖酸类物质。

选取不同工况的 BAF 出水中具有代表性三维荧光光谱图，结果见图 6.34 和图 6.35。根据 Chen 等(2003)的研究结果，腐殖酸类物质的荧光光谱的分布在 420nm/270nm(Em/Ex)附近，微生物的代谢产物的荧光光谱分布在 330nm/280nm(Em/Ex)附近。由图上结果可以看到 BAF 出水中的物质种类，随着 HRT 的增加，由腐殖酸类物质转化到微生物代谢产物，这一结果证明了微生物对腐殖酸的生物转化作用。

对比不同 HRT 下三维荧光光谱图，可以看到，当 HRT 为 2h 时，腐殖酸的生

物转化最彻底，这一结果则与 DOC 的平均去除率的变化规律相符合。

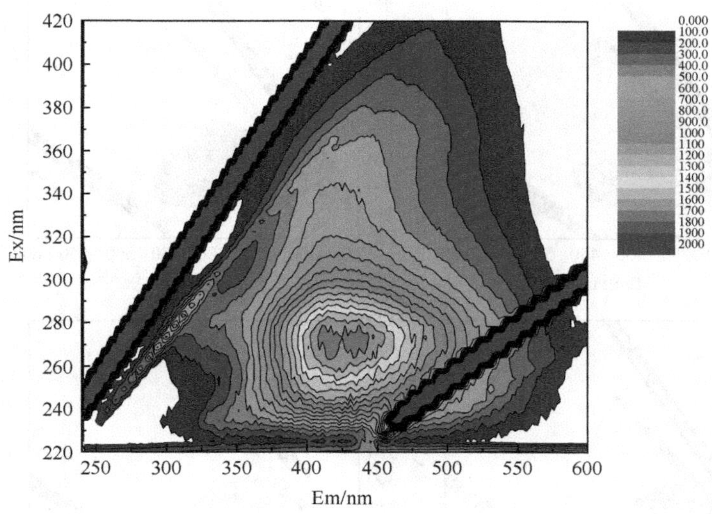


图 6.33　BAF 进水三维荧光光谱图

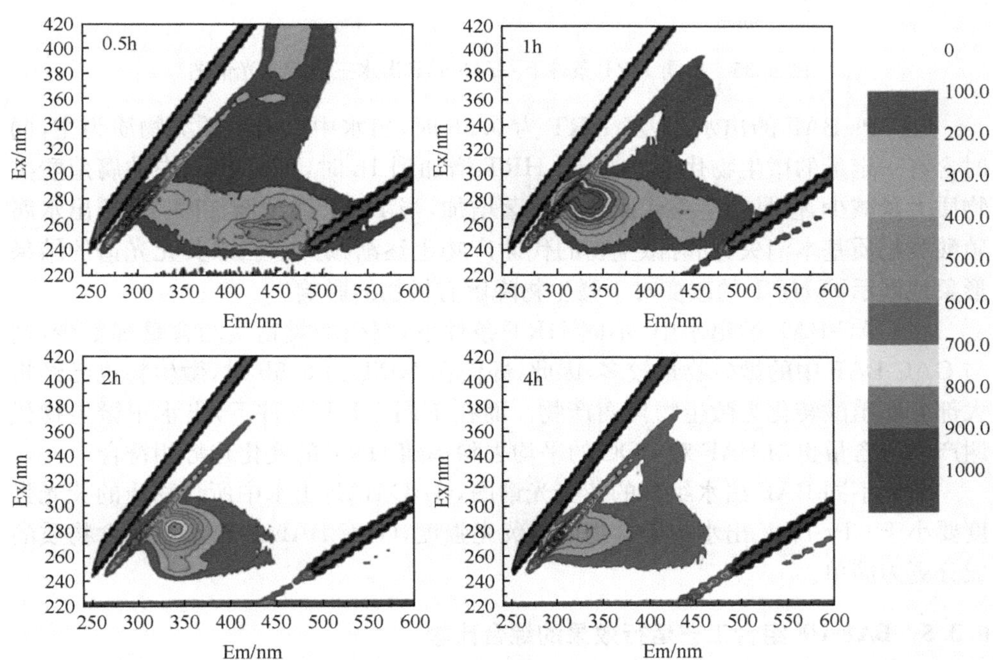


图 6.34　不同 HRT 条件下 CPs-BAF 出水三维荧光光谱图

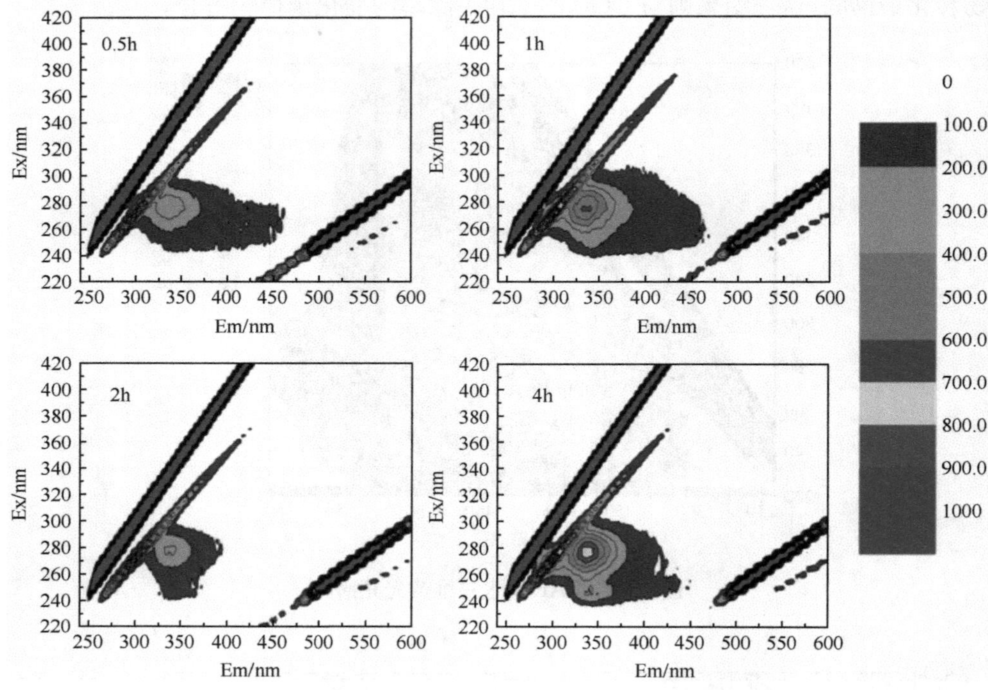


图 6.35 不同 HRT 条件下 GAC-BAF 出水三维荧光光谱图

在 CPs-BAF 的出水中，当 HRT 为 0.5h 时，出水中以腐殖酸类物质为主，同时含有一定量的微生物代谢产物，当 HRT 增加到 1h 时，BAF 出水中的腐殖酸类物质大量减少，但是微生物代谢产物显著增加，当 HRT 继续增加时，BAF 出水腐殖酸类物质基本消失，同时微生物的代谢产物也逐渐减少。三维荧光光谱的结果形象地展示了 HRT 的改变对于微生物降解有机物的影响。

在 GAC-BAF 的出水中，不同 HRT 条件下，腐殖酸类物质的含量都很少，这与 GAC-BAF 中的微生物量较多，因此，即使在 HRT 为 0.5h 时，微生物也已经将大部分腐殖酸转化为微生物代谢产物。而在不同 HRT 条件下，出水中微生物代谢产物的含量也与 BAF 对 DOC 的平均去除率随 HRT 的变化趋势相符合。

对比不同 BAF 出水组分的荧光光谱图，GAC-BAF 出水中所含物质的荧光强度要小于 CPs-BAF 出水中所含物质的荧光强度，GAC-BAF 的出水中所含物质的成分更为简单。

### 6.3.5 BAF-UF 组合工艺运行效果的综合比较

本节综合考察在不同工况条件下，BAF-UF 组合系统对于有机物、致嗅物质的去除率情况，参考 BAF 中生物量的变化和 BAF 出水的三维荧光光谱图，选择最佳运行 HRT。

根据三维荧光光谱的结果，从提高出水的生物稳定性的角度考虑，需要选定 HRT 超过 0.5h，减少出水中的可被微生物利用的有机物。

从对致嗅物质的去除角度来看，HRT 为 4h 时，两种填料的 BAF 对致嗅物质的去除率均达到最高。HRT 为 2h 和 4h，BAF 对致嗅物质的去除率是接近的。引入 UF 组件后，组合系统对致嗅物质的去除均能达到生活饮用水卫生标准规定的限值 10ng/L。

当 HRT 为 4h 时 BAF-UF 对于 DOC 的去除率，低于 HRT 为 2h 时 BAF-UF 对于 DOC 的去除率。

综合考虑 BAF-UF 组合工艺的运行效果以及水力处理效率，选定 HRT＝2h 作为长期运行的水力停留时间，考察 BAF-UF 组合工艺的运行效果。在此条件下，组合工艺对有机物和致嗅物质的去除情况见表 6.7。

**表 6.7　HRT 为 2h 时，系统对有机物和致嗅物质的平均去除率**

| 项目 | CPs-BAF | CPs-BAF-UF | GAC-BAF | GAC-BAF-UF |
|---|---|---|---|---|
| DOC | 61.13 | 70.59 | 71.21 | 80.74 |
| 2-MIB | 75.18 | 97.64 | 87.33 | 100.00 |
| 土臭味素 | 84.83 | 94.03 | 93.57 | 100.00 |

# 第 7 章　厌氧膜生物反应器处理高浓度污水污泥的特性

厌氧膜生物反应器(anaerobic membrane bioreactor，AnMBR)是厌氧生物处理工艺与具有固液分离功能的膜组件相结合而构成的系统。相比于其他类型的废水，AnMBR 在高含固废水的处理上具有很大的应用潜力。因此，本章将选取污泥作为高含固废水的代表，研究 AnMBR 对其的处理特性(隋鹏哲，2005；徐美兰，2011；Xu et al.，2010)。

AnMBR 用于污泥消化的优点主要体现在以下几点：

(1) 与传统的厌氧消化池相比，由于 HRT 与 SRT 的分离，使得 HRT 可以大幅度缩短，从而可减小反应器的容积；

(2) 可以采用较长的 SRT，保证对污泥中有机物的有效降解；

(3) 工艺相对简单。从技术上看，污泥的浓缩和消化可以结合在一个 AnMBR 体系中完成，从而简化了整个污泥处理工艺。

在目前已报道的研究中，AnMBR 所采用的运行参数各不相同，如 HRT 的跨度为 0.5～20d，SRT 也在一个较宽的范围内(8～335d)变动。可见，用于污泥消化的 AnMBR 目前还停留于初步的研究，没有一套可供参考的典型运行参数。要将此工艺投入实际的污泥消化运行，还需做更多的研究工作。

## 7.1　厌氧膜生物反应器的特点

### 7.1.1　厌氧膜生物反应器的结构特点

按照膜组件与反应器的结合方式进行分类，AnMBR 有两种结构类型：外置式[图 7.1(a)]和一体式或称内置式[图 7.1(b)]。前者的膜组件在厌氧反应器外部，后者则在反应器内部。由于没有曝气，AnMBR 通常采用外置式结构，可以通过采用高的错流速率来控制膜污染的发展。值得一提的是，对于特殊的两相 AnMBR，虽然大多数也是外置式构型，但是膜组件放置的位置却有所不同。一些研究者将膜组件置于产酸反应器之后(Yanagi et al.，1994；Yushina et al.，1994)，也有研究者将其置于产甲烷反应器之后(Kataoka et al.，1992；Yushina et al.，1994)，或是在两者后面均设置膜组件(Kataoka et al.，1992)。对于一体式 AnMBR，虽然近年来陆续出现相关研究报道(Jeison et al.，2006；Huang et al.，2011)，但目前实际应用比较少见。

此外，从厌氧工艺的类型来看，根据采用的厌氧反应器是否具有固体截留功能，AnMBR 可以分为两类(Liao et al.，2006)：一类是具有截留功能的高效厌氧生物反应器[如升流式厌氧污泥床(UASB)、厌氧膨胀污泥床(EGSB)或厌氧滤池(AF)等]与膜组件的结合；另一类是无截留功能的完全混合式(CSTR)或推流式(PF)反应器与膜组件的结合。

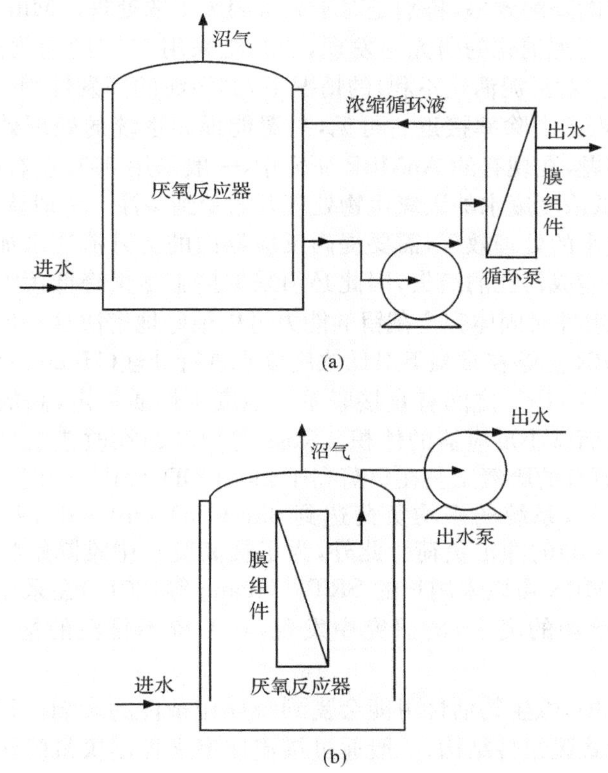


图 7.1　厌氧膜生物反应器的结构类型

(a) 外置式；(b) 内置式

但是，由于 CSTR 的构造和运行管理相对简单，目前大多数 AnMBR 仍采用 CSTR 与外置膜组件组合的结构型式。CSTR 内的污泥混合液经循环泵进入膜组件，被截留的浓缩料液再返回至反应器。此循环可以促进反应器内部污泥混合液的混合程度。若是将 UASB 直接与外置式膜组件结合，由于循环流量大，UASB 的上升流速将大幅度上升，水力冲击较大。为了保证系统的稳定，在 UASB 和膜组件之间会加入一个稳定槽。UASB 和稳定槽之间形成一个循环，此循环流量较低。而稳定槽与膜组件也形成一个循环。为了获得较高的错流速率，此循环流量较大。可见,此系统相对复杂,实际应用并不多。

### 7.1.2 厌氧膜生物反应器的运行特点

AnMBR 的运行参数(如温度、负荷、HRT 和 SRT 等)及微生物活性都将直接影响系统的运行特性。

厌氧工艺的运行温度一般采用中温(35℃)或是高温(55℃)。一般来说,高温消化能提高系统的降解效率,特别是对于高含固废水的处理。Murata 等(1994)在将 AnMBR 用于污泥消化的研究中发现,当系统采用 55℃的消化温度时,即使在 SRT 大幅度缩短(对污泥消化不利)的情况下,其污泥的挥发性固体(VSS)去除率仍与 35℃下的 VSS 去除率接近。可见,高温能提高系统的处理效率。但由于高温会带来能耗问题,在现有的 AnMBR 研究中,一般采用 35℃左右的温度。此外,近年来,常温下低浓度废水的厌氧生物处理开始受到关注。一般认为,为了保证常温下对低浓度废水的处理效果,需要提高反应器内的上升流速来加强传质。但较高的上升流速易造成污泥的流失,因此必须采取措施尽量降低污泥流失程度。而 AnMBR 凭借膜组件对固体完全截留的能力可以很好地解决这一问题。目前已有研究证明,AnMBR 能够在常温下对低浓度废水进行处理(Huang et al. ,2011)。

系统的负荷与 HRT 之间有直接联系。当废水性质一定,高的有机负荷允许更短的 HRT,从而减小反应器的体积。Ross 等(1992)在改造玉米加工废水的处理工艺时,发现原有的厌氧工艺在负荷高于 2kg-COD/($m^3$ · d)时,运行出现问题;当采用 AnMBR 后,系统的平均负荷达到 3kg-COD/($m^3$ · d),并能够抵抗高达 12kg-COD/($m^3$ · d)的冲击负荷。此外,为了提高废水中难降解物质(如悬浮物)的降解效率,AnMBR 可以采用长的 SRT。Huang 等(2011)在采用 AnMBR 处理生活污水(含悬浮物的废水)的研究中发现,在系统不排泥的情况下,甲烷产率最高。

在 AnMBR 中,微生物活性可能会受到膜操作条件的影响。目前 AnMBR 主要采用的是外置式膜组件结构,一般通过错流速率来控制厌氧膜污染的发展。这就需要提供较大的循环量。在这种水力循环造成的剪切作用下,污泥絮体的平均粒径会减小 3～5 倍。此时,微生物间的联系可能会遭到破坏,微生物活性会降低。目前,已有一些研究报道了微生物活性下降的现象(Ghyoot et al. ,1997)。但是,也有一些研究并未发现此现象。Kim 等(2001)认为这与所使用泵的类型有关。他们认为容积泵相比于离心泵,对活性污泥絮体具有更大的剪切作用。但是,从另一方面来说,水力剪切作用可以打碎部分颗粒,促进颗粒水解和甲烷气体的生成(Yushina et al. ,1994)。

### 7.1.3 厌氧膜生物反应器的应用前景

与好氧 MBR 相比,AnMBR 并没有受到很大的关注。但是,相关的研究也涉及了各种类型废水的处理。这些废水包括合成有机废水、食品加工废水、其他工业废水、低浓度废水和高含固废水。而 AnMBR 究竟对于哪一类废水的处理最具有潜力？对其应用前景的定位将是这一工艺能够得到应用的关键。

Liao 等(2006)将废水分成四种类型：高浓度溶解性废水、高浓度非溶解性废水、低浓度溶解性废水和低浓度非溶解性废水。他们认为对于高浓度溶解性废水，高效厌氧反应器的应用已相当成功。而 AnMBR 在这一类废水的处理上不具有显著优势，除非是系统需要提高水力负荷、要求出水悬浮物浓度极低以及其他一些极端(如高盐度，含有毒物质等)的情况。而对于低浓度废水(包括溶解性及非溶解性)的处理，由于膜组件能够完全截留微生物，AnMBR 可以在较高的水力负荷下不用担心污泥的流失，使其在这一领域的应用有一定的可能性。对于这类废水的处理，可以采用高效厌氧反应器(如 EGSB)和膜组件的结合方式(Chu et al.，2005)。与上述高浓度溶解性废水和低浓度废水相比，AnMBR 对于高浓度非溶解性废水(也就是高含固废水)的处理则具有更加明显的优势。

所谓的高含固废水是指形态介于固态废弃物和液态废弃物之间的流动或半流动的物体。它通常包括以下几种废水：

(1) 污水处理厂的污水污泥；

(2) 人畜粪便(如养殖场粪便等)废水；

(3) 悬浮物浓度高的食品加工废水(如酒精糟液等)。

这类废水的特点是固体颗粒和有机物含量很高，可回收的资源较多。目前对这类废水通常采用厌氧生物处理方法。高效厌氧反应器在处理这类高含固废水时，容易出现堵塞和短流的现象，处理效果并不理想。因此，目前一般都还是沿用最初的 CSTR 式厌氧消化池(以下称传统厌氧消化池)。在高含固废水的处理中，固体要在相当长的 SRT 下才能够降解。这对于无 HRT 和 SRT 分离功能的传统厌氧消化池而言，HRT 会很长，有的甚至达到一个月以上。长 HRT 导致反应器容积的增大，从而增加了投资的成本。于是，人们开始寻求新的工艺来代替传统厌氧消化池处理这类高含固废水。近年来的研究发现，具有 HRT 和 SRT 分离功能的 AnMBR 对高含固废水的处理效果理想，而且系统相对简单，管理运行方便，具有显著的优势和应用的前景。

## 7.2　工艺系统与研究方案

### 7.2.1　试验装置

设计与构建的超声-AnMBR(US-AnMBR)系统的工艺流程见图 7.2。系统主要由一个 CSTR 式厌氧消化罐、一个外置式膜组件和一个超声清洗设备构成，其中超声设备的主要功能是控制膜污染。

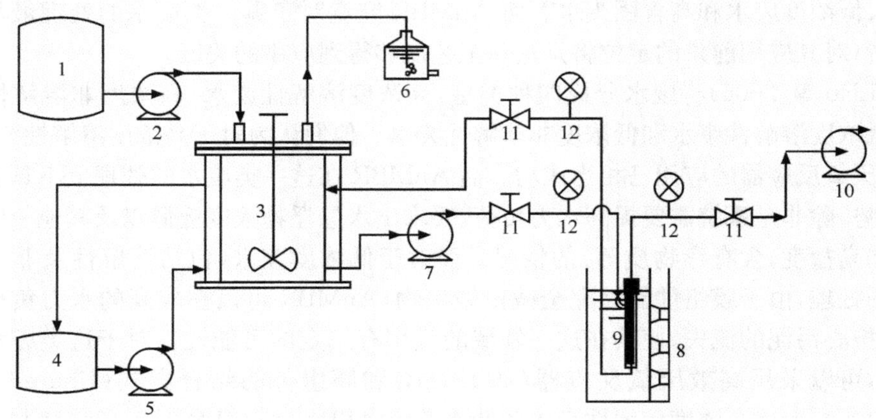


图 7.2 US-AnMBR 系统的工艺流程图

1. 进泥罐；2. 进泥泵；3. 厌氧消化罐(带搅拌器 CSTR)；4. 水浴箱；5. 恒温水循环泵；6. 沼气收集罐；7. 污泥混合液循环泵；8. 超声清洗设备；9. 中空纤维膜组件；10. 抽吸泵；11. 阀门；12. 水银压差计

厌氧消化罐由有机玻璃加工而成，其外壳设有恒温水套。通过一个循环泵将水浴箱内的恒温水送入恒温水套内，使系统保持在中温厌氧消化所需的 35℃左右。消化罐的顶盖上安装机械搅拌器和温度计，分别用于消化罐内污泥混合液的均匀搅拌和内部温度的实时监测。此外，顶盖上还设有进泥口及出气口，分别连接进泥的泵管和与沼气收集罐相通的出气管。厌氧消化罐的中部设有污泥取样口。膜组件采用外压式聚乙烯中空纤维膜丝(日本三菱丽阳公司生产)、高强度 ABS 标准管件及有机玻璃管加工而成，其过滤方式是恒流过滤。膜组件的原液进口和浓缩液出口通过 ABS 管件分别连接到消化灌的下端出液口和上端循环液进液口。膜组件的滤液出口通过泵管与抽吸泵连接。膜组件完全浸没在超声清洗槽中。清洗槽与超声发生器连接，其底部平均地分布 6 个超声传感器。超声经由清洗槽内的水传播，作用于膜组件上。整个系统的基本工作方式为污泥混合液通过循环泵进入膜组件，被膜组件截留的浓缩液返回至厌氧消化灌中，膜滤液通过抽吸泵间歇地排出系统外。进泥泵、抽吸泵和超声发生器的间歇开启通过时间继电器进行控制。同时，另一个无超声清洗设备的结构相同的 AnMBR 作为对照系统，在相同的条件下运行。图 7.3 展示的是运行中的两套系统。

### 7.2.2 处理污泥来源与特点

系统待处理的污泥是剩余活性污泥，取自北京某污水处理厂传统活性污泥工艺的二沉池。在实验中，为了避免大颗粒(砂粒等)和其他杂质(头发丝等)对系统的堵塞，采用网孔直径约 1mm 的筛网过滤掉剩余污泥中的大颗粒和杂质，然后将

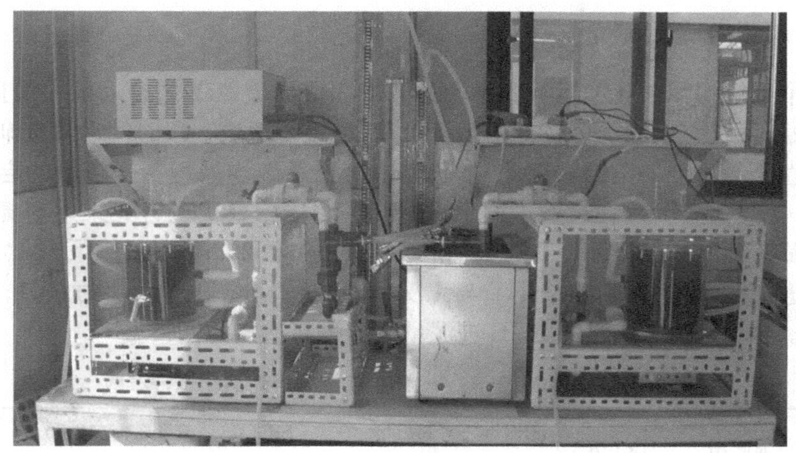

图 7.3　US-AnMBR 系统与作为对照的 AnMBR 系统

粗筛后的剩余活性污泥置于 4℃下保存。

测得的不同阶段下进泥的基本性质见表 7.1。对于工况 1～5，将剩余污泥在 4℃下静置一段时间后，去除其部分上清液，使其浓度调整至一定范围。而对于工况 6，进入系统的剩余污泥不经浓缩。

**表 7.1　进泥的基本性质**

| 工况 | 总固体 (TS)/(g/L) | 挥发性固体 (VS)/(g/L) | (VS/TS) /% | 溶解性有机碳 (DOC)/(mg/L) | 氨氮 ($NH_4^+$-N)/(mg/L) |
|---|---|---|---|---|---|
| 1 | 13.7 | 9.0 | 65.6 | 50.9 | 45.5 |
| 2 | 11.9 | 8.7 | 73.1 | 44.0 | 39.0 |
| 3 | 11.2 | 8.2 | 73.2 | 35.1 | 31.1 |
| 4 | 13.0 | 8.3 | 63.8 | 64.5 | 23.2 |
| 5 | 18.8 | 11.0 | 58.5 | 84.7 | 42.9 |
| 6 | 6.2 | 4.0 | 64.5 | 30.5 | 37.7 |

在系统运行过程中，每日提前从冰库中取出一定量的剩余污泥。待剩余污泥恢复至室温，再将其放入进泥罐。此后，剩余污泥通过进泥泵间歇(每 12min 开启 1.5min)地送入系统。

### 7.2.3　接种污泥

两个系统分别接种 2L 厌氧污泥(污泥浓度约 15g/L)。此厌氧污泥取自实验室的另一套用于污泥消化的上流式 US-AnMBR 系统(厌氧反应器形式为 UASB)，并在接种前静置培养了一段时间。

### 7.2.4　装置启动及运行

两个系统污泥消化的运行参数见表 7.2。根据厌氧工艺启动的一般原则，在启动初始，系统宜采用一个较低的运行负荷，待系统适应一段时间后再逐渐提高运行负荷直至最适合的范围。因此，本研究中两个系统均采用一个较低的启动负荷即 1.1g-VS/(L·d)。在运行过程中，主要通过缩短 HRT 的方式来逐渐提高两个系统的负荷到 1.5g-VS/(L·d)、2.0g-VS/(L·d)和 2.8g-VS/(L·d)。对于工况 5，由于进泥浓度的提高，在 HRT 与工况 4 一致的情况下，负荷增加至 3.7g-VS/(L·d)。由于 HRT 的不同，每日进泥量需要进行适当的调整。

**表 7.2　US-AnMBR 与 AnMBR 系统的污泥消化运行参数**

| 工况 | 时间/d | HRT/d | HRT′[a] /d | SRT 设计值/d | SRT 实际值/d | 容积负荷(VLR)/[g-VS/(L·d)] | 进泥量/(mL/d) |
|---|---|---|---|---|---|---|---|
| 1 | 1～48 | 8 | 23.9 | 36 | 35.1±3.3 | 1.1 | 300 |
| 2 | 49～112 | 6 | 19.5 | 36 | 36.6±5.1 | 1.5 | 400 |
| 3 | 113～195 | 4 | 14.6 | 36 | 36.7±6.9 | 2.0 | 600 |
| 4 | 196～225 | 3 | 9.1 | 36 | 36.8±6.0 | 2.8 | 800 |
| — | 226～250 | 更换混合液循环泵 | | | | | |
| 5 | 251～304 | 3 | 6.3 | 36 | 40.0±4.6 | 3.7 | 800 |
| 6 | 305～390 | 1.5 | 9.7 | 36 | 39.5±5.2 | 2.7 | 1600 |

a HRT′=40×(VS/TS)/VLR。

目前，厌氧污泥消化工艺通常会采用总固体浓度为 40g/L 的浓缩剩余污泥作为消化的对象。在本研究中，进泥浓度低于 40g/L，为了便于与常规厌氧污泥消化工艺比较 HRT，需要对系统采用的 HRT 进行校正。表 7.2 列出的 HRT′即为采用 40g/L 的进泥浓度、各工况下进泥的 VS/TS 比例(表 7.1)和相应的容积负荷(表 7.2)计算出的校正后的 HRT。在运行过程中，为了监测消化过程中的相关指标，一般情况下，每三天分别从两个厌氧消化灌中取约 200mL 消化污泥(约占总容积的 8.3%)。除了取样外，系统基本上不额外排泥。采用上述的取样频率及取样量使设计 SRT 控制在 36d。在实际运行中，虽然根据工况 1～4 的实际取样情况计算出的 SRT 有所波动(表 7.2 中 SRT 实际值)，但是平均值均在 36d 左右。对于工况 5 和工况 6，由于每次污泥取样量增加(用于污泥特性的分析)，因此减少了取样次数，平均 SRT 约为 40d。

另一方面，US-AnMBR 系统采用间歇开启的超声作用方式。表 7.3 简单列出了每个工况下 US-AnMBR 系统的超声参数范围。超声参数包括超声声强、作用周期和一个作用周期内的连续作用时间。其中，超声声强定义为单位面积超声传感器表面的输出电功率。表 7.3 中工况内平均每日超声能量输入是将工况内的总能量输入除以这个工况的运行天数获得的数值。

表 7.3　US-AnMBR 系统的超声运行工况

| 工况 | 声强 /(W/cm$^2$) | 作用周期 /min | 每个周期内的作用时间/min | 工况内平均每日超声能量输入/(kJ/d) |
|---|---|---|---|---|
| 1 | 0.18 | 60 | 3～5 | 507.6 |
| 2 | 0.18 | 60 | 5 | 648.0 |
| 3 | 0.18～0.24 | 60 | 3～4 | 518.4 |
| 4 | 0.24～0.5 | 60 | 2～3 | 596.2 |
| 5 | 0.18～0.5 | 10 | 1 | 1607.7 |
| 6 | 0.4 | 10 | 1 | 1728.0 |

## 7.3　不同负荷下 US-AnMBR 系统和 AnMBR 系统的污泥消化特性

### 7.3.1　工况 1

两个系统在工况 1 以低负荷 1.1g-VS/(L · d)启动之后，挥发性有机酸(VFA)皆出现了累积现象，其浓度逐渐上升[图 7.4(a)]。US-AnMBR 系统中的 VFA 浓度在第 28 天上升至约 1940mg-乙酸(HAc)/L。AnMBR 系统中的 VFA 浓度也累积到了约 1480mg-HAc/L。一般来说，对于一个厌氧消化工艺，当 VFA 浓度超过 1000mg-HAc/L 时，说明系统已出现酸化现象，此时应当适当地降低进泥负荷。同样，在运行初始阶段，pH 也波动较大。酸的积累使 pH 在总体上呈现下降趋势[图 7.4(b)]。在厌氧消化过程中，当产酸菌和产甲烷菌共存时，pH 在 7.0～7.6 范围内最合适。从图 7.4(b)中的结果可以看出，虽然两个系统的 pH 波动较大，但基本能保持在 7.0 以上(只有在第 25 天，US-AnMBR 系统内的 pH 为 6.9)。此外，两个系统的 $\alpha$ 值($\alpha$=VA/BA，VA 为 VFA 浓度，mmol/L；BA 为碳酸氢盐碱度，mmol/L)自启动后迅速上升。AnMBR 系统和 US-AnMBR 系统的 $\alpha$ 值先后上升至最高值 2.7 和 2.8[图 7.4(c)]。以往的研究认为，只有当 $\alpha$ 小于 1 时，消化系统的运行才能够被认定为稳定。综合上述结果来看，在运行初始，两个系统的消化运行均不稳定，存在酸化的现象。

在运行初期，负荷不高的情况下，系统的不稳定可能是由于运行时间不长，厌氧微生物的生长和代谢无法及时适应而导致的。此时有必要再考察一段时间，因而未采取降低负荷的措施或是投加碱的方法。此后随着工艺的运行，第 28 天后，pH 呈现逐渐上升的趋势。US-AnMBR 系统和 AnMBR 系统的 pH 分别在 7.5±

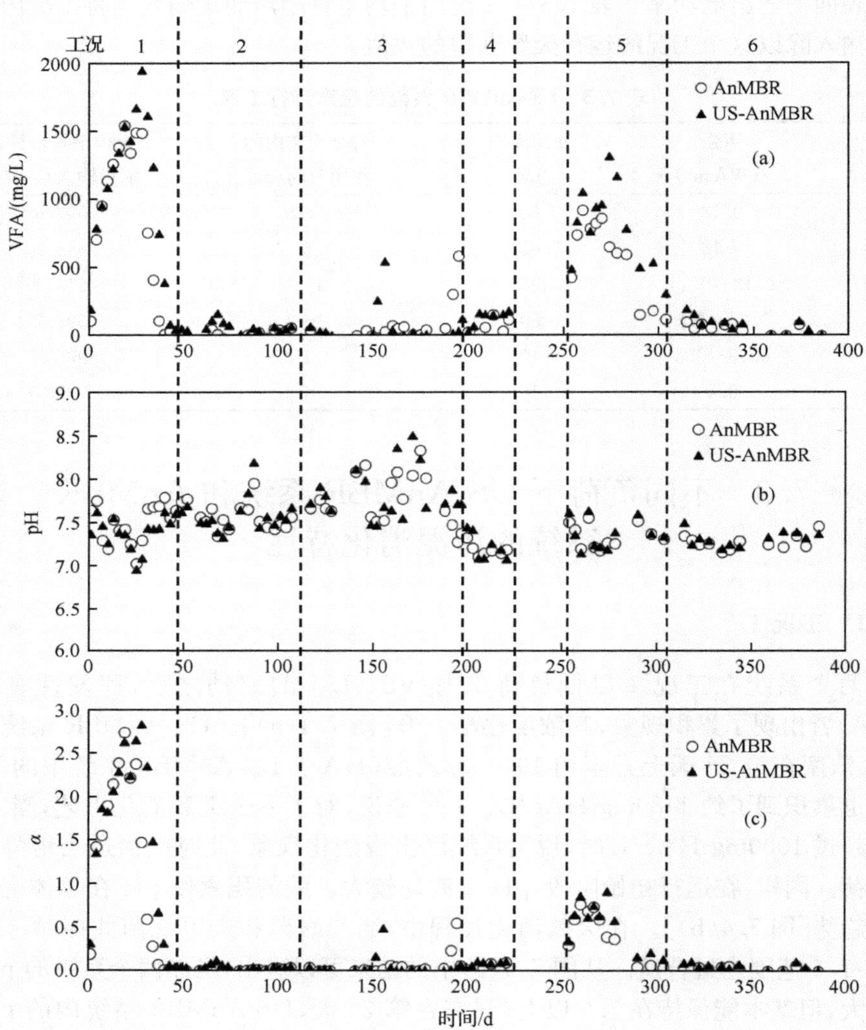


图 7.4 US-AnMBR 系统和 AnMBR 系统中(a)VFA、(b)pH 及(c)$\alpha$ 的变化

0.1 和 7.7±0.1 的范围内波动。两个系统的 VFA 浓度及 $\alpha$ 值则开始逐渐降低。第 31 天，AnMBR 系统的 VFA 浓度和 $\alpha$ 值先于 US-AnMBR 系统分别降至约 750mg-HAc/L 和 0.6。随后，US-AnMBR 系统中的 VFA 浓度和 $\alpha$ 值也分别降至约 750mg-HAc/L 和 0.7。此后，两个指标都能保持在比较低的水平。以上数据表明系统的酸化现象消失，消化运行已基本达到稳定。

与 VFA 的变化相似，两个系统中的 DOC 浓度在运行初始也迅速上升[图 7.5(a)]。在运行的第 16 天，US-AnMBR 系统和 AnMBR 系统中的 DOC 上升

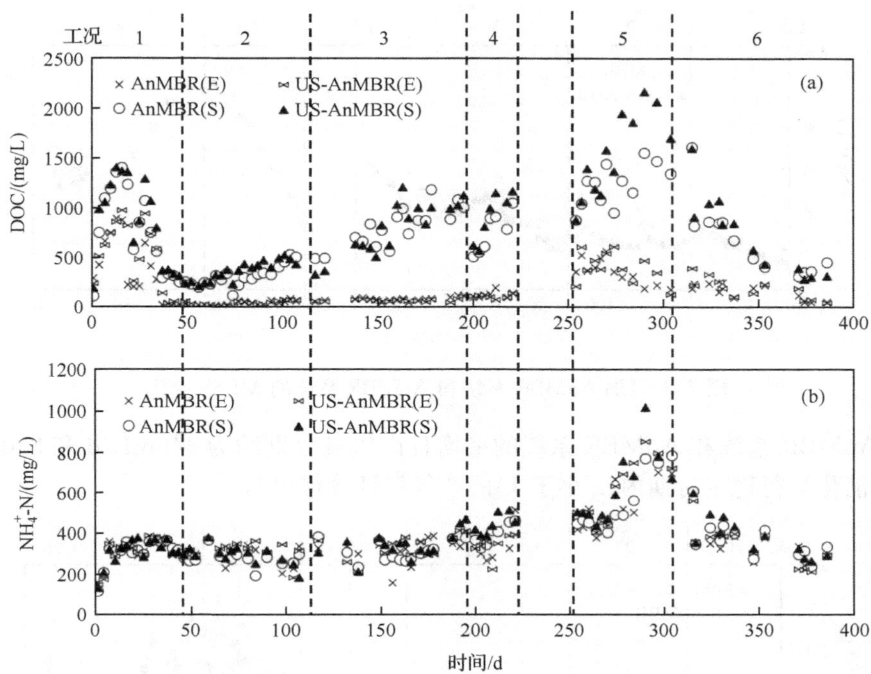


图 7.5 US-AnMBR 系统和 AnMBR 系统中的(a)DOC 变化及(b)NH4$^+$-N 变化
(E)表示出水,(S)表示消化罐中的上清液,即测样时泥样预处理后的滤液

至最高浓度,分别约为 1350mg/L 和 1400mg/L。从表 7.1 进泥的基本性质可以看出,进泥中的 DOC 浓度均小于 100mg/L。消化罐中消化污泥的 DOC 浓度远高于进泥。这是由于在污泥消化过程中,污泥的破解导致固相的有机物释放到了液相中。除此之外,通过对图 7.5(a)中消化罐和出水中 DOC 浓度的比较可知,部分溶解性有机物可以被膜及膜上污染层截留在消化罐内。这些溶解性有机物在系统运行初期因为无法及时地被生物降解而在消化罐中迅速积累,导致浓度的上升。随着工艺的运行,两个系统中的 DOC 浓度在第 16 天后开始下降,最后稳定在 350mg/L 左右。同样地,从系统启动开始,两个系统中的 NH$_4^+$-N 浓度迅速上升,均从 120mg/L 左右升高至 300mg/L 以上[图 7.5(b)]。在工况 1 运行的第 7 天后,US-AnMBR 系统和 AnMBR 系统中的 NH$_4^+$-N 浓度逐渐稳定在(326.2±35.3)mg/L 和(329.6±27.3)mg/L。

此外,由于膜组件的截留以及系统较长的 SRT,两个厌氧消化灌内的悬浮物均出现了累积,浓度从第 1 天的 12g/L 左右开始迅速上升(图 7.6)。最终,在此负荷下,US-AnMRB 系统和 AnMBR 系统中的 MLSS 浓度都稳定在 27g/L 左右。

相比之下,两个系统的气体产量增长缓慢(图 7.7)。在工况 1 的运行阶段内,

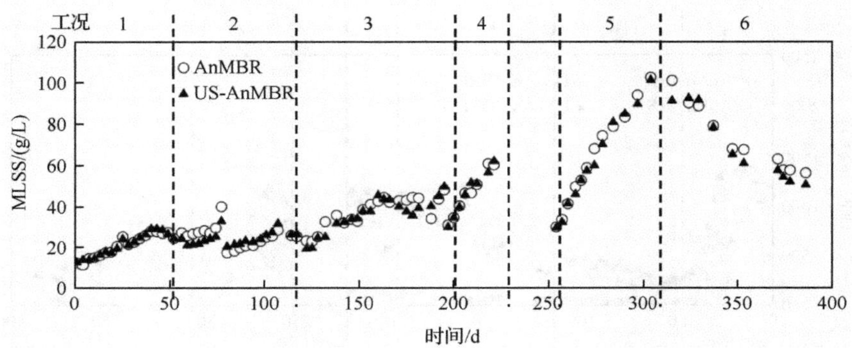


图 7.6　US-AnMBR 系统和 AnMBR 系统的 MLSS 变化

US-AnMBR 系统和 AnMBR 系统的平均日产气量分别约为 440mL/d 和 380mL/d[用消化运行稳定时期内($\alpha$ 小于 1)的产气量计算得出]。

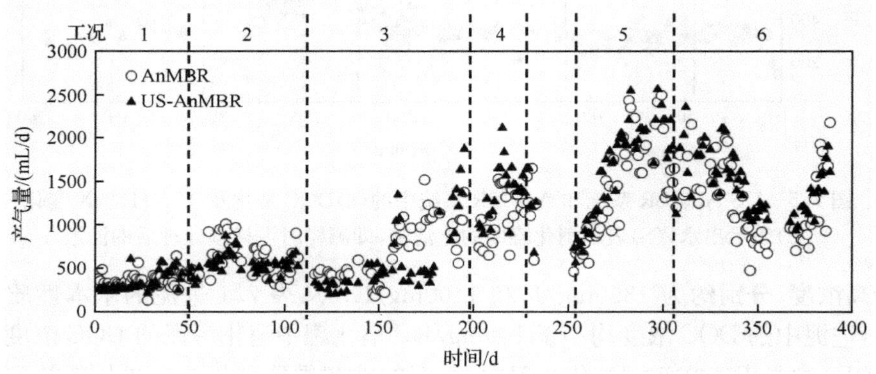


图 7.7　US-AnMBR 系统和 AnMBR 系统的日产气量

在工况 1 下，由于前期的运行不稳定，剩余污泥的累计 VS 降解率从厌氧消化系统进入稳定状态($\alpha$ 小于 1)的时候开始计算。在 1.1g-VS/(L·d)的负荷下，US-AnMBR 系统的剩余污泥累计 VS 降解率达到 46.6%。一般地，污泥经厌氧消化后，其有机物可降解 25%～60%(Nickel，Neis，2007)。当消化的对象是剩余活性污泥时，降解效率会相对较低。此外，根据美国 EPA 在 1999 年颁布的生物质固体处理要求，若采用厌氧消化工艺，要求 VS 减少量必须达到 38%以上(US EPA，1999)。而根据我国《室外排水设计规范》(GB 50014—2006)，厌氧消化后 VS 降解率须达到 40%以上。可见，US-AnMBR 系统在此负荷下进行污泥消化是可行的。为了进一步提高系统的处理能力，将在下一个工况增加进泥的 VS 负荷。

### 7.3.2　工况 2

在第 49～112 天内(工况 2)，VS 负荷提高到 1.5g-VS/(L·d)。在这一阶段内，两个系统的 VFA 浓度始终维持在 1000mg/L 以下，pH 都在 7.6±0.2 的水平上波动，$\alpha$ 值也都远低于 1(图 7.4)。上述结果表明在 1.5g-VS/(L·d)的负荷下，污泥消化并未出现酸化现象，能达到稳定。在此运行阶段，两个系统内的 DOC 浓度缓慢上升至 500mg/L 左右[图 7.5(a)]。$NH_4^+$-N 浓度分别在(285.4±56.5)mg/L(US-AnMBR)和(280.1±45.8)mg/L(AnMBR)的水平上波动[图 7.5(b)]。第 59 天，由于 US-AnMBR 系统中的膜组件外壳发生意外泄露，小部分消化污泥从系统流出，导致 MLSS 浓度下降约 3g/L。将膜组件外壳更换后，系统继续运行。在工况 2 下，由于负荷的提高，两个系统的 MLSS 浓度逐渐增加。第 77 天，MLSS 浓度达到将近 40g/L(图 7.6)。此后，为了分析膜污染，两个系统都更换了新的膜组件，排出了部分消化污泥，使得系统内的 MLSS 浓度下降至 20g/L 左右。随着工艺的运行，MLSS 浓度逐渐上升至 32g/L 左右。在这 60 多天的运行中，与工况 1 相比，US-AnMBR 和 AnMBR 两个系统的平均日产气量上升至 560mL/d 和 630mL/d 左右，而累计 VS 降解率分别为 45.7%和 42.8%。上述的运行数据表明 US-AnMBR 系统可在此负荷下正常运行。在下一个工况中，进一步提高了系统的运行负荷。

### 7.3.3　工况 3

第 113～195 天(工况 3)，VS 负荷进一步提高至 2.0g-VS/(L·d)。虽然 US-AnMBR 系统和 AnMBR 系统的 VFA 浓度分别在第 152～156 天和第 192～195 天有所增加，但均低于 1000mg/L[图 7.4(a)]。两个系统的 pH 有所上升，在 7.8±0.3 的水平上波动。总体来说，VFA 浓度和参数 $\alpha$ 都相对稳定，并保持在正常范围内，表明 US-AnMBR 系统在 2.0g-VS/(L·d)的负荷下消化运行稳定。但是，DOC 在消化罐中的积累随着负荷的增加而加剧。US-AnMBR 系统中的 DOC 浓度逐渐增加至 1200mg/L 左右后在(975.4±93.6)mg/L 的水平上波动。这一趋势同样发生在对照的 AnMBR 系统中。与 DOC 相比，$NH_4^+$-N 浓度的变化不明显。除了 DOC 之外，负荷的提高相应地加剧了消化罐中悬浮物的积累(图 7.6)。两个系统中的 MLSS 浓度最终增加至约 50g/L。由于系统搅拌器在消化罐的接合处气密性不严，产气量测定在一段时间内出现了问题。因此，平均产气量应该从气密性故障排除之后算起。在这一前提下，US-AnMBR 系统和 AnMBR 系统的平均日产气量分别达到 860mL/d 和 840mL/d 左右。在此负荷下，US-AnMBR 系统的累计 VS 降解率达到 46.2%，略高于对照系统的 43.1%。根据这一阶段的运行结果，在下一阶段的运行中进一步提高了负荷。

### 7.3.4 工况 4

第 196 天，两个系统均排放了部分消化污泥，使两个系统的 MLSS 浓度均降为 30g/L 左右。此后，两个系统在 2.8g-VS/(L·d)的负荷下运行。在工况 4 的运行过程中，两个系统的 VFA 浓度略有增加。US-AnMBR 系统和 AnMBR 系统的 pH 分别回落至 7.3±0.2 和 7.2±0.1。从 VFA 浓度和参数 $\alpha$ 上看，它们均能保持在正常范围内，表明了 US-AnMBR 系统在此负荷下消化运行稳定。DOC 浓度在运行开始时较低，随着系统运行而逐渐升高，最后在 1000mg/L 左右波动。与前几个工况相比不同的是，在工况 4 下，US-AnMBR 系统和 AnMBR 系统的 $NH_4^+$-N 浓度出现了较为明显的上升趋势，分别在(452.8±51.4)mg/L 和(405.1±52.3)mg/L 的水平上波动。由于负荷的增加，在工况 4 的运行时间内，两个系统的污泥浓度最终上升至 62g/L 左右。这一阶段的平均产气量也分别增加至 1410mL/d(US-AnMBR)和 1180mL/d(AnMBR)。累计 VS 降解率达到 47.0%的结果表明，US-AnMBR 系统在此负荷下运行仍然是可行的。在系统运行了 30 天以后，混合液循环泵出现了故障。由于定制的循环泵不能及时到位，膜组件无法正常工作。第 226～250 天，在不开启膜过滤单元的情况下，厌氧消化罐中的污泥在中温条件下培养。

### 7.3.5 工况 5

第 251 天，两个系统的混合液循环泵改用螺杆泵。前几个工况提高负荷的途径是缩短 HRT。而工况 5 则是通过进泥浓度的提高使运行负荷增加至 3.7g-VS/(L·d)。重启之前，两个系统的污泥浓度均调整为 30g/L 左右。重启后，在此负荷下，US-AnMBR 系统中的 VFA 浓度逐渐增加。第 274 天，VFA 浓度达到最高，约为 1300mg-HAc/L，此后逐渐降低至 1000mg-HAc/L 以下。而 pH 则在 7.4±0.2 的水平上波动。与 VFA 类似，$\alpha$ 值也逐渐上升，在第 274 天达到最高后逐渐降低，并且保持在 1 以下。从图 7.4～图 7.6 中可以看出，此阶段消化罐中的 DOC、$NH_4^+$-N 和 MLSS 浓度及系统的产气量都远高于前几个工况。

US-AnMBR 系统的 DOC 浓度在第 290 天迅速上升至 2160mg/L 左右。同时，$NH_4^+$-N 浓度也上升至 1000mg/L 左右。而这一阶段内，MLSS 在消化罐中的积累也更加严重。第 304 天，US-AnMBR 系统中的 MLSS 浓度达到 101g/L 左右。在此负荷下，产气量明显地增加。第 274 天后，平均日产气量达到了 2020mL/d。在对照的 AnMBR 系统中，相关指标的变化趋势与 US-AnMBR 系统类似。在此高负荷下，虽然 US-AnMBR 系统的累计 VS 降解率为 49.0%，达到了污泥消化的要求，但是 DOC、$NH_4^+$-N 和 MLSS 累积严重。其中，$NH4^+$-N 浓度过高会对厌氧生物处理系统产生抑制。而 DOC 和 MLSS 的积累会加剧膜污染的发展，从而影响膜组件的运行。虽然超声的引入可以控制膜污染的发展，但是在如此高的 DOC 和 MLSS 浓度下，长期运行对输入的超声能量要求较高。

### 7.3.6 工况 6

传统的污泥消化池若要在高负荷下运行，必须采用高浓度的进泥，对前期的污泥浓缩要求非常高。而 AnMBR 的高负荷运行不依赖于进泥的浓缩程度。污泥浓缩和消化可以结合在一个系统内进行。为了体现这一优势，工况 6 采用的是非浓缩污泥(性质见表 7.1)。从理论上说，进泥浓度不会显著影响系统的污泥消化性能，但其最佳取值需综合考察系统的运行成本。为了使运行负荷重新调整到与工况 4 相近的 2.7g-VS/(L·d)，在污泥浓度降低的情况下，HRT 缩短至 1.5d。在第 305 天后的长期运行过程中，两个系统中的 VFA、pH 及 α 值相对稳定(图 7.4)。而 DOC 和 $NH_4^+$-N 的积累现象消失，其浓度均逐渐降低并稳定在一个较低的水平。同时，MLSS 的积累现象也有明显改善。US-AnMBR 系统和 AnMBR 系统的 MLSS 浓度最终分别降至 51g/L 和 56g/L 左右，且相对稳定。由此可见，2.7g-VS/(L·d)的运行负荷对于 US-AnMBR 系统是较为合适的。在此负荷下，系统的累计 VS 降解率达到 51.3%，符合污泥厌氧消化的要求。由于产气量测定在第 355～370 天出现了问题，因此平均日产气量的计算扣除了这些天。计算可得，US-AnMBR 系统的平均日产气量为 1484mL/d。

## 7.4 污泥消化性能的整体分析

### 7.4.1 VS 降解率和比产气率

为了从整体上分析两个系统的污泥消化性能，在表 7.4 中列出了两个系统在不同工况下的累计 VS 降解率和累计比产气率(这一工况内的总气体产量除以总进泥 VS 量，即单位质量 VS 的产气量)。从表 7.4 中可看出，在工况 6 下，US-AnMBR 系统的累计 VS 降解率和累计比产气率均高于其他工况，而且从前一节的讨论中可知，此工况下消化液性质相对稳定。这说明系统在此工况下进行污泥消化是可行且较为理想的。因此，系统较优的运行容积负荷可最终确定为 2.7g-VS/(L·d)。此负荷高于传统厌氧消化池的运行负荷[0.6～1.5g-VS/(L·d)](GB 50014—2006)。如果将剩余活性污泥浓度校正为 40g/L，在 2.7g-VS/(L·d)的负荷下，系统的 HRT 可折算为 9.7d。而传统厌氧消化池通常采用的 HRT 为 20～30d(GB 50014—2006)。也就是说，在处理量相同的情况下，此系统的容积可大幅度缩小。

表 7.4 US-AnMBR 系统与 AnMBR 系统的污泥消化效果

| 工况 | 容积负荷 /[g-VS/(L·d)] | 平均每日超声能量输入/(kJ/d) | 累计 VS 降解率/% | | 累计比产气率/(mL/g-VS) | |
|---|---|---|---|---|---|---|
| | | | US[a] | C[b] | US[a] | C[b] |
| 1 | 1.1 | 507.6 | 46.6 | 45.3 | 162 | 144 |
| 2 | 1.5 | 648.0 | 45.7 | 42.8 | 156 | 176 |
| 3 | 2.0 | 518.4 | 46.2 | 43.1 | 179 | 174 |
| 4 | 2.8 | 596.2 | 47.0 | 45.3 | 210 | 176 |
| 5 | 3.7 | 1607.7 | 49.0 | 48.1 | 227 | 207 |
| 6 | 2.7 | 1728.0 | 51.3 | 50.7 | 229 | 195 |

a. US 为 US-AnMBR 系统；b. C 为对照的 AnMBR 系统。

此外，对比两个系统的累计 VS 降解率和累计比产气率，从总体上看，在试验范围内采用的超声基本上并未对 US-AnMBR 系统中的污泥消化性能造成负面的影响，甚至能够略微改善污泥的消化效果。

### 7.4.2 消化污泥的稳定性

在系统运行的第 52 天、132 天、323 天和 386 天，对未消化的剩余活性污泥以及从两个系统取出的消化污泥进行碱解试验。前两个采样时间分别对应于系统运行的工况 2 和工况 3。后两个采样时间在工况 6 的运行阶段内。这四次的污泥碱解率结果可见图 7.8。

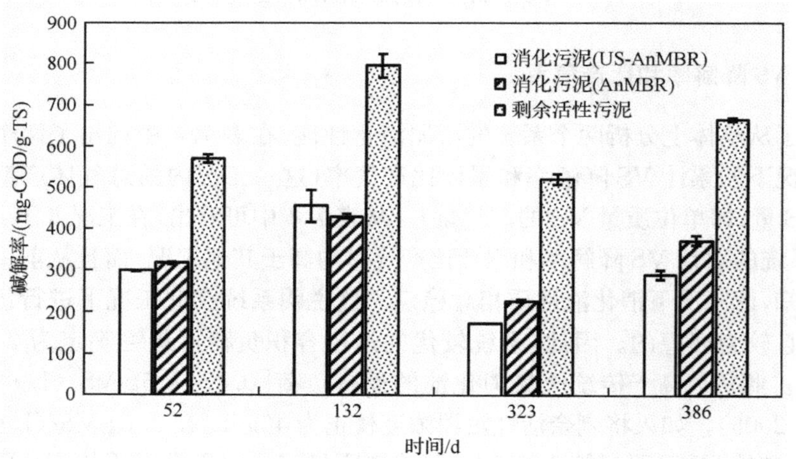


图 7.8 消化污泥及剩余活性污泥的碱解率

碱解率间接地代表了污泥中的有机质含量。碱解率越高，表明污泥中的有机质越多，污泥越不稳定。从图 7.8 中可以看出，未消化的剩余活性污泥的碱解率明显高于两个系统内的消化污泥，说明剩余活性污泥经厌氧消化后，污泥中的有机质含量降低。从第 323 天和 386 天的碱解率数据上看，US-AnMBR 系统的消化污泥与剩余活性污泥相比，其有机质含量降低了 50%以上。此降低率要高于第 52 天和 132 天。说明系统运行后期的污泥更加稳定，污泥消化效果更好，这与表 7.4 中的结果相符。

从图 7.8 中还可以看出，在试验范围内，US-AnMBR 系统内消化污泥的碱解率在大多数情况下比 AnMBR 对照系统内消化污泥低，说明超声在一定程度上提高了消化污泥的稳定性。这也与从累计 VS 降解率和比产气率上看，US-AnMBR 系统污泥消化性能略好的结果相符。

### 7.4.3 消化液水质指标的比较

从累计 VS 降解率、比产气率及消化污泥稳定性的总体结果看来，超声能够略微改善污泥的消化性能。理论上，超声对污泥消化性能的改善可能通过促进污泥的破解和改善厌氧微生物的活性这两个途径来实现。以下根据长期监测的污泥消化运行数据初步分析超声对系统是如何影响的。

从图 7.4(a)和图 7.5 中发现，在长期运行过程中，US-AnMBR 系统内的 VFA、DOC 和 $NH_4^+$-N 浓度在大多数情况下要高于 AnMBR 对照系统。为了明确这种区别是否显著，我们采用 SPSS 16.0 软件对两个系统消化液的上述指标进行了非参数检验。采用的数据为系统第 390 天的 VFA、DOC 和 $NH_4^+$-N 浓度数据。经分析发现，针对 VFA、DOC 和 $NH_4^+$-N 浓度，两个系统的非参数检验的双尾检验相伴概率值均为 0.000，小于显著性水平 0.05。这表明两个系统在上述指标上存在着显著性差别。由此推测，试验中采用的超声对消化液性质产生了影响。它可能在一定程度上加速了部分污泥的破解，从而释放出更多的有机物至液相中(DOC 浓度较高)，进一步水解酸化产生更多的 VFA。在作为有机物组分之一的蛋白质的分解过程中，产生更多的 $NH_4^+$-N。因此，US-AnMBR 系统消化性能的改善可能主要归功于超声对污泥破解的促进作用。以上初步的推断将在 7.6 节超声对污泥消化性能的影响机理研究中进一步地分析证实。

## 7.5　US-AnMBR 系统中污泥消化效果的影响因素

采用 SPSS 16.0 软件对 US-AnMBR 系统长期运行过程中的 VS 降解率和各运行参数之间进行偏相关分析。根据软件计算结果(表 7.5)，发现只有 VS 降解率与 SRT 之间的双尾检验相伴概率小于显著性水平 0.05。这说明在试验范围内，对 US-AnMBR 系统污泥消化效果影响较为显著的因素为 SRT，而且 SRT 对 VS 降解率是正影响，即延长 SRT，能提高 VS 降解率。

**表 7.5 US-AnMBR 系统中 VS 降解率与各运行参数之间的关系**

| 因素 | 偏相关系数 | 双尾检验的相伴概率[Significance(2-tailed)] |
|---|---|---|
| 容积负荷 | −0.038 | 0.766 |
| SRT | 0.266 | 0.035 |
| 超声能量输入 | 0.166 | 0.195 |

其他运行参数与 US-AnMBR 系统中的 VS 降解率相关性不显著。譬如容积负荷，这也可以从表 7.4 的累计 VS 降解率中看出。在工况 1～4(实际 SRT 的均值相近，均为 36d 左右)的运行过程中，随着负荷的提高，在试验范围内，污泥 VS 降解率变化不显著。但是，从偏相关系数的正负来看，降低容积负荷，提高超声能量输入还是对污泥消化效果有一定的正面影响。

## 7.6 超声对 US-AnMBR 系统污泥消化性能的影响机理

超声可以通过促进污泥破解和强化微生物活性这两个途径来达到改善污泥消化性能的目的。这两方面的作用均取决于超声作用参数及其他实际运行条件。本研究的结果表明，用于膜污染控制的超声能够略微地改善 US-AnMBR 系统的污泥消化性能，并初步推测出其原因可能是超声在一定程度上促进了污泥的破解。为了验证这一推断，并深入分析超声对污泥消化性能的影响机理，本节将对 US-AnMBR 系统和 AnMBR 对照系统中消化污泥的物理特性(颗粒粒径)、化学特性(污泥中各形态的组成成分)以及微生物性质(微生物相、产甲烷活性和微生物群落)进行全面监测与分析比较。

### 7.6.1 超声对污泥物化性质的影响

#### 7.6.1.1 颗粒粒径

在系统的长期运行过程中，分析了消化罐内的消化污泥及待处理的剩余活性污泥的颗粒粒径。多次分析的结果表明，在颗粒粒径分布上，两种消化污泥与剩余活性污泥的之间的差异性较为一致。以系统运行第 304 天的数据为例，其消化污泥和剩余活性污泥的粒径分布特点见图 7.9。

从图 7.9 中可知，剩余活性污泥的粒径大于消化污泥的粒径。这种现象对于污泥消化来说是合理的。在污泥的消化过程中，污泥絮体破解，释放出有机物，进入下一步的生物降解。污泥的破解导致了粒径的减小。此外，图 7.9(c)的峰形较图 7.9(a)和图 7.9(b)窄，说明剩余活性污泥的粒径分布更加均匀。

为了考察长期运行过程中两种消化污泥的整体粒径变化，将所有测得的污泥

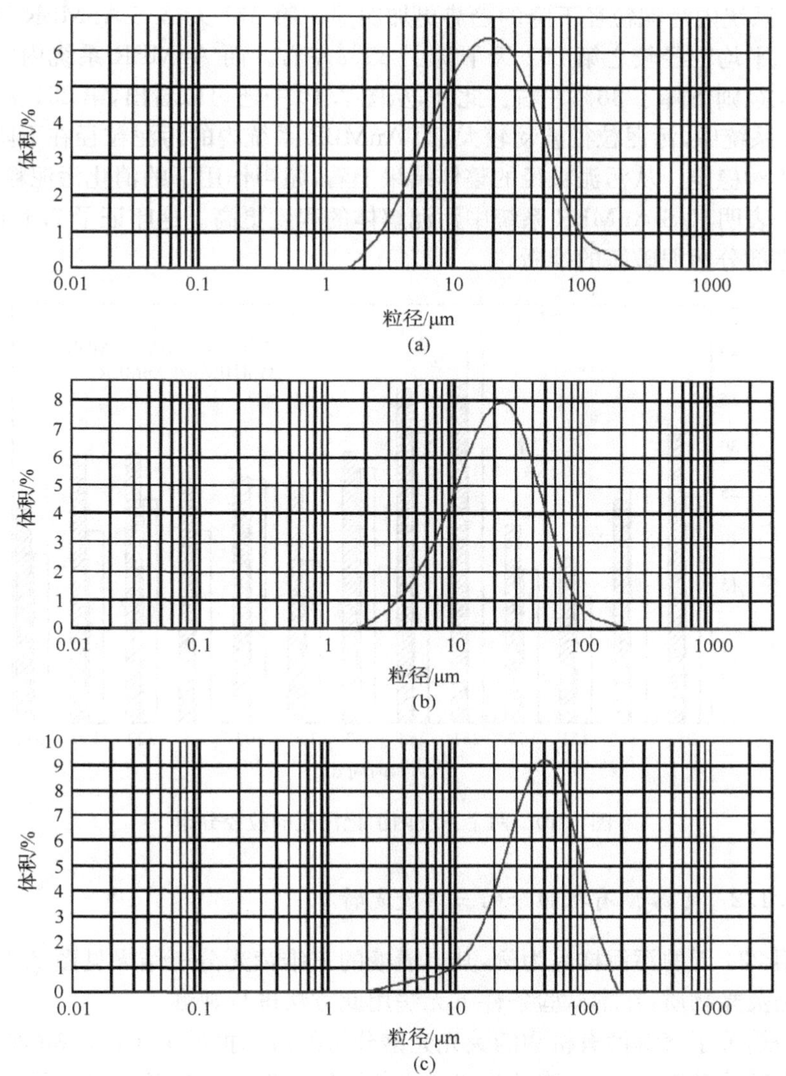


图 7.9　污泥的粒径分布

(a)US-AnMBR 系统的消化污泥；(b)AnMBR 系统的消化污泥；(c)待处理的剩余活性污泥

粒径结果以体积平均粒径来表示(图 7.10)。在系统运行的前期对粒径分析的次数较少,在运行后期(第 251 天后)对样品颗粒粒径的分析相对比较频繁。从图 7.10 中可以看出,随着系统的运行,两个系统内污泥的粒径均有下降的趋势。第 251 天,在膜组件停止运行了 25 天后,系统内污泥的粒径增大,由此可见循环泵的剪切作用对污泥粒径的影响比较大。第 251 天后,相对于 AnMBR 对照系统,US-

AnMBR系统内污泥粒径下降的趋势更加明显。第371天，US-AnMBR系统内的污泥体积平均粒径较之第251天下降了55%左右。而AnMBR系统内的污泥体积平均粒径则下降了36%左右。此外，从图7.10中还可以看出，第251天，在US-AnMBR系统中，污泥粒径波动较大，而AnMBR系统内的污泥粒径在下降到一定程度后相对稳定。从污泥粒径的整体结果上看，超声作用下的消化污泥粒径较小。这一结果表明，US-AnMBR系统中污泥解体的程度更高。这印证了7.4节中关于超声促进部分污泥破解的推断。

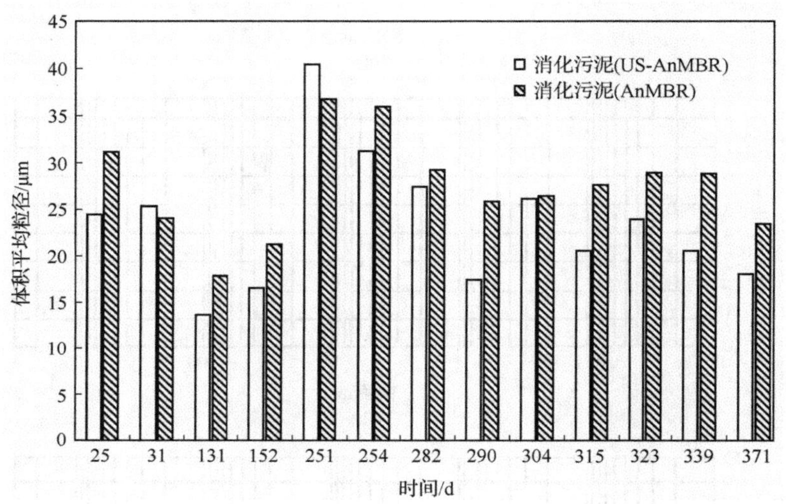


图7.10　两个系统内消化污泥的粒径分布

### 7.6.1.2　可溶性有机组分的三维荧光特征

以第224天的污泥样品为例，其上清液的三维荧光分析结果见图7.11。由于多糖不是荧光物质，在本试验条件下无法用此方法进行观测。

在一篇关于溶解性有机物的荧光光谱分析的研究报道中，Chen等(2003)在综合相关文献的基础上，对三维荧光光谱进行了区域划分。参考他们的研究结果，本节在获得的三维荧光谱图7.11上划分了4个区域，其相关信息见表7.6。

在图7.11中，可以清楚地观察到两个系统的消化污泥和待处理的剩余活性污泥在区域Ⅰ和Ⅲ均有明显的峰，即图中标出的Peak A和B。根据表7.6的区域划分，它们分别对应芳香族蛋白(如酪氨酸)和类溶解性微生物产物(与生化过程有关)。在图7.11中，由于两等高线之间跨度较大，使得荧光强度较弱的峰没有显现出来。实际上，当减小两等高线的跨度时(此做法会影响强峰的观察)，也能观察到在三个谱图的区域Ⅳ均有一个较弱的峰(Peak C)，即类腐殖酸物质。

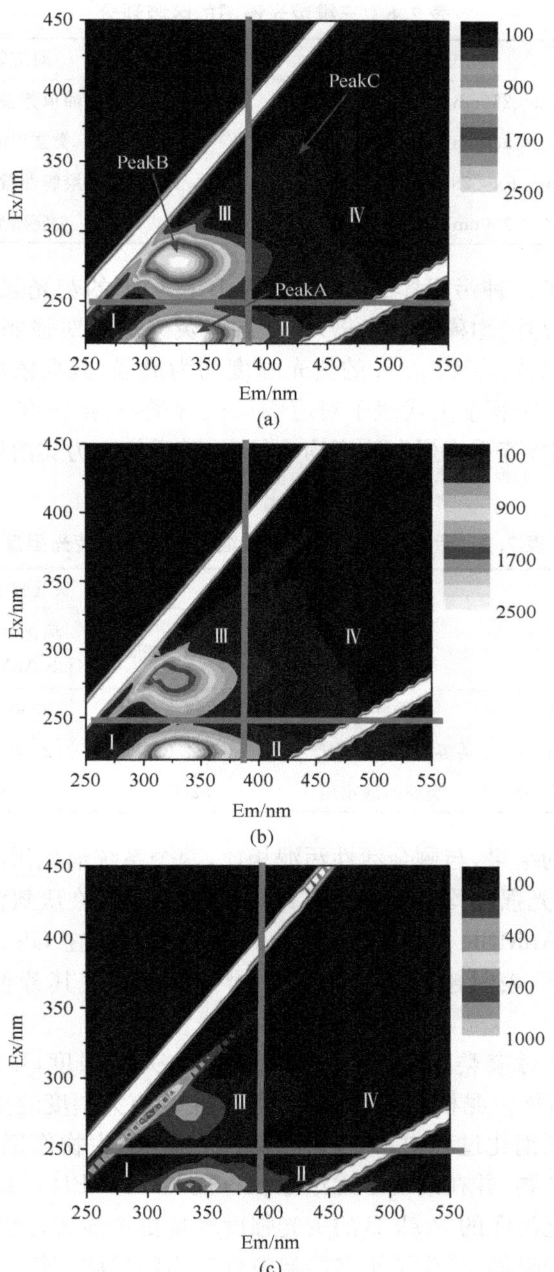


图 7.11　污泥上清液的三维荧光光谱

(a)US-AnMBR 系统内的消化污泥(稀释 500 倍);(b)AnMBR 系统内的消化污泥(稀释 500 倍);(c)待处理剩余活性污泥(稀释 100 倍)

表 7.6　三维荧光谱图的区域划分

| 区域 | 波长范围 | 对应物质 |
|---|---|---|
| Ⅰ | Ex＜250nm，Em＜380nm | 简单芳香族蛋白 |
| Ⅱ | Ex＜250nm，Em＞380nm | 类富里酸物质 |
| Ⅲ | 250nm＜Ex＜280nm，Em＜380nm | 类溶解性微生物产物 |
| Ⅳ | Ex＞250nm，Em＞380nm | 类腐殖酸物质 |

表 7.7 列出了三种污泥样品在 Peak A、B 和 C 上的荧光强度(剩余活性污泥稀释 100 倍，消化污泥均稀释 500 倍)。在各峰荧光的相对强弱上，三种污泥样品呈现出一定的相似性，即 Peak A 的荧光强度均为最强，其次依次为 Peak B 和 C。由于荧光强度在一定程度上代表了对应物质的含量，可推测在这三种污泥的可溶性荧光有机组分中，芳香族蛋白浓度均为最高，随后依次为类溶解性微生物产物及类腐殖酸物质。

表 7.7　污泥可溶性荧光有机组分中各峰的荧光强度

| 峰 | Ex/Em | 对应物质 | 荧光强度 | | |
|---|---|---|---|---|---|
| | | | 剩余活性污泥 | 消化污泥(US-AnMBR) | 消化污泥(AnMBR) |
| Peak A | 225nm/330nm | 芳香族蛋白 | 843.8 | 3560.0 | 2906.0 |
| Peak B | 280nm/330nm | 类溶解性微生物产物 | 334.9 | 2640.0 | 1860.0 |
| Peak C | 340nm/385nm | 类腐殖酸物质 | 52.6 | 218.9 | 226.7 |

根据表 7.7 的结果，与剩余活性污泥相比，两个系统消化污泥的 Peak A(对应芳香族蛋白)的荧光强度均有明显的提高，表明剩余污泥在厌氧消化过程中蛋白质大量溶出。而与 AnMBR 系统相比，Peak A 的荧光强度在 US-AnMBR 系统消化污泥中的增幅更高，表明超声能够促进部分污泥破解，使其芳香族蛋白的溶出量更高。

对于 Peak B(对应类溶解性微生物产物)的荧光强度，US-AnMBR 系统和 AnMBR 系统的消化污泥相对于剩余活性污泥也均有大幅度的提高(表 7.7)，这表明剩余污泥在厌氧消化过程中，其有机物溶出，并在微生物作用下，产生了大量溶解性微生物代谢产物，并在系统中逐渐累积。而与 AnMBR 系统相比，在 US-AnMBR 系统中，消化污泥的 Peak B 的荧光强度增幅更加显著，说明了超声作用促进了部分剩余污泥的降解，产生了更多的溶解性微生物代谢产物。

Peak C 对应的是类腐殖酸物质，它也是剩余污泥的组成成分之一。如表 7.7 所示，两个系统消化污泥的 Peak C 的荧光强度均高于剩余活性污泥，表明腐殖酸在剩余污泥的厌氧消化过程中溶出。而对比这两种消化污泥，Peak C 的荧光强度则比较接近。

以上三维荧光分析结果表明，与剩余活性污泥相比，两个系统内的消化污泥的可溶性荧光有机组分增多，其中在 US-AnMBR 系统中的增幅更加显著（主要是芳香族蛋白和类溶解性微生物产物），这说明了超声可能在一定程度上促进了部分污泥的破解，使得微生物可直接利用的有机物量增加，从而加快了剩余污泥的降解速率。

#### 7.6.1.3　可溶性有机组分的定量分析

在关于污泥破解的一些研究中，为了考察污泥的溶出特性，通常会对污泥溶出的有机物组分如蛋白质和多糖进行定量分析。本研究在系统运行的后期（第 210～340 天），对污泥的可溶性有机组分，即多糖、蛋白质和腐殖酸，进行了定量分析。分析结果见图 7.12。

从图 7.12 中可看出，在两个系统消化污泥和剩余活性污泥的可溶性有机组分中，多糖均占有较大的比例。而与剩余活性污泥相比，两种消化污泥的各可溶性组分均较高，其中多糖的增幅更加显著。

根据图 7.5(a)中的 DOC 数据，在第 210～340 天内，US-AnMBR 系统中消化污泥的总可溶性有机物的浓度高于 AnMBR 系统的消化污泥。从图 7.12 中可以看出，增加的这部分可溶性有机物应该主要来源于多糖。虽然 US-AnMBR 系统中的可溶性蛋白质在第 227 天前的增幅（与 AnMBR 系统相比）也相对比较显著（与 7.6.1.2 节中第 224 天污泥上清液的三维荧光分析结果相符），但随着系统的运行，其增幅逐渐低于多糖。此外，与可溶性多糖和蛋白质相比，两个系统中消化污泥的可溶性腐殖酸则总体上比较接近。

根据调研结果，在剩余活性污泥的组成中，一般蛋白质含量较高。由图 7.12 中剩余活性污泥的可溶性组分组成特点来看，蛋白质应该主要是在剩余污泥的固相中比例较高。因此，从理论上来说，蛋白质的溶出量应该更多。但是，可溶性多糖却显著地增加，这可能意味着在超声对污泥的破解作用下，与其他有机组分相比，多糖更易释放到液相中。

以上可溶性组分的定量分析结果也表明，超声在一定程度上促进了部分污泥的破解，使污泥中有机物更多地溶出到液相中。

#### 7.6.1.4　污泥 EPS 的分布

除了对污泥中可溶性有机组分的分析之外，本节还对污泥的另一个重要组成成分——EPS 进行了分析。EPS 是黏附在细胞表面的胞外聚合物，是微生物在一定环境条件下产生的细胞代谢物和细胞自溶物。EPS 的组成比较复杂，主要包括多糖、蛋白质、腐殖酸以及核酸等，是构建污泥絮体的重要物质。在污泥消化过程

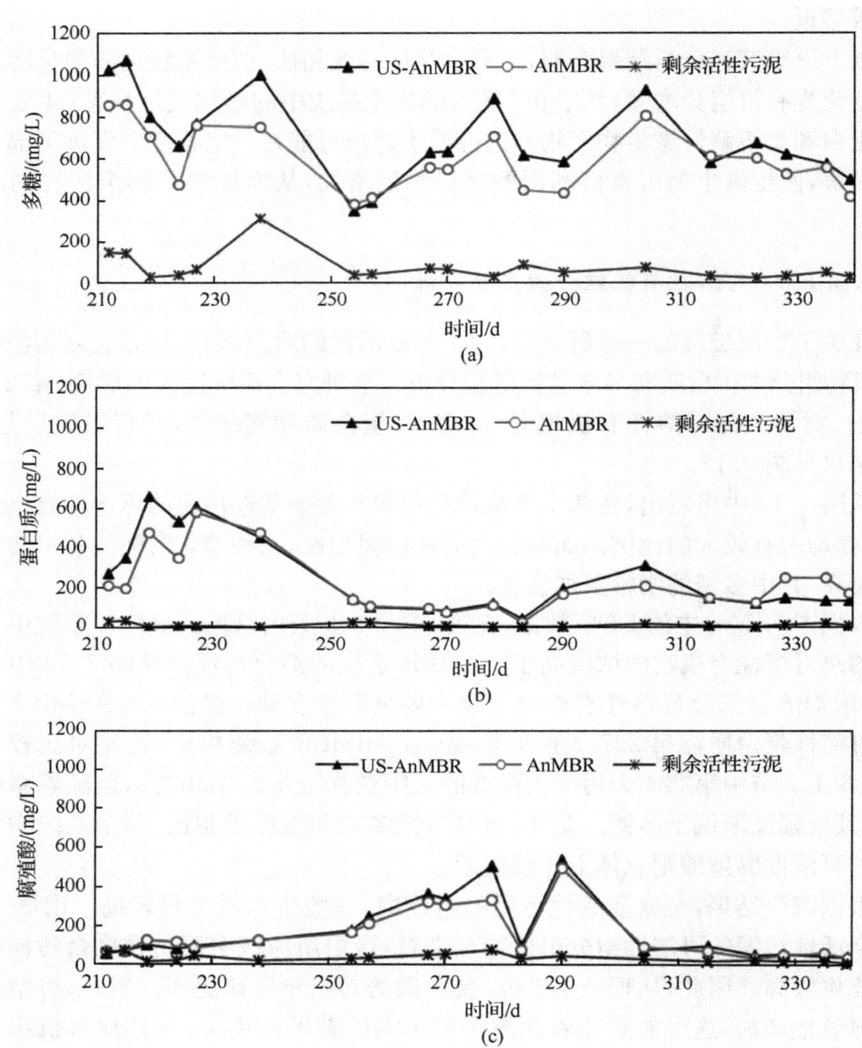


图 7.12 污泥可溶性有机组分的定量分析

(a)多糖;(b)蛋白质;(c)腐殖酸

中,伴随着污泥絮体结构的破坏,污泥表面附着的 EPS 将释放到液相中,为微生物的生长和代谢提供一部分有机物来源。我们分析了系统运行后期(第 290～380 天)污泥中的 EPS 总量及其组分(多糖、蛋白质和腐殖酸),结果见图 7.13。

根据图 7.13,无论是 EPS 总量还是各组分含量,两个系统的消化污泥均低于剩余活性污泥,表明剩余活性污泥在厌氧消化过程中,污泥絮体破解,从而导致 EPS

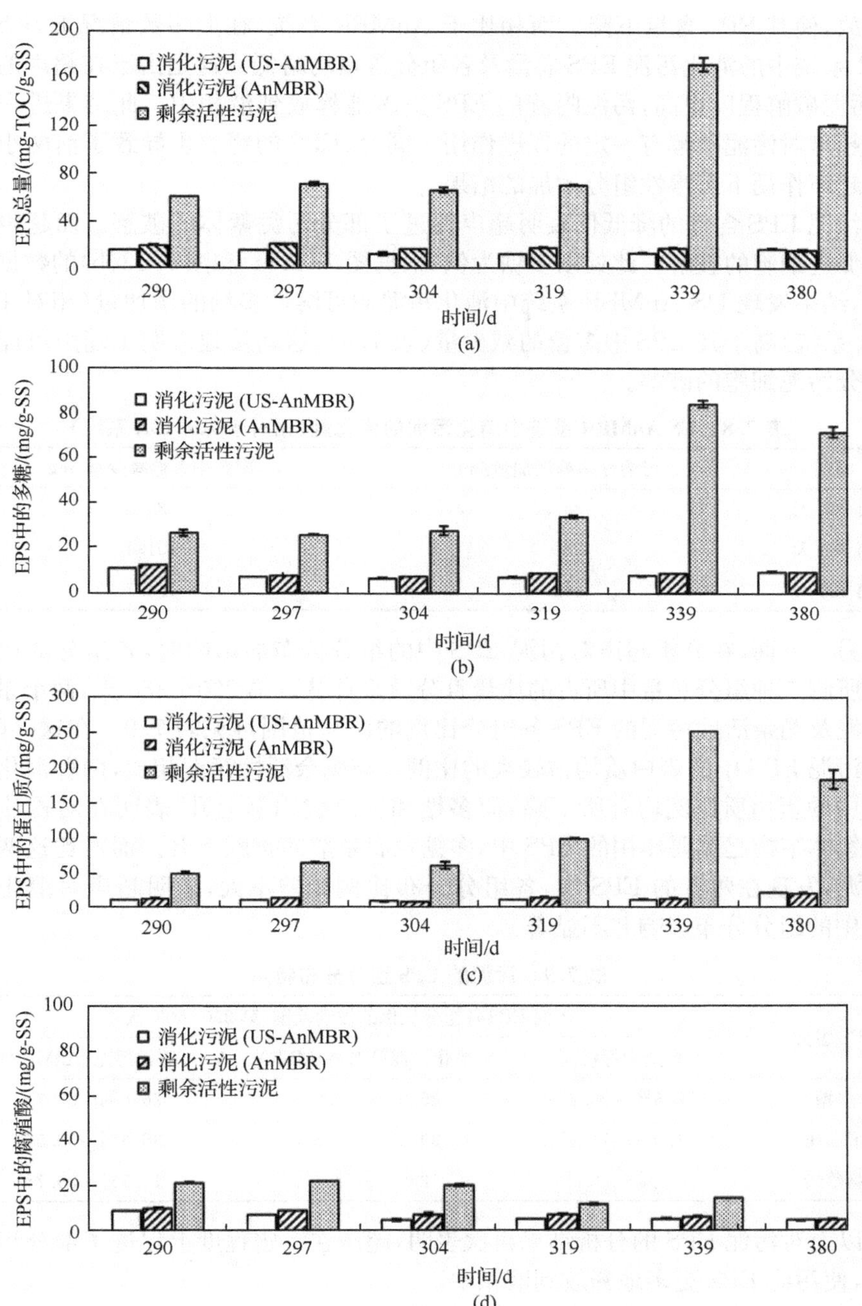


图 7.13　污泥 EPS 的分布特点

(a)EPS 总量；(b)EPS 中的多糖组分含量；(c)EPS 中的蛋白质组分含量；(d)EPS 中的腐殖酸组分含量

的释放，使其 EPS 含量下降。而相比于 AnMBR 系统，在大多数情况下，US-AnMBR 系统中的消化污泥 EPS 总量及各组分含量均略低。这是由于在超声的作用下，污泥破解程度更高，污泥附着的 EPS 更多地释放到液相中。此结果进一步验证了超声对污泥破解有一定的促进作用。同时，EPS 的释放也导致了前两小节提到的超声作用下可溶性组分增加的结果。

污泥 EPS 含量的降低仅表明超声促进了部分污泥絮体的破解。而超声是否能够促进细胞的破解？此处以多糖为例，根据图 7.12(a)和图 7.13(b)的数据进行计算，结果发现 US-AnMBR 系统中消化污泥的可溶性多糖的增加量(相对于 AnMBR 系统)高于其 EPS 中多糖的减少量(表 7.8)，这间接地表明了超声可能促进了部分污泥细胞的破解。

**表 7.8　US-AnMBR 系统中消化污泥的变化量**(相对于 AnMBR 系统)

| 时间 | 可溶性多糖增加量/mg | EPS 中多糖减少量/mg |
|---|---|---|
| 第 290 天 | 362.4 | 125.9 |
| 第 304 天 | 288.0 | 101.4 |
| 第 339 天 | 192.0 | 124.7 |

另一方面，在分析超声对污泥 EPS 中的组分分布的影响时，各组分的比例以其在所测三种组分总量中所占的质量百分数来计算。第 290～380 天，两个系统消化污泥及剩余活性污泥的 EPS 各组分比例的波动范围可见表 7.9。在这一阶段，三种污泥 EPS 中的蛋白质均占较大的比例。与剩余活性污泥相比，两种消化污泥 EPS 中的蛋白质比例均有所下降，而多糖和腐殖酸比例上升，表明在对构建消化污泥絮体结构起重要作用的 EPS 中，多糖及腐殖酸的贡献上升。而对比这两种消化污泥，发现在两者的 EPS 中，各组分分布比例相差不大，表明超声对消化污泥 EPS 中的组分分布影响并不显著。

**表 7.9　污泥的 EPS 组分分布特点**

| EPS 组分 | 污泥 EPS 各组分比例的波动范围(第 290～380 天) | | |
|---|---|---|---|
| | 剩余活性污泥 | 消化污泥(US-AnMBR) | 消化污泥(AnMBR) |
| 多糖 | 22.6%～25.2% | 25.5%～32.9% | 26.6%～33.7% |
| 蛋白质 | 51.0%～71.9% | 39.0%～61.6% | 38.6%～59.5% |
| 腐殖酸 | 4.2%～22.1% | 12.9%～28.1% | 13.9%～29.7% |

以上对污泥 EPS 的分析结果再次表明，超声在一定程度上促进了部分污泥的破解，使污泥 EPS 更多地释放到液相中。

#### 7.6.1.5　污泥的红外分析

在前三小节的讨论中，我们主要分析了污泥中的可溶性组分及黏附于污泥表面的 EPS。为了对污泥的整体组成性质有所了解，我们对第 52 天、132 天和 323 天的污泥样品进行了红外扫描。为了便于分析讨论，我们将各阶段不同污泥样品的红外谱图列在了同一张图上(图 7.14)。在图中，一些样品的红外谱图整体地向上平移，使各谱图能够分开(此处理方式并不影响分析结果)。图中的纵坐标为各峰在所测样品中的相对吸光度，代表其所对应的基团在这个样品中的相对含量。此外，各个峰的谱带位置也相应地在图 7.14 上标出。

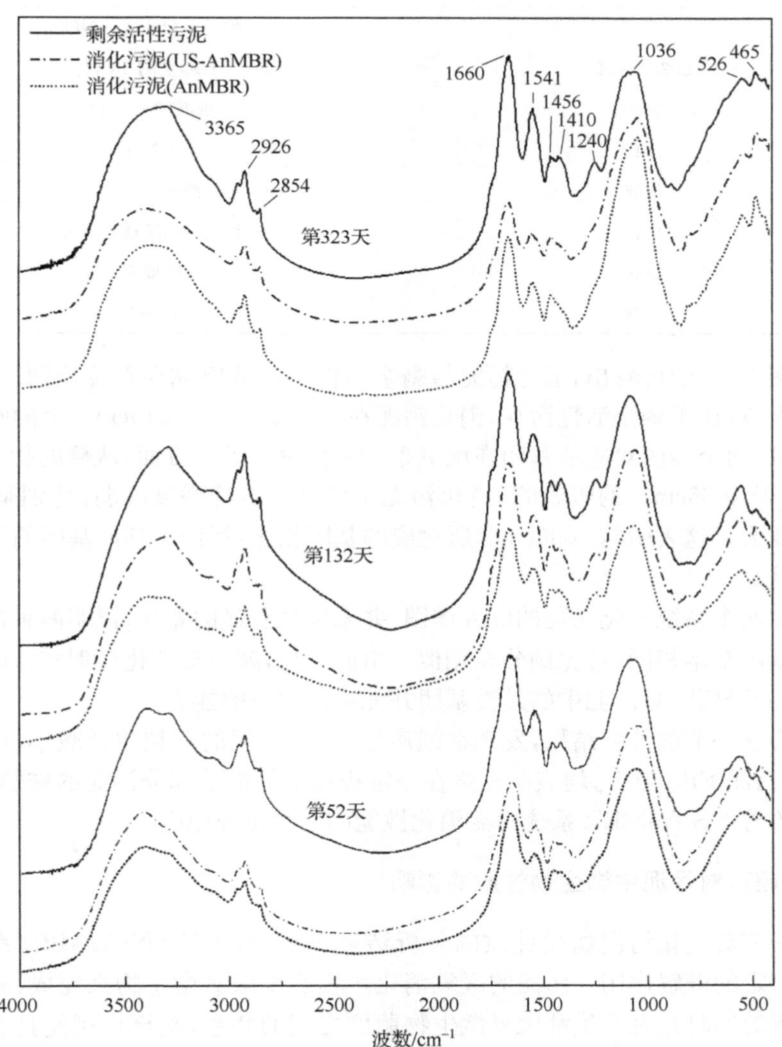


图 7.14　第 52 天、132 天和 323 天的两个系统内消化污泥及待处理剩余活性污泥的 FT-IR 谱图

污泥的成分复杂，主要含有碳水化合物、脂肪和蛋白质。因此，污泥中应该包含 C—N、—$NH_2$、—OH、—CO—等官能团。将获得的红外谱图采用有 Sadtler 数据库中红外谱图数据所支持的 KnowItAll® 软件(BIO-RAD，美国)进行分析，获得谱图中各吸收峰可能对应的基团信息并将其列于表 7.10 中。

**表 7.10　污泥样品的 FT-IR 吸收峰与其对应基团特征**

| 谱带位置/$cm^{-1}$ | 基团特征 |
|---|---|
| 3365 | 醇的—OH 或—NH |
| 2926/2854 | 苯环上的—CH |
| 1660 | 酰胺的 C═O |
| 1541 | —NH |
| 1456 | 醇的—OH |
| 1410 | 醇的—OH 或 C—N |
| 1240 | —NH 或 C—N |
| 1036 | C—O |

从图 7.14 中可看出，消化污泥与剩余活性污泥的组成存在着差别。第 52 天和 323 天，对比于剩余活性污泥，消化污泥在 1240$cm^{-1}$和 1410$cm^{-1}$上的吸收峰消失，表明这两个峰所对应的基团在厌氧条件下分解。另一方面，从峰的相对强度上看，相对于 1036$cm^{-1}$的吸收峰，消化污泥中的其他各峰强度减弱，特别是在第 52 天和 323 天。这表明与 1036$cm^{-1}$所对应的基团相比，污泥中其他基团的降解效果更加显著。

对比两个系统消化污泥的红外谱图，并未发现明显的差异，说明两种污泥样品所含的基团基本相同，且比例分布相似。由此可见，超声对消化污泥整体的基团组成影响并不显著，对污泥中的某类基团并无特殊的降解能力。

综合这一节的分析结果，发现在超声作用下，污泥的颗粒粒径减小，可溶性组分增多，污泥 EPS 减少，均表明超声在一定程度上促进了部分污泥的破解，这应该是超声改善 US-AnMBR 系统污泥消化性能的一个重要原因。

### 7.6.2　超声对污泥中微生物性质的影响

前一节对消化污泥物化性质的分析结果表明，超声对 US-AnMBR 系统内的污泥有一定的破解作用。污泥的厌氧消化过程需要厌氧微生物来完成，超声促进污泥破解的同时是否会扰乱厌氧微生物菌群之间的联系，甚至直接使具有活性的厌氧微生物破壁，进而对厌氧微生物整体活性产生负面影响？与之相反的是，有研究指出超声也可以改善微生物活性。7.3 节的分析表明，在本研究使用的 US-AnMBR 系统中，污泥的消化性能优于 AnMBR 对照系统。系统运行性能的改善是否还因为微生物活性的提高？为了进一步考察超声对微生物性质的影响，本节主要讨论系统中污泥的微生物性质。

#### 7.6.2.1　污泥的微生物相

图 7.15 是在系统长期运行过程中采集的污泥样品的扫描电镜照片。从图 7.15(f)中可看出，在待处理的剩余活性污泥中，微生物十分丰富，可以观察到大量的丝状菌、球菌和杆菌。而在消化污泥的扫描电镜照片[图 7.15(a)～(d)]中，由于污泥中含有的杂质较多，微生物的观察相对困难。但是，从照片上还是能够观察到消化污泥中的微生物，其数量远少于剩余活性污泥中的微生物。可见，在厌氧消化过程中，剩余活性污泥中的大部分微生物已经分解。

从形态上看，在观测范围内，两个系统消化污泥中的微生物形态并无明显的区别。微生物均主要以球菌及杆菌为主。此外，对比第 52 天和第 339 天的消化污泥[图 7.15(a)和 7.15(c)]，发现随着 US-AnMBR 系统的运行，污泥絮体变得更加松散，污泥中累积的杂质增多，从电镜照片上能观察到的微生物量也随之减少。这一现象同样也发生在 AnMBR 对照系统中[图 7.15(b)和 7.15(d)]。

由于 US-AnMBR 系统中的超声是直接作用在膜组件上，因此超声对膜表面微生物的影响应该更加显著。图 7.15(e)为 US-AnMBR 系统膜表面微生物的扫描电镜照片。在图上仍可以清晰地观察到膜表面的球菌及杆菌。这可能是由于膜表面的杂质相对较少，观察到的附着微生物甚至比反应器里的消化污泥更加丰富，此结果也说明在观测范围内，超声对系统中微生物的破坏作用并不显著。

#### 7.6.2.2　污泥的产甲烷活性

为了明确超声对厌氧微生物的影响，本节对厌氧微生物的产甲烷活性进行了定量的分析。

在系统运行的 390 天过程中，每隔一段时间测定了两个系统中污泥的最大比产甲烷速率($\mu_{max,CH_4}$)，以此指标来表征厌氧微生物产甲烷活性。虽然两个系统在初始时接种了相同的厌氧污泥，但是污泥的产甲烷活性还是略有不同。为了消除这一影响，在获得活性数据的基础上，计算出比值 $\mu_{max,CH_4(t)}/\mu_{max,CH_4(0)}$。其中，$\mu_{max,CH_4(t)}$ 和 $\mu_{max,CH_4(0)}$ 分别为运行过程中和运行初始状态时的污泥最大比产甲烷速率。图 7.16 为在长期运行过程中，两个系统消化污泥的产甲烷活性结果。图 7.16中的纵坐标为前面提到的比值 $\mu_{max,CH_4(t)}/\mu_{max,CH_4(0)}$。

如图 7.16 所示，在启动初始，$\mu_{max,CH_4(t)}/\mu_{max,CH_4(0)}$ 为 1.0。待系统启动之后，这一比值逐渐降低。对于污泥消化来说，剩余活性污泥是厌氧微生物唯一的营养来源。由于大量的有机物存在于污泥的固相中，而污泥中的有机物溶出是一个相对缓慢的过程，因此可直接被厌氧微生物利用的有机物较少。营养水平相对贫瘠的

图 7.15 微生物的扫描电镜照片

(a)第 52 天 US-AnMBR 系统的消化污泥；(b)第 52 天 AnMBR 系统的消化污泥；(c)第 339 天 US-AnMBR 系统的消化污泥；(d)第 339 天 AnMBR 系统的消化污泥；(e)第 52 天 US-AnMBR 系统的膜表面；(f)剩余活性污泥(放大倍数均为 8000)

生长环境造成了厌氧微生物活性的下降。另一方面，膜组件和消化罐之间的循环泵的剪切作用也有可能使厌氧微生物的活性下降。相比之下，第 128～163 天所监

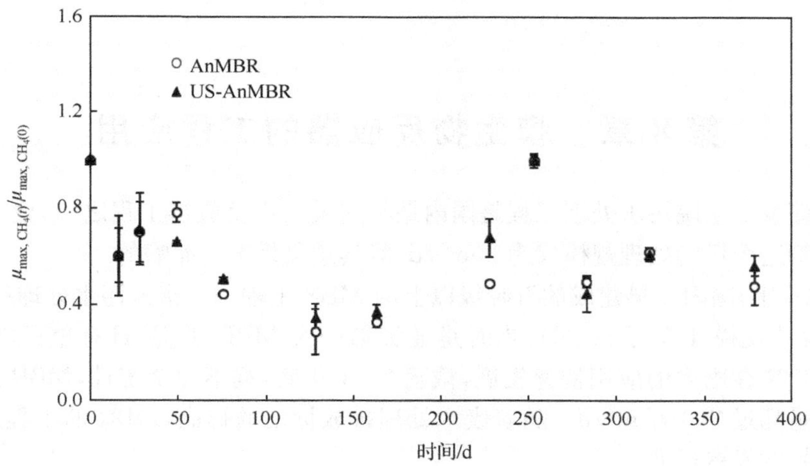


图 7.16　US-AnMBR 系统与 AnMBR 系统的产甲烷活性

测的两个系统的污泥产甲烷活性数据均相对稳定。但是，在这段时间内，US-AnMBR 系统的活性比值已低至 0.37。同样地，对照系统中的污泥活性比值也降到最低值——0.33。此期间，系统在工况 3 下运行，容积负荷为 2.0g-VS/(L・d)，可以折算出污泥中 MLVSS(MLVSS 间接地代表了反应器内的微生物水平)的平均负荷为 0.080g-VS/(g-VSS・d)，为 6 个工况中的最低值。可见，在这一工况下，单位质量的微生物能够获得的营养物质比较少，可能使厌氧微生物的活性受到较大的抑制。而从这一阶段的运行数据[图 7.4(b)]中看出，此时的 pH 较高，甚至在 8.0 以上，超出了厌氧微生物生长的最适范围。此后，根据图 7.16 中第 225 天的测量数据，两个系统的污泥产甲烷活性均有明显的恢复。第 225 天，两个系统在工况 4 下运行，容积负荷为 2.8g-VS/(L・d)，可以折算出污泥中 MLVSS 的平均负荷为 0.106g-VS/(g-VSS・d)。这表明单位质量微生物的营养水平有所提升。而此工况下的运行数据[图 7.4(b)]显示，这一期间的 pH 逐渐回落到厌氧微生物最适宜的范围。第 251 天，两个系统重新启动，此时比产甲烷活性比值重设为 1.0。与首次启动类似，US-AnMBR 系统和 AnMBR 系统的污泥产甲烷活性随着工艺的运行而降低，并分别在 0.54±0.08 和 0.53±0.08 的范围内波动。

从图 7.16 的总体结果来看，在 390 天的运行过程中，两个系统的污泥产甲烷活性比值($\mu_{max,CH_4(t)}/\mu_{max,CH_4(0)}$)基本上无明显的区别。这一结果表明，在 US-AnMBR 系统的长期运行过程中，超声并未对微生物的产甲烷活性有显著的负面影响。

# 第 8 章 膜生物反应器的工程应用

海淀乡卫生院污水处理工程是国内最早的膜生物反应器工程之一，建于 2000 年。尽管这个厂的处理规模仅为 $20m^3/d$，但其意义是不言而喻的。

2006 年，国内较早建成的万吨级以上的 MBR 工程——密云污水处理厂 MBR 工程（设计规模 4.5 万 $m^3/d$），当时是亚洲第一大 MBR 工程，具有里程碑意义。之后，MBR 在国内的应用快速发展，截至 2011 年底，据不完全统计，MBR 工程累计处理量超过 200 万 $m^3/d$。随着废水处理排放标准的提高，MBR 的工程应用会获得很好的发展机遇。

本章介绍几个处理不同类型废水的代表性 MBR 工程，主要包括处理医院污水、居住小区污水、大规模城市污水、典型工业废水以及污染河水等工程。

## 8.1 处理医院污水的 MBR 工程

医院污水中不同程度地含有多种病毒、病菌、寄生虫卵和一些有毒、有害的物质，如果不经处理直接排放至环境水体，不仅引起严重的水体污染，而且传播疾病，严重危害附近居民健康。因此，对医院污水进行处理是非常必要的。本节介绍 2 个处理医院污水的 MBR 工程，其中海淀乡卫生院污水处理工程是国内最早建设的 MBR 污水处理工程之一，四〇二医院 MBR 工程是 2003 年"SARS"爆发期间建立的应急污水处理设施。

### 8.1.1 海淀乡卫生院污水处理工程

#### 8.1.1.1 工程背景

海淀乡卫生院，隶属海淀乡政府管理，1975 年在海淀区青龙桥建院，于 1999 年搬于海淀乡六郎庄东口，是一家拥有近百名医务人员，近二十个业务科室的规模较小的综合性医院。该院住院病号很少，平均每天十张床位。内科以心脑血管疾病为主，偶尔还有一些小的外科手术。门诊病人 100 人/天，基本上都是感冒、发烧等常见疾病。海淀乡卫生院日平均用水量约 $20m^3/d$。之前一直无污水处理设施，在民众和有关环保部门的强烈要求下，海淀乡卫生院决定建设污水处理设备以解决水污染问题。清华大学环境科学与工程系于 2000 年承担了为海淀乡卫生院设计并建立污水处理设施的任务。

### 8.1.1.2　工程概况

1. 工艺流程

医院污水处理流程的选择是医院污水处理设计的关键。由于海淀乡卫生院的污水是直接排入地面水体,故按照 GB 8978—1996《污水综合排放标准》和 GBJ 48—83《医院污水排放标准》的要求进行处理,选用膜生物反应器加消毒工艺。

医院污水的突出特点就是其不均衡性,每天上午 7:00～9:00,下午 18:00～20:00 会出现两次高峰,因此在工艺中设计了调节池,以调节水质和水量。该工程的工艺流程如图 8.1 所示。来自海淀乡卫生院的污水先经过格栅去除污水中粗大悬浮物后进入调节池,然后由泵提升经细筛网过滤后进入 MBR,污水中的有机物被生物反应器中的微生物所分解,混合液在抽吸泵的抽吸作用下,经膜过滤后得到处理水。

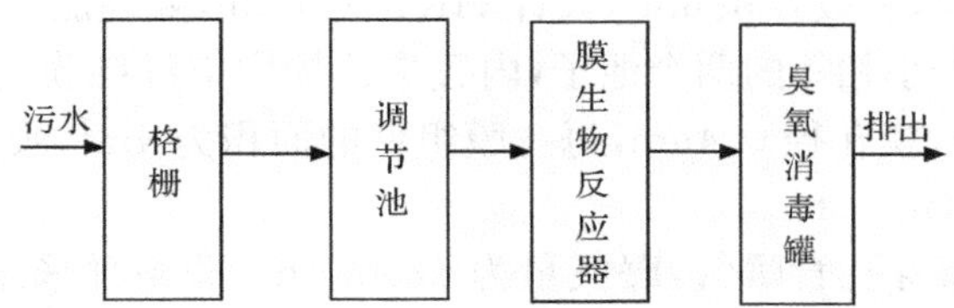


图 8.1　海淀乡医院污水 MBR 处理工程的工艺流程图

2. 反应器系统与设备

工程的反应器系统如图 8.2 所示,照片如图 8.3 所示。

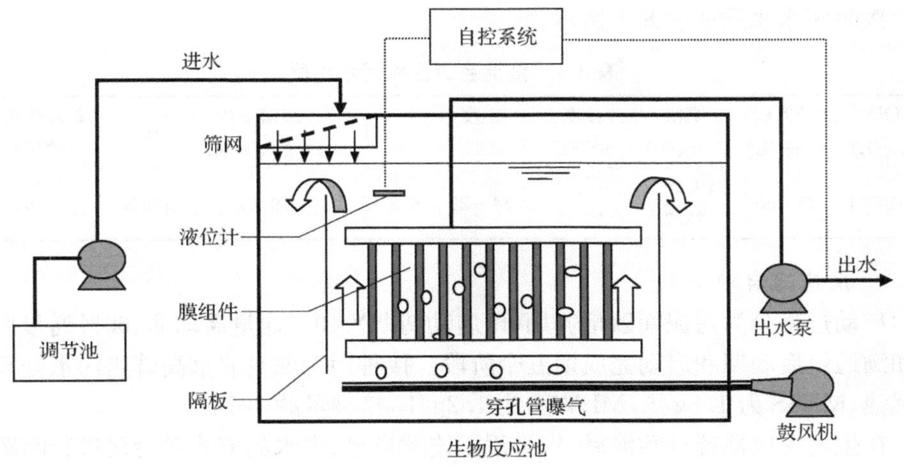


图 8.2　海淀乡医院污水 MBR 处理装置的示意图

处理系统由生物反应池和膜组件两部分组成。生物反应池采用好氧完全混合

图 8.3　海淀乡医院污水 MBR 处理装置照片

式活性污泥反应池，有效容积 $6m^3$，设计 HRT 为 7.3h，处理能力为 $20m^3/d$。设有隔板将其分隔为大小相等的两个池子，内置聚乙烯中空纤维膜组件 24 块（日本三菱丽阳公司生产），膜孔径 $0.4\mu m$，每一膜组件的面积为 $4m^2$，膜总面积 $96m^2$。设计膜通量为 $10L/(m^2 \cdot h)$。

膜组件下设有穿孔管曝气，曝气量为 $120m^3/h$。膜组件采用间歇运行，抽停频率为 13min 开，2min 关。压差计用于监测在运行过程中跨膜压差的变化。液位控制器控制活性污泥反应器液面的恒定。流量计用于测定膜出水的流量。在运行期间，系统未主动排泥。

3. 污水水质

医院污水水质如表 8.1 所示。

**表 8.1　海淀乡卫生院污水水质**

| COD /(mg/L) | $BOD_5$ /(mg/L) | 氨氮 /(mg/L) | 浊度 /NTU | 温度 /℃ | pH | 细菌总数 /(个/100mL) | 嗅 | 总大肠菌群 /(个/100mL) |
|---|---|---|---|---|---|---|---|---|
| 48～277.5 | 20～55 | 10.1～23.7 | 6.1～27.9 | 14～20 | 6.2～7.1 | $9.9\times10^3$ | 有嗅味 | >1600 |

4. 反应器启动

启动过程分为污泥间歇培养期（即启动初期）、40%通量启动期、60%通量启动期和满通量启动期和启动完成期五个阶段。接种污泥取自北京高碑店污水处理厂二沉池，MLSS 为 1.5g/L，MLVSS 为 1.2g/L，接种量约 10%。

在生物反应器接种污泥后，先采用不连续进水、出水的方式对污泥进行间歇培养，持续约 1 周左右。之后进行连续培养，开始连续进出水。为减缓膜污染的发生，采用分阶段逐渐增大膜通量的方式运行，经 40%通量、60%通量运行后，最后达到满通量运行，系统进入正常运行。

#### 8.1.1.3　工程运行效果

该工程于2000年建成，在工程运转的240多天中，进行了比较详细的跟踪监测，期间污染物的去除效果和膜系统的运行情况讨论如下。

1. 污染物去除效果

(1) COD去除效果。图8.4显示了MBR装置在长期运行期间进水、生物反应器上清液和膜出水中COD浓度的变化情况，以及生物反应器和整个系统对COD的去除效果。由于反应器被隔板分隔成大小相等的两个池子，两个池子污泥特性不均匀，故上清液COD浓度也不相同，在此图中上清液COD浓度用两个池子中的平均值表示。

图8.4中从第1～50天左右为启动期，之后为稳定运行期，期间由于发生设备故障，反应器停止运行，经过20天事故期后，重新启动反应器，继续运行。

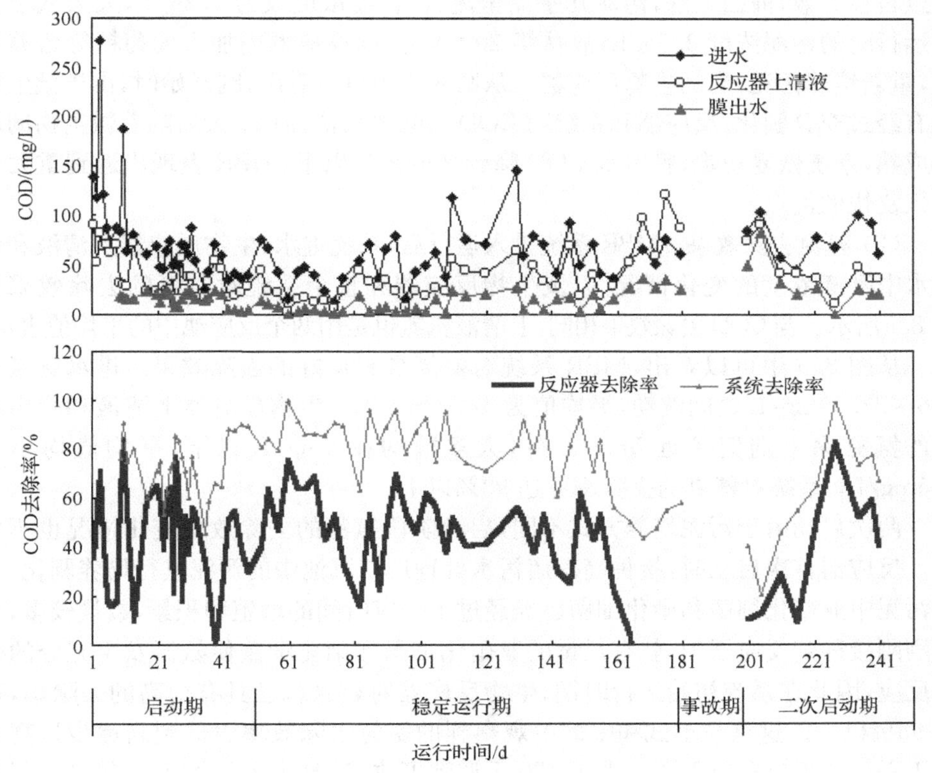


图8.4　海淀乡医院污水MBR处理工程运行过程中COD浓度变化及去除效果

从图中可以看出，进水COD浓度始终较低，除了在启动前期，由于医院体检造成进水COD较高外，在整个稳定运行期间COD大多在150mg/L以下波动。而且进水 COD 浓度随季节而变，春季(图 8.4 中 120d 以后)是各种疾病的多发季节，此时医院病号较多，进水 COD 浓度明显高于秋、冬(图 8.4 中 20～120d 之间)两季。

生物反应器中的活性污泥对 COD 的去除起到了主要作用，膜对系统的稳定出水起到了决定性作用。由图可见，反应器内活性污泥对 COD 的去除率大部分在 40%左右，在此基础上由于膜的截留作用可将一部分大分子物质保留在反应器内，进一步将系统总的 COD 去除率提高到 80%以上。

在运行后期，从第 160 天起，反应器上清液中 COD 高于进水 COD，此时膜出水 COD 亦明显增高。分析原因可能是由于膜的截留作用加之长期不排泥运行，使溶解性微生物产物在反应器内产生积累，导致反应器上清液中 COD 浓度增高，而同时进水 COD 浓度又一直较低，故使反应器上清液中 COD 浓度高于进水 COD 浓度。

反应器运行到第 180 天，由于取样后未将进水控制按钮由手动挡调至自动挡，导致自控失效，液面上涨，污泥几乎完全流失，污泥浓度仅为 0.2g/L，大大低于稳定运行时的污泥浓度 3.5g/L，故从第 200 天起，向反应器内加入葡萄糖等营养物质，重新培养污泥，启动生物反应器。从图 8.4 中可以看出，刚开始时，由于微生物没有经过充分驯化，反应器和系统对 COD 去除率较低，但 20 天后随着微生物的培养成熟，系统恢复稳定，膜出水 COD 降到 30mg/L 以下，MBR 表现出遇到重大事故恢复快的优点。

(2) 氨氮去除效果。MBR 系统投入运行后，系统进水、生物反应器上清液和膜出水中氨氮浓度的变化情况，以及生物反应器和整个系统对氨氮的去除效果如图 8.5 所示。与 COD 去除效果相同，上清液氨氮也是用两个反应池中的平均值表示。

从图 8.5 中可以看出，MBR 系统对氨氮具有良好的去除效果。进水氨氮在 8.6～27.39mg/L 之间波动，平均值为 18.09mg/L。生物反应器上清液和膜出水中的氨氮除个别值接近 5mg/L 外，大多数均在 2mg/L 以下，平均值均小于 1.5mg/L，系统对氨氮的去除率可达 93%以上。

两次启动由于污泥培养方式不同，启动阶段氨氮的去除效果变化情况也不相同。反应器首次启动时，接种高碑店污水处理厂二沉池中的污泥进行培养驯化，由于污泥中亚硝化细菌和硝化细菌已经经过了一定时间的增殖和积累，数量较多，污泥刚刚接种到反应器中，就有足量的亚硝化细菌和硝化细菌使氨氮发生充分的硝化反应，因此在系统初始运行时期，生物反应器对氨氮就已具有很高的去除率，达到 95%以上。这点与小试和中试中观察到的氨氮去除效率由低到高逐步提高并趋于平稳的现象有所不同。由于 180 天遇到事故，污泥几乎完全流失，第 200 天开始重新培养污泥，二次启动反应器，这次没有选用接种污泥，只是加入人工配制的营养物质培养尚存于反应器内的微生物。由于硝化菌生长的世代时间长，所以在二次启动刚开始时，反应器内硝化细菌浓度低，从而造成上清液和膜出水中氨氮浓

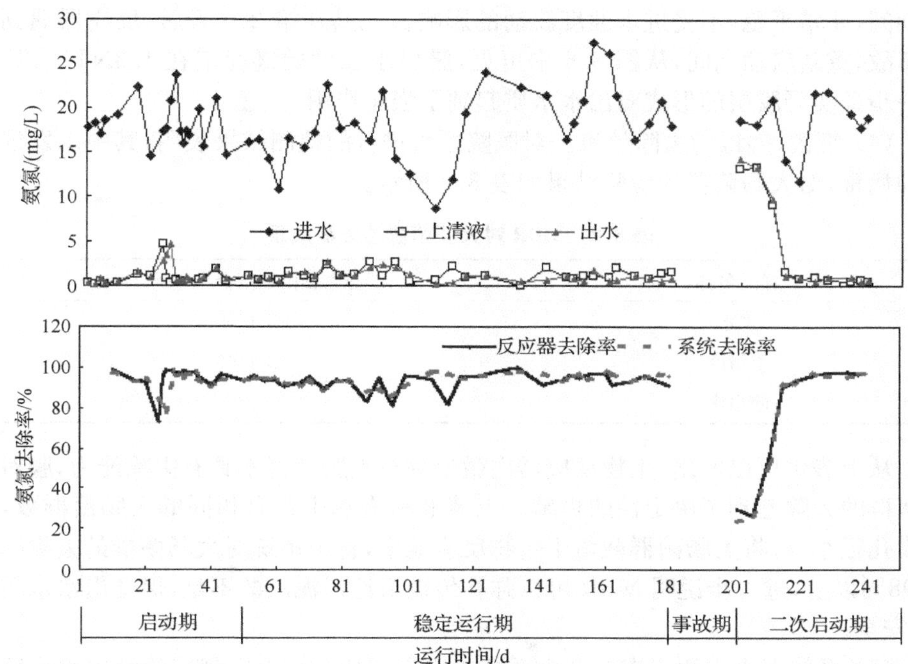


图 8.5　海淀乡医院污水 MBR 处理工程运行过程中氨氮浓度变化及处理效果

度突然增高。但随着反应器运行时间的延长，反应器内硝化细菌逐渐增多，上清液和膜出水中氨氮浓度很快降低，恢复在 1mg/L 以下。

(3) 浊度变化情况分析。图 8.6 为 MBR 系统投入运行以后，进水和膜出水浊度随时间的变化情况。在整个运行期间进水浊度较高，在 5～30NTU 之间波动。膜出水浊度除了在启动前期，由于膜表面的凝胶层尚未很好地形成，对一些胶体物质未能起到很好的截留作用，随着进水浊度的变化有较大幅度的波动外，在整个运

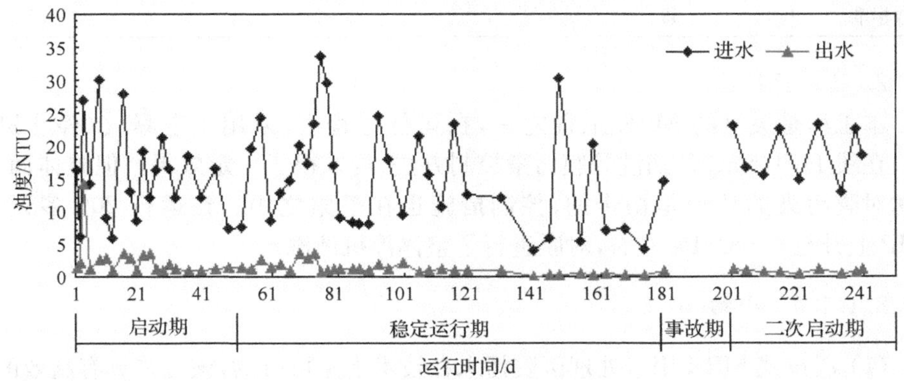


图 8.6　海淀乡医院污水 MBR 处理工程运行过程中进水、出水浊度的变化情况

行期间，非常平稳，不受进水浊度波动的影响。尤其在第 200 天后，反应器遇到重大事故，重新启动期间，从图 8.6 中可见，膜出水浊度始终稳定在 1.3NTU 以下。进一步证实凝胶层的形成对出水水质起到了强化作用。

(4) 细菌、病毒的去除效果。对医院原水进行的检测结果表明，其中未发现有特种病毒，对大肠菌群的检验结果如表 8.2 所示。

**表 8.2　MBR 对大肠菌群的去除效果**

| 样品名称 | 总大肠菌群/(个/100mL) |
|---|---|
| 进水 | >1600 |
| 上清液 | >1600 |
| 膜出水 | 23 |

从上表中可以看出，生物反应器内微生物对大肠菌群不具有去除能力，膜对大肠菌群的去除起到了决定性的贡献。上清液和进水中含有相同的大肠菌群数，微滤膜孔径小，可将大肠菌群截留于生物反应池中，整个系统对大肠菌群的去除率高达 98%以上，进一步说明 MBR 可以弥补传统活性污泥法的不足，保证出水水质稳定、安全。

(5) 系统出水水质。表 8.3 为系统在稳定运行 240 天后测试的膜出水水质数值的平均值与同时所列出的我国《医院污水排放标准》相比，该工程出水水质大大优于我国《医院污水排放标准》(GBJ 48—83)和《污水综合排放标准》(GB 8978—1996)。

**表 8.3　海淀乡医院污水 MBR 处理工程出水水质**

| 项目 | COD /(mg/L) | $BOD_5$ /(mg/L) | 氨氮 /(mg/L) | 浊度 /NTU | pH | 味 | 嗅 | 大肠杆菌群落 /(个/100mL) |
|---|---|---|---|---|---|---|---|---|
| 膜出水 | <30 | <0.4 | <1.5 | <4 | 6.2~7.1 | 无异常 | 无异常 | 23 |
| 排放标准 | 120 | 60 | 25 | | 6~9 | | | <50 |

2. 膜运行特性

本工程是最早的 MBR 工程之一，在运行过程中，采用了空曝气(停止进出水)、在线 HCl、NaClO 药洗等膜污染控制方法，均取得了一定效果。但整体而言，当时对膜污染的认识是初步的，控制措施也在摸索之中。在运行 200 多天后，TMP 上升至 0.08MPa 左右，对膜进行了整体停机清洗。

#### 8.1.1.4　小结

(1) 浸没式 MBR 用于处理医院污水在技术上是可行的，该工艺具有高效的污染物去除效率，系统出水水质良好稳定，其中 COD<30mg/L、$NH_4^+$-N<1.5mg/L、浊

度<4NTU，且无色无味，大肠菌群<23 个/100mL，大大优于我国《医院污水排放标准》。

(2) 在 MBR 中活性污泥对 COD 的去除起主要作用，生物反应器对 COD 的去除率波动较大，而膜分离进一步弥补了生物反应器处理性能的不稳定性，有力地保证了出水水质的稳定良好。系统对 $NH_4^+$-N 具有很高的去除效率，氨氮的去除主要依靠生物反应器的作用，膜对小分子的 $NH_4^+$-N 没有截留作用。

### 8.1.2　四〇二医院污水处理工程

#### 8.1.2.1　工程背景

在 2003 年“SARS”流行期间，为抗击非典，防止医院污水的污染，清华大学环境科学与工程系开发了 MBR 和紫外消毒结合的医院污水安全化处理新工艺，并在四〇二医院建设了处理规模为 $300m^3/d$ 的示范工程。

四〇二医院是一座规模较小的传染病医院，“非典”期间主要接收非典患者，污水排放量为 $300m^3/d$。

#### 8.1.2.2　工程概况

1. 工艺流程与系统设备

医院污水经格栅进入调节池，然后由泵提升到 MBR 中。污水中的污染物经生物分解后，混合液经膜分离得到膜出水，再经紫外消毒后排放，如图 8.7 所示，MBR 主体装置照片如图 8.8。

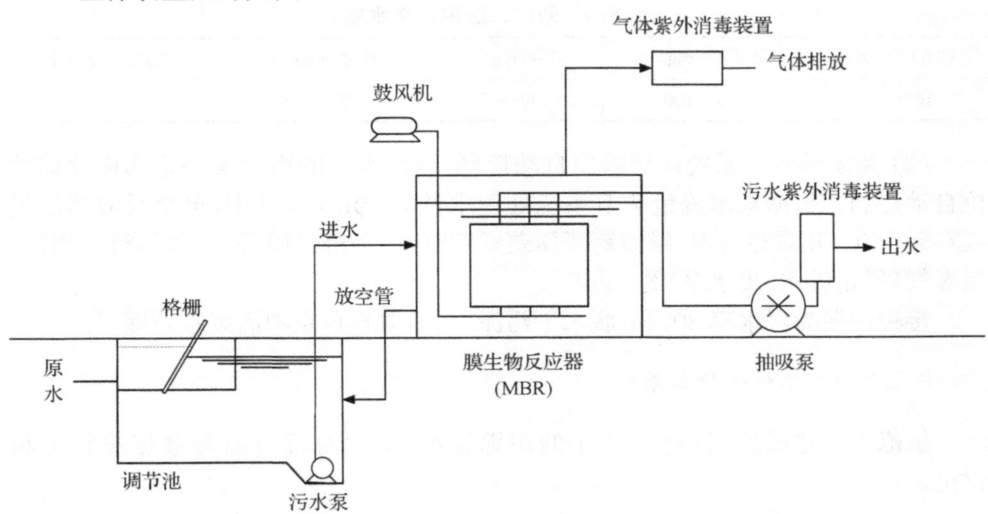


图 8.7　四〇二医院污水 MBR 处理工程工艺系统流程图

图 8.8 四○二医院污水 MBR 处理工程装置照片

系统设浸没式 MBR 装置 2 台，其中内置有日本三菱丽阳公司生产的聚丙烯中空纤维膜组件，膜孔径 0.4μm。膜组件底部设有鼓风曝气，曝气量为 $2.1m^3/min$。MBR 系统采用全封闭，废气有组织地抽吸经紫外消毒器消毒后排放。用于废气和出水消毒的紫外消毒器的功率为 0.28kW，紫外灯管使用寿命长达 1.5 万小时。

2. 污水水质与运行

(1) 污水水质。四○二医院污水排放量为 $300m^3/d$，其常规水质指标见表 8.4。

**表 8.4 四○二医院污水水质**

| COD/(mg/L) | $BOD_5$/(mg/L) | SS/(mg/L) | 总氮/(mg/L) | 总磷/(mg/L) |
|---|---|---|---|---|
| 100～250 | 65～100 | 100～150 | 37～60 | 2.5～5.0 |

(2) 系统运行。系统运行采用自动控制，进出水泵的启动及停止均由浮球液位自动控制。根据来水流量调节系统处理水量≤$15m^3/h$，其中，单个反应器流量≤$7.5m^3/h$。正常运行时，维持跨膜压差≤30kPa。为降低膜污染，每运行一周后，空曝气(停止进水、出水泵)约 5 小时。

接种污泥为含水率 80%的脱水干污泥 0.5t，取自燕京啤酒废水处理厂。

#### 8.1.2.3 工程运行效果

示范工程建成后，进行了 2 年的跟踪监测，下面对部分监测数据进行分析讨论。

1. 污染物去除效果

(1) COD 去除效果。对原水、MBR 出水和紫外消毒出水中 COD 浓度的变化进行了连续监测。秋冬季(2003 年 10 月底到 12 月初)和春夏季(2004 年 5 月中旬到 6 月中旬)的监测结果分别见图 8.9 和图 8.10。

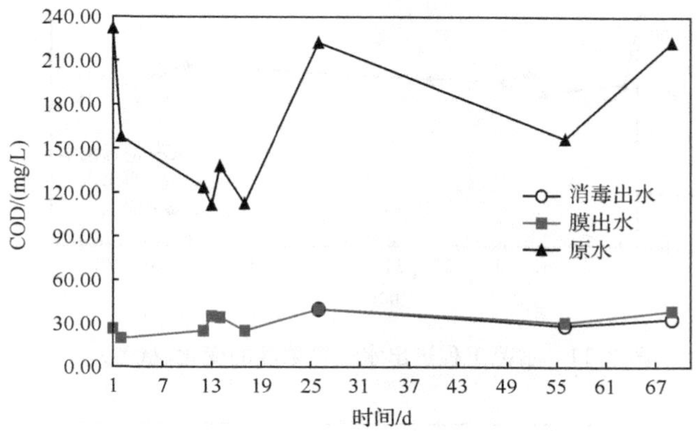


图 8.9　示范工程进出水 COD 浓度的变化(秋冬)

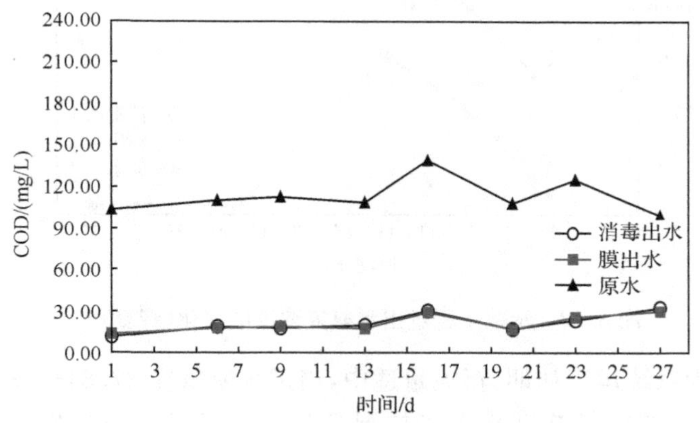


图 8.10　示范工程进出水 COD 浓度的变化(春夏)

从监测结果可见,在秋冬季节,医院污水进水 COD 浓度比较高,在 100～230mg/L 之间波动,但出水 COD 均在 40mg/L 以下,COD 平均去除率为 80%。春夏季节,医院污水进水 COD 浓度有一定降低,在 100～150mg/L 之间,出水 COD 基本在 30mg/L 以下,平均去除率为 81%。比较膜出水和紫外消毒出水的 COD,两者基本没有差别,表明紫外消毒对 COD 的进一步降解没有贡献。以上结果表明,MBR 的 COD 去除效果不受季节变化的影响,出水稳定,COD 浓度始终可维持在 40mg/L 以下。

(2) 氨氮去除效果。原水、MBR 出水和紫外消毒出水中氨氮浓度的变化见图 8.11(秋冬季节)和图 8.12(春夏季节)。

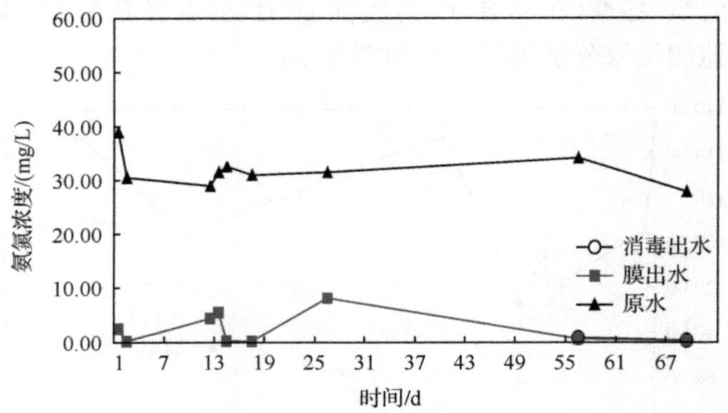


图 8.11 示范工程进出水氨氮浓度的变化(秋冬)

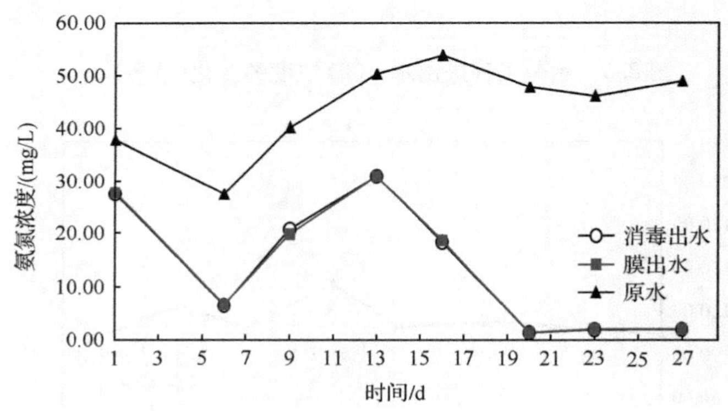


图 8.12 示范工程进出水氨氮浓度的变化(春夏)

秋冬季节为系统运行初期,污泥量适中,当进水氨氮在 27.84～38.95mg/L 之间波动时,膜出水的氨氮浓度除个别情况超过 5mg/L 外,平均浓度 1.25mg/L。在春夏季节的监测期间,由于排泥的影响,损失了一定量的硝化细菌,氨氮去除效率在初期有一定下降;后期,系统恢复正常后膜出水氨氮稳定在 2.5mg/L 以下。膜出水和紫外消毒出水的氨氮浓度没有差别,表明紫外消毒对氨氮的去除没有贡献。

(3) 致病菌去除效果。工程运行期间,抽样分析了 5 种致病菌,金黄色葡萄球菌、绿脓杆菌、沙门氏菌、志贺氏菌、溶血性链球菌。根据北京市海淀区防疫站的分析结果,出水中未检出这几种致病菌。

(4) 系统出水水质。该系统于 2003 年末开始运行,稳定运行期间监测的出水水质良好,详见表 8.5。与 GB 18466—2005《医疗机构水污染物排放标准》中最严格的标准限值相比,主要指标均满足要求。

表 8.5　四〇二医院污水 MBR 处理工程出水水质

| 项目 | COD /(mg/L) | $BOD_5$ /(mg/L) | 浊度 /NTU | 氨氮 /(mg/L) | 色度 /倍 | 总氮 /(mg/L) | 总磷 /(mg/L) | 粪大肠菌群数 /(MPN/L) |
|---|---|---|---|---|---|---|---|---|
| 原水水质 | 99.2～232 | 65～100 | 28.8～137 | 27.5～53.8 | 40～50 | 37.5～60 | 2.6～4.6 | 23 800 |
| 系统出水均值 | 26.3 | 3 | 0.78 | 2.5 | 29.1 | 19.2 | 2.17 | <90 |
| 排放标准[a] | <60 | <20 | — | <15 | <30 | — | — | <100 |

a. GB 18466—2005《医疗机构水污染物排放标准》中最严格的标准限值。

2. 膜运行特性

运行过程中对膜污染发展与控制情况进行了抽测。结果表明，春夏季节 MBR 工程中的污泥浓度基本稳定在 12～18g/L 之间。2004 年 3～12 月之间，两台 MBR 的跨膜压差变化见图 8.13。结果表明，在 7 月以前，系统运行稳定，跨膜压差增长缓慢。9 月以后，跨膜压差增长显著，在 12 月初采用次氯酸钠对膜进行过一次在线清洗，之后跨膜压差恢复正常，反应器稳定运行。

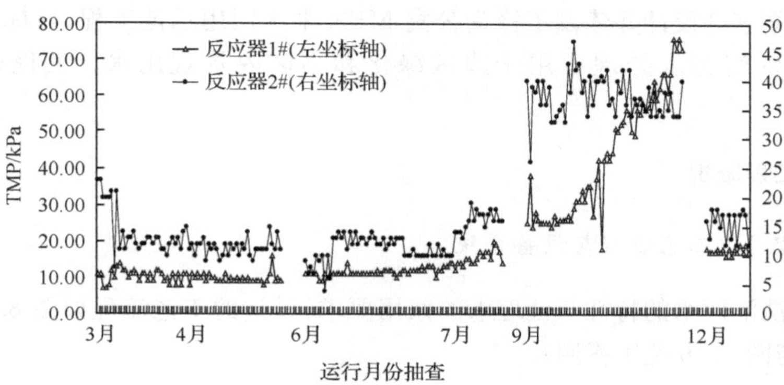


图 8.13　四〇二医院 MBR 示范工程跨膜压差的变化

### 8.1.2.4　小结

(1) 开发的 MBR 与紫外消毒的联合工艺可以有效去除医院污水中的有机污染物，实现医院污水安全化处理，出水 COD、$BOD_5$、氨氮等指标均低于 GB 18466—2005《医疗机构水污染物排放标准》中最严格的标准限值。

(2) 膜单元运行良好，在线药洗效果良好。

## 8.2　处理洗浴污水的 MBR 工程

洗浴污水所含的污染物主要有人体皮肤分泌物、毛发、污垢、合成洗涤剂和香料，以及细菌、真菌、大肠杆菌和病毒等。洗浴污水的浊度可达到几十 NTU 甚至超过 100NTU，但色度不高，嗅味为强烈的洗浴用品的芳香，具有一定 COD 和 BOD 值。

公寓、楼宇、饭店产生的洗浴污水一般具有水量大、污染轻、水质稳定且有一定温度等特点，所以，洗浴污水应优先作为一种可利用水源来开发。由于 MBR 工艺的优势，近年来其在洗浴污水的处理与回用中的作用日渐突出。

清华大学环境科学与工程系是较早开展利用 MBR 处理洗浴污水研究与示范工程建设的单位。本节介绍了 2002 年由清华大学环境科学与工程系提供技术支持，并参与设计、建设与运行监测的锋尚公寓洗浴污水处理与回用工程。

### 8.2.1　工程背景

锋尚公寓高级住宅区位于北京市海淀区，是中国首例应用欧洲高舒适度、低能耗环保优化设计理论，设计建成的公寓式住宅建筑。应公寓管理部门的要求，2002 年清华大学环境科学与工程系在针对洗浴污水处理的小试和中试研究基础上，与碧水源公司联合设计并建设了锋尚公寓 MBR 中水回用示范工程，目标是将公寓内居民的洗浴污水处理后用于园区绿化和小区内景观用水。工程设计水量 $10m^3/h$。

### 8.2.2　工程概况

#### 8.2.2.1　工艺流程与设备系统

根据洗浴污水的特性与处理水的回用要求，设计的工艺流程如图 8.14 所示。图 8.15 与图 8.16 是工程照片。

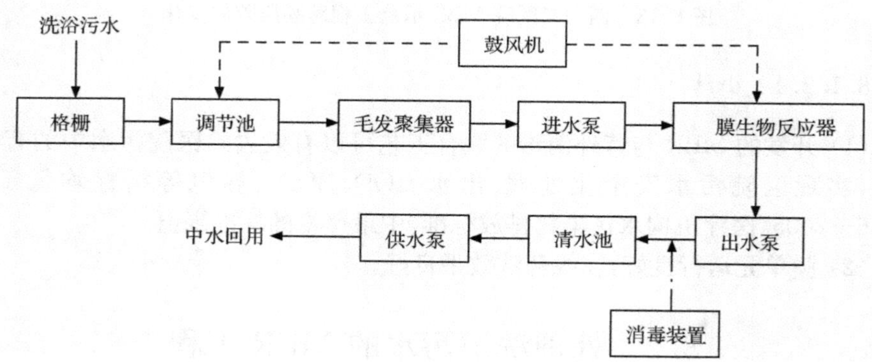


图 8.14　锋尚公寓 MBR 示范工程工艺流程图

图 8.15　锋尚公寓 MBR 示范工程

图 8.16　锋尚公寓 MBR 工程曝气池

该工程采用的是浸没式 MBR，有两组反应池，每个生物反应池的尺寸为 1900mm×2600mm×2500mm，有效容积为 $11m^3$。内置聚丙烯中空纤维膜（日本三菱丽阳公司生产），膜孔径 0.4μm。每个反应池内安装 4 组膜组器，每组膜组器有 60 片膜组件。两个反应池共安装 480 片膜组件，每片膜组件面积 $1.5m^2$，膜总面积共计 $720m^2$，膜通量约 $14L/(m^2 \cdot h)$。

8.2.2.2　污水水质

监测期间进水的水质情况见表 8.6。

**表 8.6　锋尚公寓洗浴污水水质**

| COD/(mg/L) | $BOD_5$/(mg/L) | LAS/(mg/L) | pH | 浊度/NTU | 温度/℃ |
|---|---|---|---|---|---|
| 100～180 | 80～100 | 4.5～7.0 | 6.9～7.9 | 17～50 | 26～30 |

| $NH_4^+$-N/(mg/L) | 总氮/(mg/L) | $NO_3^-$-N/(mg/L) | SS/(mg/L) | 嗅 |
|---|---|---|---|---|
| 10～15 | 18～32 | 6～10 | 30～70 | 芳香 |

## 8.2.3　工程运行效果

在示范工程运行期间，连续监测了装置进水、出水和曝气池混合液的污染物浓度，考察了 MBR 的污染物去除效果。

8.2.3.1　污染物去除效果

1. COD 去除效果

图 8.17 表示了锋尚国际公寓洗浴污水处理工程进水、膜出水、生物反应池上清液 COD 浓度的变化情况，系统去除率和生物去除率。

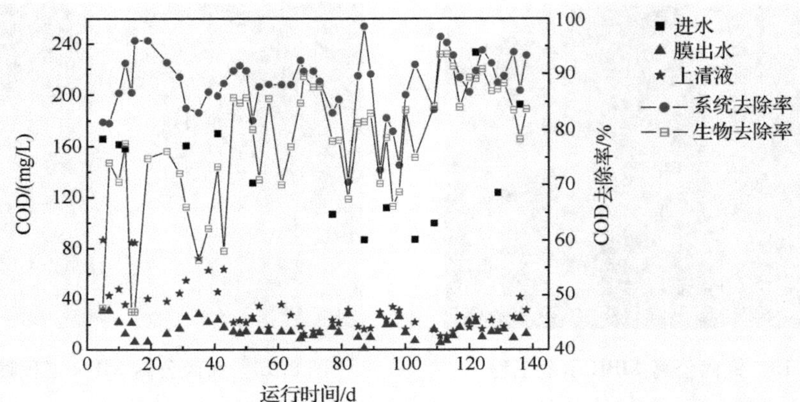


图 8.17　锋尚公寓 MBR 示范工程对 COD 的去除效果

从图 8.17 中可以看出，MBR 可以有效去除洗浴污水中的有机污染物，使整个系统保持较高的 COD 去除率。系统去除率稳定时一般保持在 85%以上，只有在进水 COD 浓度明显偏低，小于 100mg/L 时，个别数据点的 COD 系统去除率在 70%左右。

生物反应池对 COD 的去除起主要作用，稳定运行期间，生物去除率保持在 70%以上。在开始运行阶段，由于微生物尚未充分生长及取样问题，生物去除率较低并存在一定的波动。

膜分离对弥补生物处理的不稳定性，从而保证系统的良好出水起着重要作用。试验结果表明，膜可以进一步去除 0～49%的 COD，使膜过滤出水始终保持在 35mg/L 以下。膜过滤为提高反应器的抗冲击负荷能力，实现稳定良好的出水水质提供了有力的保证。

2. 氨氮去除效果

反应器进出水、上清液氨氮浓度变化情况以及系统和生物对氨氮的去除效果如图 8.18 所示。

从图 8.18 可以看出，当系统运行稳定后，系统去除率和生物去除率均保持在 85%以上。在进水 $NH_4^+$-N 浓度变化于 5.1～16.1mg/L 之间时，膜出水和上清液中的 $NH_4^+$-N 浓度都低于 3mg/L。

与去除 COD 不同的是，在整个运行过程中，生物反应器上清液和膜出水中氨氮浓度值基本相等。可见氨氮的去除主要靠微生物的降解，膜过滤对小分子的氨氮基本没有去除作用。

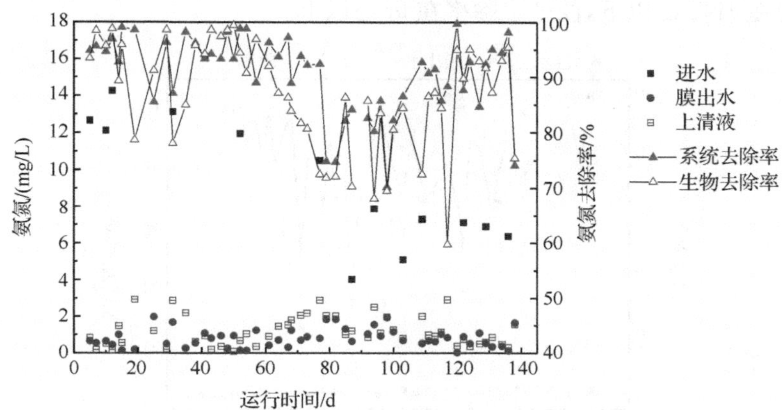


图 8.18　锋尚公寓 MBR 示范工程对氨氮的去除效果

3. 阴离子洗涤剂去除效果

图 8.19 为原水、生物反应池上清液和膜出水的阴离子洗涤剂(LAS)浓度的变化及系统各部分对 LAS 的去除效果。

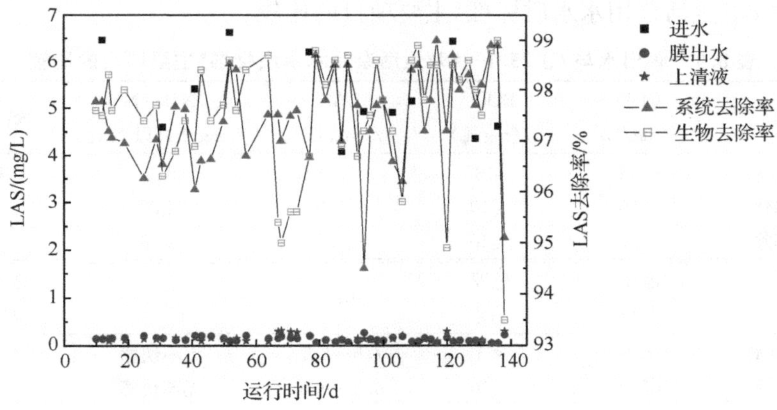


图 8.19　锋尚公寓 MBR 示范工程对 LAS 的去除效果

由图 8.19 可见，生物反应池上清液和膜出水中 LAS 浓度基本相等，尽管进水 LAS 浓度很高，在 4.09～6.63mg/L 之间变化，但系统出水始终＜0.3mg/L。整个系统和生物反应池部分对 LAS 的去除率均在 95%以上。以上结果说明 LAS 的去除主要靠生物反应池中微生物的分解作用，膜对 LAS 的截留作用很小。

4. 浊度去除效果

图 8.20 为原水和膜出水的浊度变化以及对浊度的去除效果。从图中可以看出，在四个多月的连续运行中，虽然进水浊度存在较大的波动，但系统膜出水始终

非常稳定在 1NTU 以下，浊度去除率在 95%以上。

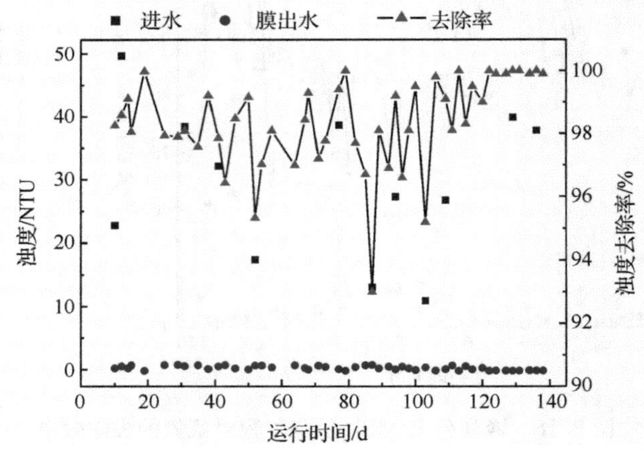


图 8.20 锋尚公寓 MBR 示范工程对浊度的去除效果

5. 系统出水水质

表 8.7 汇总了系统稳定运行后的膜出水水质与当时执行的国家建设部颁布的 CJ 25.1—89《生活杂用水水质标准》主要项目的比较。

**表 8.7 膜出水与 CJ 25.1—89《生活杂用水水质标准》主要项目的比较**

| 项目 | COD /(mg/L) | $BOD_5$ /(mg/L) | LAS /(mg/L) | $NH_4^+$-N /(mg/L)(以 N 计) | SS/(mg/L) |
|---|---|---|---|---|---|
| 本系统出水 | <35 | <3 | <0.3 | <2 | 未检出 |
| 冲厕、绿化 | ≤50 | ≤10 | ≤1.0 | ≤20 | ≤10 |
| 洗车、扫除 | ≤50 | ≤10 | ≤0.5 | ≤10 | ≤5 |
| 项目 | 浊度 /NTU | 色度 /度 | pH | 嗅 | 总大肠菌群 /(个/ L) |
| 本系统出水 | <1 | <3 | 7.5～8.2 | 无不快感 | 未检 |
| 冲厕、绿化 | ≤10 | ≤30 | 6.5～9.0 | 无不快感 | ≤3 |
| 洗车、扫除 | ≤5 | ≤30 | 6.5～9.0 | 无不快感 | ≤3 |

从表 8.7 中可以看出，MBR 处理洗浴污水在技术上是稳定可靠的，经 MBR 处理的出水水质指标满足《生活杂用水水质标准》，膜出水只需经过简单消毒就可以安全回用于冲厕、绿化、洗车和扫除等场合。锋尚公寓将 MBR 工程处理后的出水回用于园区绿化和小区景观用水。

8.2.3.2 膜单元运行效果

1. 污泥浓度的变化

示范工程监测期间，MBR 中的污泥浓度变化情况见图 8.21。

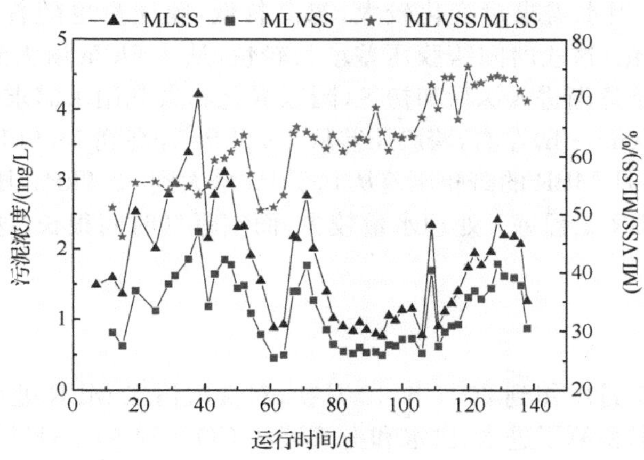


图 8.21　锋尚公寓 MBR 示范工程中污泥浓度的时间变化

从图中可以看出，首先 MLSS 浓度逐渐升高，在运行到 38 天时达到了 4.2g/L。随后有所降低，反应器运行到 60 天左右时，由于自控系统出现问题导致污泥浓度逐渐降低。

在整个数据跟踪的四个多月里，生物反应池污泥的 MLVSS/MLSS 值比较稳定，波动于 0.45～0.75 之间，在监测的四个多月里有逐渐增高的趋势。

2. 膜运行状况

图 8.22 为锋尚公寓 MBR 工程运行过程中跨膜压差与膜通量随时间的变化。反应器采用分阶提高膜通量的方法启动。首先将膜通量控制在 3.7～4.4L/($m^2$ · h)范围内，运行一段时间后逐步增大到 6.7～7.1L/($m^2$ · h)范围内，连续运行了 60 天左右，期间跨膜压差上升平缓从 0.5kPa 升高到 4.6kPa。随后由于锋尚公寓内

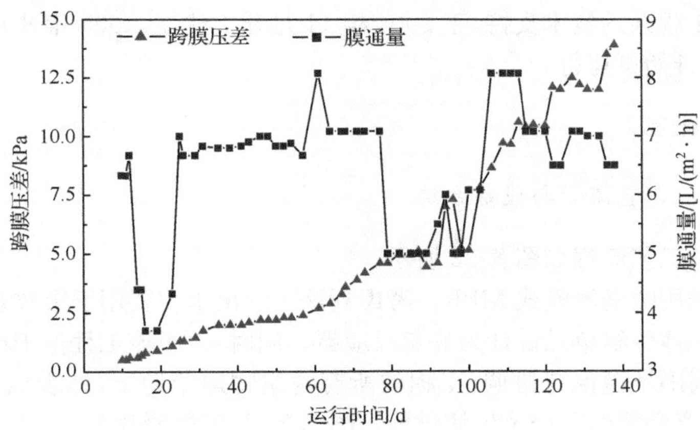


图 8.22　锋尚公寓 MBR 工程膜通量和跨膜压差的时间变化

园区绿化和景观用水需求量变化较大，忽高忽低，膜通量也随着在 5.0～8.1L/($m^2$ · h)之间变化，这段时间跨膜压差增长较快，从 4.6kPa 增大到 10.6kPa。最后一段时间，由于逐渐进入深秋和初冬，园区绿化和景观用水需求量降低，膜通量基本维持在 7L/($m^2$ · h)左右，跨膜压差从 10.6kPa 升高到 13.9kPa。

综观 4 个多月 MBR 的跨膜压差从 0.5kPa 增大到 13.9kPa，压差变化并不很大，原因在于 MBR 工程每天处理水量较少，而空曝气时间很长，这样对膜表面有较好的清洗效果。

### 8.2.4 小结

从 2003 年 7 月中旬到 2003 年 12 月初，对洗浴污水 MBR 处理工程进行了 4 个月的跟踪监测，检测了进水、出水和上清液的 COD、$BOD_5$、$NH_4^+$-N、浊度、LAS、SS、pH、总氮和 $NO_3^-$-N 等指标，结果显示 MBR 处理洗浴污水在技术上是稳定可靠的，虽然进水水质变化较大，但仍能得到优质的膜出水，经 MBR 处理的出水水质指标满足生活杂用水水质标准。膜系统运行稳定。

## 8.3 小区污水处理-海淀温泉 MBR 污水再生工程

### 8.3.1 工程背景

北京市海淀区温泉镇杨家庄小区位于海淀区温泉镇中心地带，北面与京密引水渠相邻，规划总建筑面积 34 万 $m^2$，其中一期 18 万 $m^2$，二期 16 万 $m^2$，是一座现代化的大型生活居住社区，是温泉镇规划中的重要组成部分。

海淀温泉 MBR 污水再生工程建设的目的是将杨家庄住宅小区的生活污水集中处理后，用于冲厕、洗车和园区绿化。处理水量 1000$m^3$/d。该工程受到清华大学环境科学工程系的技术支持，于 2004 年 11 月开工建设，2005 年 8 月竣工，并于当年 10 月初开始试运行。

### 8.3.2 工程概况

#### 8.3.2.1 工艺流程与设备系统

该工程的工艺流程如图 8.23 所示。

该工程采用的是浸没式 MBR。考虑到该工程出水主要用于市政杂用水(洗车和绿化等)，主体生物单元设计为好氧反应器。同时，由于该工程位于小区内，为节省占地并与周围环境保持协调，工程的所有构筑物建于地下，地表面全部进行绿化，地上仅留有必要的办公及生活设施。图 8.24 是工程照片。

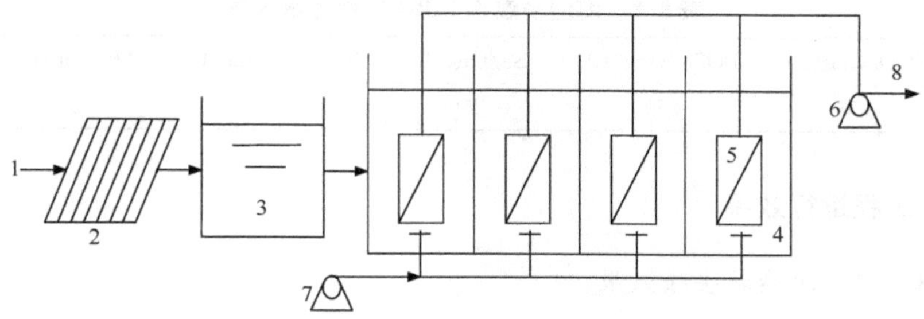


图 8.23　海淀温泉 MBR 污水再生工程工艺流程

1. 生活污水；2. 格栅；3. 原水池；4. 生物反应器；5. 浸没式膜组件；6. 抽吸泵；7. 鼓风机；8. 膜出水

图 8.24　海淀温泉 MBR 污水再生工程照片

该工程主体构筑物结构尺寸：长×宽×高＝24 000mm×4000mm×4000mm，有效水深 2600mm，反应池有效容积 250m$^3$。沿长度方向上等距离设置 3 个挡板，将主体反应器分为 4 个相同分区，每个分区长为 6000mm。

工程选用中空纤维微滤膜组件（日本三菱丽阳公司生产），膜材料为聚乙烯，孔径为 0.4$\mu$m，单片膜组件面积为 3m$^2$，总膜片数量 1388 片，设计通量为 12L/(m$^2$·h)。1388 片膜组件按每 43 或 44 片为一组共分成 32 组分别置于四个反应器内，每个反应器内放置 8 组膜组件，按 2 行 4 列布置。

整个工程设置一台鼓风机、三台抽吸泵（用二备一，交替进行），曝气装置为普通穿孔管，抽吸泵前后设有压力表。另外，设有一台空曝气清洗用鼓风机。

#### 8.3.2.2　污水水质

污水水质如表 8.8 所示。

**表 8.8　海淀乡温泉 MBR 工程污水水质**

| 参数 | COD/(mg/L) | $BOD_5$/(mg/L) | SS/(mg/L) | $NH_4^+$-N/(mg/L) | TP/(mg/L) | pH |
|---|---|---|---|---|---|---|
| 数值 | 450 | 250 | 250 | 40 | 5 | 6～9 |

## 8.3.3　工程运行效果

### 8.3.3.1　污染物去除效果

1. COD 去除效果

图 8.25 显示了海淀温泉 MBR 工程对小区生活污水 COD 的去除效果。从图中可以看出，MBR 可以有效去除生活污水中的有机污染物，使整个系统保持较高的 COD 去除率。系统出水 COD 浓度一般在小于 50mg/L，系统去除率稳定时一般保持在 85%以上，只有个别数据点的 COD 系统去除率在 65%左右，这是因为该阶段进水浓度明显偏低所致。

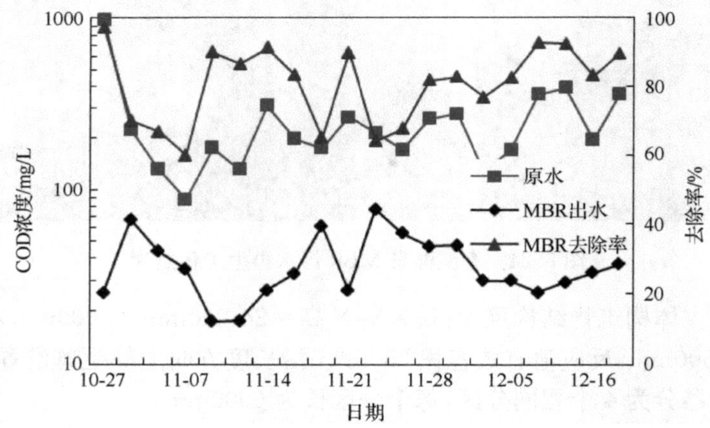


图 8.25　海淀温泉 MBR 污水再生工程对 COD 的去除效果

试验表明，MBR 工程由于生物反应器的生物降解和膜分离截留的双重作用，可获得稳定的优质水质，满足污水再生标准对 COD 的要求。

2. 氨氮去除效果

图 8.26 表示了该工程对生活污水 $NH_4^+$-N 的去除效果。由图可知，MBR 工艺可获得良好的 $NH_4^+$-N 出水水质，当原水中的 $NH_4^+$-N 浓度在 20～60mg/L 之间变化时，出水 $NH_4^+$-N 浓度基本上小于 5mg/L，去除率达 95%以上，可满足污水回用标准对 $NH_4^+$-N 的要求。11 月 23 日出水 $NH_4^+$-N 浓度高的原因是由于取样时设备因检修而暂时停止运行所致。

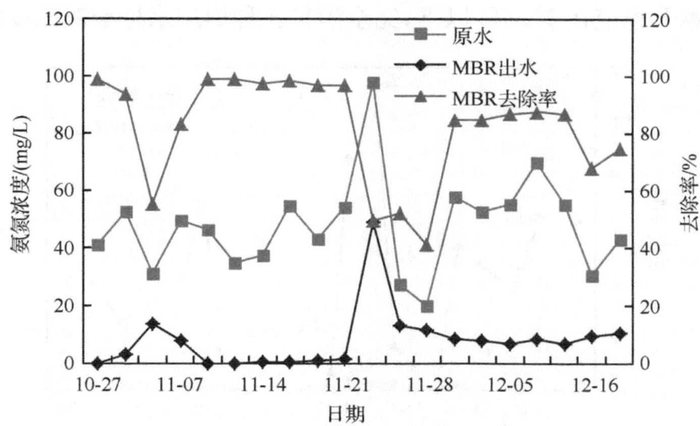


图 8.26　海淀温泉 MBR 污水再生工程对氨氮的去除效果

在 MBR 中由于膜将大部分污染物和微生物等截留在生物反应器内，可使世代时间较长的硝化菌得到良好的生长环境，进而大量繁殖，保证了 MBR 系统稳定高效的硝化效果。

3. 阴离子洗涤剂去除效果

图 8.27 是 MBR 工程对阴离子洗涤剂的去除情况。由图可见，该工程出水中的 LAS 浓度较低，始终小于 0.1mg/L，系统对 LAS 的去除率均在 96%以上，可满足任何用途的回用水对 LAS 水质标准的需求。

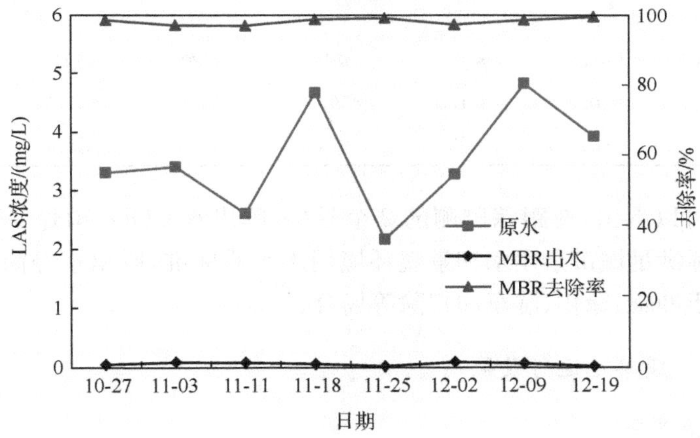


图 8.27　海淀温泉 MBR 污水再生工程对 LAS 的去除效果

4. 浊度去除效果

图 8.28 显示了原水和膜过滤出水的浊度变化以及对浊度的去除效果。从图中可以看出，在近两个月的连续运行监测中，虽然进水浊度存在较大的波动，但系

统出水可基本上稳定在1NTU以下,完全满足各种回用水标准对浊度的要求。

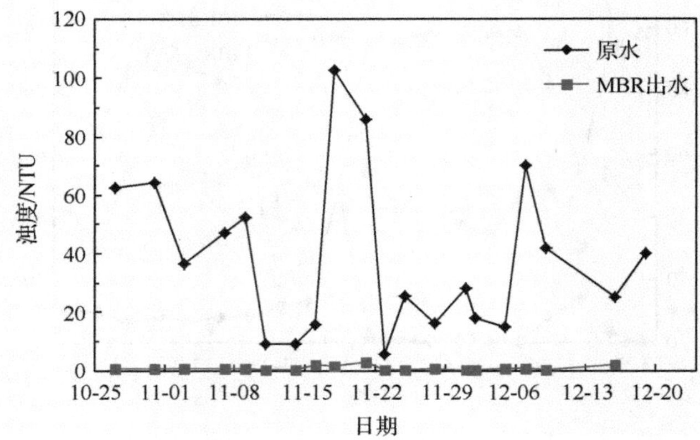


图 8.28 海淀温泉 MBR 污水再生工程对浊度的去除效果

5. 系统出水水质

表 8.9 总结了海淀温泉 MBR 工程运行后的膜出水水质与国家建设部颁布的《城市污水再生利用—城市杂用用水水质》(GB/T 18920—2002)和《城市污水再生利用—景观环境用水质》(GB/T 18921—2002)标准主要项目的比较。

**表 8.9 温泉示范工程出水与国家有关中水水质标准主要项目的比较**

| 水质指标 | MBR 系统 | 冲厕 | 洗车 | 绿化 | 清扫 | 娱乐性景观 |
|---|---|---|---|---|---|---|
| COD/(mg/L) | <50 | — | — | — | — | — |
| $NH_4^+$-N/(mg/L) | <5 | ≤10 | ≤10 | ≤20 | ≤10 | ≤5 |
| LAS/(mg/L) | <0.3 | ≤1.0 | ≤0.5 | ≤1.0 | ≤1.0 | ≤0.5 |
| 浊度/NTU | <1 | ≤5 | ≤5 | ≤10 | ≤1.0 | ≤5 |

从表中可以看出,在跟踪监测的 2 个月中,膜出水 COD、$NH_4^+$-N、浊度、LAS 等水水质指标满足城市杂用水和景观环境用水水质标准,膜出水经简单消毒就可以安全回用于冲厕、绿化、洗车和扫除等场合。

### 8.3.3.2 膜单元运行效果

1. 污泥浓度变化

图 8.29 是海淀温泉 MBR 工程中的污泥浓度变化情况,其数值为生物反应器内的平均污泥浓度。由图可以看出,MLSS 浓度基本稳定在 4g/L 以上。冬季由于居民用水量减少,造成 MBR 系统不能正常连续运行,所以出现了 MLSS 浓度降低的现象。

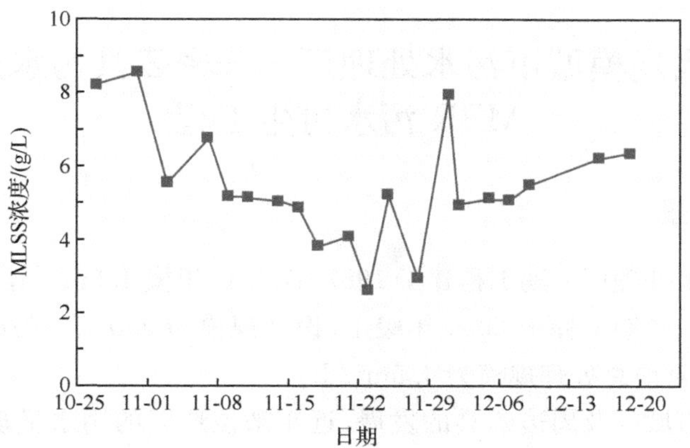


图 8.29　海淀温泉 MBR 污水再生工程中污泥浓度的变化

2. 跨膜压差变化

图 8.30 给出了该工程近两个月跨膜压差的变化。从图中可知，在产水量为 $20m^3/h$(约 $500m^3/d$)的条件下，TMP 维持在 10～18kPa 范围内，压差变化不大，说明过滤引起的膜污染不严重，膜组件的间歇式过滤模式可有效地控制膜污染的发生与发展。同时，由于 MBR 每天不能满负荷运行，而空曝气时间较长，这样也有助于对膜表面起到冲刷作用，进而减缓了膜污染程度。

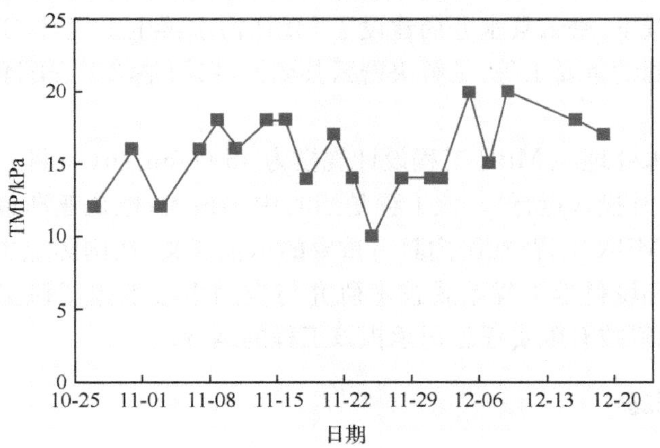


图 8.30　海淀温泉 MBR 污水再生工程运行过程中跨膜压差的变化

### 8.3.4　小结

该工程在运行监测期间，出水水质稳定达到国家建设部颁布的城市杂用水水质标准和景观环境用水水质标准。膜系统运行稳定。

# 8.4　大规模城市污水处理厂——密云县污水处理厂 MBR 污水再生工程

## 8.4.1　工程背景

密云县污水处理厂一期工程建于 1987 年，设计规模 1.5$m^3$/d，采用水解-活性污泥处理工艺。二期工程于 2000 年竣工，设计规模为 3.0 万 $m^3$/d，采用水解-改进 SBR 工艺。目前总处理规模为 4.5$m^3$/d。

随着北京市城区及周边郊县的发展，近年来该地区的用水呈现出紧张趋势。北京市政府对密云水库水源利用和保护逐渐加强，密云水库基本处于不放水状态，密云县城的白河和潮河经常出现断水的状况。近年来，密云县市政建设和环境综合治理的力度加大，对景观用水的需求量增大，靠密云水库供水或抽取地下水解决已难以维持，迫切需要开辟新的水源。

密云污水处理厂投入运行后，处理后的污水一直没有得到充分利用而直接排放。密云县政府认识到将污水处理厂生物处理后的污水进行再生回用是一种解决水资源紧缺行之有效的措施，既可减少排放污水对下游的污染，又可以将回用水补充于河道，缓解水资源短缺并解决河道干涸问题，还可以使周围生态环境得以改善。在以上背景下，密云县水务局建设了 MBR 污水再生工程，该工程是保护北京市水源八厂水源的重要工程，是解决密云县潮河、白河整治工程配套水源问题的主要途径。

密云县污水处理厂 MBR 工程设计规模为 45 000$m^3$/d(一期工程 30 000$m^3$/d 已于 2006 年 4 月投入运行)。该工程是当时中国最大，也是亚洲最大的应用于城市污水处理的 MBR 工程，在国内具有重要的示范意义，在国际上也受到很高的关注。清华大学环境科学工程系膜技术研究与应用中心承担了该工程的设计。目前，北京碧水源科技有限责任公司承担该工程的运行。

## 8.4.2　工程概况

### 8.4.2.1　工艺流程

工程以密云县污水处理厂二级处理出水为水源，经过 MBR 工艺处理后水质达到回用要求，向宁村新桥、宁村桥、提辖庄、孤山、东白岩 5 座潮河橡胶坝以及白河的 5 座橡胶坝蓄水、补水和换水；为潮河、白河两岸提供绿化用水。

工艺设计原则为：再生水处理采用 MBR 工艺，主要以除碳、硝化及除磷为目标，适当加长泥龄，使剩余污泥趋于好氧稳定；剩余污泥排入原污水处理厂污泥处理系统合并，采用机械浓缩脱水后外运。处理后的出水经臭氧消毒后，最终排入白河。

MBR 污水再生工程的工艺流程如图 8.31 所示。

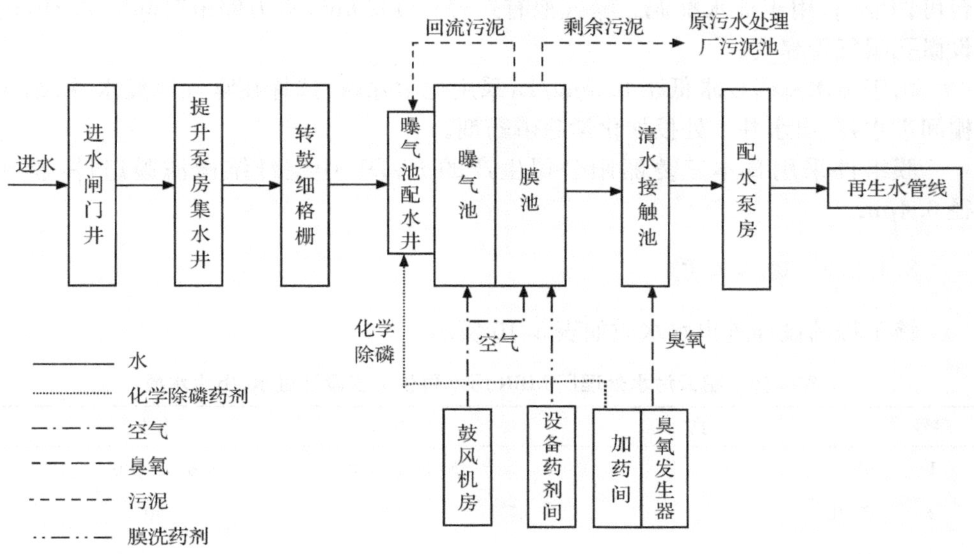


图 8.31　密云县污水处理厂 MBR 污水再生工程工艺流程

图 8.32 和图 8.33 是密云县污水处理厂 MBR 污水再生工程照片。

图 8.32　密云 MBR 工程曝气池

图 8.33　密云 MBR 工程膜池

#### 8.4.2.2　反应器与主要设备

该工程包括好氧曝气池、膜池及设备药剂间。在细格栅之后，污水进入到曝气池，完成有机物和氨氮的去除。曝气池后是膜池，膜池采用粗孔曝气。膜池混合液通过循环泵回流到曝气池配水井。

曝气池分为 2 个系列，为矩形钢筋混凝土池，可独立运行。每个系列由 3 个推流式廊道组成，廊道宽 6m，长 24m，有效水深 5m。曝气池前端设置 2 台闸门和 2 台可调堰门，用于配水配泥。曝气池有效容积 4320$m^3$，水力停留时间为 2.3h，内设微孔曝气管曝气。

由于出水总磷要求低于 0.5mg/L，采用化学除磷，选择在曝气池配水井、细格栅间进水井、出水井 3 处投加化学除磷药剂。

膜组件采用日本三菱丽阳公司生产的 PVDF 中空纤维微滤膜组件，膜孔径 0.4μm。

#### 8.4.2.3　进水水质

该工程的设计进出水水质如表 8.10 所示。

**表 8.10　密云污水处理厂 MBR 污水再生工程设计进水、出水水质**

| 序号 | 指　标 | | 进水 | 出水 |
| --- | --- | --- | --- | --- |
| 1 | pH | | 6.0～9.0 | 6.0～9.0 |
| 2 | 色/度 | ≤ | 50 | 30 |
| 3 | 嗅 | | — | 无不快感 |
| 4 | 浊度/NTU | ≤ | — | 5 |
| 5 | 溶解性总固体/(mg/L) | ≤ | 1000 | 1000 |
| 6 | 化学需氧量 COD/(mg/L) | ≤ | 100 | — |
| 7 | 5 日生化需氧量 $BOD_5$/(mg/L) | ≤ | 40 | 6 |
| 8 | 氨氮/(mg/L) | ≤ | 25 | 5 |
| 9 | TP/(mg/L) | ≤ | 1.5 | 0.5 |
| 10 | 阴离子表面活性剂/(mg/L) | ≤ | 5 | 0.5 |
| 11 | 铁/(mg/L) | ≤ | 0.3 | 0.3 |
| 12 | 锰/(mg/L) | ≤ | 0.1 | 0.1 |
| 13 | 溶解氧/(mg/L) | ≥ | — | 1.0 |
| 14[a] | 总余氯/(mg/L) | | — | 接触 30min≥1.0，管网末端≥0.2 |
| 15 | 总大肠菌群/(个/L) | ≤ | — | 3 |
| 16 | 悬浮物(SS)/(mg/L) | ≤ | 30 | 10 |
| 17 | 石油类/(mg/L) | ≤ | 5 | 1.0 |

a. 余氯项指标为输水泵房总出水管道水中的指标要求。

### 8.4.3　工程运行效果

#### 8.4.3.1　污染物去除效果

1. COD 去除效果

密云污水处理厂总进水的 COD 浓度较高，监测结果统计表明污水 COD 浓度为 500～1000mg/L，经过前期的二级生物处理出水未能达到二级排放标准，正常运行时的出水 COD 浓度稳定在 100～250mg/L。该二级出水作为 MBR 工程的进水，经过 MBR 处理后出水 COD 浓度在 30～90mg/L 之间，主要分布在 50mg/L 左右，如图 8.34 所示。

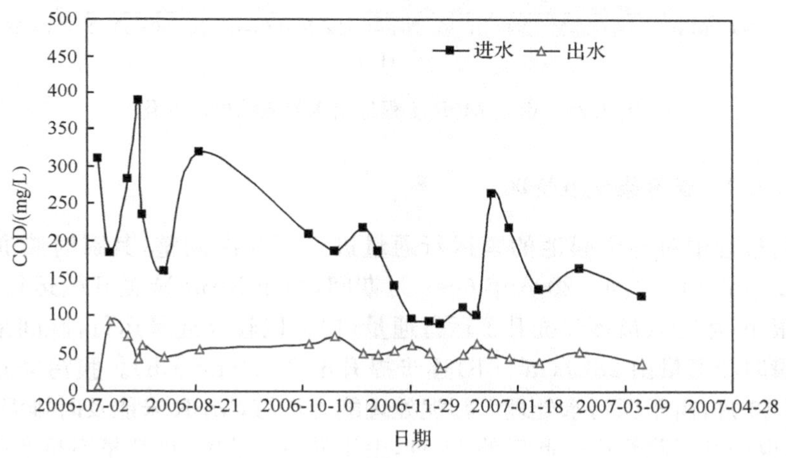


图 8.34　密云 MBR 工程进出水 COD 浓度的变化

2. 氨氮去除效果

由于污水含有部分工业废水，来水的氨氮浓度在 70～110mg/L 之间，是原水总氮的主要构成部分。前期二级生物处理的硝化能力有限，只能去除 20%左右的氨氮，其余 30～80mg/L 氨氮基本被 MBR 去除，MBR 出水氨氮浓度均小于 5mg/L，监测结果如图 8.35 所示。

3. 总氮与总磷去除效果

污水中总氮的去除主要依靠前期的二级生物处理，后续的 MBR 未设置总氮去除单元，对总氮基本无去除效果。

MBR 主要采用生物排泥和添加混凝剂化学除磷，但在 MBR 工程实际运行期间未投加化学除磷剂，单一依靠 MBR 排泥去除磷。因此 MBR 对总磷的去除率很大部分受排泥量的限制。

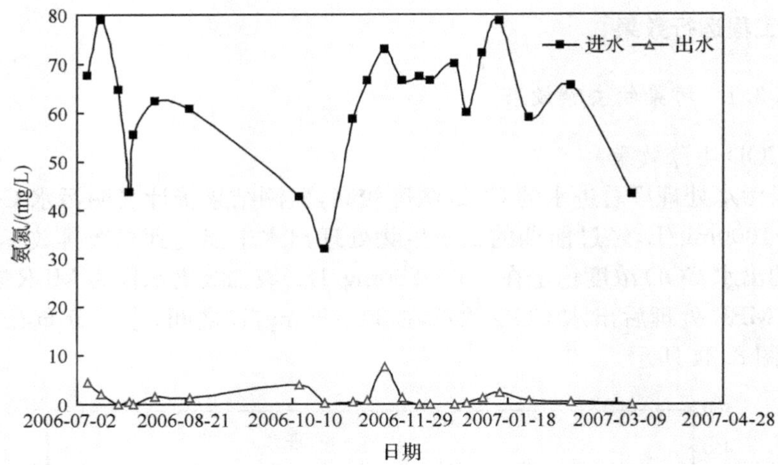


图 8.35　密云 MBR 工程进出水氨氮浓度的变化

#### 8.4.3.2　膜污染发展情况

运行过程中对各个膜池的膜运行通量进行了几次调整，其瞬时膜通量都在 14～37L/($m^2$·h)之间。2006 年 6～9 月期间，由于 MBR 装置开始运行，新膜组件阻力很小，运行人员逐步提升了运行通量(白天以较高通量运行，晚间采用间歇运行)，瞬时膜通量由 28L/($m^2$·h)逐步提升至 37L/($m^2$·h)。膜污染开始逐步累积，至 10 月，由于原污水处理厂污泥处理能力不够，MBR 未能及时排泥，污泥浓度过高，也加剧了膜污染。此后的 11 月，由于鼓风机故障，供气量不足造成污泥在膜组件内部聚集，虽然降低了膜组件的运行通量，但膜污染还是在加剧，至 11 月底膜阻力增至 30kPa。再生水厂对膜组件进行了一次体外清水清洗，主要去除了膜组件内部淤积的污泥。

体外清洗后膜阻力迅速下降，此后原则上每周进行一次在线药洗。膜阻力趋于稳定(10～22kPa)。图 8.36 是 1# 膜池的 TMP 和通量变化情况，其他几个膜池情况类似。

### 8.4.4　小结

该工程自 2006 年 5 月建成投产后，运行一直比较稳定，出水水质达到设计标准，膜污染发展缓慢，膜污染清洗效果明显。工程对 MBR 工艺的推广应用起到积极的示范作用。

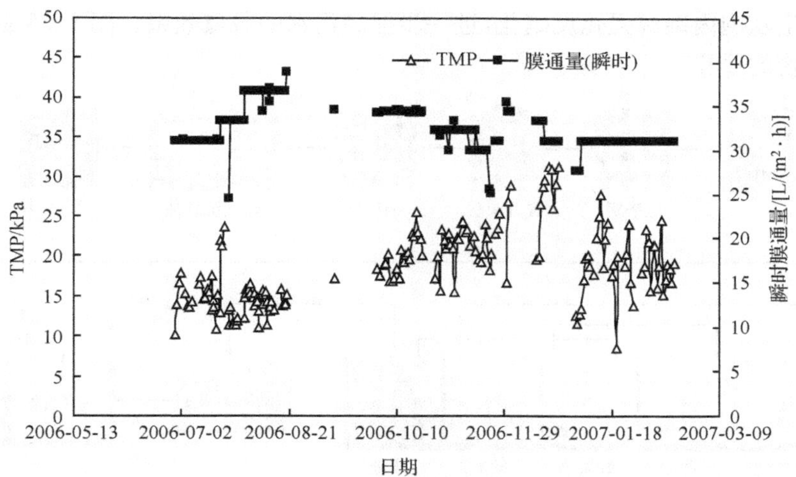


图 8.36　1#膜池的 TMP 和膜通量变化情况

## 8.5　与生物脱氮除磷工艺耦合的 MBR 工程——硕放 MBR 工程

### 8.5.1　工程背景

该工程建于无锡市硕放水处理厂，该厂位于无锡新区硕放街道盈发西路，规划污水处理规模 7 万 $m^3/d$，目前已投运污水处理能力 4 万 $m^3/d$(含 MBR 工程)，厂区占地面积 87 亩①，接管单位 1200 多家，服务人口 10.8 万，主要负责无锡新区东北至沪宁高速公路、西至无锡机场及京杭大运河、南至新区区界 38$km^2$ 范围内的污水收集与处理。MBR 强化脱氮除磷工程的设计规模为 2 万 $m^3/d$，为硕放水处理厂的二期工程，于 2009 年 11 月竣工启用，是国家重大水专项的示范工程，清华大学环境学院参与了工程设计、运行与监测。

### 8.5.2　工程概况

#### 8.5.2.1　工艺流程

硕放 MBR 工程的工艺流程见图 8.37，其核心部分的生化处理段工艺采用清华大学环境学院在国家重大水专项课题支持下研究开发的 MBR 强化脱氮除磷工艺，即厌氧/缺氧/好氧/缺氧-MBR(3A-MBR)工艺。后缺氧段的设置是为了充分

① 1 亩≈666.7$m^2$。

利用微生物胞内碳源强化反硝化，进一步提高污水的脱氮效果。图 8.38 是工程主要构筑物的照片。

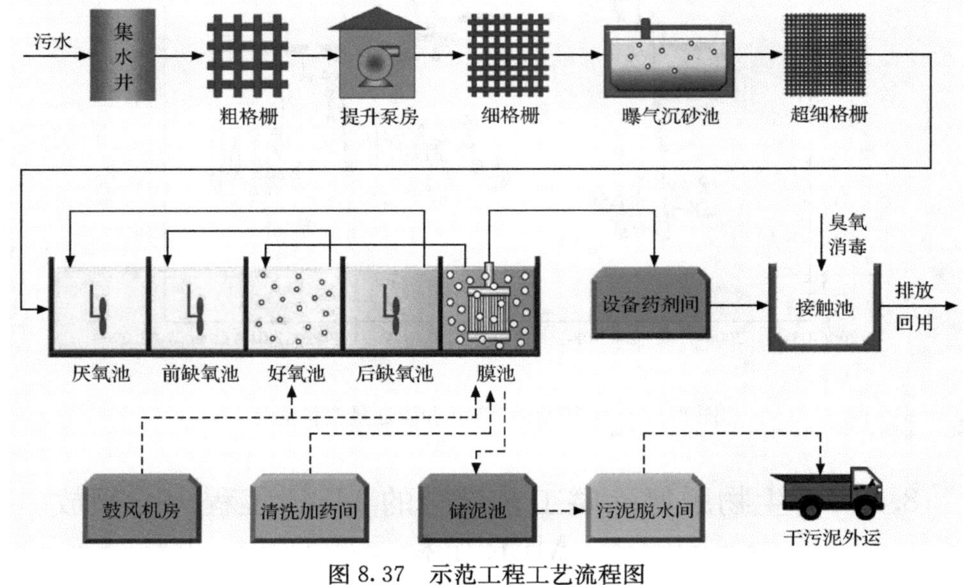


图 8.37　示范工程工艺流程图

图 8.38　MBR 强化脱氮除磷工程照片

8.5.2.2 工艺参数

示范工程的主要工艺参数见表 8.11。

表 8.11 示范工程主要工艺参数

| 项目 | 参数值 |
|---|---|
| HRT | 19.7h(厌氧∶前缺氧∶好氧∶后缺氧∶膜=1∶2∶3∶2.6∶0.9) |
| SRT | 30～40d |
| 回流比 | 膜-好氧:300%，好氧-前缺氧:200%，后缺氧-厌氧:100% |
| MLSS | 膜池:8～12g/L |
| BOD 负荷 | 0.06kg-BOD/(kg-MLSS · d) |

8.5.2.3 污水水质

示范工程的实测进水水质见表 8.12。

表 8.12 示范工程进水水质 (单位:mg/L)

| 指标 | COD | 总氮 | 氨氮 | 总磷 |
|---|---|---|---|---|
| 范围 | 65～878 | 18.5～69.7 | 7.7～37.4 | 1.3～26.5 |
| 平均值 | 391 | 41.6 | 22.2 | 7.9 |

示范工程的进水水质波动很大，主要是因为该污水处理厂进水中的工业废水(主要是电子厂、钢管厂、饮料厂和染料厂废水)比例较高，约占 40%～60%。

### 8.5.3 工程运行效果

示范工程于 2009 年 11 月调试启动，在其后稳定运行一年期间，对工程进行了跟踪监测，下面从污水处理效果、单元贡献及系统稳定性等方面考察和分析工艺性能。

8.5.3.1 污染物去除效果

1. COD 去除效果

示范工程对 COD 的去除效果如图 8.39 所示。

2010 年 2 月之前为试运行期，之后为正式运行期。进水 COD 浓度波动很大，但出水 COD 浓度比较稳定，满足 GB 18918—2002《城镇污水处理厂污染物排放标准》一级 A 排放标准(50mg/L)，COD 去除率基本在 90%以上。

2. 总氮去除效果

示范工程对总氮的去除效果如图 8.40 所示。

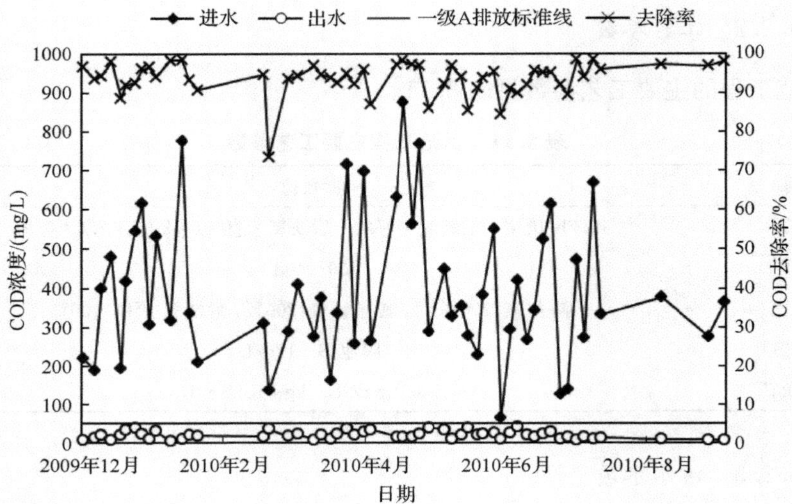


图 8.39　COD 去除效果

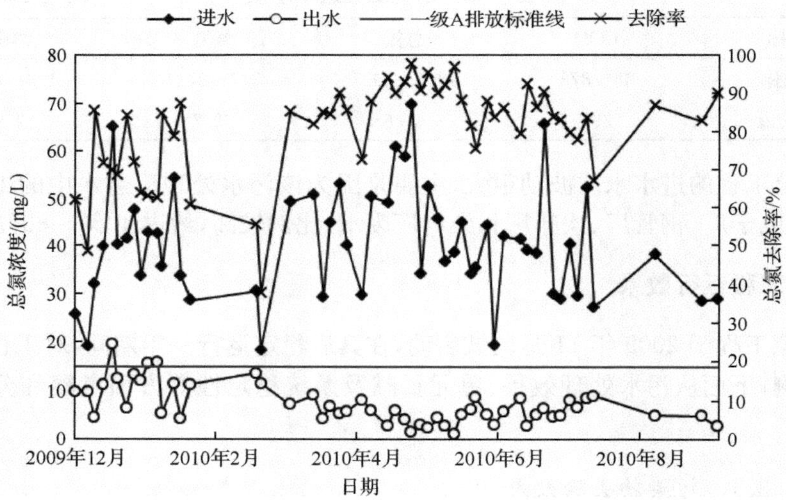


图 8.40　总氮去除效果

进水总氮浓度波动很大，试运行期间出水总氮浓度较高，进入正式运行期后，出水总氮浓度降低至 10mg/L 以下并能稳定保持，满足一级 A 排放标准(15mg/L)，总氮去除率基本在 75%以上。

3. 氨氮去除效果

示范工程对氨氮的去除效果如图 8.41 所示。

进水氨氮浓度波动很大，出水氨氮比较稳定，满足一级 A 排放标准(5mg/L)，

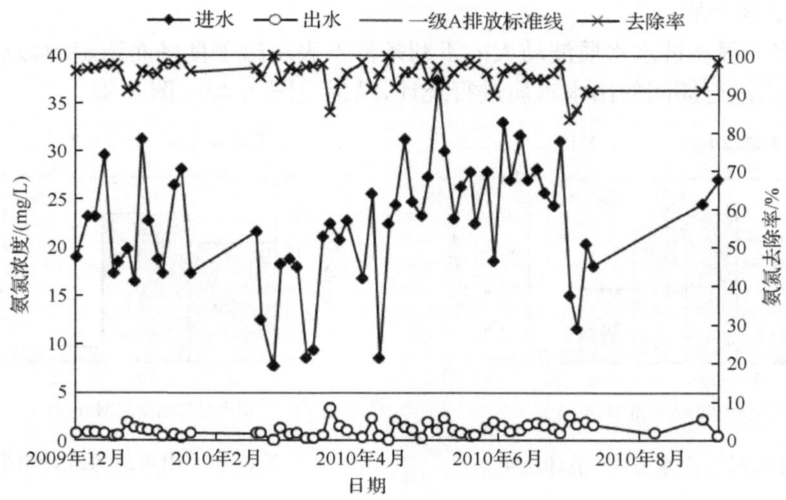


图 8.41　氨氮去除效果

氨氮去除率基本在 90％以上。

4. 总磷去除效果

示范工程对总磷的去除效果如图 8.42 所示。

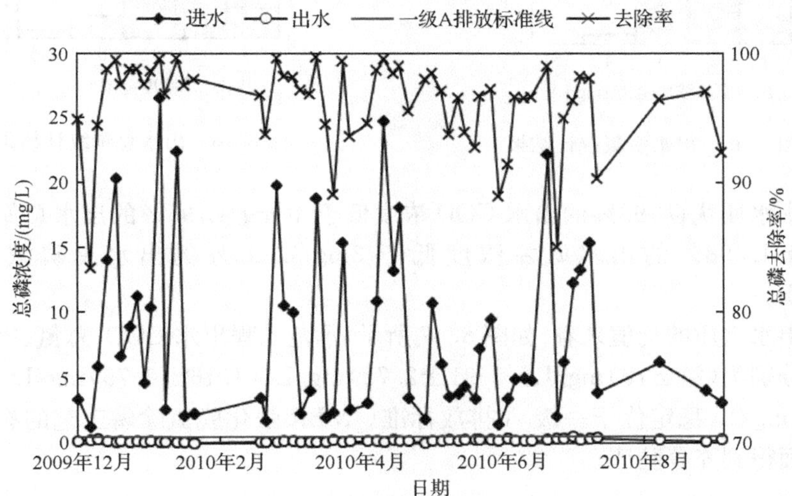


图 8.42　总磷去除效果

进水总磷浓度波动很大，出水总磷比较稳定，满足一级 A 排放标准(0.5mg/L)，总磷去除率基本在 90％以上。

5. 出水水质

示范工程在进水水质波动大的不利条件下表现出了良好而稳定的污水处理能力，对正式运行期间的出水水质进行统计，结果见图 8.43～图 8.46。

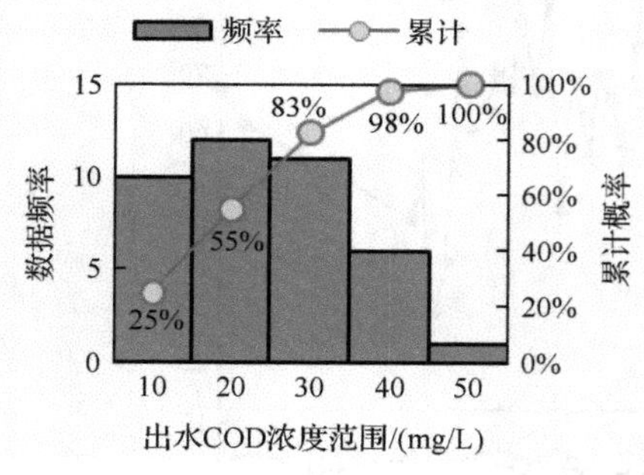


图 8.43　出水 COD 统计结果

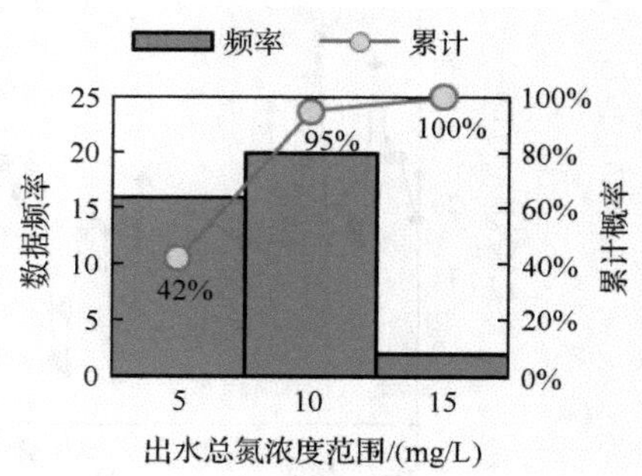


图 8.44　出水总氮统计结果

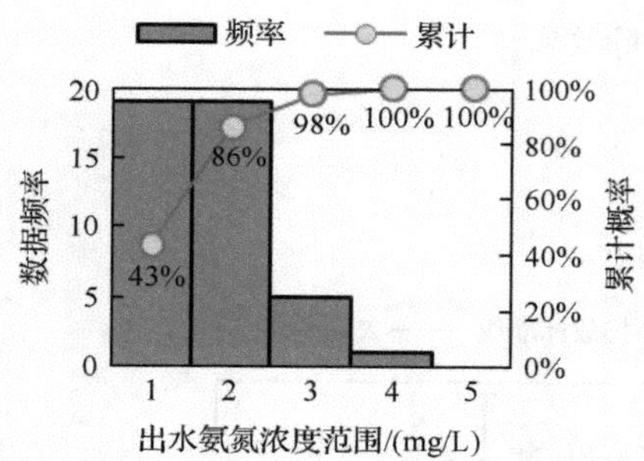


图 8.45　出水氨氮统计结果

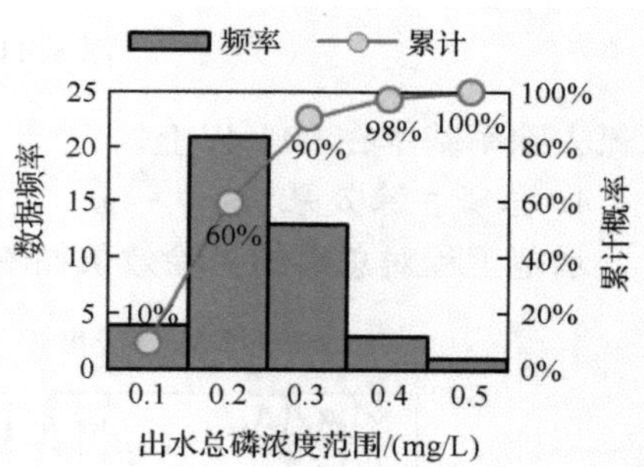


图 8.46　出水总磷统计结果

出水水质优良：98％的出水 COD 浓度低于 40mg/L，95％的出水总氮浓度低于 10mg/L，98％的出水氨氮浓度低于 3mg/L，90％的出水总磷浓度低于 0.3mg/L。

从出水水质的均值来看，如图 8.47 所示，示范工程出水 COD、总氮、氨氮和总磷浓度分别为(21±10)mg/L、(5.91±2.72)mg/L、(1.16±0.75)mg/L 和(0.19±0.09)mg/L，稳定优于一级 A 排放标准。MBR 强化脱氮除磷工艺的有效性在工程层面得到充分验证。

#### 8.5.3.2　各单元对污染物去除的贡献

根据工艺沿程各单元的 COD、总氮、氨氮及总磷浓度数据以及回流比等工艺参数，对各单元的污染物去除贡献进行衡算。

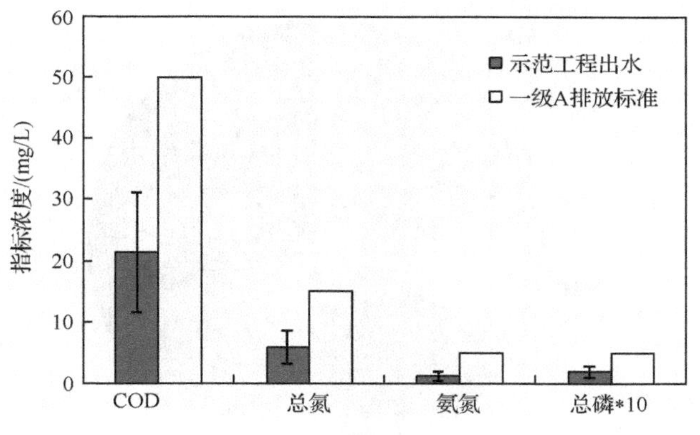


图 8.47　出水水质均值

1. COD 去除

各单元对 COD 去除的贡献如图 8.48 所示。

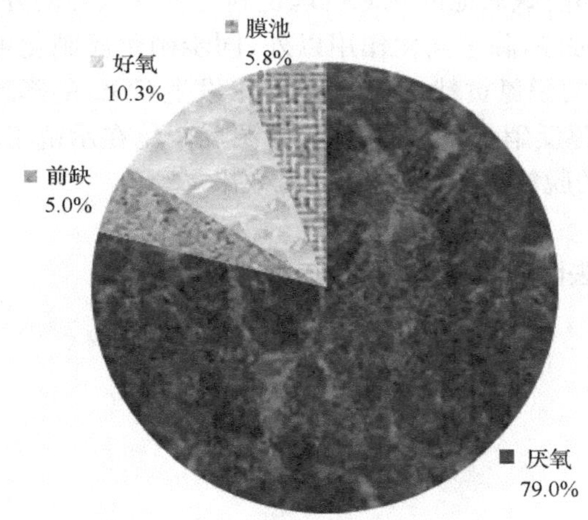


图 8.48　各单元对 COD 去除的贡献

厌氧池去除 COD 最多，其中除发生反硝化(图 8.49 中总氮有明显去除)之外，污泥吸附可能也对 COD 去除有一定贡献，被吸附的有机物实际在后续前缺氧池和好氧池被去除，但仍反映在厌氧池的去除贡献上(衡算结果基于上清液测定浓度)。前缺氧池(反硝化)和好氧池进一步去除部分 COD。膜池继续去除少量 COD，保障了出水水质。

2. 总氮去除

各单元对总氮去除的贡献如图 8.49 所示。

厌氧池和前缺氧池共起到了 67％的脱氮贡献，是主要的脱氮单元。结合图

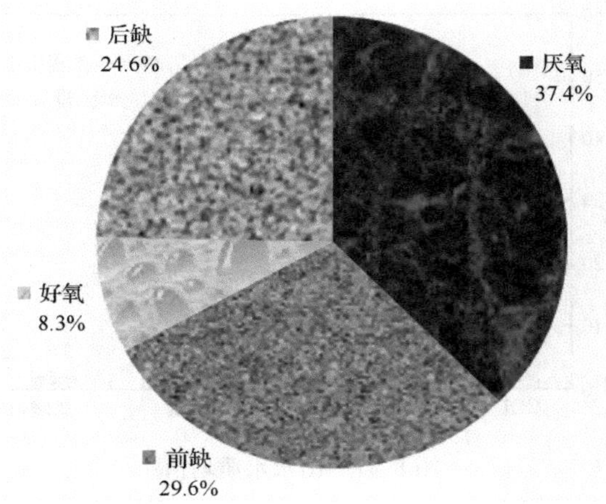


图 8.49　各单元对总氮去除的贡献

8.48 分析，厌氧池和前缺氧池的脱氮机理是利用进水碳源的外源反硝化脱氮。好氧池有少量的总氮去除，除了同化作用以外，同步硝化反硝化可能起到一定作用。后缺氧池有 24.6％的脱氮贡献，由于该池中未发生 COD 的降解(依据图 8.48)，其脱氮机理应属于内源反硝化脱氮。因此，内源反硝化在示范工程中发挥了重要作用，起到了约 20％的脱氮贡献，强化了脱氮效果。

3. 氨氮去除

各单元对氨氮去除的贡献如图 8.50 所示。

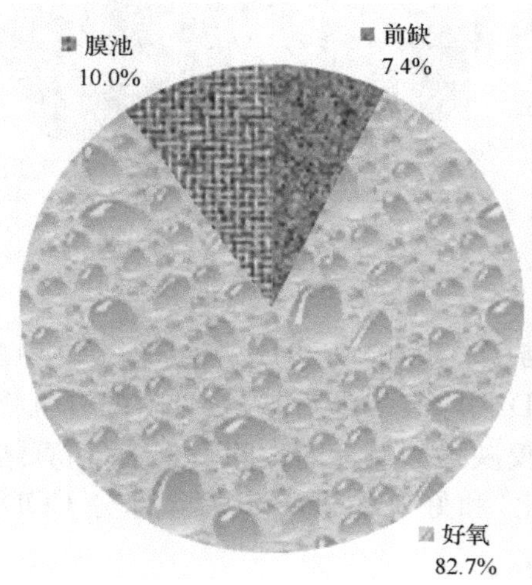


图 8.50　各单元对氨氮去除的贡献

氨氮通过硝化作用去除，需要有氧环境。好氧池是去除氨氮的主要单元，对氨氮去除的贡献占到 80%以上，膜池起到了进一步保障水质的作用，有 10%的氨氮去除贡献。此外，前缺氧池有少量氨氮去除，可能是来自好氧池的污泥回流带入了一些溶解氧而发生了硝化作用。

4. 总磷去除

各单元对总磷去除的贡献如图 8.51 所示。

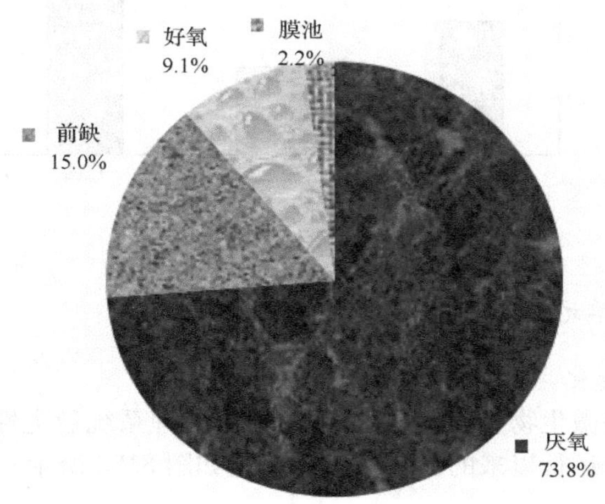


图 8.51　各单元对总磷去除的贡献

厌氧池去除的总磷最多，与聚磷菌厌氧释磷的典型现象不符，表明生物除磷作用很弱。对进水水质的进一步分析表明，进水中含有较高浓度的铁、铝和钙等金属成分(进水中工业废水约占 40%～60%)，并且在污泥混合液中有明显的富集现象(表 8.13)，表明这些金属成分可能起到了化学除磷药剂的作用，使示范工程在生物除磷功能较弱和未投加化学除磷药剂的情况下，依然保持了良好而稳定的除磷效果。

**表 8.13　示范工程进水及污泥混合液中的元素含量测定结果**

| 水样 | Al | Ca | Cu | Fe | Mg | Mn | Si |
|---|---|---|---|---|---|---|---|
| 进水/(mg/L) | 7.711 | 85.975 | 0.022 | 3.325 | 19.18 | 0.356 | 11.07 |
| 混合液/(mg/L) | 212.5 | 228.3 | 3.199 | 365.9 | 44.605 | 6.6285 | 72.37 |

对膜池上清液和出水水质进行比较，按“表观截留率=(膜池上清液浓度－出水浓度)/膜池上清液浓度×100%”，计算膜对 COD、总氮和总磷的表观截留率，结果见图 8.52。

可见膜截留也有一定的水质保障作用，尤其是对于总磷的去除。膜分离可以去除不易通过重力分离去除的细小磷酸盐沉淀或胶体磷，保证出水水质。

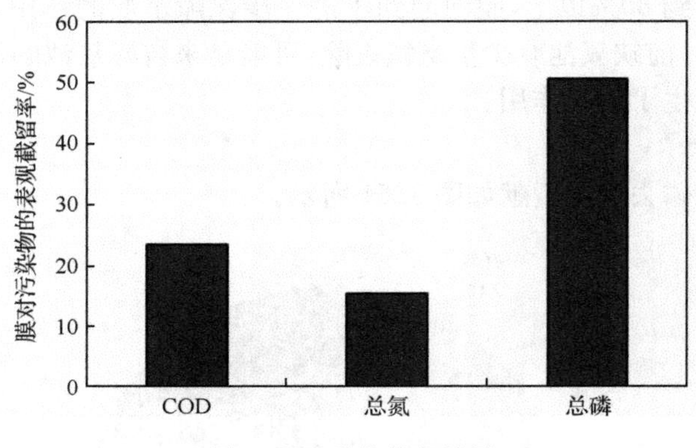


图 8.52 膜的截留效果

#### 8.5.3.3 膜单元运行效果

1. 污泥浓度变化

污泥浓度反映微生物量,其变化情况是污水处理系统稳定性的一个重要考察指标。示范工程自运行以来的 MLSS 变化情况如图 8.53 所示。

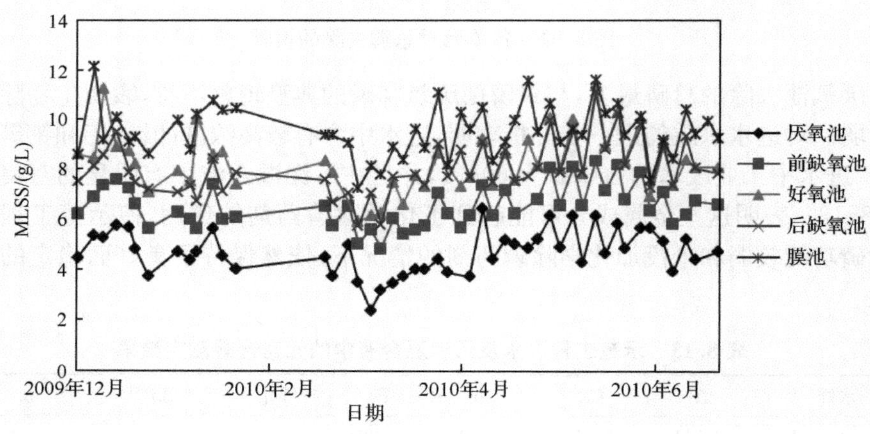


图 8.53 MLSS 的变化

污泥浓度基本保持稳定,膜池 MLSS 一般在 9～11g/L,后缺氧池 MLSS 基本在 8～10g/L。

2. TMP 变化

示范工程自运行以来的 TMP 变化情况如图 8.54 所示。

TMP 基本保持稳定,表明现有工艺运行方式及膜清洗方式对控制膜污染是有效的。

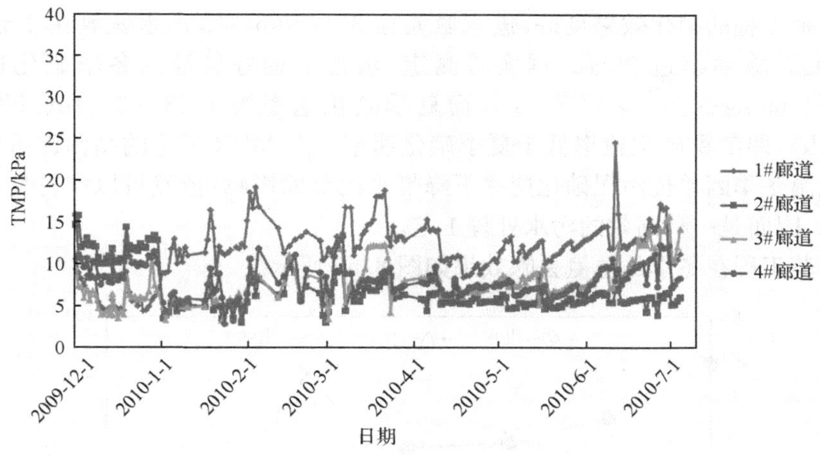


图 8.54　TMP 的变化

#### 8.5.3.4　冬季硝化与总氮去除效果

温度对硝化效果的影响很大，在低温冬季，污水处理厂的出水氨氮往往会偏高，影响出水水质。同时，由于硝化不彻底，进一步影响到整体脱氮效果，使出水总氮也会出现升高。因此，冬季硝化效果是污水处理工程性能的重要评价指标。

根据监测，示范工程反应池内的春秋季水温在 18～26℃，夏季水温约为 25～30℃，到了冬季，水温可降低至 10～16℃。图 8.41 中的监测结果表明，在 2009 年 12 月至 2010 年 2 月的低温运行阶段，示范工程的硝化效果很好。但由于当时示范工程仍处于调试阶段，运行控制并不稳定，为充分了解示范工程的冬季硝化效果，于 2011 年 1 月开展了冬季水质监测。

示范工程此期间的硝化效果如图 8.55 所示。

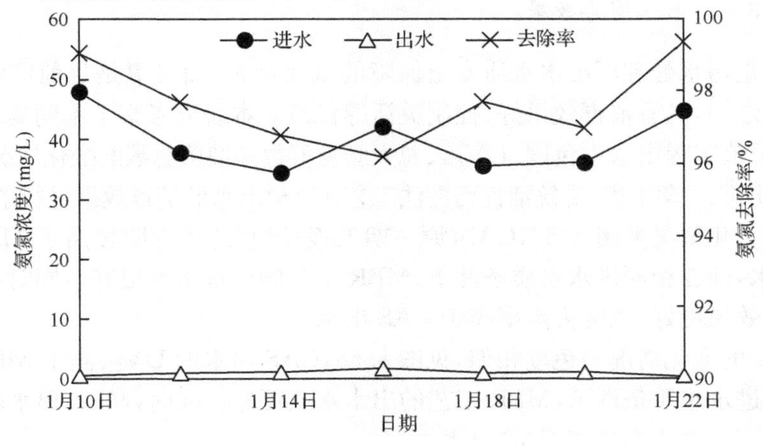


图 8.55　冬季硝化效果

示范工程的硝化效果良好，进水氨氮在 30～50mg/L，出水氨氮在 2mg/L 以下，氨氮去除率超过 96%。据实验测定，示范工程好氧池的冬季硝化速率在 1.38～1.69mg-$NO_3$/(g-VSS · h)，而夏季硝化速率为 1.58～2.64mg-$NO_3$/(g-VSS · h)，即冬季硝化速率低于夏季硝化速率。但 MBR 工艺的高污泥浓度弥补了在低温冬季因单位污泥硝化速率下降带来的负面影响，依然可以维持良好的硝化效果，因而是一种高效的污水处理工艺。

示范工程在冬季的总氮去除效果如图 8.56 所示。

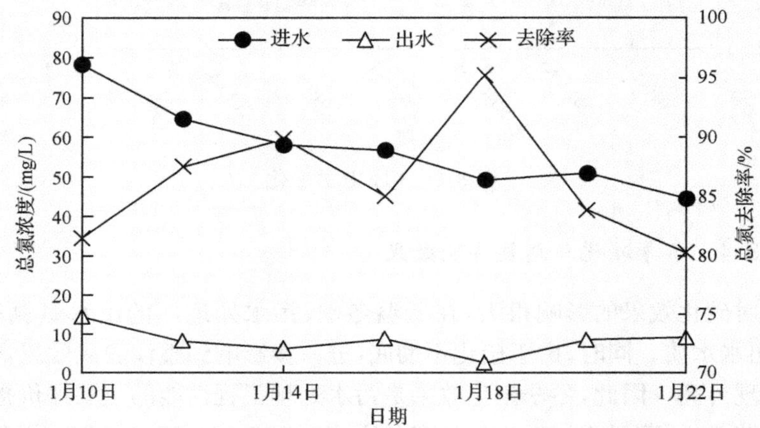


图 8.56 冬季总氮去除效果

示范工程进水总氮在 40～80mg/L，出水总氮低于 15mg/L(大部分时间低于 10mg/L)，总氮去除率高于 80%。良好的硝化效果保障了示范工程的脱氮效果，出水总氮浓度稳定优于国家一级 A 排放标准。

#### 8.5.3.5 出水消毒效果

消毒是污水处理厂出水水质安全保障的重要措施，而臭氧是目前广泛应用的消毒技术之一，具有消毒效果好、控制灵活等优点。本研究考察了不同臭氧投加量条件下，示范工程出水中色度、$UV_{254}$、总大肠菌群数和细菌总数的变化情况，并和硕放水处理厂原一期工程(传统活性污泥法工艺，CAS)出水的消毒效果进行了比较。

色度变化情况见图 8.57，CAS(原一期工程)出水的色度明显高于 MBR(示范工程)出水，即在相同进水水质条件下，MBR 工艺的出水水质更好。同时，MBR 出水的消毒效果更好，色度去除率高于 CAS 出水。

$UV_{254}$的变化情况与色度相似，见图 8.58，CAS 出水的 $UV_{254}$ 高于 MBR 出水，即在相同进水水质条件下，MBR 工艺的出水水质更好。同时，MBR 出水的消毒效果更好，$UV_{254}$去除率高于 CAS 出水。

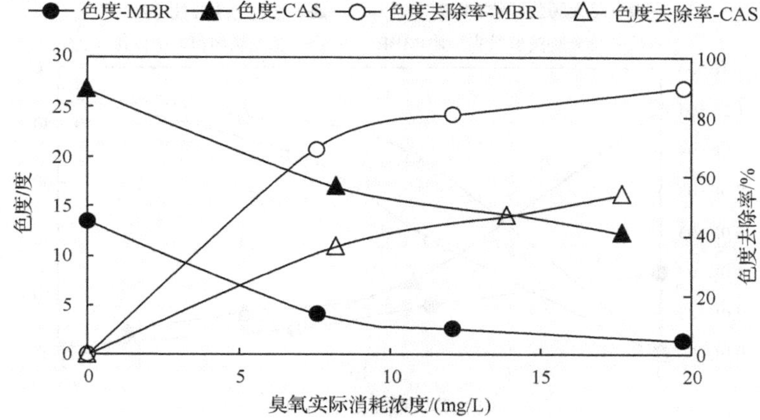


图 8.57　不同臭氧投加量下的色度去除效果

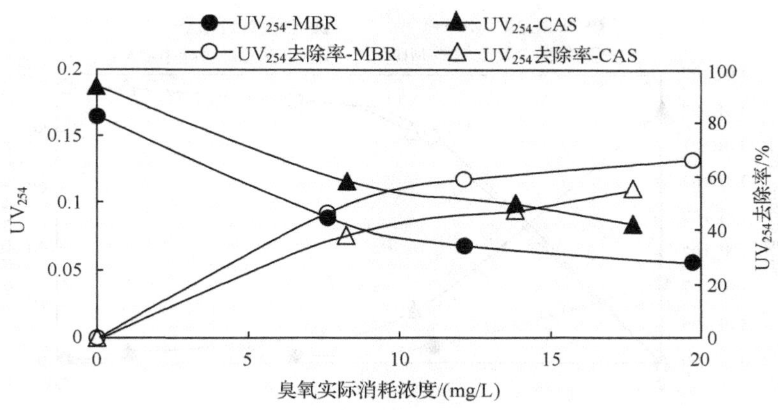


图 8.58　不同臭氧投加量下的 $UV_{254}$ 去除效果

总大肠菌群数的变化情况见图 8.59，CAS 出水的总大肠菌群数明显高于 MBR 出水，即在相同进水水质条件下，MBR 工艺的出水水质更好。但是，CAS 出水的总大肠菌群数去除率高于 MBR 出水，这主要是因为 CAS 出水的总大肠菌群数初始值较高。随着臭氧实际消耗量的增加，两种工艺出水的总大肠菌群数趋于接近，去除率也相近。

细菌总数的变化情况见图 8.60，CAS 出水的细菌总数明显高于 MBR 出水，即在相同进水水质条件下，MBR 工艺的出水水质更好。两种工艺的细菌总数去除率相近。

综上，示范工程出水水质良好，在同样的进水水质条件下，示范工程出水的色度、$UV_{254}$、总大肠菌群数和细菌总数均低于传统活性污泥法工艺的出水。同时，

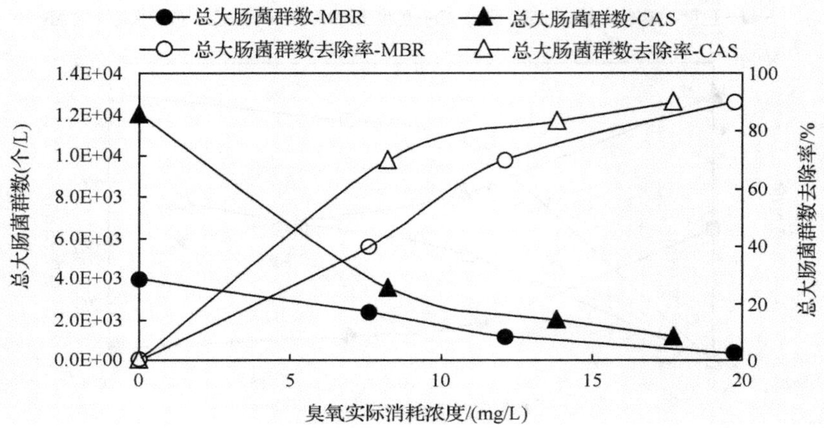


图 8.59　不同臭氧投加量下的总大肠菌群数去除效果

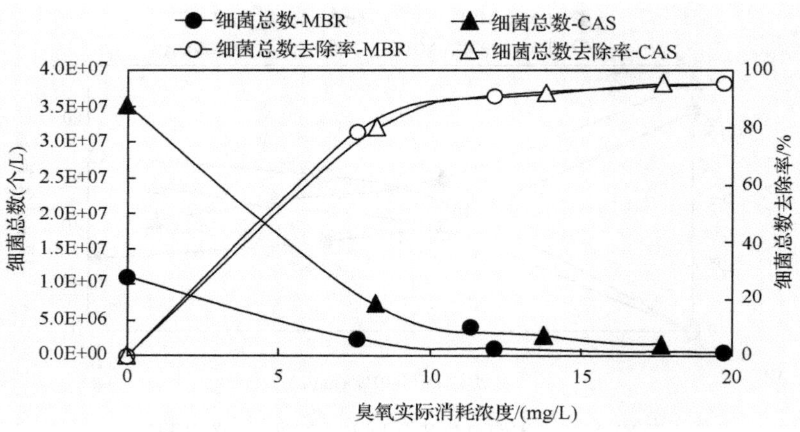


图 8.60　不同臭氧投加量下的细菌总数去除效果

在同样的臭氧消耗量下，示范工程出水消毒后的水质也更好，充分反映了 MBR 工艺的优势。

### 8.5.4　小结

示范工程出水 COD、总氮、氨氮和总磷浓度分别为(21±10)mg/L、(5.91±2.72)mg/L、(1.16±0.75)mg/L 和(0.19±0.09)mg/L，稳定优于一级 A 排放标准。3A-MBR 工艺中的后缺氧段对总氮去除起到了重要贡献。MBR 在冬季仍表现出良好的氨氮与总氮去除率，对色度、$UV_{254}$ 等指标的去除率高于传统工艺，出水水质消毒效果良好。膜单元运行稳定，膜污染得到了良好控制。

# 8.6　工业废水处理——徐州卷烟厂 MBR 工程

## 8.6.1　工程背景

徐州卷烟厂是我国烟草行业的重点骨干企业。为进一步提高企业的综合竞争力,徐州卷烟厂在现有基础上进行技术改造,技改后将形成年产卷烟 100 万箱的规模。

污水处理与再生回用工程是徐州卷烟厂技改的配套工程,将全厂的生产废水和生活污水收集处理后进行回用。该工程采用“Airlift MBR-RO”双膜法工艺,将污水处理后分别回用于绿化、冲厕和锅炉补给。该工程由清华大学环境科学与工程系膜技术研发与应用中心承担工艺研发与设计,于 2007 年投入运行。自投运以来,系统运行稳定,出水水质优良,有力地推动了 MBR 在烟草行业的应用。

## 8.6.2　工程概况

### 8.6.2.1　工艺流程

工程位于徐州卷烟厂新厂区内,处理对象为厂区的生产废水和生活污水,其中生产废水 1200$m^3$/d,生活污水 620$m^3$/d,设计处理规模为 2000$m^3$/d。应业主的要求,反渗透设计产水规模为 1800$m^3$/d(回收率 75%),不足部分补充自来水。

烟草废水中含有大量的香精香料、焦油、生物碱、酚类等有机物,COD、色度较高,可生化性差。同时由于烟草品种的更换,水质波动较大,容易对污水处理系统造成冲击负荷,处理难度较大。

工程的主体工艺为“Airlift MBR+RO”,工艺流程如图 8.61 所示。

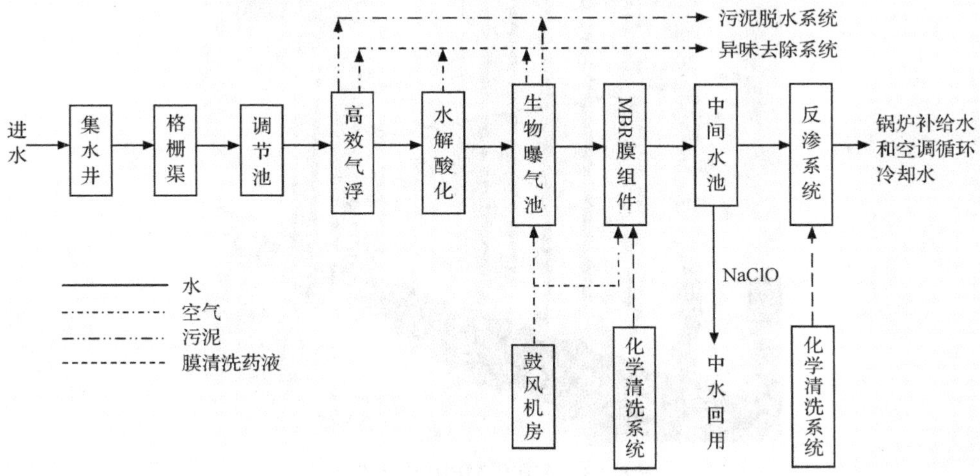


图 8.61　徐州卷烟厂污水处理与再生回用工程工艺流程图

该工程是国内首个“MBR-RO”双膜法工艺在烟草行业污水处理与再生回用中的大规模应用。

8.6.2.2 主体反应器与设备

MBR 是工程的核心处理单元，工程中采用外置式气提膜生物反应器(Airlift MBR)，通过空气的气提作用，有效降低了运行能耗。工程效果图和工程照片如图 8.62 与图 8.63 所示。

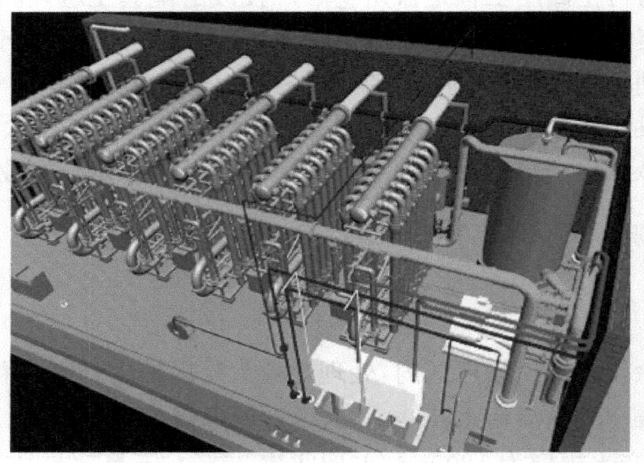

图 8.62 徐州卷烟厂 MBR 工程效果图

图 8.63 Airlift MBR 工程照片

膜组件采用的是Norit (X-Flow)公司的COMP-38PRH-0204型管式膜组件，膜材质为PVDF，截留分子质量15万Da，毛细管内径：5.2mm，每支膜组件面积：$30m^2$，单支膜组件大小：$\Phi200 \times H3000mm$。

8.6.2.3　废水水质与处理要求

废水水质如表8.14所示。

**表8.14　废水水质**

| 参数 | COD/(mg/L) | SS/(mg/L) | 色度/倍 |
|---|---|---|---|
| 数值 | 400～2500 | 100～300 | 30～300 |

工程采用分质回用的原则。污水经预处理、MBR处理后：

(1) 小部分出水经消毒后达到《城市污水再生利用—城市杂用水水质》(GB/T 18920—2002)规定的水质标准，回用于绿化和冲厕，该部分的水量为$200m^3/d$。

(2) 剩余$1800m^3/d$的出水进入反渗透系统进行深度处理，处理后的出水达到GB 1576—2001《工业锅炉水质》和GB 50050—95《工业循环冷却水处理设计规范》中规定的循环冷却水的水质标准，用做锅炉补给水和空调循环冷却水。

### 8.6.3　工程运行效果

8.6.3.1　污染物去除效果

1. COD去除效果

在监测期间，系统进水、出水的COD变化趋势如图8.64所示。由图中可以看出，进水COD在200～1000mg/L，波动较大。由于生活污水的稀释作用，工程投运以来，进水COD大部分时间内介于300～600mg/L，MBR出水的COD基本稳定在50mg/L以下。

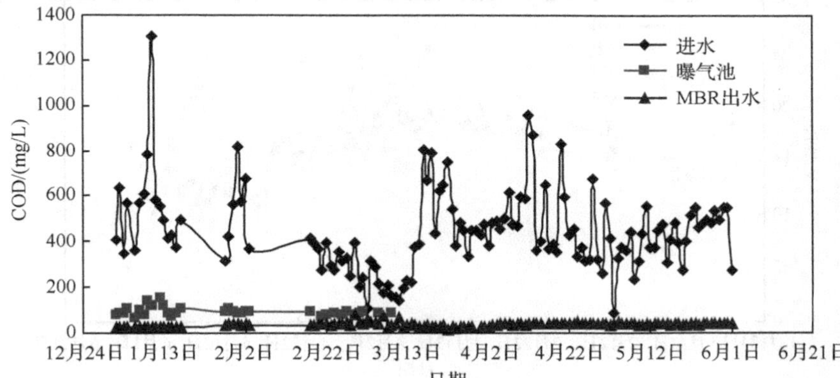


图8.64　系统COD进水、出水浓度变化

对曝气池上清液 COD 的监测表明，工程投运初期，上清液 COD 在 80～150mg/L 之间波动，运行一段时间后，基本稳定在 100mg/L。这表明曝气池内的微生物逐渐适应烟草废水的水质，系统趋于稳定。

2. 浊度去除效果

进水和 MBR 出水浊度的变化如图 8.65 所示。由图中可以看出，进水浊度波动比较大，浊度数值在 100～900NTU 之间波动。尽管进水浊度波动很大，但由于膜的高效截留作用，MBR 出水的浊度维持在 1NTU 以下。

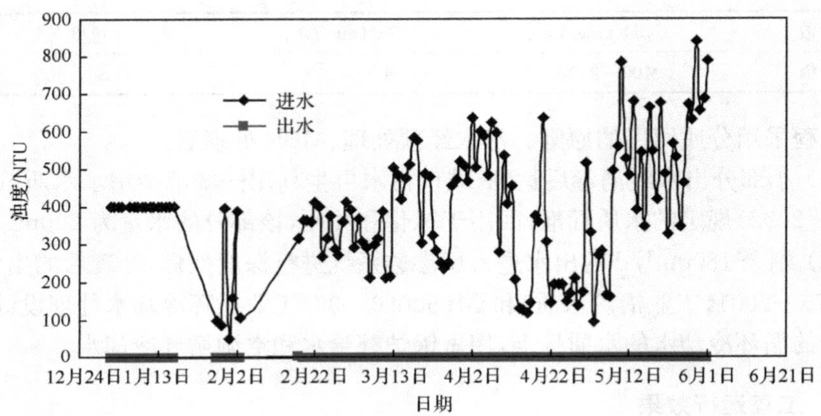


图 8.65　系统进水和 MBR 出水浊度的变化

### 8.6.3.2　跨膜压差变化

本工程共采用四个 MBR 膜组，根据来水水量的波动，各膜组同时或交替运行。工程投运以来，膜系统 TMP 变化趋势如图 8.66 所示。由图中可以看出，TMP 基本稳定在 20kPa 以下，膜污染控制良好。

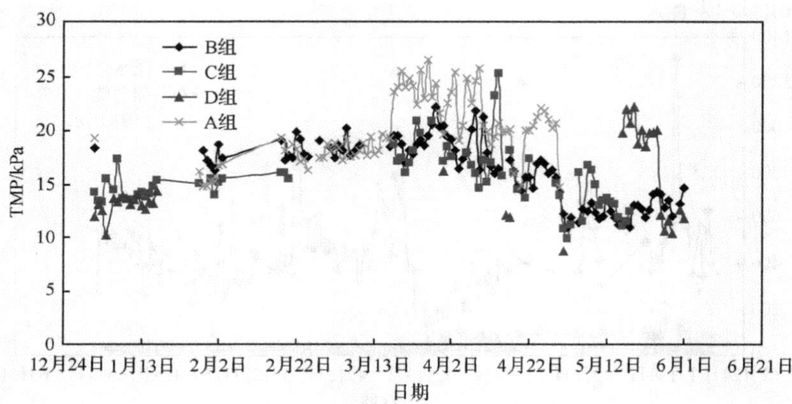


图 8.66　MBR 膜过滤单元 TMP 变化图

在 Airlift MBR 中，空气的气提对于膜组件的稳定运行具有至关重要的作用。部分时间段内 TMP 上升较为迅速，经分析是由膜组件的布气系统堵塞，空气的气提作用不明显导致的。对膜组件及其布气系统进行清洗后，TMP 恢复正常。

### 8.6.4 小结

(1) 工程实际运行表明，采用 MBR 处理烟草废水，工艺运行稳定，出水水质优良。出水 COD＜50mg/L，浊度＜1NTU。

(2) 采用“MBR＋RO”双膜法工艺对烟草废水进行处理和再生回用是完全可行的。该工艺的推广应用，可促进烟草行业节能减排工作的开展。

## 8.7 污染河水净化——温榆河水资源利用 MBR 工程

### 8.7.1 工程背景

潮白河是北京市第二大河，是北京市重要的水源地和自然景观河道，但潮白河河道自 1999 年就已经干涸，没有基流。为充分利用温榆河较为丰富的水资源，改善潮白河流域水环境，解决北京市顺义新城环境用水，满足潮白河畔 2007 年世界青年运动会、2008 年北京奥运会水上项目、2009 年残疾人运动会等活动的环境用水需求，北京市政府决定实施“顺义新城温榆河水资源利用工程”。

该工程设计取水口的位置在鲁疃闸左岸上游 1.46km，受污染的河水经过 2 万 $m^2$ 人工湿地初步净化后，由明渠引入调蓄水池(70 万 $m^3$ 池容，原址为于庄砖厂取土坑，后经改造而成)，采用“加药絮凝沉淀＋膜生物反应器(MBR)”技术净化，要求处理后的水基本达到 GB 3838—2002《地表水环境质量标准》Ⅲ类水体标准(TN 除外)，再利用加压泵站通过 $\Phi$1400mm，13km 管线输送到潮白河向阳闸至河南村坝段。工程处理能力 10 万 $m^3/d$，年输送水量达 3800 万 $m^3$(夏季河水水质较好时，直接加压输送至潮白河)。

工程于 2007 年 3 月开始建设，2007 年 9 月系统调试及试运行，2007 年 10 月验收并正式通水，至今已经稳定运行近 5 年。

### 8.7.2 工程概况

#### 8.7.2.1 工艺流程

由于国内没有将受污染地表水处理达标后跨流域调水的实际工程经验可供参考，在工程工艺流程的选择过程中，建设单位、设计单位、相关政府部门多次组织了专家论证，并最终选定“曝气生物滤池＋砂滤”、“加药絮凝沉淀＋MBR”两个工艺作为备选工艺进行技术经济比较。这两种工艺技术在工程论证阶段都进行了为期一年的中试，以对比其技术与经济可行性。最终从技术可行、经济合理、适合本地情况三个方面进行了论证分析，确定"加药絮凝沉淀＋MBR"作为推荐方案，其工艺流程如图 8.67 所示。

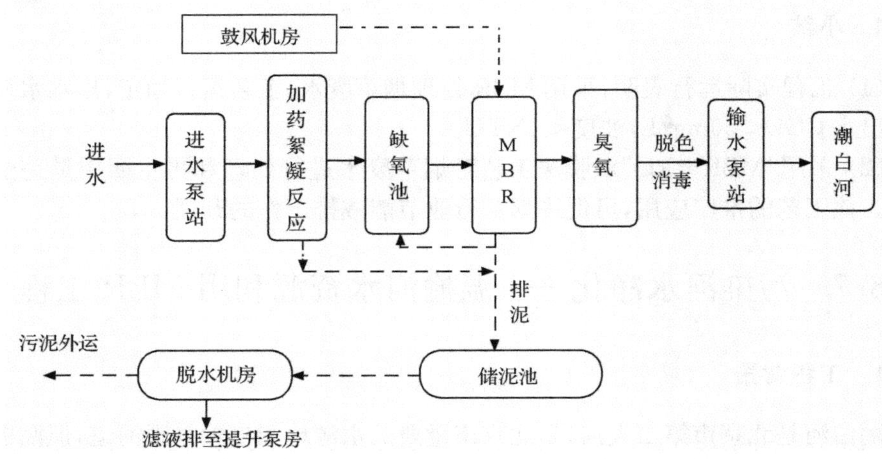


图 8.67　温榆河工程 MBR 工艺流程图

工艺流程包括预处理单元、生化处理单元和污泥处理单元。来水经外部引水管渠送至调节池，经格栅后进入提升泵站，再提升进入加药絮凝单元，进行化学除磷后再进入缺氧池进行脱氮，出水进入 MBR 单元，通过生化处理，降低 BOD、COD 等污染物浓度，然后通过抽吸泵将处理水经膜过滤、臭氧消毒后送至输水泵站前清水池，经提升后至潮白河。

絮凝反应沉淀池的污泥通过重力排至储泥池，而膜池剩余污泥经污泥泵提升后进入储泥池，再由污泥螺杆泵送至带式浓缩脱水机进行脱水，脱水后的泥饼由螺旋输送机送至污泥房外运处置。

带式浓缩脱水机的滤后液及滤布冲洗水与厂内的生活污水经管道汇集至厂区絮凝反应沉淀池，然后进入 MBR 系统进行处理。

该工艺可分段、高效去除受污染河水中的 TP、COD、$NH_4^+$-N 和 TN 等污染物，保证出水水质达到地表水Ⅲ类的要求。在冬季水温极低时(可达 1～3℃)，由于高浓度的活性污泥和膜的截留作用，仍可保持一定的微生物活性和高效的污染物去除效率。工程占地面积小，流程紧凑，自动控制程度高，水质保障率高。

### 8.7.2.2　主体反应器与设备

系统处理水量 100 000$m^3$/d。生物处理单元由缺氧区与好氧区(膜池)组成，缺氧区分四个平行系列，HRT 为 0.92h，硝化液(自好氧区)回流比 200%，底部设低速推流器。好氧区 HRT 为 2.5h，污泥龄为 25d。

膜组件采用旭化成产品(MUNC-620A 膜组件)，膜材质为 PVDF，膜孔径 0.1μm，膜通量在夏季(15～25℃)为 20～22L/(m²·h)，在冬季(2～15℃)为 5～15L/(m²·h)。

8.7.2.3　河水水质

2008 年 3 月至 2012 年 6 月间河水水质如表 8.15 所示。

表 8.15　河水水质

| 指标 | pH | 色度/倍 | COD /(mg/L) | $BOD_5$ /(mg/L) | 氨氮 /(mg/L) | TP /(mg/L) | TN /(mg/L) | SS /(mg/L) |
|---|---|---|---|---|---|---|---|---|
| 数值 | 6.0～9.0 | 60～120 | 13.4～121.0 | 4～27 | 2.6～49.7 | 0.2～4.1 | 8.4～38.8 | 20～60 |

### 8.7.3　工程运行效果

温榆河一期工程运行已经近 5 年，下面讨论在 2008 年 3 月至 2012 年 6 月期间工程运行中污染物的去除情况。

1. COD 去除效果

从期间的监测数据看，河水 COD 浓度在 13.4～121.0mg/L 之间变化，出水 COD 在大部分时间可以达到处理要求。

2. 氨氮去除效果

氨氮的去除效果如图 8.68 所示。系统对氨氮的去除效果良好，除个别情况

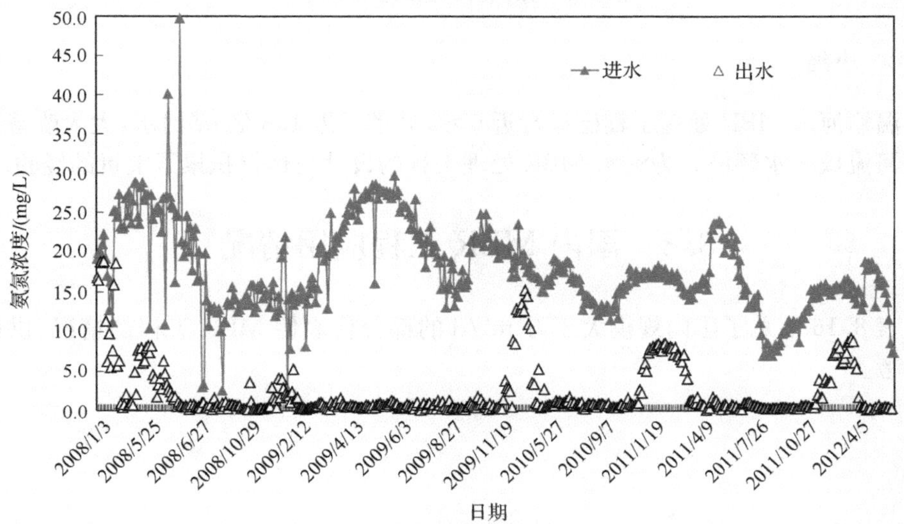


图 8.68　系统对氨氮的去除效果

外，多数时间出水氨氮浓度满足设计要求。特别是在低温冬季，出水氨氮浓度也可以维持在较低的水平。

3. TN 去除效果

总氮去除效果如图 8.69 所示。总氮进水浓度在 8.4～38.8mg/L 之间，运行中在生化池缺氧段适当投加了甲醇，出水平均 TN 浓度在 14.0mg/L，最低时为 5.1mg/L，实现了良好的脱氮功能。

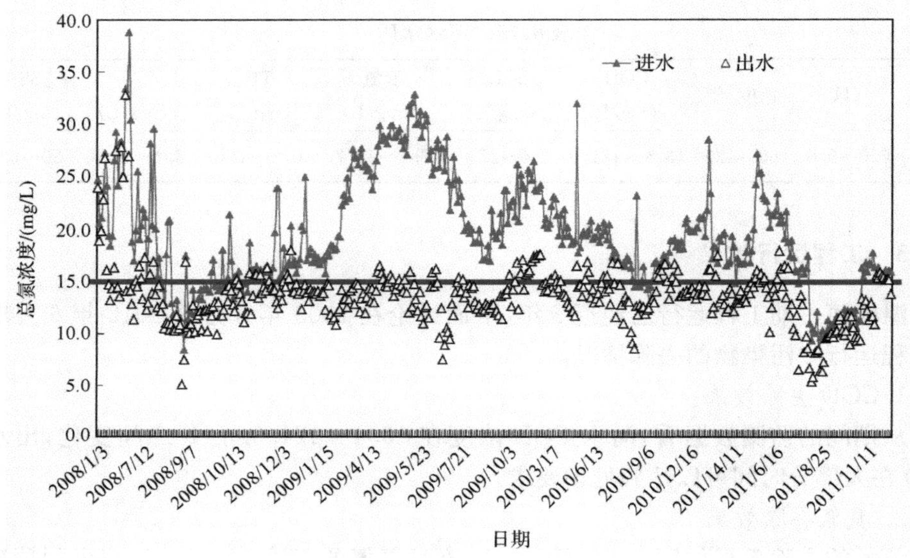


图 8.69 系统对总氮的去除效果

### 8.7.4 小结

温榆河水 MBR 处理工程已运行近 5 年，处理了近 1.8 亿 $m^3$ 河水，大大改善了潮白河流域的水环境。为河水 MBR 处理工程的设计与运行积累了宝贵的经验。

## 8.8 国内 MBR 工程应用情况

表 8.16 汇总了国内规模大于万 $m^3/d$ 的部分代表性 MBR 工程的情况，供读者参考。

**表 8.16　我国部分大型 MBR 工程应用情况**

| MBR 工程名称 | 废水类型 | 膜组件厂家 | 设计处理能力/($m^3$/d) | 投运时间 |
|---|---|---|---|---|
| 北京市密云县污水处理厂再生水工程 | 市政污水 | 日本三菱丽阳 | 45 000 | 2006 |
| 内蒙古金桥热电厂污水处理工程 | 市政污水 | GE-Zenon | 31 000 | 2006 |
| 广东惠州大亚湾石化区污水处理厂 | 石化废水 | 日本旭化成 | 25 000 | 2006 |
| 广东广州小虎岛精细化工区污水处理 | 化工废水 | 日本旭化成 | 10 000 | 2006 |
| 中石化海南实华炼化污水处理工程 | 炼油废水 | 日本旭化成 | 10 000 | 2006 |
| 内蒙古鄂尔多斯羊绒集团 | 工业废水 | 天津膜天膜 | 10 000 | 2006 |
| 中海油惠州炼油污水处理工程(广东) | 炼油废水 | 日本旭化成 | 15 000 | 2007 |
| 中石化洛阳石化炼油污水处理工程 | 石化废水 | Memstar(美能) | 18 000 | 2007 |
| 中石油哈尔滨石化炼油污水处理工程 | 石化废水 | Memstar(美能) | 10 000 | 2007 |
| 北京市北小河污水处理厂再生水厂 | 市政污水 | 西门子 | 60 000 | 2007 |
| 北京温榆河水资源利用工程 | 污染河水 | 日本旭化成 | 100 000 | 2007 |
| 北京市怀柔区庙城污水处理厂 | 市政污水 | 日本旭化成 | 35 000 | 2007 |
| 天津空港物流加工区废水处理工程 | 工业废水 | 天津膜天膜 | 30 000 | 2007 |
| 四川成都印钞公司污水处理厂 | 印钞废水 | 日本三菱丽阳 | 10 000 | 2007 |
| 北京平谷污水处理厂 | 市政污水 | 日本旭化成 | 40 000 | 2008 |
| 北京市北小河再生水厂(二期) | 市政污水 | 北京碧水源 | 40 000 | 2008 |
| 江苏无锡梅村污水处理厂 | 市政污水 | GE-Zenon | 30 000 | 2009 |
| 江苏无锡新城污水处理厂 | 市政污水 | 西门子 | 20 000 | 2009 |
| 湖北十堰神定河污水处理厂 | 市政污水 | 北京碧水源 | 110 000 | 2009 |
| 江苏无锡硕放污水处理厂 | 市政污水 | 日本三菱丽阳/北京碧水源 | 20 000 | 2009 |
| 江苏无锡城北污水处理厂(第四期) | 市政污水 | 北京碧水源 | 50 000 | 2009 |
| 北京门头沟区再生水厂工程 | 市政污水 | 日本三菱丽阳 | 40 000 | 2009 |
| 北京延庆再生水厂工程 | 市政污水 | 日本三菱丽阳 | 30 000 | 2009 |
| 九江石油工程公司项目 | 市政污水 | 日本旭化成 | 12 000 | 2009 |
| 江苏泰兴市滨江污水处理厂一期改造工程 | 市政、化工污水 | Memstar(美能) | 30 000 | 2009 |
| 江苏大丰市大丰港污水处理厂改造工程 | 制药废水 | Memstar(美能) | 10 000 | 2009 |
| 四川汶川污水处理厂 | 市政污水 | Memstar(美能) | 10 000 | 2009 |
| 四川蓬威石化公司污水处理厂 | 石化废水 | 天津膜天膜 | 10 000 | 2010 |
| 云南昆明第四污水处理厂 | 市政污水 | 北京碧水源 | 60 000 | 2010 |
| 江苏无锡胡埭污水处理厂(二期) | 市政污水 | 北京碧水源 | 21 000 | 2010 |

续表

| MBR 工程名称 | 废水类型 | 膜组件厂家 | 设计处理能力/($m^3$/d) | 投运时间 |
|---|---|---|---|---|
| 北京市温榆河水资源利用工程(二期) | 污染河水 | 日本三菱丽阳 | 100 000 | 2010 |
| 广东广州京溪污水处理厂 | 市政污水 | Memstar(美能) | 100 000 | 2010 |
| 江苏昆山污水处理厂 | 市政污水 | GE-Zenon | 15 000 | 2010 |
| 江苏省泰兴市滨江污水处理厂(二期) | 化工废水 | Memstar(美能) | 30 000 | 2010 |
| 黑龙江同江污水处理厂 | 市政污水 | 北京碧水源 | 20 000 | 2010 |
| 山西省柳林县污水处理厂 | 市政污水 | 日本旭化成 | 30 000 | 2010 |
| 北京市平谷再生水厂(二期) | 市政污水 | 北京碧水源 | 40 000 | 2010 |
| 石家庄高新区污水处理厂再生水工程 | 市政污水 | 北京碧水源 | 100 000 | 2011 |
| 无锡梅村污水处理三期工程 | 市政污水 | 北京碧水源 | 30 000 | 2011 |
| 无锡新城污水处理三期工程 | 市政污水 | 日本三菱丽阳 | 30 000 | 2011 |
| 无锡马山再生水工程 | 市政污水 | 北京碧水源 | 17 500 | 2011 |
| 黑龙江省大庆市东城区污水处理厂 | 市政污水 | 日本旭化成 | 50 000 | 2011 |
| 北京市丰台区河西再生水工程 | 市政污水 | 北京碧水源 | 50 000 | 2012 |
| 天津市机场污水处理工程 | 工业废水 | 天津膜天膜 | 30 000 | 2012 |
| 北京市清河再生水厂二期工程 | 市政污水 | 北京碧水源 | 150 000 | 2012 |
| 北京市昌平百善再生水厂 | 市政污水 | 北京碧水源 | 21 000 | 2012 |
| 无锡市城北污水处理厂四期续建工程 | 市政污水 | 日本久保田 | 20 000 | 2012 |

# 参考文献


卜庆杰. 2004. 膜-生物反应器中膜通量与组件长度对膜污染的影响. 清华大学硕士学位论文.

曹斌，黄霞，北中敦，等. 2007. $A^2/O$-膜生物反应器强化生物脱氮除磷中试研究. 中国给水排水，23(3)：22-26.

曹效鑫，魏春海，黄霞. 2005. 投加粉末活性炭对一体式膜-生物反应器膜污染的影响研究. 环境科学学报，25(11)：1443-1447.

岑运华. 1991. 膜生物反应器在污水处理中的应用. 水处理技术，17(5)：318-323.

陈健华. 2008. 膜-生物反应器及纳滤强化去除污水中内分泌干扰物的研究. 清华大学博士学位论文.

陈健华，黄霞，李舒渊，等. 2008a. 膜-生物反应器和传统活性污泥法去除两种内分泌干扰物的对比研究. 环境科学学报，28(3)：433-439.

陈健华，周颖君，黄霞，等. 2008b. 壬基酚聚氧乙烯醚在 MBR 与 CASR 中的行为. 中国环境科学，28(6)：501-506.

丁杭军. 2001. 一体式膜-生物反应器处理医院污水的研究. 清华大学硕士学位论文.

丁杭军，文湘华，黄霞，等. 2001. 一体式膜-生物反应器处理医院污水. 中国给水排水，17(9)：1-5.

杜兵，张彭义，张祖麟，等. 2004. 北京市某典型污水处理厂中内分泌干扰物的初步调查. 环境科学，25(1)：114-116.

范彬，黄霞，栾兆坤. 2003a. 出水水头对自生生物动态膜过滤性能的影响. 环境科学，24(5)：65-69.

范彬，黄霞，文湘华，等. 2002. 动态膜-生物反应器对城市生活污水的处理. 环境科学，23(6)：51-56.

范彬，黄霞，文湘华，等. 2003b. 微网生物动态膜过滤性能的研究. 环境科学，24(1)：91-97.

樊耀波，王菊思，姜兆春. 1997. 膜生物反应器净化石油化工污水的研究. 环境科学学报，17(1)：68-74.

耿琰，周琪，李春杰. 2002. 浸没式膜-SBR 反应器去除焦化废水中氨氮的研究. 工业用水与废水，33(1)：24-26.

顾夏声. 1993. 废水生物处理的数学模式. 北京：清华大学出版社.

桂萍. 1999. 一体式膜-生物反应器微生物代谢特性及膜污染研究. 清华大学博士学位论文.

桂萍，黄霞，汪诚文，等. 1998. 膜-复合式生物反应器组合系统操作条件及稳定运行特征. 环境科学，19(2)：35-38.

桂萍，莫罹，黄霞. 2004. 一体式膜-生物反应器中膜污染过程的动态分析. 环境污染治理技术与设备，5(2)：22-26.

郭新超，金奇庭，黄永勤，等. 2005. 膜生物法降解 TNT 弹药销毁废水的重要影响因素. 环境污染与防治，27(6)：406-409.

韩怀芬，金漫彤. 2001. 膜生物反应技术处理造纸废水试验. 水处理技术，27(2)：96-98.

贺晨勇. 2004. 小型膜-生物反应器处理生活污水应用研究. 清华大学硕士学位论文.

何圣兵，王宝贞，王琳. 2002. 生物膜-膜生物反应器处理生活污水的试验研究. 给水排水，28(11)：21-24.

何义亮，吴志超，李春杰，等. 1999. 厌氧膜生物反应器处理高浓度食品废水的应用. 环境科学，20(6)：53-55.

胡勇有，刘绮. 2006. 水处理工程. 广州：华南理工大学出版社.

黄霞，曹斌，文湘华，等. 2008. 膜-生物反应器在我国的研究与应用新进展. 环境科学学报，28(3)：416-432.

黄霞，桂萍，范晓军，等. 1998a. 膜生物反应器废水处理工艺的研究进展. 环境科学研究，11(1)：40-44.

黄霞，汪诚文，钱易. 1998b. 膜-活性污泥法组合污水处理工艺的试验研究. 给水排水，24(7)：23-27.

黄勇. 1993. 活性污泥系统动态数学模型研究. 哈尔滨建筑工程学院博士学位论文.
李春杰, 耿琰, 周琪, 等. 2001. SMSBR去除焦化废水中有机物及氮的特性. 中国给水排水, 17(5): 6-11.
李凤亭, 王亮, 刘华, 等. 2005. 膜生物反应器在水处理中的应用与新发展. 工业水处理, 25(1): 10-13.
李海滔. 2007. 膜-生物反应器去除SC噬菌体特性的研究. 清华大学硕士学位论文.
李舒渊. 2007. 电絮凝强化膜-生物反应器除磷研究. 清华大学硕士学位论文.
李莹, 张宏伟, 朱文亭. 2007. 厌氧-好氧工艺处理制药废水的中试研究. 环境工程学报, 1(9): 50-53.
林喆, 赵庆祥, 陆美红, 等. 1994. 膜分离活性污泥法的研究. 城市环境与城市生态, 7(1): 6-11.
刘超翔, 黄霞, 文湘华, 等. 2002. 一体式膜-生物反应器处理毛染废水的中试研究. 给水排水, 28(2): 56-59.
刘春. 2006. 基因工程菌生物强化膜-生物反应器去除阿特拉津研究. 清华大学博士学位论文.
刘春, 黄霞, 孙炜, 等. 2007a. 基金工程菌生物强化MBR工艺处理阿特拉津试验研究. 环境科学, 28(2): 417-421.
刘春, 黄霞, 王慧. 2007b. 基因工程菌生物强化膜-生物反应器工艺启动期影响因素研究. 环境科学, 28(5): 1102-1105.
刘锐. 2000. 一体式膜-生物反应器的微生物代谢特性与膜污染控制. 清华大学博士学位论文.
刘锐, 黄霞, 刘若鹏, 等. 2001. 一体式膜-生物反应器和普通活性污泥法的对比试验研究. 环境科学, 22(3): 20-24.
刘锐, 黄霞, 王志强, 等. 2000. 一体式膜-生物反应器的水动力学特性研究. 环境科学, 21(5): 47-50.
刘若鹏. 2003. 一体式膜-生物反应器自动化设计研究. 清华大学硕士学位论文.
刘正雄. 1994. 膜-生物反应器处理生活污水的可行性研究. 清华大学本科综合训练论文.
柳根勇, 桃井清至, 小松俊哉. 1997. 膜分离活性污泥法における膜透过性能に对する生物代谢成分の影响. 水环境学会志, 20(7): 473-480.
罗虹, 顾平, 杨造燕. 2000. 膜-生物反应器内泥水混合液可过滤性的研究. 城市环境与城市生态, 13(1): 51-53.
罗宇, 杨宏毅. 2004. MBR工艺应用于垃圾渗滤液处理的研究. 环境工程, 22(2): 69-71.
孟耀斌, 文湘华, 钱易, 等. 2000. 分置式膜-生物反应器处理生活污水的抗冲击负荷能力. 环境科学, 21(5): 22-26.
莫罹. 2002. 微滤膜组合工艺处理微污染水源水的特性研究. 清华大学博士学位论文.
欧阳雄文, 谌建宇, 余健. 2005. MBR在脱氮除磷方面的最新研究与进展. 工业水处理, 25(6): 9-12.
日本下水道协会. 2009. 下水道施设计画・设计指针と解说(后编). 东京: エーヴィスシステムズ.
邵刚. 2002. 膜法水处理技术与工程实例. 北京: 化学工业出版社.
隋鹏哲. 2005. 厌氧膜生物反应器中超声控制膜污染的方法与机理. 清华大学硕士学位论文.
孙友峰. 2003. 过滤/曝气两用型膜-生物反应器处理生活污水的试验研究. 清华大学硕士学位论文.
谭译, 李勇, 黄勇. 2007. 一体式射流曝气膜生物反应器. 环境科学与技术, 30(3): 55-58.
汪诚文, 钱易, 刘锐. 1996. 膜-好氧生物反应器处理生活污水的试验研究. 给水排水, 22(12): 18-21.
汪舒怡. 2005. 曝气膜生物反应器除碳脱氮的研究. 清华大学硕士学位论文.
汪舒怡, 汪诚文, 黄霞. 2006. 用于废水处理的膜曝气生物反应器. 环境污染治理技术与设备, 7(6): 131-137.
汪舒怡, 汪诚文, 梁鹏, 等. 2007. 膜曝气生物反应器的除碳脱氮特性研究. 中国给水排水, 23(9): 40-44.
王景峰, 王暄, 季民, 等. 2006. 颗粒污泥膜生物反应器同步硝化反硝化. 中国环境科学, 26(4): 436-440.
王晓琳, 王宁. 2005. 反渗透和纳滤技术与应用. 北京: 化学工业出版社.

王孟杰. 2004. 一体式膜-生物反应器的结构优化及处理城市污水中试研究. 清华大学硕士学位论文.

王占生，刘文君. 1999. 微污染水源饮用水处理. 北京：中国建筑工业出版社.

王志伟，吴志超，顾国维，等. 2006. 一体式厌氧平板膜生物反应器处理酒厂废水的研究. 给水排水，32(2)：51-53.

魏春海. 2006. 一体式膜-生物反应器水动力学与在线清洗的膜污染控制. 清华大学博士学位论文.

吴金玲. 2006. 膜-生物反应器混合液性质及其对膜污染影响和调控研究. 清华大学博士学位论文.

吴盈嬉. 2005. 基于微网基材的动态膜生物反应器运行特性及堵塞机理. 清华大学博士学位论文.

吴盈禧，陈福泰，黄霞. 2004. 高通量自生动态膜生物反应器的运行特性. 中国给水排水，20(2)：5-7.

吴志超，顾国维，何义亮，等. 2001a 高浓度有机废水厌氧膜生物工艺处理的中试研究. 环境科学学报，21(1)：34-38.

吴志超，曾萍，顾国维. 2001b. 截留分子量对污水分置式好氧膜生物反应器处理性能的影响. 膜科学与技术，21(4)：21-24.

肖康. 2011. 膜生物反应器微滤过程中的膜污染过程与机理研究. 清华大学博士学位论文.

徐美兰. 2011. 在线超声厌氧膜生物反应器用于污泥消化的特性研究. 清华大学博士学位论文.

薛念涛，黄霞，夏俊林. 2008. 自生动态膜生物反应器处理城市污水的中试研究. 中国给水排水，24(15)：20-23.

薛涛，董良飞，关晶，等. 2011. MBR强化脱氮除磷工艺处理城市污水的中试. 水处理技术，37(2)：45-47.

薛文超. 2010. 厌氧/缺氧/好氧-膜生物反应器对微量有机物的去除特性. 清华大学硕士学位论文.

杨大春，顾平，刘锦霞. 2002. 膜生物反应器的中空纤维膜组件优化设计. 中国给水排水，18(4)：10-13.

杨宁宁. 2011. 去除饮用水中致嗅物质的曝气生物滤池-膜组合工艺研究. 清华大学博士学位论文.

俞开昌. 2003. 气水二相微滤膜生物反应器膜污染控制机理研究. 清华大学硕士学位论文.

张立秋，封莉，吕炳南，等. 2004. 淹没式MBR处理啤酒废水的净化效能. 环境科学，25(6)：117-122.

张绍园，王菊思，姜兆春. 1997. 膜生物反应器水力停留时间的确定及其影响因素分析. 环境科学，18(6)：35-38.

张志超. 2008. 膜-生物反应器强化生物除磷工艺特性研究. 清华大学博士学位论文.

张志超，黄霞，肖康，等. 2008. 脱氮除磷膜-生物反应器的除磷效果及特性研究. 清华大学学报(自然科学版)，48(9)：1472-1474.

张志超，黄霞，杨海军，等. 2009. 生物除磷污泥胞外多聚物含磷形态的核磁共振分析. 光谱学与光谱分析，29(2)：536-539.

张自杰. 2000. 排水工程. 第四版. 北京：中国建筑工业出版社.

赵文涛. 2009. 厌氧/缺氧/好氧膜-生物反应器处理焦化废水的研究. 清华大学博士学位论文.

赵建伟，丁蕴铮，苏丽敏，等. 2003. 膜生物反应器及膜污染的研究进展. 中国给水排水，19(5)：31-34.

周颖君. 2009. 膜-生物反应器去除典型内分泌干扰物的研究. 清华大学硕士学位论文.

邹联沛，王宝贞，范延臻，等. 2000a. SRT对膜生物反应器出水水质的影响研究. 中国给水排水，16(7)：16-18.

邹联沛，王宝贞，张捍民. 2000b. 膜生物反应器中膜的堵塞与清洗的机理研究. 给水排水，26(9)：73-75.

Ahel M，Giger W. 1993. Partitioning of alkylphenols and alkylphenol polyethoxylates between water and organic solvents. Chemosphere，26(8)：1471-1478.

Ahlgren J，Reitzel K，Danielsson R，et al. 2006. Biogenic phosphorus in oligotrophic mountain lake sediments：Differences in composition measured with NMR spectroscopy. Water Research，40(20)：3705-3712.

Bailey A D，Hansford B S，Dold P L. 1994. The use of cross-flow microfiltration to enhance the performance of an activated sludge reactor. Water Research，28(1)：297-301.

Baker J，Stephenson T，Dard S，et al. 1995. Characterization of fouling of nanofiltration membranes used to treat surface waters. Environmental Technology，16(10)：977-985.

Baniel A，Eyal A，Edelstein D，et al. 1990. Porogen derived membranes. I. Concept description and analysis. Journal of Membrane Science，54：271-284.

Bates D M，Watts D G. 1988. Nonlinear regression analysis and its applications. New York：Wiley：32-66.

Belfort G，Marx B. 1979. Artificial particulate fouling of hyperfiltration membranes II：Analysis protection from fouling. Desalination，28：13-30.

Benotti M J，Brownawell B J. 2007. Distributions of pharmaceuticals in an urban estuary during both dry- and wet-weather conditions. Environmental Science & Technology，41(16)：5795-5802.

Botha G R，Sanderson R D，Buckley C A. 1992. Brief historical review of membrane development and membrane applications in wastewater treatment in Southern Africa. Water Science and Technology，25(10)：1-4.

Bouhabila E，Ben Aim R，Buisson H. 2001. Fouling characterisation in membrane bioreactors. Separation and Purification Technology，22-23(1-3)：123-132.

Brockmann M，Seyfried C F. 1996. Sludge activity and cross-flow microfiltration—A non-beneficial relationship. Water Science and Technology，34：205-213.

Chaize S，Huyard A. 1991. Membrane bioreactor on domestic wastewater treatment：sludge production and modeling approach. Water Science and Technology，23：1591-1600.

Chang I-S，Lee C-H. 1998. Membrane filtration characteristics in membrane-coupled activated sludge system —the effect of physiological states of activated sludge on membrane fouling. Desalination，120(3)：221-233.

Chang J，Manem J，Beaubien A. 1993. Membrane bioprocesses for the denitrification of drinking water supplies. Journal of Membrane Science，80：233-239.

Chang J S，Chang C Y，Chen A C，et al. 2006. Long-term operation of submerged membrane bioreactor for the treatment of high strength acrylonitrile-butadiene-styrene (ABS) wastewater：effect of hydraulic retention time. Desalination，191(1-3)：45-51.

Chang S，Fane A G. 2002. Filtration of biomass with laboratory-scale submerged hollow fibre modules - effect of operating conditions and module configuration. Journal of Chemical Technology and Biotechnology，77(9)：1030-1038.

Chen G H，Leong I M，Liu J，et al. 1999. Study of oxygen uptake by tidal river sediment. Water Research，33(13)：2905-2912.

Chen J，Huang X，Lee D J. 2008. Bisphenol a removal by a membrane bioreactor. Process Biochemistry，43(4)：451-456.

Chen W，Westerhoff P，Leenheer J，et al. 2003. Fluorescence excitation-emission matrix regional integration to quantify spectra for dissolved organic matter. Environmental Science & Technology，37(24)：5701-5710.

Chiemchaisri C，Yamamoto K. 1994. Performance of membrane separation bioreactor at various temperatures for domestic wastewater treatment. Journal of Membrane Science，87：119-129.

Chiemchaisri C，Yamamoto K，Vigneswaran S. 1992. Household membrane bioreactor in domestic wastewater treatment. Water Science and Technology, 27(1): 171-178.

Cho B D, Fane A G. 2002. Fouling transients in nominally sub-critical flux operation of a membrane bioreactor. Journal of Membrane Science, 209(2): 391-403.

Cho J W, Ahn K H, Lee Y H, et al. 2004. Investigation of biological and fouling characteristics of submerged membrane bioreactor process for wastewater treatment by model sensitivity analysis. Water Science and Technology, 49(2): 245-254.

Choi H, Zhang K, Dionysiou D D, et al. 2005. Effect of permeate flux and tangential flow on membrane fouling for wastewater treatment. Separation and Purification Technology, 45: 68-78.

Choo K H, Lee C H. 1998. Hydrodynamic behavior of anaerobic biosolids during crossflow filtration in the membrane anaerobic bioreactor. Water Research, 32(11): 3387-3397.

Chu L B, Yang F L, Zhang X W. 2005. Anaerobic treatment of domestic wastewater in a membrane-coupled expended granular sludge bed (EGSB) reactor under moderate to low temperature. Process Biochemistry, 40(3/4): 1063-1070.

Clara M, Kreuzinger N, Strenn B, et al. 2005a. The solids retention time —a suitable design parameter to evaluate the capacity of wastewater treatment plants to remove micropollutants. Water Research, 39(1): 97-106.

Clara M, Strenn B, Gans O, et al. 2005b. Removal of selected pharmaceuticals, fragrances and endocrine disrupting compounds in a membrane bioreactor and conventional wastewater treatment plants. Water Research, 39(19): 4797-4807.

Cloete T E, Oosthuizen D J. 2001. The role of extracellular exopolymers in the removal of phosphorus from activated sludge. Water Research, 35(15): 3595-3598.

Côté P, Buisson H. 1997. Immersed membrane activated sludge for the reuse of municipal wastewater. Desalination, 113(2-3): 189-196.

Dentel S K, Abu-Orf M M, Walker C A. 2000. Optimization of slurry flocculation and dewatering based on electrokinetic and rheological phenomena. Chemical Engineering Journal, 80(1-3): 65-72.

Elhadi S L N, Huck P M, Slawson R M. 2006. Factors affecting the removal of geosmin and MIB in drinking water biofilters. Journal American Water Works Association, 98: 108-119.

Fan B, Huang X. 2002. Characteristics of a self-forming dynamic membrane coupled with a bioreactor for municipal wastewater treatment. Environmental Science & Technology, 36(23): 5245-5251.

Fan X J, Urvain V, Qian Y, et al. 1996. Nitrification and mass balance with a membrane bioreactor for municipal wastewater treatment. Water Science and Technology, 34: 129-136.

Field R W, Wu D, Howell J A, et al. 1995. Critical flux concept for microfiltration fouling. Journal of Membrane Science, 100: 259-27.

Frolund B, Palmgren R, Keiding K, et al. 1996. Extraction of extracellular polymers from activated sludge using a cation exchange resin. Water Research, 30(8): 1749-1758.

Fuhs G W, Chen M. 1975. Microbiological basis of phosphate removal in the activated sludge process for the treatment of wastewater. Microbial Ecology, 2: 119-138.

Ganczarczyk J J. 1983. State-of-the-art in coke-plant effluent treatment. CRC Critical Reviews in Environmental Control, 13(2): 103-115.

Garcia J, Vivar J, Aromir M, et al. 2003. Role of hydraulic retention time and granular medium in microbial removal in tertiary treatment reed beds. Water Research, 37: 2645-2653.

Germain E, Nelles F, Drews A, et al. 2007. Biomass effects on oxygen transfer in membrane bioreactors. Water Research, 41(5): 1038-1044.

Ghyoot W R, Verstraete W H. 1997. Coupling membrane filtration to anaerobic primary sludge digestion. Environmental Technology, 18(6): 569-580.

Gnirss R, Lesjean B, Adam C. 2003. Enhanced biological phosphorus removal with post-denitrification in Membrane Bioreactor. In: Proceedings of the Membrane Technology Conference. Atlanta.

Goltara A, Martinez J, Mendez R. 2003. Carbon and nitrogen removal from tannery wastewater with a membrane bioreactor. Water Science and Technology, 48(1): 207-214.

Gonzalez S, Petrovic M, Barcelo D. 2007. Removal of a broad range of surfactants from municipal wastewater —Comparison between membrane bioreactor and conventional activated sludge treatment. Chemosphere, 67(2): 335-343.

Gui P, Huang X, Chen Y, et al. 2003. Effect of operational parameters on sludge accumulation on membrane surfaces in a submerged membrane bioreactor. Desalination, 151(2): 185-194.

Günder B. 2001. The membrane coupled-activated sludge process in municipal wastewater treatment. Lancaster: Technomic Publishing Company Inc.

Harada H, Momonoi K, Yamazaki S, et al. 1994. Application of anaerobic UF membrane reactor for treatment of a wastewater containing high strength particulate organics. Water Science and Technology, 30: 307-319.

Hardt F W, Clesceri L S, Nemerow N L, et al. 1970. Solids separation by ultrafiltration for concentrated activated sludge. Water Pollution Control Federation, 42: 2135-2148.

Havelaar A H, Butler M, Farrah S R, et al. 1991. Bacteriophages as model viruses in water quality control. Water Research, 25(5): 529-545.

Hens M, Merckx R. 2001. Functional characterization of colloidal phosphorus species in the soil solution of sandy soils. Environmental Science & Technology, 35(3): 493-500.

Hens M, Merckx R. 2002. The role of colloidal particles in the speciation and analysis of "dissolved" phosphorus. Water Research, 36(6): 1483-1492.

Hermia J. 1982. Constant pressure blocking filtration laws-application to power-law non-Newtonian fluids. Transactions of the Institution of Chemical Engineers, 60: 183-187.

Hong S P, Bae T H, Tak T M, et al. 2002. Fouling control in activated sludge submerged hollow fiber membrane bioreactors. Desalination, 143(3): 219-228.

Howell J A. 1995. Subcritical flux operation of microfiltration. Journal of Membrane Science, 107(1-2): 165-171.

Huang X, Gui P, Qian Y. 2000a. Performance of submerged membrane bioreactor for domestic wastewater treatment. Tsinghua Science and Technology, 5(3): 121-127.

Huang X, Liu R, Qian Y. 2000b. Behavior of soluble microbial products in a membrane bioreactor. Process Biochemistry, 36(5): 401-406.

Huang X, Gui P, Qian Y. 2001. Effect of sludge retention time on the microbial behaviour in a submerged membrane bioreactor. Process Biochemistry, 36(10): 1001-1006.

Huang X, Wu J. 2008. Improvement of membrane filterability of the mixed liquor in a membrane bioreactor by ozonation. Journal of Membrane Science, 318(1-2): 210-216.

Huang Z, Ong S L, Ng H Y. 2011. Submerged anaerobic membrane bioreactor for low-strength wastewater treatment: Effect of HRT and SRT on treatment performance and membrane fouling. Water Research, 45(2): 705-713.

Jeison D, van Lier J B. 2006. Cake layer formation in anaerobic submerged membrane bioreactors (AnSMBR) for wastewater treatment. Journal of Membrane Science, 284(1-2): 227-236.

Joss A, Zabczynski S, Bela A G, et al. 2006. Biological degradation of pharmaceuticals in municipal wastewater treatment: Proposing a classification scheme. Water Research, 40(8): 1686-1696.

Judd S, Judd C. 2011. The MBR Book: Principles and applications of membrane bioreactors in water and wastewater treatment. Second edition. UK: Elsevier Ltd.

Kasprzyk-Hordern B, Dinsdale R M, Guwy A J. 2009. The removal of pharmaceuticals, personal care products, endocrine disruptors and illicit drugs during wastewater treatment and its impact on the quality of receiving waters. Water Research, 43: 363-380.

Kataoka N, Tokiwa Y, Tanaka Y, et al. 1992. Examination of bacterial characteristics of anaerobic membrane bioreactors in three pilot-scale plants for treating low strength wastewater by application of colony forming curve analysis method. Applied and Environmental Microbiology, 58(9): 2751-2757.

Ketratanakul A, Ohgaki S. 1989. Indigenous coliphages and RNA-F-specific coliphages associated with suspended solids in the activated sludge process. Water Science and Technology, 21(3): 73-78.

Khanal S K, Xie B, Thompson M L, et al. 2006. Fate, transport, and biodegradation of natural estrogens in the environment and engineered systems. Environmental Science & Technology, 40(21): 6537-6546.

Khoshmanesh A, Hart B T, Duncan A, et al. 2002. Luxury uptake of phosphorus by sediment bacteria. Water Research, 36(3): 774-778.

Kim J, DiGiano F A. 2006. Defining critical flux in submerged membranes: Influence of length-distributed flux. Journal of Membrane Science, 280(1-2): 752-761.

Kim J O, Lee C-H, Chang I-S. 2001. Effect of pump shear on the performance of a crossflow membrane bioreactor. Water Research, 35(9): 2137-2144.

Kim J S, Lee C H, Chun H D. 1998. Comparison of ultrafiltration characteristics between activated sludge and BAC sludge. Water Research, 32(11): 3443-345.

Kimura K, Watanabe Y, Ohkuma N. 1998. Filtration resistance induced by ammonia oxidizers accumulating on the rotating membrane disk. Water Science and Technology, 38(4-5): 443-452.

Kimura K, Hara H, Watanabe Y. 2005a. Removal of pharmaceutical compounds by submerged membrane bioreactors (MBRs). Desalination, 178(1-3): 135-140.

Kimura K, Hara H, Watanabe Y. 2007. Elimination of selected acidic pharmaceuticals from municipal wastewater by an activated sludge system and membrane bioreactors. Environmental Science & Technology, 41(10): 3708-3714.

Kimura K, Yamato N, Yamamura H, et al. 2005b. Membrane fouling in pilot-scale membrane bioreactors (MBRs) treating municipal wastewater. Environmental Science & Technology, 39(16): 6293-6299.

Kimura S. 1991. Japan's aqua renaissance'90 project. Water Science and Technology, 23(7-9): 1573-1582.

Kishino H, Ishida I, Nakano I. 1996. Domestic wastewater reuse using a submerged membrane bioreactor. Desalination, 106: 115-119.

Krampe J, Krauth K. 2003. Oxygen transfer into activated sludge with high MLSS concentrations. Water Science and Technology, 47: 297-303.

Kwon D Y, Vigneswaran S, Fane A G, et al. 2000. Experimental determination of critical flux in cross-flow microfiltration. Separation and Purification Technology, 19(3): 169-181.

Lee D, Kim M, Chung J. 2007. Relationship between solid retention time and phosphorus removal in anaerobic-intermittent aeration process. Journal of Bioscience and Bioengineering, 103(4): 338-344.

Lee H B, Peart T E, Svoboda M L. 2005. Determination of endocrine-disrupting phenols, acidic pharmaceuticals, and personal-care products in sewage by solid-phase extraction and gas chromatography-mass spectrometry. Journal of Chromatography A, , 1094(1-2): 122-129.

Lee W, Kang S, Shin H. 2003. Sludge characteristics and their contribution to microfiltration in submerged membrane bioreactors. Journal of Membrane Science, 216(1-2): 217-227.

Lee Y, Cho J, Seo Y, et al. 2002. Modeling of submerged membrane bioreactor process for wastewater treatment. Desalination, 146(1-3): 451-457.

Li H, Fane A G, Coster H G L, et al. 1998. Direct observation of particle deposition on the membrane surface during crossflow microfiltration. Journal of Membrane Science, 149(1): 83-97.

Li X Y, Wang X M. 2006. Modelling of membrane fouling in a submerged membrane bioreactor. Journal of Membrane Science. 278(1-2): 151-161.

Liao B Q, Kraemer J T, Bagley D M. Anaerobic membrane bioreactors: applications and research directions. Critical Reviews in Environmental Science and Technology, 2006, 36(6): 489-530.

Liu C, Huang X, Wang H. 2008. Start-up of a membrane bioreactor bioaugmented with genetically engineered microorganism for enhanced treatment of atrazine containing wastewater, Desalination, 231(1-3): 12-19.

Liu H, Fang H H P. 2002. Extraction of extracellular polymeric substances (EPS) of sludges. Journal of Biotechnology, 95(3): 249-256.

Liu R, Huang X, Chen L, Wang Ch, et al. 2000. A pilot study on a submerged membrane bioreactor for domestic wastewater treatment. Journal of Environmental Health, Part A, 35(10): 1761-1772.

Liu R, Huang X, Sun Y F, et al. 2003. Hydrodynamic effect on sludge accumulation over membrane surfaces in a submerged membrane bioreactor. Process Biochemistry, 39(2): 157-163.

Liu R, Huang X, Xi J, et al. 2005. Microbial behaviour in a membrane bioreactor with complete sludge retention. Process Biochemistry, 40(10): 3165-3170.

Livingston A G. 1994. Extractive membrane bioreactors—a new process technology for detoxifying chemical-industry wastewaters. Journal of Chemical Technology and Biotechnology. 60(2): 117-124.

Low E W, Chase H A, 1999. The effect of maintenance energy requirements on biomass production during wastewater treatment. Water research, 33(3): 847-853.

Lucena F, Duran A E, Morón A, et al. 2004. Reduction of bacterial indicators and bacteriophages infecting faecal bacteria in primary and secondary wastewater treatments. Journal of Applied Microbiology, 97(5): 1069-1076.

Madaeni S S. 1999. The application of membrane technology for water disinfection. Water Research, 33(2): 301-308.

Malpei F, Bonomo L, Rozzi A. 2003. Feasibility study to upgrade a textile wastewater treatment plant by a hollow fibre membrane bioreactor for effluent reuse. Water Science and Technology, 47(10): 33-39.

Martin H G, Ivanova N, Kunin V, et al. 2006. Metagenomic analysis of two enhanced biological phosphorus removal (EBPR) sludge communities. Nature Biotechnology, 24(10): 1263-1269.

Masse A, Sperandio M, Cabassud C. 2006. Comparison of sludge characteristics and performance of a submerged membrane bioreactor and an activated sludge process at high solids retention time. Water Research, 40(12): 2405-2415.

Mercier M, Lafforgue-Delorme C. 1997. How slug flow can enhance the ultrafiltration flux in mineral turbular membranes. Journal of Membrane Science, 128: 103-113.

Meireles M, Aimar P, Sanchez V. 1991. Effects of protein fouling on the apparent pore size distribution of sieving membranes. Journal of Membrane Science, 56: 13-28.

Mo L, Huang X. 2003. Fouling characteristics and cleaning strategies in a coagulation-microfiltration combination process for water purification. Desalination, 15(9): 1-9.

Mogens H 等著. 1999. 污水生物与化学处理技术. 国家城市给水排水工程技术研究中心译. 北京：中国建筑工业出版社.

Mores W D, Davis R H. 2001. Direct visual observation of yeast deposition and removal during microfiltration. Journal of Membrane Science, 189(2): 217-230.

Müller E B, Stouthamber A H, Verseveld H W, et al. 1995. Aerobic domestic wastewater treatment in a pilot plant with complete sludge retention by crossflow filtration. Water Research, 29: 1179-1189.

Murata M, Kimuro H, Kanekuni N, et al. 1994. Small-scale sewage plant experiment by pre-treatment and methanization of suspended solids. Desalination, 98(1-3):217-224.

Nagaoka H, Ueda S, Miya A. 1996. Influence of bacterial extracellular polymers on the membrane separation activated sludge process. Water Science and Technology, 34(9): 165-172.

Nakada N, Tanishima T, Shinohara H, et al. 2006. Pharmaceutical chemicals and endocrine disrupters in municipal wastewater in Tokyo and their removal during activated sludge treatment. Water Research, 40(17): 3297-3303.

Ng H Y, Hermanowicz S W. 2005. Membrane bioreactor operation at short solids retention times: performance and biomass characteristics. Water Research, 39(6): 981-992.

Nickel K, Neis U. 2007. Ultrasonic disintegration of biosolids for improved biodegradation. Ultrasonicsonochemistry, 14(4): 450-455.

Nuengjamnong C, Kweon J H, Cho J, et al. 2005. Influence of extracellular polymeric substances on membrane fouling and cleaning in a submerged membrane bioreactor. Colloid Journal, 67(3): 351-356.

Oehmen A, Lemos P C, Carvalho G, et al. 2007. Advances in enhanced biological phosphorus removal: From micro to macro scale. Water Research, 41(11): 2271-2300.

Ognier S, Wisniewski C, Grasmick A. 2002a. Characterisation and modelling of fouling in membrane bioreactors. Desalination, 146(1-3): 141-147.

Ognier S, Wisniewski C, Grasmick A. 2002b. Membrane fouling during constant flux filtration in membrane bioreactors. Membrane Technology, 2002: 6-10.

Ohkuma N, Ohnishi M, Okuno Y. 1994. Waste water recycling technology using a rotary disk module. Desalination, 98: 49-58.

Oota S, Murakami T, Takemura K, et al. 2005. Evaluation of MBR effluent characteristics for reuse purposes. Water Science and Technology, 51(6-7): 441-446.

Owen G, Bandi M, Howell J A, et al. 1995. Economic assessment of membrane process for water and waste water treatment. Journal of Membrane Science, 102: 77-91.

Pankhania M, Stephenson T, Semmens M J. 1994. Hollow-fiber bioreactor for waste-water treatment using bubbleless membrane aeration. Water Research, 28(10): 2233-2236.

Pauwels B, Noppe H, De Brabander H, et al. 2008. Comparison of steroid hormone concentrations in domestic and hospital wastewater treatment plants. Journal of Environmental Engineering-asce, 134(11): 933-936.

Persson F, Heinicke G, Hedberg T, et al. 2007. Removal of geosmin and MIB by biofiltration—an investigation discriminating between adsorption and biodegradation. Environmental Technology, 28: 95-104.

Pollice A, Giordano C, Laera G, et al. 2007. Physical characteristics of the sludge in a complete retention membrane bioreactor. Water Research, 41(8): 1832-1840.

Pollice A, Laera G, Blonda M. 2004. Biomass growth and activity in a membrane bioreactor with complete sludge retention. Water Research, 38(7): 1799-1808.

Pollice A, Laera G, Saturno D, et al. 2008. Effects of sludge retention time on the performance of a membrane bioreactor treating municipal sewage. Journal of Membrane Science, 317(1-2): 65-70.

Porntip C S, Anthony P, Christelle W, et al. 2008. Performance and microbial surveying in sub-merged membrane bioreactor for seafood processing wastewater treatment. Journal of Membrane Science, 317(1-2): 43-49.

Psoch C and Schiewer S. 2005. Critical flux aspect of air sparging and backflushing on membrane bioreactors. Desalination. 175(1): 61-71.

Radjenovic J, Petrovic M, Barcelo D. 2009. Fate and distribution of pharmaceuticals in wastewater and sewage sludge of the conventional activated sludge (CAS) and advanced membrane bioreactor (MBR) treatment. Water Research, 43: 831-841.

Reemtsma T, Zywicki B, Stueber M, et al. 2002. Removal of sulfur-organic polar micropollutants in a membrane bioreactor treating industrial wastewater. Environmental Science & Technology, 36(5): 1102-1106.

Rehmann K, Schramm K W, Kettrup A A. 1999. Applicability of a yeast oestrogen screen for the detection of oestrogen-like activities in environmental samples. Chemosphere, 38(14): 3303-3312.

Rojas M E H, Van Kaam R, Schetrite S, et al. 2005. Role and variations of supernatant compounds in submerged membrane bioreactor fouling. Desalination, 179(1-3): 95-107.

Rosenberger S, Kraume M. 2003. Filterability of activated sludge in membrane bioreactors. Desalination, 151(2): 195-200.

Rosenberger S, Kruger U, Witzig R, et al. 2002. Performance of a bioreactor with submerged membranes for aerobic treatment of municipal waste water. Water research, 36(2): 413-420.

Ross W R, Barnard J P, Strohwald N K H, et al. 1992. Practical application of the ADUF process to the full-scale treatment of maize-processing effluent. Water Science and Technology, 25(10): 27-39.

Schafer A I, Schwicker U, Fischer M M, et al. 2000. Microfiltration of colloids and natural organic matter. Journal of Membrane Science, 171(2): 151-172.

Sethi S, Wiesner M R. 1997. Modeling of transient permeate flux in cross-flow membrane filtration incorporating multiple particle transport mechanisms. Journal of Membrane Science, 136(1-2): 191-205.

Shang C, Hiu M W, Chen G. 2005. Bacteriophage MS-2 removal by submerged membrane bioreactor. Water Research, 39(17): 4211-4219.

Shimizu Y, Uryu K, Okuno Y I, et al. 1997. Effect of particle size distributions of activated sludges on cross-flow microfiltration flux for submerged membranes. Journal of Fermentation and Bioengineering, 83(6):

583-589.

Smith C V, Gregorio D O, Talcott R M. 1969. The use of ultrafiltration membranes for activated sludge separation. In: Proceedings of the 24th Annual Purdue Industrial Waste Conference. West Lafayette, Indiana, USA. 1300-1310.

SRC. 2009. PhysProp Database. http://www. syrres. com/esc/physdemo. htm.

Sridang P C, Pottier A, Wisniewski C, et al. 2008. Performance and microbial surveying in submerged membrane bioreactor for seafood processing wastewater treatment. Journal of Membrane Science, 317(1-2): 43-49.

Stasinakis A S, Gatidou G, Mamais D, et al. 2008. Occurrence and fate of endocrine disrupters in Greek sewage treatment plants. Water Research, 42(6-7): 1796-1804.

Stavrakakis C, Colin R, Faur C, et al. 2008. Analysis and behaviour of endocrine disrupting compounds in wastewater treatment plant. European Journal of Water Quality, 39(2): 145-155.

Stephenson T, Judd S, Jefferson B, et al. , 2000. Membrane bioreactor for wastewater treatment. London, UK: IWA Publishing.

Suwa Y, Suzuki T, Toyohara H, et al. 1992. Single-stage, single-sludge nitrogen removal by an activated sludge process with cross flow filtration. Water Research, 26(9): 1149-1157.

Terzic S, Senta I, Ahel M, et al. 2008. Occurrence and fate of emerging wastewater contaminants in Western Balkan Region. Science of Total Environment, 399(1-3): 66-77.

Ueda T, Hata K, Kikuoka Y. 1996. Treatment of domestic sewage from rural settlements by a membrane bioreactor. Water Science and Technology, 34(9): 189-196.

Uhl W, Persson F, Heinicke G, et al. 2006. Removal of geosmin and MIB in biofilters—on the role of biodegradation and adsorption. In: Collins M R, Ed. Recent progress in slow sand and alternative biofiltration processes. London: IWA Publishing.

Urase T, Kagawa C, Kikuta T. 2005. Factors affecting removal of pharmaceutical substances and estrogens in membrane separation bioreactors. Desalination, 178(1-3): 107-113.

Urase T, Kikuta T. 2005. Separate estimation of adsorption and degradation of pharmaceutical substances and estrogens in the activated sludge process. Water Research, 39(7):1289-1300.

Urbain V, Benoit R, Manem J. 1996. Membrane bioreactor: A new treatment tool. Journal American Water Works Association, 88(5): 75-86.

Urbain V, Block J C, Manem J. 1993. Bioflocculation in activated sludge: an analytic approach. Water Research, 27(5): 829-838.

US EPA. 1999. Environmental regulations and technology: control of pathogens and vecter attractions in sewage sludge (EPA/6251R-921013). Washington, DC, USA.

Veda T, Hata K, Kikuoka Y. 1996. Treatment of domestic sewage from rural settlements by a membrane bioreactor. Water Science and Technology, 34(9): 189-196.

Wang Y, Huang X, Yuan Q P. 2005. Nitrogen and carbon removals from food processing wastewater by an anoxic/aerobic membrane bioreactor. Process Biochemistry, 40(5): 1733-1739.

Wintgens T, Gallenkernper M, Melin T. 2004. Removal of endocrine disrupting compounds with membrane processes in wastewater treatment and reuse. Water Science and Technology, 50(5): 1-8.

Wisniewski C, Grasmick A, Cruz A L. 2000. Critical particle size in membrane bioreactors -Case of a denitrifying bacterial suspension. Journal of Membrane Science, 178(1-2):141-150.

Wu C Y, Xue W, Zhou H, et al. 2011. Removal of endocrine disrupting chemicals in a large scale membrane bioreactor plant combined with anaerobic-anoxic-oxic process for municipal wastewater reclamation. Water Science & Technology, 64(7):1511-1518.

Wu J, Chen F, Huang X, et al. 2006. Using inorganic coagulants to control membrane fouling in a submerged membrane bioreactor. Desalination, 197: 124-136.

Wu J, Huang X. 2008. Effect of dosing polymeric ferric sulfate on fouling characteristics, mixed liquor properties and performance in a long-term running membrane bioreactor. Separation and Purification Technology, 63: 45-54.

Wu J, Huang X. 2009. Effect of mixed liquor properties on fouling propensity in membrane bioreactors. Journal of Membrane Science, 342: 88-95.

Wu J, Huang X. 2010. Use of ozonation to mitigate fouling in a long-term membrane bioreactor. Bioresource Technology, 101: 6019-6027.

Wu J, Li H, Huang X. 2010a. Indigenous somatic coliphage removal from a real municipal wastewater by a submerged membrane bioreactor. Water Research, 44(6): 1853-1862.

Wu J, Zhuang Y, Li H, et al. 2010b. pH adjusting to reduce fouling propensity of activated sludge mixed liquor in membrane bioreactors. Separation Science and Technology, 45(7): 890-895.

Wu Y, Huang X, Wen X H, et al. 2005. Function of dynamic membrane in self-forming dynamic membrane coupled bioreactor. Water Science and Technology, 51(6-7): 107-114.

Xing C H, Tardieu E, Qian Y, et al. 2000. Ultrafiltration membrane bioreactor for urban wastewater reclamation. Journal of Membrane Science, 177: 73-82.

Xu M, Wen X, Huang X, Li Y. 2010. Membrane fouling control in an anaerobic membrane bioreactor coupled with online ultrasound equipment for digestion of waste activated sludge, Separation Science and Technology, 45(7): 941-947.

Xue N, Xia J, Huang X. 2010a. Fouling control of a pilot scale self-forming dynamic membrane bioreactor for municipal wastewater treatment. Desalination and Water Treatment, 18: 302-308.

Xue W, Wu Ch, Xiao K, et al. 2010b. Elimination and fate of selected micro-organic pollutants in a full-scale anaerobic/anoxic/aerobic process combined with membrane bioreactor for municipal wastewater reclamation. Water Research, 44(20): 5999-6010.

Yamamoto K, Hiasa M, Mahmood T, et al. 1989. Direct solid-liquid separation using hollow fiber membrane in a activated sludge aeration tank. Water Science and Technology, 21: 43-54.

Yanagi C, Sato M, Takahara Y. 1994. Treatment of wheat starch waste water by a membrane combined two phase methane fermentation system. Desalination, 98(1-3): 161-170.

Yang N, Wen X, Waite T D, et al. 2011. Natural organic matter fouling of microfiltration membranes: Prediction of constant flux behavior from constant pressure materials properties determination, Journal of Membrane Science, 366: 192-202.

Yi T W, Harper W F, Holbrook R D, et al. 2006. Role of particle size and ammonium oxidation in removal of 17 alpha-ethinyl estradiol in bioreactors. Journal of Environmental Engineering-asce, 132 (11): 1527-1529.

Yoon S H, Collins J H. 2006. A novel flux enhancing method for membrane bioreactor (MBR) process using polymer. Desalination, 191(1-3): 52-61.

Yu H Y, Xie Y, Hu M X, et al. 2005. Surface modification of polypropylene microporous membrane to improve its antifouling property in MBR: $CO_2$ plasma treatment. Journal of Membrane Science, 254(1-2): 219-227.

Yu K C, Wen X H, Bu Q J, et al. 2003. Critical flux enhancements with air sparging in axial hollow fibers cross-flow microfiltration of biologically treated wastewater. Journal of Membrane Science, 224(1-2): 69-79.

Yushina Y, Hasegawa J. 1994. Process performance comparison of membrane induced anaerobic digestion using food processing industry wastewater. Desalination, 98(1-3): 413-421.

Zhang B, Yamamoto K, Ohgaki S, et al. 1997. Floc size distribution and bacterial activities in membrane separation activated sludge processes for small scale wastewater treatment/reclamation. Water Science and Technology, 35(6): 37-44.

Zhang J, Chua H C, Zhou J, et al. 2006a. Factors affecting the membrane performance in submerged membrane bioreactors. Journal of Membrane Science, 284(1-2): 54-56.

Zhang J, Chua H C, Zhou J et al. 2006b. Effect of sludge retention time on membrane bio-fouling intensity in a submerged membrane bioreactor. Separation and Purification Technology. 41(7): 1313-1329.

Zhang Y Z, Ma C M, Ye F, et al. 2009. The treatment of wastewater of paper mill with integrated membrane process. Desalination, 236(1-3): 349-356.

Zhang Z C, Huang X. 2011. Study on enhanced biological phosphorus removal using membrane bioreactor at different sludge retention time. International Journal of Environment and Pollution, 45(1/2/3): 15-24.

Zhao W T, Huang X, Lee D J. 2009a. Enhanced treatment of coke plant wastewater using an anaerobic-anoxic-oxic membrane bioreactor system, Separation and Purification Technology, 66: 279-286.

Zhao W T, Huang X, Lee D J, et al. 2009b. Use of submerged anaerobic-anoxic-oxic membrane bioreactor to treat highly toxic coke wastewater with complete sludge retention. Journal of Membrane Science, 330: 57-64.

Zheng X, Liu J X. 2006. Mechanism investigation of virus removal in a membrane bioreactor. Water Science and Technology, 6: 51-59.

Zhou Y, Huang X, Zhou H, et al. 2011. Removal of typical endocrine disrupting chemicals by membrane bioreactor: in comparison with sequencing batch Reactor. Water Science and Technology, 64(10): 2096-2102.

Zuehlke S, Duennbier U, Lesjean B, et al. 2006. Long-term comparison of trace organics removal performances between conventional and membrane activated sludge processes. Water Environment Research, 78(13): 2480-2486.